Impressum

Dieses Skriptum wurde von mir selbst erstellt; alle Theorieteile sind ausschließlich eigenes Wert. Die Aufgaben wurden teilweise den unter www.srdp.at bzw. www.aufgabenpool.at allgemein zugänglichen Dokumenten (frühere Prüfungsaufgaben) entnommen. Der Abdruck dieser Beispiele ist aufgrund des Informationsweiterverwendungsgesetzes auch für kommerzielle Zwecke zulässig. Es wird darauf hingewiesen, dass die teilweise vorgestellten Lösungshinweise bzw. Lösungswege von mir selbst erstellt wurden. Zur Information ist bei jeder Klausurfrage die entsprechende Nummer aus dem Aufgabenpool angeführt; damit lässt sich die Originalfrage (mit Lösung) dort leicht finden.

Kontaktmöglichkeiten:

🖥 office@mathe-gruber.at   ☎ +43 699 8187 4101   ✉ Samergasse 27, 5020 Salzburg

Weitere Skripten zu speziellen Themenbereichen auf meine Homepage:

www.mathe-gruber.at/online-shop
Viel Erfolg beim Lernen!

Peter Gruber

Benützungshinweise

1. Die hier enthaltenen Beispiele beziehen sich nur auf die Grundkompetenz-Aufgaben (Teil I). Für Teil II braucht man zwar nicht unbedingt mehr Theoriewissen; die Art der Aufgabenstellung ist jedoch anders → für ein „Gut" oder „Sehr gut" sollte man sich über dieses Skriptum hinaus zusätzlich auch mit solchen Fragestellungen beschäftigen.

2. Wer alle Aufgaben in diesem Skript lösen kann, wird – und dafür gibt es mittlerweile viele Beispiele aus früheren Jahren – das nötige Wissen haben, um (fast) alle Matura-Aufgaben beantworten zu können (jedenfalls aus Teil I). „Lösen können" heißt aber mehr als „schon einmal gesehen haben". Es ist durchaus normal, dass man auch die exakt gleiche Frage nach mehreren Tagen nicht mehr oder nicht mehr exakt beantworten kann. Daher ist es in der Regel notwendig, auch dieselben Kapitel und dieselben Fragen mehrfach zu wiederholen und zu trainieren. Aufgrund des Umfangs des Skripts sollte man dafür ausreichend Zeit einplanen (jedenfalls mehr als zwei Wochen ☺).

3. Berechnungen (trotz aller Multiple-Choice-Formate kommt es gelegentlich vor, dass man etwas ausrechnen soll ☺) lassen sich durch technische Hilfsmittel massiv vereinfachen. Man sollte sich mit diesen Hilfsmitteln unbedingt vertraut machen (zu Geogebra gibt es einige Hinweise im Anhang).

3. Ein Erfolgskriterium ist es, sich die Lösungsideen bzw. die Aufgabenschemen einzuprägen. Oft erinnert man sich natürlich an die Antwort auf ein konkretes Beispiel schneller, als man sich das dahinterstehende Lösungsprinzip eingeprägt hat. Als Hilfestellung habe ich (nach bestem Wissen und Gewissen) diese wichtigen theoretischen Grundlagen je Kapitel zusammengefasst. Es kann vielfach helfen, sich zu fragen: „Welche allgemeine Regel muss ich wissen, um diese Aufgabe zu beantworten?"

Beispiel: Bestimmen Sie c so, dass die Gleichung $x^2 - 4x + c = 0$ die Lösungsmenge L = {1; 3} hat!

„Allgemeine Regel" ist, dass man die „Lösungszahlen" statt x verwenden kann: $1^2 - 4 \cdot 1 + c = 0$; daraus ergibt sich dann c = 3. [Man könnte auch x=3 einsetzen statt x=1]

Wenn man diese „Allgemeine Regel" kennt, lässt sich nach dem gleichen Prinzip auch folgende Aufgabe lösen: bestimmen Sie den Parameter a so, dass (5|2) eine Lösung von $a \cdot x - 3 \cdot y = 5$ ist!

→ Lösungszahlen x = 5 und y = 2 einsetzen: $a \cdot 5 - 3 \cdot 2 = 5$; daraus ergibt sich dann a = 2,2

Inhaltsverzeichnis

00	Allgemeingültige Aussagen überprüfen	1
01	Zahlenmengen und Gleichungen	3
02	Ungleichungen und Intervalle	9
03	Prozentrechnen	11
04	Arbeiten mit Formeln und Gleichungen	17
05	Funktionen (allgemeiner Teil)	21
06	Potenzfunktionen	27
07	Proportionalitäten	29
08	Lineare Funktion (Gerade)	35
09	Modellbildung mit linearen Funktionen	41
10	Lineare Gleichungssysteme	47
11	Grundlagen der Vektorrechnung	51
12	Vektoren in Anwendungen interpretieren	59
13	Geraden im R^2	61
14	Geradengleichung im R^3	67
15	Quadratische Gleichungen	69
16	Quadratische Funktionen	73
17	Polynomfunktionen 3. Grades	79
18	Eigenschaften von Polynomfunktionen	83
19	Trigonometrie (rechtwinklige Dreiecke)	87
20	Der Einheitskreis	95
21	Schwingungen (Winkelfunktionen)	99
22	Exponentielle Wachstums-/Zerfallprozesse	107
23	Die Exponentialfunktion	113
24	Vergleich von Funktionen und Funktionsgrafen	117
25	Grundbegriffe der Wirtschaftsmathematik	121
	Kompetenzcheck Nr. 1	**125**
	Kompetenzcheck Nr. 2	**129**
26	Differenzquotient und Differentialquotient	133
27	Änderungsmaße (Änderungsraten)	139
28	Ableitung	143
29	Eigenschaften von Funktionen aus Grafen erkennen	145
30	Kurvendiskussion (Schwerpunkt Polynomfunktionen)	153
30a	Skizzieren von Funktionsgrafen	157
31	Grafisch Differenzieren und Integrieren	159
32	Charakteristische Stellen von Funktionen (Umkehraufgaben)	169
33	Unbestimmtes Integral (Stammfunktion)	171
34	Flächenintegral	175
35	Ober- und Untersumme / Flächenintegral	183
36	Anwendungen der Integralrechnung	185
37	Weg – Geschwindigkeit – Beschleunigung	189
38	Weg, Geschwindigkeit und Beschleunigung in Diagrammen	193
39	Weitere Rechenregeln zum Differenzieren und Integrieren	199
40	Grundlagen der Wahrscheinlichkeitsrechnung	203
41	Baumdiagramme und Ereignisräume	213
42	Erwartungswert und Varianz von Zufallsvariablen	219
43	Binomialverteilung	223
44	Binomialkoeffizient	229
45	Normalverteilung, Konfidenzintervalle	231
46	Statistik 1: Mittelwert, Varianz, Standardabweichung	239
47	Statistik 2: Median, Quartile, Boxplot	241
48	Statistik 3: Definitionen und Begriffe	245
49	Statistik 4: Diagramme interpretieren und manipulieren	251
50	Dynamische Prozesse / Differenzengleichungen	259
	Kompetenzcheck Nr. 3	**263**
	Kompetenzcheck Nr. 4	**269**
	Lösungen	**277**
	Anhang: Aufgaben zum Einsatz von Geogebra	**269**

Kapitel 00
Allgemeingültige Aussagen überprüfen

Aufgabenstellung

es soll irgendetwas „für alle k>0", für alle a, b ∈ ℝ oder so ähnlich überlegt werden

so etwas „rein theoretisch" zu beantworten kann ziemlich trickreich (und fehleranfällig) sein
→ alternative Strategie nötig ☺

„Trick"[1]

> **irgendwelche Zahlen statt der „allgemeinen" Buchstaben einsetzen → schauen was passiert**[2]
> für verschiedene Buchstaben verschiedene Zahlen verwenden
> 0 oder 1 immer <u>extra</u> testen (das sind so „Ausnahmezahlen" ☺)
> mit positiven und auch mit negativen Zahlen probieren (wenn beides erlaubt ist)
> und natürlich aufpassen welche Art von Zahlen in Frage kommt ☺ (zB Wahrscheinlichkeit → 0,…)
>
> *Sobald man drei der fünf Antwortmöglichkeiten ausschließen kann, hat man sicher die richtigen Kreuzchen gefunden. <u>Aber unbedingt bis zum Ende testen!!!</u>*
> *(Wenn man plötzlich drei richtige hat, muss man mit anderen Zahlen (zum Beispiel auch negativen) oder den „typischen Ausnahmen" 0 und 1 weiterprobieren.)*

Beispiel 1: „Für alle a, b ∈ ℝ gilt $a \cdot b = b \cdot a$." Richtig oder nicht?
  Lösung: 2 Zahlen aussuchen: a = 3, b = 7
  Ausprobieren: $3 \cdot 7 = 21; 7 \cdot 3 = 21$
      auch mit negativen Zahlen: $3 \cdot (-5) = -15; (-5) \cdot 3 = -15$
      Sonderzahlen 0 und 1 überprüfen (stimmt auch ☺) → Aussage korrekt

Beispiel 2: „Für alle $x \in \mathbb{R}$ gilt x² > 0." Richtig oder falsch?
  Lösung: Zahlen aussuchen, zB x = 3   →   3² = 9 > 0
      zur Sicherheit noch eine Minuszahl probieren, zB x = -4   →   (-4)² = 16 > 0
      ABER: 0^2 = 0, und das ist nicht „größer als 0" → Aussage stimmt nicht
      Hier ist es also wichtig, auch die „Sonderzahl" 0 zu testen!

Beispiel 3: „Die Ableitung der Funktion f(x) = x² + 1 ist überall positiv."
  Lösung: Ableitung bilden → f´(x) = 2x
      Ist 2x wirklich immer größer 0? ??? → Nein, zB x = -3 → 2·(-3) = -6
      → Diese Aussage ist also falsch.

Prüfungstipp:
Wenn es um Funktionsgrafen geht, prüft man die Eigenschaften mit Hilfe der Grafik-Funktionen am Taschenrechner bzw. im Grafik-Fenster von Geogebra!

Diese Technik ist grundsätzlich in allen Kapiteln anwendbar, da man auch „komplizierte" Berechnungen wie Integrale etc. mit Geogebra oder Taschenrechner „nachrechnen" kann. In diesem Kapitel soll zunächst das Grundprinzip an allgemeinen Fragen demonstriert werden.

---

[1] Falls man die Lösung „einfach so weiß", ist das natürlich auch super, dann braucht man nicht weiterlesen ☺
[2] das führt nicht immer zur richtigen Lösung, aber die Wahrscheinlichkeit ist sehr, sehr hoch (zumindest was die „typischen" Prüfungsfragen betrifft)

Typische Fragestellungen ([...] sind die Aufgabennummern aus www.aufgabenpool.at)

1) Gegeben sind die Funktionen f und g mit den Funktionsgleichungen $f(x) = x^3$ und $g(x) = k \cdot x$ mit $k \in \mathbb{R}$. Kreuzen Sie die beiden zutreffenden Aussagen über die Schnittpunkte der Graphen der beiden Funktionen f und g an!

   Erinnerung: 1. Quadrant → rechts oben; 2. Quadrant → links oben;
   3. Quadrant → links unten; 4. Quadrant → rechts unten

   ○ Wenn k<0 ist, dann schneiden die Graphen von f und g einander im 2. und im 4. Quadranten des Koordinatensystems.
   ○ Wenn k≤0 ist, dann schneiden die Graphen von f und g einander nur im Ursprung des Koordinatensystems.
   ○ Wenn k=0 ist, gibt es keinen Schnittpunkt der Graphen von f und g.
   ○ Die Graphen von f und g schneiden einander nur im Ursprung des Koordinatensystems, unabhängig von k.
   ○ Wenn k>0 ist, dann schneiden die Graphen von f und g einander im 1. und im 3. Quadranten des Koordinatensystems sowie im Koordinatenursprung.

   Tipp: Funktionen zeichnen (bei Geogebra mit Schiebregler!) und „vom Hinschauen" feststellen, wie das ist ☺

2) Gegeben ist eine reelle Funktion f mit $f(x) = a \cdot x^2 + b$ mit $a, b > 0$ und $a \neq b$.
   Ergänzen Sie die Textlücken im folgenden Satz durch Ankreuzen der jeweils richtigen Satzteile so, dass eine mathematisch korrekte Aussage entsteht!

   Die gegebene quadratische Funktion hat ___①___ und schneidet die y-Achse im Punkt ___②___ .

①	
zwei reelle Nullstellen	☐
eine reelle Nullstelle	☐
keine reellen Nullstellen	☐

②	
P=(0|a)	☐
P=(0|b)	☐
P=(b|0)	☐

3) [1_565] Es sei a eine positive ganze Zahl. Welche der nachstehenden Ausdrücke ergeben für $a \in \mathbb{Z}^+$ stets eine ganze Zahl? Kreuzen Sie die beiden zutreffenden Ausdrücke an!

   ☐ a^{-1} ☐ a^2 ☐ $a^{\frac{1}{2}}$ ☐ $3 \cdot a$ ☐ $\frac{a}{2}$

4) [1_614] Für $a, b \in \mathbb{R}$ gilt der Zusammenhang $a \cdot b = 1$.
   Zwei der fünf nachstehenden Aussagen treffen in jedem Fall zu. Kreuzen Sie die beiden zutreffenden Aussagen an!
   ○ Wenn a kleiner als null ist, dann ist auch b kleiner als null.
   ○ Die Vorzeichen von a und b können unterschiedlich sein.
   ○ Für jedes $n \in \mathbb{N}$ gilt: $(a - n) \cdot (b + n) = 1$.
   ○ Für jedes $n \in \mathbb{N} \setminus \{0\}$ gilt: $(a \cdot n) \cdot \left(\frac{b}{n}\right) = 1$.
   ○ Es gilt: $a \neq b$

   Tipp: man kann nicht „irgendwelche" 2 Zahlen wählen, weil ja $a \cdot b = 1$ gelten muss → a beliebig wählen, aber b muss dann $b = \frac{1}{a}$ sein!
   Die Zahlen 0 und 1 muss man „extra" testen (vgl. Beispiel 3 im Theorieteil)!

5) [1_686] Für zwei ganze Zahlen a, b mit $a < 0$ imd $b < 0$ gilt: $b = 2 \cdot a$. Welche der beiden nachstehenden Berechnungen haben stets eine natürliche Zahl als Ergebnis? Kreuzen Sie die beiden zutreffenden Berechnungen an!

   ○ a + b   ○ b : a   ○ a : b   ○ a · b   ○ b - a

Kapitel 1
Zahlenmengen und Gleichungen

Natürliche Zahlen: $\mathbb{N}$
0, 1, 2, 3, 4, 5 und so weiter ; manchmal auch 1, 2, 3, 4, 5 (ohne 0 → flexibel sein ☺)
bei + und · entsteht stets eine natürliche Zahl; bei – und / nicht unbedingt

Ganze Zahlen: $\mathbb{Z}$
wie die natürlichen Zahlen, auch wenn ein Minus davorsteht:
0, 1, 2, 3, 4, 5 und so weiter und auch -1, -2, -3, usw.
bei +, - und · entsteht stets eine ganze Zahl; bei / nicht unbedingt

Rationale Zahlen: $\mathbb{Q}$
alle Bruchzahlen: $\frac{1}{3}$; $\frac{5}{2}$; $\frac{7}{4}$ und was man sich sonst noch vorstellen kann ☺
allgemein: alle Zahlen der Form $\frac{a}{b}$, wobei a und b ganze Zahlen sein müssen, und außerdem b≠0
   (also nicht „alles was einen Bruchstrich hat" ist eine rationale Zahl; zB $\frac{\pi}{3}$ ist <u>nicht</u> rational!)
das sind alle endlichen Dezimalzahlen: 3,4; 5,768; 0,987 und so weiter
   und alle periodischen Dezimalzahlen: $4,\dot{3}$; $0,1\dot{6}$; $3,\overline{87}$ und so weiter
bei +, -, · und / entsteht stets wieder eine rationale Zahl

Reelle Zahlen: $\mathbb{R}$
alle Zahlen, die man so kennt (auch nicht periodische Dezimalzahlen, Wurzeln, Logarithmen, „Sonderzahlen"
wie π usw.)   →   alle Zahlen auf der Zahlengeraden
keine reellen Zahlen sind nicht berechenbare Ausdrücke:
$\frac{7}{0}$ (Division durch 0 geht nicht); $\sqrt{-4}$ (Wurzel aus negativer Zahl geht nicht);
$\ln(0)$ (Logarithmus geht nur mit Zahlen größer 0)

Reelle Zahlen werden unterteilt in rationale Zahlen (siehe oben) und irrationale Zahlen. Irrationale Zahlen sind also jene, die nicht schon bei den rationalen Zahlen dabei sind (zB $\pi, \sqrt{2}, usw.$)

Komplexe Zahlen: $\mathbb{C}$
alle reellen Zahlen und zusätzlich auch Wurzeln aus negativen Zahlen (zB $\sqrt{-2}$)
  nicht berechenbare Ausdrücke (siehe bei reelle Zahlen) sind auch keine komplexen Zahlen

Achtung bei Ausnahmen!

$\frac{6}{3}$ sieht aus wie eine rationale Zahl, ist aber (auch) eine natürliche Zahl (nämlich 2)
$\sqrt{9}$ sieht aus wie eine reelle Zahl, ist aber (auch) eine natürliche Zahl (nämlich 3)
   Im Zweifel den Taschenrechner fragen!
$\frac{\pi}{9}$ sieht aus wie eine rationale Zahl, ist aber keine *(nur Brüche mit „normalen ganzen Zahlen" sind rationale Zahlen!)*

Jede Zahl gehört immer auch zur größeren Menge dazu!

-5 ist eine ganze Zahl, aber auch eine rationale bzw. eine reelle Zahl
5,75 ist eine rationale Zahl, aber auch eine reelle Zahl

Notationen (Schreibweisen)

ein $^+$ bedeutet nur Zahlen größer 0 (zB $\mathbb{Q}^+$ → nur rationale Zahlen größer 0)
ein $^-$ bedeutet nur Zahlen kleiner 0
ein * bedeutet, dass 0 nicht dabei ist (zB $\mathbb{R}^*$ → alle reellen Zahlen außer 0)
eine $_0$ bedeutet, dass 0 auch dazugehört (zB $\mathbb{R}_0^+$ → alle Zahlen größer 0 oder 0)

Enthalten-Relation („ist Element von")

$\in$ bedeutet, dass eine Zahl zu einer bestimmten Menge gehört; zB $-7 \in \mathbb{Z}$

Teilmenge

$\subseteq$ bedeutet, dass eine Menge in einer anderen zur Gänze enthalten ist; zB $\mathbb{Z} \subseteq \mathbb{R}$

Prüfungstipp:
Bei der Klausur sind die Ausnahmen natürlich der „Normalfall"... ;-)

Grafische Veranschaulichung der Zahlenmengen

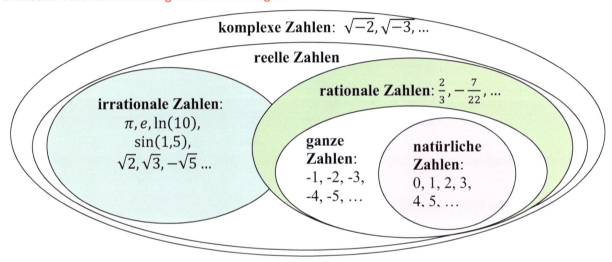

Typische Aufgabenstellungen ([...] sind die Aufgabennummern aus www.aufgabenpool.at)

1) [1_349] Gegeben ist die Zahlenmenge $\mathbb{Q}^+$. Kreuzen Sie jene beiden Zahlen an, die Elemente dieser Zahlenmenge sind!
   ○ $\sqrt{5}$ ○ $0{,}9 \cdot 10^{-3}$ ○ $\sqrt{0{,}01}$ ○ $\frac{\pi}{4}$ ○ $-1{,}41 \cdot 10^3$

2) [1_129] Kreuzen Sie von den folgenden diejenige(n) Zahl(en) an, die rational ist/sind!
   ○ $-\frac{1}{2}$ ○ $\frac{\pi}{5}$ ○ $3{,}\dot{5}$ ○ $\sqrt{3}$ ○ $-\sqrt{16}$

3) Setze die Zeichen $\in$ bzw. $\notin$ richtig ein!
   a) -5 $\mathbb{R}$ b) $\frac{\pi}{3}$ $\mathbb{Q}$ c) $\sqrt{3}$ $\mathbb{Z}$ d) -7 $\mathbb{N}$

4) Setze die Zeichen $\in$ bzw. $\notin$ richtig ein!
   a) $\frac{3}{0}$ $\mathbb{R}$ b) 6 $\mathbb{Q}$ c) $\sqrt{4}$ $\mathbb{Z}$ d) $-3{,}5$ $\mathbb{N}$

5) [1_469] Gegeben sind Aussagen über Zahlen. Welche der im Folgenden angeführten Aussagen gelten? Kreuzen Sie die beiden zutreffenden Aussagen an!
   ○ Jede reelle Zahl ist eine irrationale Zahl.
   ○ Jede reelle Zahl ist eine komplexe Zahl.
   ○ Jede rationale Zahl ist eine ganze Zahl.
   ○ Jede ganze Zahl ist eine natürliche Zahl.
   ○ Jede natürliche Zahl ist eine reelle Zahl.

6) [1_493] Die Menge $M = \{x \in \mathbb{Q} | 2 < x < 5\}$ ist eine Teilmenge der rationalen Zahlen. Kreuzen Sie die beiden zutreffenden Aussagen an!
   ○ 4,99 ist die größte Zahl, die zur Menge M gehört.
   ○ Es gibt unendlich viele Zahlen in der Menge M, die kleiner als 2,1 sind.
   ○ Jede reelle Zahl, die größer als 2 und kleiner als 5 ist, ist in der Menge M enthalten.
   ○ Alle Elemente der Menge M können in der Form $\frac{a}{b}$ geschrieben werden, wobei a und b ganze Zahlen sind und $b \neq 0$ ist.
   ○ Die Menge M enthält keine Zahlen aus der Menge der komplexen Zahlen.

7) [1_517] Nachstehend sind Aussagen über Zahlen und Zahlenmengen angeführt. Kreuzen Sie die beiden zutreffenden Aussagen an!
   ○ Die Quadratwurzel jeder natürlichen Zahl ist eine irrationale Zahl.
   ○ Jede natürliche Zahl kann als Bruch in der Form $\frac{a}{b}$ mit $a \in \mathbb{Z}$ und $b \in \mathbb{Z}\setminus\{0\}$ dargestellt werden.
   ○ Das Produkt zweier rationaler Zahlen kann eine natürliche Zahl sein.
   ○ Jede reelle Zahl kann als Bruch in der Form $\frac{a}{b}$ mit $a \in \mathbb{Z}$ und $b \in \mathbb{Z}\setminus\{0\}$ dargestellt werden.
   ○ Es gibt eine kleinste ganze Zahl.

8) [1_566] Untenstehend werden Aussagen über Zahlen aus den Zahlenmengen $\mathbb{N}, \mathbb{Z}, \mathbb{Q}, \mathbb{R}$ und $\mathbb{C}$ getroffen. Kreuzen Sie die zutreffende(n) Aussage(n) an!
   ○ Jede reelle Zahl ist eine rationale Zahl.
   ○ Jede natürliche Zahl ist eine rationale Zahl.
   ○ Jede ganze Zahl ist eine reelle Zahl.
   ○ Jede rationale Zahl ist eine reelle Zahl.
   ○ Jede komplexe Zahl ist eine reelle Zahl.

9) [1_638] Nachstehend sind Aussagen über Zahlen aus den Mengen $\mathbb{Z}, \mathbb{Q}, \mathbb{R}$ und $\mathbb{C}$ angeführt. Kreuzen Sie die beiden zutreffenden Aussagen an!
   ○ Irrationale Zahlen lassen sich in der Form $\frac{a}{b}$ mit $a, b \in \mathbb{Z}$ und $b \neq 0$ darstellen.
   ○ Jede rationale Zahl kann in endlicher oder periodischer Dezimalschreibweise geschrieben werden.
   ○ Jede Bruchzahl ist eine komplexe Zahl.
   ○ Die Menge der rationalen Zahlen besteht ausschließlich aus positiven Bruchzahlen.
   ○ Jede reelle Zahl ist auch eine rationale Zahl.

10) [1_662] Nachstehend sind Aussagen über Zahlen und Zahlenmengen angeführt. Kreuzen Sie die beiden zutreffenden Aussagen an!
- ⭕ Es gibt mindestens eine Zahl, die in $\mathbb{N}$ enthalten ist, nicht aber in $\mathbb{Z}$.
- ⭕ $-\sqrt{9}$ ist eine irrationale Zahl.
- ⭕ Die Zahl 3 ist ein Element der Menge $\mathbb{Q}$.
- ⭕ $\sqrt{-2}$ ist in $\mathbb{C}$ enthalten, nicht aber in $\mathbb{R}$.
- ⭕ Die periodische Zahl $1,\dot{5}$ ist in $\mathbb{R}$ enthalten, nicht aber in $\mathbb{Q}$.

11) [1_710] Zwischen Zahlenmengen bestehen bestimmte Beziehungen.
Kreuzen Sie die beiden wahren Aussagen an!
- ⭕ $\mathbb{Z}^+ \subseteq \mathbb{N}$
- ⭕ $\mathbb{C} \subseteq \mathbb{Z}$
- ⭕ $\mathbb{N} \subseteq \mathbb{R}^-$
- ⭕ $\mathbb{R}^+ \subseteq \mathbb{Q}$
- ⭕ $\mathbb{Q} \subseteq \mathbb{C}$

12) [1_782] Gegeben sind zwei natürliche Zahlen a und b, wobei gilt: $b \neq 0$.
Kreuzen Sie die beiden Ausdrücke an, die auf jeden Fall eine natürliche Zahl als Ergebnis liefern!
- ☐ $a + b$
- ☐ $a - b$
- ☐ $\frac{a}{b}$
- ☐ $a \cdot b$
- ☐ $\sqrt[a]{b}$

13) [1_758] Gegeben sind fünf Aussagen zu Zahlen und Zahlenmengen.
Kreuzen Sie die beiden zutreffenden Aussagen an!
- ☐ $\sqrt{\frac{9}{2}}$ ist eine rationale Zahl.
- ☐ $-\sqrt{100}$ ist eine ganze Zahl.
- ☐ $\sqrt{15}$ hat eine endliche Dezimaldarstellung.
- ☐ $\sqrt{2}$ ist eine rationale Zahl.
- ☐ -4 ist kein Quadrat einer reellen Zahl.

14) [1-373] Untenstehend sind fünf Aussagen über Zahlen aus den Zahlenmengen $\mathbb{N}, \mathbb{Z}, \mathbb{Q}$ und $\mathbb{R}$ angeführt.
Kreuzen Sie die beiden Aussagen an, die korrekt sind!
- ☐ Reelle Zahlen mit periodischer oder endlicher Dezimaldarstellung sind rationale Zahlen.
- ☐ Die Differenz zweier natürlicher Zahlen ist stets eine natürliche Zahl.
- ☐ Alle Wurzelausdrücke der Form $\sqrt{a}$ für $a \in \mathbb{R}$ und $a > 0$ sind stets irrationale Zahlen.
- ☐ Zwischen zwei verschiedenen rationalen Zahlen a, b existiert stets eine weitere rationale Zahl.
- ☐ Der Quotient zweier negativer ganzer Zahlen ist stets eine positive ganze Zahl.

Begriffsklärung

Variable: Buchstabe, der verschiedene Werte annehmen kann

Konstante: Buchstabe, der für genau eine bestimmte Zahl steht (Beispiel: π)

Parameter, Koeffizienten: Buchstaben, die grundsätzlich nur eine bestimmte Zahl bezeichnen, deren Wert aber noch nicht festgelegt ist

das ist natürlich sehr vage → diese Begriffe tauchen an allen möglichen Stellen auf und besagen eigentlich nichts außer „Buchstabe, der nicht Variable genannt wird" ☺

Term: „erlaubtes" Gebilde aus Zahlen, Buchstaben und Rechenzeichen

  Beispiele: 3x – 5y ist ein Term;

  6+)3-²7 ist kein Term (weil keine sinnvolle Kombination)

Gleichung: „erlaubtes" Gebilde mit Gleichheitszeichen (=)

  Beispiel: 3x – 5 = 12

Formel: Gleichung, die Beziehung zwischen mehreren Variablen ausdrückt

  Beispiel: K = 3w + u   →   also eine Gleichung mit mehreren Buchstaben ☺

Lösen von Gleichungen: Grundschema für lineare Gleichungen

$$6x - 5 = 2x + 19$$

Sortieren: x links, Zahlen rechts

Regel: „Verschieben" bewirkt Vorzeichen-Änderung

$$6x - 2x = 19 + 5$$
$$4x = 24$$

durch Zahl vor x dividieren:

$$x = 6$$

Nicht immer gibt es genau eine Lösung einer Gleichung!!!
- x fallen weg und „falsche Aussage" bleibt über
  Beispiel: 5x – 3 = 5x + 7 → 0 = 10 (keine Lösung)
- alles fällt weg, „wahre Aussage" bleibt übrig
  Beispiel: 4x + 1 = 4x + 1 → 0 = 0 (unendlich viele Lösungen)

Aufpassen muss man auch, welche Zahlen als Lösungen erlaubt sind:
- Beispiel: $x^2 = -5$ → $x = \pm\sqrt{-5}$ → es gibt (zwei) komplexe Lösungen, aber keine reelle Lösung
  ABER: $x^3 = -5$ → $x = \sqrt[3]{-5}$ *ist eine reelle Zahl*
    (im Zweifel immer den Taschenrechner fragen!!!)

Zu Sonderfällen (quadratische Gleichungen) siehe Kapitel 14!

Typische Aufgabenstellungen ([…] sind die Aufgabennummern aus www.aufgabenpool.at)

15) Welche der folgenden Gleichungen haben Lösungen in $\mathbb{N}$? Kreuze an!
    ○ 5x – 1 = 4   ○ -3x + 1 = -8   ○ 2x = 7   ○ x² = 25   ○ 6x + 3 = 6x + 1

16) [1_445] Gegeben sind fünf Gleichungen in der Unbekannten x. Welche dieser Gleichungen besitzt/besitzen zumindest eine reelle Lösung? Kreuzen Sie die zutreffende(n) Gleichung(en) an!
    ○ 2x = 2x + 1   ○ x = 2x   ○ x² + 1 = 0   ○ x² = -x   ○ x³ = -1

    Hinweis zu Gleichung Nummer 4:
    umformen: x² + x = 0 → x·(x+1) = 0 (Herausheben!)
    *   danach kann man „aufteilen" auf 2 getrennte Gleichungen: x = 0 und x + 1 = 0*
    (oder einfach auf Technologie zurückgreifen; Details zu quadratischen Gleichungen siehe Kapitel 14)

Was ist eine Äquivalenzumformung?

Umformungen, bei denen die Lösungsmenge gleich bleibt

Ob die Lösungsmenge gleich ist, überprüft man am einfachsten, indem man die Gleichungen mit Technologie löst; dann ist das relativ leicht feststellbar ☺.

Was ist nicht erlaubt beim Lösen von Gleichungen?

- **Division durch x**: x kann 0 sein, und durch 0 darf man nicht dividieren
  durch die Division würde 0 als Lösung der Gleichung wegfallen (siehe unten Aufgabe 11)
- **auf beiden Seiten quadrieren**: dadurch fallen die Vorzeichen weg
  Beispiel: -5 = 5 ist eine falsche Aussage → (-5)² = 5² ist eine wahre Aussage

17) [1_492] Nicht jede Umformung einer Gleichung ist eine Äquivalenzumformung. Erklären Sie konkret auf das unten angegebene Beispiel bezogen, warum es sich bei der durchgeführten Umformung um keine Äquivalenzumformung handelt! Die Grundmenge ist die Menge der reellen Zahlen.
    $x^2 - 5x = 0 \quad | :x$
    $x - 5 = 0$

18) [1_734] Gegeben ist die Gleichung $\frac{x}{2} - 4 = 3$ in $x \in \mathbb{R}$.
    Kreuzen Sie die beiden nachstehenden Gleichungen in an, die zur gegebenen Gleichung äquivalent sind!
    ☐ $x - 4 = 6$
    ☐ $\frac{x}{2} = -1$
    ☐ $\frac{x}{2} - 3 = 4$
    ☐ $\frac{x-8}{2} = 3$
    ☐ $\left(\frac{x}{2} - 4\right)^2 = 9$

Kapitel 2
Ungleichungen und Intervalle

Intervall = Zahlenbereich

zum Beispiel „alle Zahlen von 5 bis 13"

Notation mit Klammern:

eckige Klammer, wenn die Grenze noch zum Intervall gehören soll

zum Beispiel [5; 13] = „alle Zahlen von 5 bis 13", 5 und 13 gehören auch noch dazu

runde Klammern, wenn die Grenze nicht mehr zum Intervall gehören soll

zum Beispiel (5; 13) = „alle Zahlen zwischen 5 und 13", aber 5 und 13 gehören nicht dazu (12,99 aber schon!)

„gehört zu"-Symbol: $\in$

zum Beispiel: $7 \in (5; 13)$ bedeutet, dass 7 zum Intervall (5; 13) gehört

Ungleichungen:

> „größer als": x > 7 = „alle Zahlen die größer als 7 sind"

≥ „größer oder gleich → **mindestens**": $x \geq 7$ = „die Zahl 7 und alle Zahlen die größer als 7 sind"

< „kleiner als": x < 4 = „alle Zahlen die kleiner als 4 sind"

≤ „kleiner oder gleich → **höchstens**": $x \leq 4$ = „die Zahl 4 und alle Zahlen die kleiner als 4 sind"

Rechnen mit Ungleichungen:

Umformen wie bei Gleichungen, außer:

mit einer negativen Zahl multiplizieren oder dividieren → Pfeilrichtung umdrehen!!!

Beispiel 1:   5 – 2x < 13 | -5

   −2x < 8 | (-2) → Pfeilrichtung umdrehen!

   x > -4

Lösungsmenge: alle Zahlen größer als -4; also L = (-4; ∞)[1]

Beispiel 2: Bestimme alle Zahlen $x \in \mathbb{N}$, für die gilt: 3x + 1 < 10! | -1

   3x < 9 | :3

   x < 3

Lösungsmenge: alle natürlichen Zahlen, die kleiner als 3 sind (3 geht nicht!); also L={0, 1, 2}

Mengenschreibweise:

Menge enthält alle Zahlen einer bestimmten Grundmenge, die folgende Eigenschaft erfüllen

$M = \{ \quad x \quad \in \quad G \quad | \quad Bedingung \quad \}$

Beispiele: $C = \{x \in \mathbb{N} \mid x < 5\} = \{0, 1, 2, 3, 4\}$

$D = \{x \in \mathbb{N} \mid 2 < x \leq 7\} = \{3, 4, 5, 6, 7\}$

Teilmengen:

Das Zeichen ⊆ bedeutet Teilmenge:

alle Zahlen der linken Menge sind auch in der rechten Menge enthalten

Beispiele: $\{1, 2, 3\} \subseteq \{1, 2, 3, 4, 5\}$; $\mathbb{N} \subseteq \mathbb{Z}$

---

[1] bei ∞ stehen immer runde Klammern

Typische Aufgabenstellungen ([...] sind die Aufgabennummern aus www.aufgabenpool.at)

1) Geben Sie alle Zahlen $x \in \mathbb{N}$ an, für die gilt: -2x + 5 ≤ -4x + 11!

2) Bestimme die Lösungsmenge folgender Ungleichungen als Intervall $I \subseteq \mathbb{R}$!
    a) $4x \geq 12$
    b) $-2x + 7 > 3$
    c) $2x - 1 \leq x - 21$

3) Gegeben ist die lineare Ungleichung $2x - 6y \leq -3$. Berechnen Sie, für welche reellen Zahlen $a \in \mathbb{R}$ das Zahlenpaar $(18; a)$ Lösung der Ungleichung ist!
    Tipp: für x die Zahl 18 einsetzen; und dann einfach mit technologischen Hilfsmitteln ausrechnen ☺

4) Gegeben ist die Ungleichung x + 2 < a mit der Variablen $x \in \mathbb{N}$ und dem Parameter $a \in \mathbb{N}$. Ergänzen Sie die Textlücken im folgenden Satz durch Ankreuzen der jeweils richtigen Satzteile so, dass eine korrekte Aussage entsteht!
    Unter der Bedingung, dass _____①_____ ist, gibt es _____②_____ .
    Prüfungstipp: für a eine passende Zahl einsetzen (je nach Zeile) und ausrechnen, für welche x die Ungleichung gilt → dann erst die passende Kombination ankreuzen ☺

①	
$a \leq 2$	☐
$4 < a < 8$	☐
$a = 8$	☐

②	
genau ein $x \in \mathbb{N}$, das die Ungleichung erfüllt	☐
kein $x \in \mathbb{N}$, das die Ungleichung erfüllt	☐
unendlich viele $x \in \mathbb{N}$, die die Ungleichung erfüllen	☐

5) [1_760] Aus eine großen Gruppe von Jugendlichen und Erwachsenen soll eine Delegation gebildet werden. Dabei gelten die folgenden drei Vorschriften:
    1. Die Delegation soll mindestens 8 Mitglieder umfassen.
    2. Die Delegation soll höchstens 12 Mitglieder umfassen.
    3. In der Delegation sollen mindestens doppelt so viele Jugendliche wie Erwachsene sein.
    Zwei der drei Vorschriften sind unten stehend jeweils durch eine Ungleichung beschrieben. Dabei wird die Anzahl der Jugendlichen in dieser Delegation mit J und die Anzahl der Erwachsenen in dieser Delegation mit E bezeichnet.
    Kreuzen Sie die beiden zutreffenden Ungleichungen an!
    ☐ $J + E \leq 12$ ☐ $J \geq 2 \cdot E$ ☐ $J + E \leq 8$ ☐ $J - 2 \cdot E < 0$ ☐ $E \geq 2 \cdot J$
    Tipp: anhand von „Säulendiagrammen" die Ungleichungen veranschaulichen, dadurch wird der Zusammenhang oft leichter nachvollziehbar

5) Gib die folgenden Mengen im aufzählenden Verfahren an:
    a) $A = \{n \in \mathbb{N} \mid n \text{ ist gerade } \text{ und } n > 10\}$
    b) $B = \{x \in \mathbb{Z} \mid -3 \leq x < 2\}$

6) [1_688] Gegeben sind zwei lineare Ungleichungen.
    I: $7 \cdot x + 67 > -17$
    II: $-25 - 4x > 7$
    Gesucht sind alle reellen Zahlen x, die beide Ungleichungen erfüllen. Geben Sie die Menge dieser Zahlen als Intervall an!
    Tipp: Die Ungleichungen kann man (einzeln) mit Taschenrechner oder Geogebra lösen!

Kapitel 3
Prozentrechnen

„Prozent" ist Einheit für 1 Hundertstel

Beispiel: 13% = 0,13;   5% = 0,05;   0,3% = 0,003

Prozent von etwas: Multiplikation mit der entsprechenden Dezimalzahl   (Dezimalzahl = Prozent / 100)

Beispiel: 7% von 130   →   130·0,07

Prozent dazu oder weg: Ausgangswert · Prozentfaktor = Endwert

überlegen: Wie viel Prozent sind das am Ende? (Ausgangswert ist immer 100%)
dann Multiplikation mit der entsprechenden Dezimalzahl

Formel für Änderungsfaktor:
$$1 + \frac{Prozentänderung}{100} \text{ bzw.}$$
$$1 - \frac{Prozentänderung}{100}$$

Beispiel: 120 + 4%   →   104% am Ende; also 120·1,04 = 124,8
            80 – 14%   →   86% am Ende; also 80·0,86 = 68,8

mehrere prozentuelle Änderungen: die einzelnen Faktoren multiplizieren

Beispiel: +3% +2% +7%   →   1,03·1,02·1,07 = 1,1241 entspricht 112,41%; also insgesamt +12,41%

Prozentuelle Änderungen darf man NICHT einfach addieren/subtrahieren:
Ein Preis wird um 20% und anschließend um 30% gesenkt
            → er wurde dadurch jedenfalls NICHT um 50% gesenkt![1]

durchschnittliche prozentuelle Änderung: Wurzel aus dem „Gesamt-Prozentfaktor" ziehen
            die „wievielte" Wurzel entspricht der Anzahl der darin enthaltenen Änderungen

Beispiel (Fortsetzung): $\sqrt[3]{1,1241} = 1,0398$ →   die durchschnittliche Änderung beträgt +3,98%

Prozentuelle Änderungen rückgängig machen: Division durch die entsprechende Dezimalzahl
Beispiel:
Nach einer Reduktion um 30% kostet eine Jacke jetzt 55€. Wie groß war der ursprüngliche Preis?
    → -30% bedeutet ·0,7
    → rückgängig machen: 55 : 0,7 = 78,57€

Relative Anteile: $\frac{Anteil\ (Anzahl\ der\ Teilmenge)}{Grundwert\ (Gesamtanzahl)}$ (·100 ergibt den prozentuellen Anteil)

Beispiel: Von 70 Fahrgästen besitzen 55 Personen einen Fahrschein.
    Anteil der Personen mit Fahrschein: 55/70 = 0,79 = 79%
    Anteil der Personen ohne Fahrschein: 15/70 = 0,21 = 21%

Prüfungstipp:
Aufpassen, ob der Anteil der Änderung oder der Anteil des Restwerts gesucht ist!
Aufpassen, welche Zahl den Ausgangswert (den 100%-Wert) bildet → **nach „von"
oder „als" steht immer der 100%-Wert!**

prozentuelle Änderung
$$\frac{Endwert - Ausgangswert}{Ausgangswert} \cdot 100$$

---

[1] korrekte Rechnung: -20% -30% bedeutet 0,8·0,7 = 0,56 → 56% bleiben übrig, also -44%

Beispiel: Das Gehalt von Herrn Emil E wurde von 1250€ auf 1280€ erhöht.
Um wie viel Prozent verdient er mehr? Wieviel Prozent verdient er jetzt?
er bekommt 30€ mehr → er verdient um 30/1250 = 0,024 = 2,4% mehr
er verdient jetzt 1280€ → er verdient jetzt 1280/1250 = 1,024 = 102,4%

Prozentrechnen mittels Schlussrechnung

„diagonal verbunden Zahlen multiplizieren, durch die dritte Zahl dividieren"

Beispiel: Die Weizenproduktion in einem landwirtschaftlichen Betrieb konnte in diesem Jahr um 15% gesteigert werden und beträgt jetzt 28,32 Tonnen. Wie groß war die Produktion (in Tonnen) des Vorjahres?

Lösung: 28,32 Tonnen.............................115%   (15% mehr → 100% + 15%)

mal

? Tonnen.............................100%

diagonal multiplizieren; durch die dritte Zahl dividieren: $\frac{28,32 \cdot 100}{115} = 24,63 \text{ Tonnen}$

Das gleiche Schema funktioniert auch ohne Zahlen:

Beispiel: In einer Aktiengesellschaft betrug der Anteil der weiblichen Aufsichtsräte im letzten Lagebericht r%, wobei es damals a Frauen im Aufsichtsrat gab. Laut aktuellem Bericht gehören zur Zeit b Frauen dem Aufsichtsrat an.

Gib eine Formel zur Berechnung des aktuellen Anteils der Frauen (in Prozent) im Aufsichtsrat an!

Lösung: a Frauen............................. r %

mal

b Frauen............................. ? %

aktueller (prozentueller) Anteil der Frauen = $\frac{b \cdot r}{a}$

Typische Prüfungsaufgaben ([...] sind die Aufgabennummern aus www.aufgabenpool.at)

1) Zahlenangaben in Prozent (%) machen Anteile unterschiedlicher Größen vergleichbar. Kreuzen Sie die beiden zutreffenden Aussagen an!
   o Peters monatliches Taschengeld wurde von €80 auf €100 erhöht. Somit bekommt er jetzt um 20% mehr als vorher.
   o Ein Preis ist im Laufe der letzten fünf Jahre um 10% gestiegen. Das bedeutet in jedem Jahr eine Steigerung von 2% gegenüber dem Vorjahr.
   o Wenn die Inflationsrate in den letzten Monaten von 2% auf 1,5% gesunken ist, bedeutet das eine relative Abnahme der Inflationsrate um 25%.
   o Wenn ein Preis zunächst um 20% gesenkt und kurze Zeit darauf wieder um 5% erhöht wurde, dann ist er jetzt um 15% niedriger als ursprünglich.
   o Eine Zunahme um 200% bedeutet eine Steigerung auf das Dreifache.

2) Die gesamten Herstellungskosten für einen Artikel betragen 4,50€. Der Betrieb möchte das Produkt mit 20% Gewinn verkaufen. Berechnen Sie, zu welchem Preis der Artikel in diesem Fall angeboten wird!

3) Von 80 Mitarbeitern eines Unternehmens kommen 35 Personen mit öffentlichen Verkehrsmitteln zur Arbeit. Berechnen Sie den relativen Anteil der öffentlich anreisenden Personen in Prozent!

4) Dem Wirtschaftsanteil einer Tageszeitung ist zu entnehmen, dass sich die Inflationsrate im Jahresvergleich von 1,3% auf 1,1% reduziert hat.
Berechnen Sie, um wie viel Prozent die Inflationsrate gesunken ist!

5) Ein Unternehmen konnte die Anzahl der täglichen Aufrufe seiner Website innerhalb eines Jahres um 15% auf jetzt 12 000 tägliche Zugriffe steigern.
Berechnen Sie, wie viele tägliche Zugriffe vor einem Jahr zu verzeichnen waren!

6) Im Rahmen einer Rabattaktion senkt eine große Handelskette den Preis eines Produkts von 11,90€ auf 9,90€. Um wie viel Prozent ist das Produkt jetzt billiger?

7) Eine große Handelskette gewährt den Inhabern einer Kundenkarte einen Rabatt von 15% beim Kauf eines Artikels ab 100€. Wie viele Euro kostet ein Fernseher mit einem regulären Preis von 1290€ für den Inhaber einer Kundenkarte?

8) Im Sommerschlussverkauf wurde der Preis einer Jacke um 30% auf 29€ reduziert. Wie hoch war der ursprüngliche Preis?

9) Für die Beleuchtungsstärke E an einem Ort, der r Meter von der Lichtquelle entfernt ist, gilt der Zusammenhang $E = \frac{I}{r^2}$. Stellen Sie eine Gleichung für die Berechnung der Beleuchtungsstärke E auf, wenn die Entfernung r um a% von r erhöht wird!

10) Bei einer Umfrage werden die 480 Schüler/innen einer Schule befragt, mit welchem Verkehrsmittel sie zur Schule kommen. Die Antwortmöglichkeiten waren „öffentliche Verkehrsmittel" (A), „mit dem Auto / von den Eltern gebracht" (B) sowie „mit dem Rad / zu Fuß" (C). Das Kreisdiagramm zeigt die Ergebnisse.
Vervollständigen Sie das Säulendiagramm anhand der Werte aus dem Kreisdiagramm!

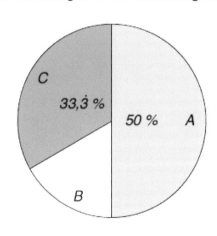
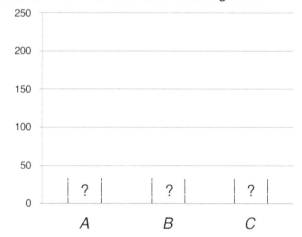

11) Die WHO (World Health Organization) berechnet den Grundumsatz an Energie im Laufe eines Tages für Frauen nach folgender Tabelle:

Altersgruppe	Formel
≤ 3 Jahre	GU (MJ) = 0,244 x KG[kg] – 0,130
3 – 10 Jahre	GU (MJ) = 0,085 x KG[kg] + 2,033
11 – 18 Jahre	GU (MJ) = 0,056 x KG[kg] + 2,898
19 – 30 Jahre	GU (MJ) = 0,062 x KG[kg] + 2,036
31 – 60 Jahre	GU (MJ) = 0,034 x KG[kg] + 3,538
> 60 Jahre	GU (MJ) = 0,038 x KG[kg] + 2,755

Die Berechnung des Grundumsatzes nach den Formeln der WHO ergibt einen Wert in der Einheit Megajoule (MJ). Der Grundumsatz lässt sich in Kilokalorien umrechnen, indem dieser Wert mit dem Faktor 239 multipliziert wird.

Bestimmen Sie nach diesen Formeln den Grundumsatz einer 25-jährigen und einer 50-jährigen Frau in Kilokalorien bei einem Körpergewicht von 80kg und berechnen Sie die Abnahme des Grundumsatzes zwischen den beiden Lebensaltern in Prozent!

12) Die nachstehende Tabelle gibt Auskunft über die Entwicklung des Baukostenindex der Gesamtbaukosten für den Wohnhaus- und Siedlungsbau im Zeitraum von fünf aufeinanderfolgenden Jahren:

Jahr	2010	2011	2012	2013	2014
Baukostenindex	3,2%	2,3%	2,1%	1,9%	1,1%

Jemand interessiert sich für den durchschnittlichen Baukostenindex in diesen fünf Jahren. Zur Abschätzung führt er folgende Rechnung aus:

$$\frac{3,2 + 2,3 + 2,1 + 1,9 + 1,1}{5} = 2,12$$

Die Vorgehensweise ist für die Berechnung des durchschnittlichen Baukostenindex allerdings nicht ganz korrekt. Geben Sie an, wie diese Berechnung korrekt zu erfolgen hätte!

13) Die Anzahl der Grundwehrdiener in einem Bundesland hat sich in den Jahren 2008 – 2013 prozentuell um folgende Werte verändert: +3,4%; -1,3%; +0,4%; +2,9%; -4,1%
-) Geben Sie die durchschnittliche prozentuelle Veränderung/Jahr an!
-) Bestimmen Sie, um wie viel Prozent die Anzahl der Grundwehrdiener von 2013 auf 2014 sinken müsste, damit sich wieder das Niveau von 2008 ergibt!

14) Um während der umsatzschwachen Wintermonate Gäste „anzulocken", hat ein Kaffeehaus-Betreiber seine Preise im Jänner und Februar um 20% gesenkt. Mit 1. März wurden die Preise dann wieder um 20% angehoben.
Stammgast Werner W kommt zur Erkenntnis, dass er jetzt wieder gleich viel wie vorher für den Kaffee bezahlen muss. Argumentieren Sie, warum Herr W mit dieser Ansicht einem Irrtum erliegt!

15) Die Baukosten für das Design-Center in Linz betrugen zur Zeit der Baufertigstellung (1993) umgerechnet ca. 66 Mio €.
Der Baukostenindex ist eine Maß für die Entwicklung derjenigen Kosten, die Bauunternehmern bei der Ausführung von Bauleistungen durch Veränderungen der Kostengrundlagen (Material und Arbeit) entstehen. Er gibt z.B. an, wie stark die Kosten für Hochbauten pro Jahr steigen. Berechnen Sie unter der Annahme, dass der

Baukostenindex für Österreich 3,5% pro Jahr beträgt, die Höhe der Baukosten für das Design-Center, wenn es erst 10 Jahre später gebaut worden wäre![2]

16) [1_541] Seit 2015 werden in Deutschland bestimmte Hörbücher statt mit 19% Mehrwertsteuer (MWSt.) mit dem ermäßigten Mehrwertsteuersatz von 7% belegt.
Stellen Sie eine Formel auf, mit deren Hilfe für ein Hörbuch, das ursprünglich inklusive 19% MWSt. x€ kostete, der ermäßigte Preis y€ inklusive 7% MWSt. berechnet werden kann! *Hinweis: Prozentrechnen mittels Schlussrechnung*

17) [1_529] Auf der Website der Statistik Austria findet man unter dem Begriff *Fertilität* (Fruchtbarkeit) folgende Information:
„Die Gesamtfertilitätsrate lag 2014 bei 1,46 Kindern je Frau, d.h., dass bei zukünftiger Konstanz der altersspezifischen Fertilitätsraten eine heute 15-jährige Frau in Österreich bis zu ihrem 50. Geburtstag statistisch gesehen 1,46 Kinder zur Welt bringen wird. Dieser Mittelwert liegt damit deutlich unter dem „Bestanderhaltungsniveau" von etwa 2 Kindern pro Frau."
Berechnen Sie, um welchen Prozentsatz die für das Jahr 2014 gültige Gesamtfertilitätsrate von 1,46 Kindern je Frau ansteigen müsste, um das „Bestanderhaltungsniveau" zu erreichen!

18) [1_626] Der AK-Wertschöpfungsbarometer zeigt die Entwicklung desjenigen Wertes auf, den österreichische Mittel- und Großbetriebe im Durchschnitt an jeder Mitarbeiterin / jedem Mitarbeiter pro Jahr verdienen. Konkret ermittelt wird dabei der Überschuss pro Beschäftigtem, also die Differenz zwischen der durchschnittlichen Wertschöpfung pro Beschäftigtem und dem durchschnittlichen Personalaufwand pro Beschäftigtem.
Berechnen Sie für das Jahr 2007 den Anteil dieses Überschusses (in Prozent) gemessen an der Pro-Kopf-Wertschöpfung!

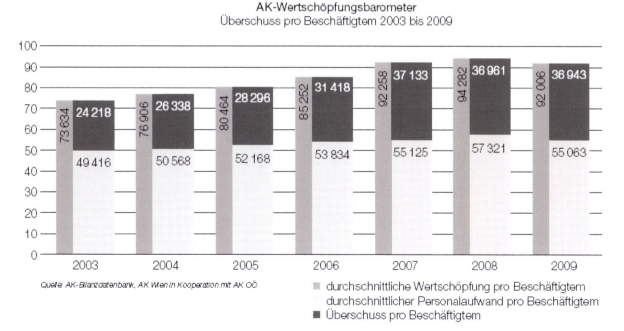

---

[2] Diese Aufgabe ist ein klassisches Beispiel dafür, wie man eine an sich relativ einfache Frage hinter einer Unmenge von nichtssagendem und für das Beispiel irrelevantem Text "verstecken" kann ☺

19) [1_656] Das nominale Bruttoinlandsprodukt gibt den Gesamtwert alle Güter, die während eines Jahres innerhalb der Landesgrenzen einer Volkswirtschaft hergestellt wurden, in aktuellen Marktpreisen an. Dividiert man das nominale Bruttoinlandsprodukt einer Volkswirtschaft durch die Einwohnerzahl, dann erhält man das sogenannte BIP pro Kopf.

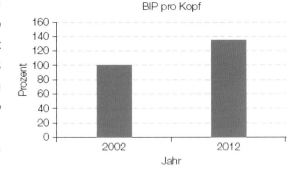

Die Grafik zeigt die relative Veränderung des BIP pro Kopf in Österreich von 2012 bezogen auf 2002.

Geben Sie an, ob ausschließlich anhand der Daten in der gegebenen Grafik der Wert der relativen Änderung des nominalen Bruttoinlandsprodukts in Österreich von 2012 bezogen auf 2002 ermittelt werden kann, und begründen Sie Ihre Entscheidung!

20) [1_683] Viele Zusammenhänge können in der Mathematik durch Gleichungen ausgedrückt werden. Ordnen Sie den vier Beschreibungen eines möglichen Zusammenhangs zweier Zahlen a und b mit a, b ∈ $\mathbb{R}^+$ jeweils die entsprechende Gleichung (aus A bis F) zu!

a ist halb so groß wie b.	
b ist 2% von a.	
a ist um 2% größer als b.	
b ist um 2% kleiner als a.	

A	$2 \cdot a = b$
B	$2 \cdot b = a$
C	$a = 1{,}02 \cdot b$
D	$b = 0{,}02 \cdot a$
E	$1{,}2 \cdot b = a$
F	$b = 0{,}98 \cdot a$

21) [1_783] Ein bestimmtes Medikament wird in flüssiger Form eingenommen. Es beinhaltet pro Milliliter Flüssigkeit 30 Milligramm eines Wirkstoffs. Martin nimmt 85 Milliliter dieses Medikaments ein. Vom Wirkstoff gelangen 10% in seinen Blutkreislauf.

Geben Sie an, wie viel Milligramm dieses Wirkstoffs in Martins Blutkreislauf gelangen!

22) [1_776] Im Jahr 2018 betrug das Bruttoinlandsprodukt (BIP) von Österreich rund 385,71 Milliarden Euro. Übersteigen die Einnahmen aus Exporten die Ausgaben aus Importen, so spricht man von einem Leistungsbilanzüberschuss, andernfalls von einem Leistungsbilanzdefizit. In der nachstehenden Abbildung sind für einige Länder diese Überschüsse bzw. Defizite als Leistungsbilanzsalden in Prozent des jeweiligen BIP für das Jahr 2018 angeführt.

Berechnen Sie den Leistungsbilanzüberschuss (in Milliarden Euro) von Österreich im Jahr 2018!

Kapitel 04
Arbeiten mit Formeln und Gleichungen

Es ist hier nicht ganz einfach, klare Lösungswege anzugeben – Formeln und Gleichungen „so ganz allgemein" können sehr verschieden aussehen…☺ Im Folgenden daher einige typische Grundmuster, wie sie häufig in Prüfungsaufgaben zu finden sind:

Prozentrechnungen → Multiplikation mit dem Prozentfaktor (siehe dazu ausführlich Kapitel 3!)

Beispiel: „Im Gehege gibt es 30% mehr Rehe als Hirsche." → $R = H \cdot 1{,}3$

„Kinder zahlen um 40% weniger Eintritt als Erwachsene." → $K = E \cdot 0{,}6$

„im Betrieb sind a% der insgesamt N Beschäftigten weiblich" → Anzahl Frauen = $\frac{N \cdot a}{100}$

Vergleich („um … mehr als"; „um…kleiner als" usw.)
„als" oder **„wie"** entspricht (fast) immer dem **„="** in der Formel

 „ist um 5 größer als" bedeutet „ist um 5 zu groß" → man muss also 5 <u>abziehen</u>

Beispiele: Fritz (F) ist um 5cm größer als Gerta (G) → $F - 5 = G$

die Anzahl der Schwäne (S) im See ist um 3 kleiner als die doppelte Anzahl der Enten (E)
→   S + 3   = $2 \cdot E$

Allgemein gilt: immer vom Größeren etwas abziehen oder
zum Kleineren etwas dazu zählen oder
Größeres – Kleineres = Differenz (Unterschied)

Beispiele: „Es gibt 7 Jungs mehr als Mädchen." → $J - 7 = M$ oder $J = M + 7$ oder $J - M = 7$

„Herr Müller verdient um 100€ weniger als Herr Schmidt." → $M + 100 = S$ oder $M = S - 100$ oder $M - S = 100$

„Frau Huber besitzt 3 Katzen mehr als Frau Berger." → $H - B = 3$ oder $H = B + 3$ oder $H - B = 3$

oft treten Gesamtsummen auf nach dem „Muster" eines Kassazettels
Beispiel: „Erwachsene zahlen a€ Eintritt für den Zoo, Kinder b€. Eine Gruppe besteht aus x Erwachsenen und y Kindern." → $x \cdot a + y \cdot b$ = gesamter Eintrittspreis

Häufige Grundmuster für Gleichungen:
Menge 1 + Menge 2 = Gesamtmenge
Wert1 · Menge 1 + Wert2 · Menge2 = Gesamtwert · Gesamtmenge
Wert1 · Menge 1 + Wert2 · Menge2 = Gesamtergebnis

„Wert" kann sein: Preis, Prozentzahl (sehr häufig!), Temperatur, Verbrauchswert, …
Beispiel: Zur Reinigung eines Büros werden ein Staubsauger (Stromverbrauch 2kWh pro Stunde) und ein Dampfreiniger (Stromverbrauch 1,5kWh pro Stunde) verwendet. Erstelle einen Term für den gesamten Stromverbrauch S für die Reinigung, wenn der Staubsauger n Stunden und der Dampfreiniger m Stunden im Einsatz ist!
Lösung: $2 \cdot n + 1{,}5 \cdot m = S$

Beispiel: Schnaps 1 enthält 70% Alkohol, Schnaps 2 enthält 54% Alkohol. Es sollen 10 Liter einer Mischung mit 60% Alkohol hergestellt werden. Gesucht sind Gleichungen zur Berechnung der Mengen x = wie viele Liter von Schnaps 1 und y = wie viele Liter von Schnaps 2 man zu diesem Zweck mischen muss.
Lösung: *Gleichung 1: Menge 1 + Menge 2 = 10   → $x + y = 10$*
Gleichung 2: Menge Alkohol 1 + Menge Alkohol 2 = Menge Alkohol gesamt
70% von x   +   54% von y   =   60% von 10 Liter   → $0{,}7x + 0{,}54y = 0{,}6 \cdot 10$

Typische Aufgabenstellungen ([...] sind die Aufgabennummern aus www.aufgabenpool.at)

1) Für die Anzahl x der in einem Betrieb angestellten Frauen und die Anzahl y der im selben Betrieb angestellten Männer kann man folgende Aussagen machen:
 - Die Anzahl der in diesem Betrieb angestellten Männer ist um 94 größer als jene der Frauen.
 - Es sind dreimal so viele Männer wie Frauen im Betrieb angestellt.
Kreuzen Sie diejenigen beiden Gleichungen an, die die oben angeführten Aussagen über die Anzahl der Angestellten mathematisch korrekt wiedergeben!
○ x – y = 94   ○ 3x = y   ○ 3x = 94   ○ 3y = x   ○ y – x = 94

2) in einer Volksschulklasse mit 24 Kindern gibt es doppelt so viele Mädchen wie Buben. Die Anzahl der Mädchen wird mit x bezeichnet, die Anzahl der Buben mit y.
Zwei der nachstehenden Gleichungen beschreiben Zusammenhänge zwischen x und y, wie sie aufgrund der dargestellten Situation vorliegen.
Kreuzen Sie die beiden zutreffenden Gleichungen an!
○ 2x + y = 24   ○ x + 2y = 24   ○ x + y = 24   ○ x = 2y   ○ y = 2x

3) Der Eintrittspreis für ein Schwimmbad beträgt für Erwachsene p Euro. Kindern zahlen nur den halben Preis. Wenn man nach 15 Uhr das Schwimmbad besucht, gibt es auf den jeweils zu zahlenden Eintritt 60% Ermäßigung.
Geben Sie eine Formel für die Gesamteinnahmen E aus dem Eintrittskartenverkauf eines Tages an, wenn e_1 Erwachsene und k_1 Kinder bereits vor 15 Uhr den Tageseintritt bezahlt haben und e_2 Erwachsene und k_2 Kinder nach 15 Uhr den ermäßigten Tageseintritt bezahlt haben!

4) Eine Seitenfläche der Glaspyramide setzt sich aus 18 dreieckigen und 153 rautenförmigen Glassegmenten zusammen. Die gesamte Seitenfläche hat eine Größe von 486m². Die Glasfläche eines rautenförmigen Glassegments ist doppelt so groß wie jene eines dreieckigen.
a) Stellen Sie eine Gleichung auf, mit welcher sich die Fläche eines dreiecksförmigen Glassegments berechnen lässt!
b) Berechnen Sie die Glasfläche eines dreieckigen Glassegments!

5) Für eine Tortencreme benötigt man halb so viel Schlagobers wie Joghurt. Insgesamt machen Schlagobers und Joghurt gemeinsam $\frac{3}{4}$ des Gesamtvolumens der Creme aus. Erstellen Sie ein passendes Gleichungssystem für die Berechnung, wie viel Liter Schlagobers und Joghurt zur Herstellung von V Litern Creme benötigt werden!

6) In einer Studie zum Thema Verkehrsaufkommen wird die Menge des Gütertransports (in Mio t) auf der Straße mit A, die Menge des Gütertransports (in Mio t) auf der Schiene mit B bezeichnet. Mit welchem Ansatz lässt sich dann folgender Zusammenhang beschreiben: *„Die Menge des Straßentransports übersteigt das Fünffache der Menge des Schienentransports noch um 7 Millionen Tonnen."*?

7) Tim hat x Wochen lang wöchentlich €8, y Wochen lang wöchentlich €10 und z Wochen lang wöchentlich €12 Taschengeld erhalten. Geben Sie in Worten an, was in diesem Zusammenhang durch den Term $\frac{8x+10y+12z}{x+y+z}$ dargestellt wird!

8) Ein Vergnügungspark bietet Tagestickets um 10€ an. Bei einer Promotion, die in Zusammenarbeit mit einer Supermarktkette durchgeführt wird, erhält jeder Kunde des Supermarkts Gutscheine für einen ermäßigten Eintritt um 9€. Im Aktionsmonat bezahlen a Personen den Normalpreis, b Personen lösen den Gutschein ein und erhalten ein ermäßigtes Ticket.

Interpretieren Sie, was durch folgende Terme berechnet wird:

a) $10a + 9b$ b) $\frac{10a+9b}{a+b}$ c) $\frac{9b}{10a+9b} \cdot 100$

9) Der durchschnittliche Treibstoffverbrauch eines PKW beträgt *y* Liter pro 100km Fahrtstrecke. Die Kosten für den Treibstoff betragen *a* Euro pro Liter.
Geben Sie einen Term an, der die durchschnittlichen Treibstoffkosten *K* (in Euro) für eine Fahrtstrecke von *x* km beschreibt!

10) Ein Kapital *K* wird 5 Jahre lang mit einem jährlichen Zinssatz von 1,2% verzinst. Gegeben ist folgender Term: $K \cdot 1{,}012^5 - K$. Geben Sie die Bedeutung dieses Terms im gegebenen Kontext an!

11) Ein Bauer hat zwei Sorten von Fertigfutter für die Rindermast gekauft. Fertigfutter A hat einen Proteinanteil von 14%, während Fertigfutter B einen Proteinanteil von 35% hat.
Der Bauer möchte für seine Jungstiere 100kg einer Mischung dieser beiden Fertigfutter-Sorten mit einem Proteinanteil von 18% herstellen. Es sollen a kg der Sorte A mit b kg der Sorte B gemischt werden.
Geben Sie zwei Gleichungen in den Variablen a und b an, mithilfe derer die für diese Mischung benötigten Mengen berechnet werden können!

12) Weine der Sorten Zweigelt und Grüner Veltliner werden in Kisten zu 12 Flaschen und Kartons zu 6 Flaschen verkauft. Die Preise pro Flasche sind unabhängig von der Packungsgröße.
1 Kiste Zweigelt und 1 Karton Grüner Veltliner kosten insgesamt € 47,40.
2 Kisten Grüner Veltliner und 1 Karton Zweigelt kosten insgesamt € 72.
a) Erstellen Sie ein Gleichungssystem, mit dem der Preis für eine Flasche Zweigelt und der Preis für eine Flasche grüner Veltliner berechnet werden können.
b) Berechnen Sie den Preis für eine Flasche Zweigelt und den Preis für eine Flasche Grüner Veltliner.

13) Die nachstehenden Angaben beziehen sich auf Straßenverkehrsunfälle im Zeitraum von 2014 bis 2016.
A ... Anzahl der Straßenverkehrsunfälle im Jahr 2014, davon a% mit Personenschaden
B ... Anzahl der Straßenverkehrsunfälle im Jahr 2015, davon b% mit Personenschaden
C ... Anzahl der Straßenverkehrsunfälle im Jahr 2016, davon c% mit Personenschaden
Geben Sie einen Term für die Gesamtzahl *N* der Straßenverkehrsunfälle mit Personenschaden im Zeitraum von 2014 bis 2016 an!

14) Die Variable *F* bezeichnet die Anzahl der weiblichen Passagiere in einem Autobus, *M* bezeichnet die Anzahl der männlichen Passagiere in diesem Autobus. Zusammen mit dem Lenker (männlich) sind doppelt so viele Männer wie Frauen in diesem Autobus. (Der Lenker wird nicht bei den Passagieren mitgezählt.)
Kreuzen Sie diejenige Gleichung an, die den Zusammenhang zwischen der Anzahl der Frauen und der Anzahl der Männer in diesem Autobus richtig beschreibt!

○ $2 \cdot (M+1) = F$ ○ $M + 1 = 2 \cdot F$ ○ $F = 2 \cdot M + 1$
○ $F + 1 = 2 \cdot M$ ○ $M - 1 = 2 \cdot F$ ○ $2 \cdot F = M$

15) Um 8:00 Uhr fährt ein Güterzug von Salzburg in Richtung Linz ab. Vom 124km entfernten Bahnhof Linz fährt eine halbe Stunde später ein Schnellzug Richtung Salzburg ab. Der Güterzug bewegt sich mit einer mittleren Geschwindigkeit von 100km/h, die mittlere Geschwindigkeit des Schnellzugs ist 150km/h.
Mit *t* wird die Fahrzeit des Güterzugs in Stunden bezeichnet, die bis zur Begegnung der beiden Züge vergeht.
Geben Sie eine Gleichung für die Berechnung der Fahrzeit *t* des Güterzugs an und berechnen Sie diese Fahrzeit!

Hinweis siehe nächste Seite ☺

Tipp: Fahrtstrecke Güterzug + Fahrtstrecke Schnellzug = Gesamtentfernung
 für die Fahrtstrecke gilt die Formel Weg = Geschwindigkeit · Zeit
 die Fahrzeit des Schnellzugs ist 0,5 Stunden weniger als die Fahrzeit des Güterzugs, also t – 0,5

16) An einer Projektwoche nehmen insgesamt 25 Schüler/innen teil. Die Anzahl der Mädchen wird mit x bezeichnet, die Anzahl der Burschen mit y. Die Mädchen werden in 3-Bett-Zimmern untergebracht, die Burschen in 4-Bett-Zimmern, insgesamt stehen 7 Zimmer zur Verfügung. Die Betten aller 7 Zimmer werden belegt, es bleiben keine leeren Betten übrig.

Mithilfe eines Gleichungssystems aus zwei der nachstehenden Gleichungen kann die Anzahl der Mädchen und die Anzahl der Burschen berechnet werden. Kreuzen Sie die beiden zutreffenden Gleichungen an!

○ $x + y = 7$ ○ $x + y = 25$ ○ $3 \cdot x + 4 \cdot y = 7$ ○ $\frac{x}{3} + \frac{y}{4} = 7$ ○ $\frac{x}{3} + \frac{y}{4} = 25$

17) Eine Gemeinde unterstützt den Neubau von Solaranlagen in h Haushalten mit jeweils $p\%$ der Anschaffungskosten, wobei das arithmetische Mittel der Anschaffungskosten für eine Solaranlage für einen Haushalt in dieser Gemeinde e Euro beträgt.

Interpretieren Sie den Term $h \cdot e \cdot \frac{p}{100}$ im angegebenen Kontext!

18) Ein Rudel von Löwen besteht aus Männchen und Weibchen. Die Anzahl der Männchen in diesem Rudel wird mit m bezeichnet, jene der Weibchen mit w.

Die beiden nachstehenden Gleichungen enthalten Informationen über dieses Rudel.

$m + w = 21$
$4 \cdot m + 1 = w$

Kreuzen Sie die beiden Aussagen an, die auf dieses Rudel zutreffen!

❏ In diesem Rudel sind mehr Männchen als Weibchen.
❏ Die Anzahl der Weibchen ist mehr als viermal so groß wie die Anzahl der Männchen.
❏ Die Anzahl der Männchen ist um 1 kleiner als die Anzahl der Weibchen.
❏ Insgesamt sind mehr als 20 Löwen (Männchen und Weibchen) in diesem Rudel.
❏ Das Vierfache der Anzahl der Männchen ist um 1 größer als die Anzahl der Weibchen.

Tipp: Mit Technologie-Unterstützung kann man sich leicht ausrechnen, wie viele Männchen und Weibchen es gibt (Gleichungssystem lösen!); dann sind die Fragen eigentlich wirklich nicht mehr schwer ☺.

19) Eine Spielgemeinschaft bestehend aus 3 Spielerinnen gewinnt € 10.000. Dieser Gewinn wird wie folgt aufgeteilt: Spielerin *B* erhält um 50% mehr als Spielerin *A*, Spielerin *C* erhält um 20% weniger als Spielerin *B*. Mit x wird der Betrag bezeichnet, den Spielerin *A* erhält (x in €).

Geben Sie eine Gleichung an, mit der x berechnet werden kann!

Kapitel 05
Funktionen

Funktion = Rechenvorschrift (→ Funktionsgleichung)

$$f(x) = y \quad oder \quad x \mapsto y$$

x = Stelle (Argument, unabhängige Variable): in der Klammer hinter f bzw. vor ↦
y = Funktionswert, abhängige Variable): hinter = bzw. hinter ↦
  statt dem Buchstaben y kann auch die entsprechende „Rechenvorschrift" stehen:
  $f(x) = x^2 - 4$ bedeutet dann eben: y wird berechnet, indem man $x^2 - 4$ ausrechnet; also $y = x^2 - 4$
Beispiel: f(4) = 5 bedeutet: für x = 4 ergibt sich der Funktionswert y = 5

*Funktionen lassen sich auch durch **Tabellen** oder **Funktionsgrafen** darstellen.*

Beispiel: $f(x) = 3x^2 - 5$

x	y
-3	22
-2	7
-1	-2
0	-5
1	-2
2	7
3	22

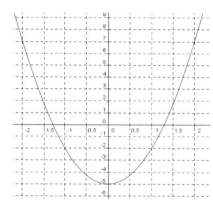

Ablesen von Funktionswerten aus Zeichnungen/Funktionsgraphen:
f(1,5) = y → suche Zahl 1,5 auf x-Achse → finde den zugehörigen Funktionspunkt → sieh
      nach, welche Zahl links/rechts daneben auf y-Achse steht [im Beispiel f(1,5) = 2]
f(x) = 7 → suche Zahl 7 auf y-Achse → finde den/die (mehrere möglich!) zugehörigen
      Funktionspunkte → sieh nach, welche Zahl darüber/darunter auf x-Achse steht
      [im Beispiel x = -2 und x = 2]

Monotonieverhalten in einem Intervall: das Intervall ist <u>immer</u> ein Abschnitt auf der x-Achse
  streng monoton steigend: Graf verläuft nach oben   (im Beispiel im Intervall [0; ∞))
  streng monoton fallend: Graf verläuft nach unten   (im Beispiel im Intervall (−∞; 0])
Gibt es auch konstante („waagrechte") Abschnitte, lässt man „streng" weg → monoton steigend bzw. monoton fallend.
Eine streng monoton steigende Funktion ist automatisch immer auch monoton steigend.
Eine konstante Funktion (die immer waagrecht verläuft) ist gleichzeitig monoton steigend und monoton fallend!
Hier geht es nur darum, das Monotonieverhalten (ungefähr) aus einer Grafik abzulesen. Berechnungen dazu stehen im Abschnitt über die Differentialrechnung!

Nicht jede „Rechenvorschrift" ist eine Funktion!!!
Ergebnis muss eindeutig sein:
$y^2 = x - 3$ definiert keine Funktion
      (denn $y = \sqrt{x-3}$ oder $y = -\sqrt{x-3}$; also nicht eindeutig)
grafisch: es darf keine „senkrecht übereinander liegenden Punkte" geben
      (zB ein Kreis ist kein Funktionsgraf)

Ergebnis muss „berechenbar" sein:
$y = \frac{3}{x-2}$ definiert keine Funktion
      (denn für x = 2 müsste man durch 0 dividieren, und das geht nicht)

Definitionsmenge: alle Zahlen, die man für x einsetzen darf
   häufig D = ℝ oder D = ℝ \ {*Ausnahmezahlen*}
   grafisch: jener Abschnitt auf der x-Achse, wo darüber oder darunter der Funktionsgraf verläuft

Regeln zum Berechnen der Definitionsmenge
   Brüche: Nenner muss ungleich 0 sein → hier gibt es also „Ausnahmezahlen"
      Beispiel: $f(x) = \frac{5}{x-4}$ → D = ℝ \ {4}
   Wurzeln: Ausdruck in der Wurzel ≥ 0 → man erhält ein Intervall als Definitionsmenge
      Beispiel: $f(x) = \sqrt{x-2}$ → D = [2; ∞)
   Logarithmen: Ausdruck in der Klammer > 0 → man erhält ein Intervall als Definitionsmenge
      Beispiel: $f(x) = \ln(x+1)$ → D = (-1; ∞)

Die Berechnung der Ausnahmenzahlen bzw. Intervalle kann man auch mit Technologie durchführen!

Grundmenge: jene Zahlen, aus denen die Definitionsmenge ausgewählt wird, in der Regel $G = ℝ$

Zielmenge: welche „Art" von Zahlen als Ergebnis auftritt, in der Regel Z = ℝ

Wertemenge: welche Zahlen tatsächlich als Ergebnis auftreten
   grafisch: jener Abschnitt auf der y-Achse, wo links oder rechts der Funktionsgraf verläuft

Schreibweise: $f: D \to Z, f(x) = Rechenvorschrift$

 In dieser Schreibweise stehen die Definitionsmenge, also nur jene xZahlen, die man tatsächlich einsetzen kann, und die Wertemenge, also lediglich ein „Vorrat" an yZahlen, die gar nicht alle wirklich vorkommen müssen.

Beispiel: $f: ℝ \to ℝ, f(x) = \frac{1}{x^2}$ ist falsch, weil man x = 0 nicht einsetzen kann ($\frac{1}{0^2}$ geht nicht)
   Dass gar keine negativen yWerte vorkommen, ist hingegen egal; also f: ℝ \ {0} → ℝ wäre richtig, man muss also „nur" die Definitionsmenge anpassen.

Die Angabe der Definitionsmenge kann entscheidend dafür sein, ob eine Funktion vorliegt oder nicht!
Beispiel: $y = \frac{3}{x-2}$ definiert keine Funktion $f: ℝ \to ℝ$ (siehe oben),
   aber eine Funktion $f: ℝ \setminus \{2\} \to ℝ$

Formel oder Funktion?
Eine Formel unterscheidet sich von einer Funktion letztlich nur durch die Schreibweise (links mit Klammer oder ohne Klammer):
A = r²·π ist eine Formel zur Berechnung des Flächeninhalts eines Kreises;
A(r) = r²·π beschreibt die funktionale Abhängigkeit der Kreisfläche vom Radius

Typische Aufgabenstellungen ([...] sind die Aufgabennummern aus www.aufgabenpool.at)

1) Eine reelle Funktion $f: [-3; 3] \to \mathbb{R}$ kann in einem Koordinatensystem als Graph dargestellt werden.
Kreuzen Sie die beiden Diagramme an, die einen möglichen Graphen der Funktion f zeigen!

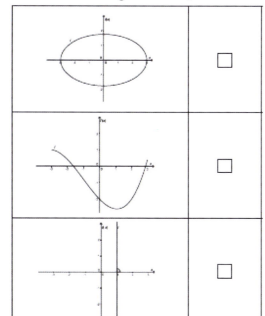

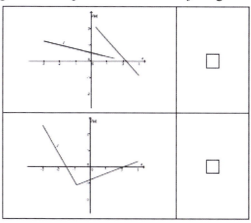

2) Gegeben sind die Graphen der Funktion f, g und h. Kreuzen Sie die beiden zutreffenden Aussagen an!

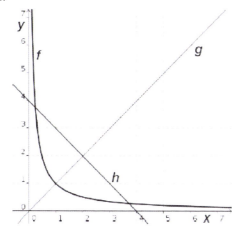

○ $g(1) > g(3)$

○ $h(1) > h(3)$

○ $f(1) = g(1)$

○ $h(1) = g(1)$

○ $f(1) < f(3)$

3) Kreuzen Sie alle Terme an, durch welche sich eine Funktion $f: \mathbb{R} \to \mathbb{R}$ definieren lässt!
○ $y = 3x - 7$ ○ $4y - x^2 = 2$ ○ $2y^2 = x^2 + 1$ ○ $y = \frac{x-3}{5}$ ○ $y = \frac{7}{x-3}$
Hinweis: *jeweils auf y = ... umformen → Ergebnis muss* <u>eindeutig</u> *und* <u>berechenbar</u> *sein*

4) [1_557] Das Räuber-Beute-Modell zeigt vereinfacht Populationsschwankungen einer Räuberpopulation (z.B. der Anzahl von Kanadischen Luchsen) und einer Beutepopulation (z.B. der Anzahl von Schneeschuhhasen). Die in der Grafik abgebildeten Funktionen R und B beschreiben modellhaft die Anzahl der Räuber $R(t)$ bzw. die Anzahl der Beutetiere $B(t)$ für einen beobachteten Zeitraum von 24 Jahren ($B(t)$, $R(t)$ in 10 000 Individuen, t in Jahren).

Geben Sie alle Zeitintervallen im dargestellten Beobachtungszeitraum an, in denen sowohl die Räuberpopulation als auch die Beutepopulation abnimmt!

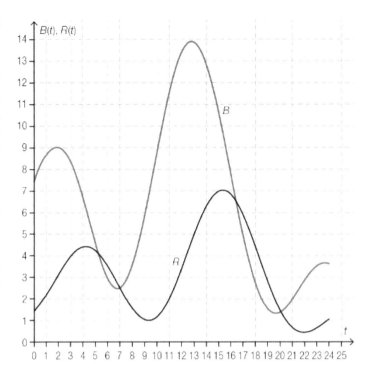

5) [1_372] Es sind vier Terme und sechs Mengen (A bis F) gegeben. Ordnen Sie den vier Termen jeweils die entsprechende größtmögliche Definitionsmenge in der Menge der reellen Zahlen zu!

$\ln(x+1)$	
$\sqrt{1-x}$	
$\frac{2x}{x \cdot (x+1)^2}$	
$\frac{2x}{x^2+1}$	

A	$D_A = \mathbb{R}$
B	$D_B = (1; \infty)$
C	$D_C = (-1; \infty)$
D	$D_D = \mathbb{R} \setminus \{-1; 0\}$
E	$D_E = (-\infty; 1)$
F	$D_F = (-\infty; 1]$

Spezielle grafische Eigenschaften

1. Symmetrie nachweisen
Funktion f(x) ist symmetrisch zur y-Achse,
wenn „links und rechts von der Mitte der gleiche Graf gezeichnet ist"
formal: $f(x) = f(-x)$
Erkennungsmerkmal: es kommen nur gerade Hochzahlen
                          oder Zahlen ohne x vor

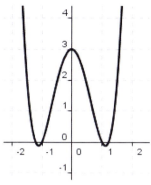

Beispiel: $f(x) = 2x^4 - 5x^2 + 3$
formaler Nachweis: $f(x) = f(-x)$
   ersetze x durch (-x) → bei gerade Hochzahl fällt Minus weg
   aber das muss man dann auch so hinschreiben!!!
Nachweis für unser Beispiel: $f(-x) = 2(-x)^4 - 5(-x)^2 + 3 = 2x^4 - 5x^2 + 3$
   daraus erkennt man, dass $f(x) = f(-x)$ gilt

Funktion f(x) ist symmetrisch zum Ursprung, wenn „der Funktionsgraph diagonal gespiegelt ist"
formal: $f(x) = -f(-x)$[1]
Erkennungsmerkmal: es kommen nur ungerade Hochzahlen vor
                   ($x = x^1$ ist erlaubt; Zahlen ohne x nicht!)

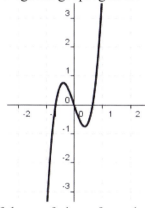

Beispiel: $f(x) = 7x^3 - 3x$
formaler Nachweis: $f(x) = -f(-x)$
   beginne mit –(...);
   ersetze x durch (-x) → bei ungerader Hochzahl bleibt Minus stehen
Nachweis für unser Beispiel: $-(7(-x)^3 - 3(-x)) = -(-7x^3 + 3x) = 7x^3 - 3x$
   daraus erkennt man, dass $f(x) = -f(-x)$ gilt

Aufgabe 6: Entscheide, ob folgende Funktionen symmetrisch sind und führe ggf einen formalen Beweis für die behauptete Symmetrie!
    a) $f(x) = 4x^6 + 2x^2$ b) $f(x) = 2x^2 - 5x + 7$ c) $f(x) = 5x^3 - x$

2. Achsenschnittpunkte
Schnittpunkt mit y-Achse: x = 0   → für x die Zahl 0 einsetzen und einfach ausrechnen
Beispiel: Die Funktion $f(x) = 2x^2 - 7$ schneidet die y-Achse bei $y = 2 \cdot 0^2 - 7 = -7$
       → Schnittpunkt ist (0 | -7)

Schnittpunkt mit x-Achse: y = 0   → links die Zahl 0 hinschreiben und Gleichung lösen[2]
*Die xKoordinate vom Schnittpunkt mit der x-Achse nennt man auch **Nullstelle**!*
Beispiel: Die Funktion $f(x) = 2x + 6$ schneidet die x-Achse bei: $0 = 2x + 6$
                                                                  $-6 = 2x$
                                                                  $-3 = x$

      → Schnittpunkt ist (-3 | 0)

Aufgabe 7: Bestimme die Achsenschnittpunkte für die Funktion $f(x) = 5x - 20$!

---

[1] -f(x) = f(-x) ist formal dieselbe Definition, allerdings „unangenehmer" zum Nachrechnen
[2] Das kann mehr oder weniger kompliziert sein; notfalls auf technische Hilfsmittel zurückgreifen ☺

3. Verschieben von Funktionsgrafen

Ausgangspunkt: Funktionsgleichung f(x); zum Beispiel **f(x) = 5x² + 3**

grafische Darstellung siehe nächste Seite!

Graf wird nach oben verschoben, indem man hinten eine Zahl addiert:
  Beispiel: um 4 nach oben schieben → f(x) + 4 = 5x² + 3 + 4 = 5x² + 7
Graf wird nach unten verschoben, indem man hinten eine Zahl subtrahiert:
  Beispiel: um 2 nach unten schieben → f(x) − 2 = 5x² + 3 − 2 = 5x² + 1

Graf wird nach links geschoben, indem man zu x eine Zahl addiert:
  Beispiel: um 3 nach links schieben → f(x+3) = 5(x+3)² + 3 = 5x² + 30x + 48
Graf wird nach rechts geschoben, indem man von x eine Zahl subtrahiert:
  Beispiel: um 2 nach rechts schieben → f(x−2) = 5(x−2)² + 3 = 5x² − 20x + 23

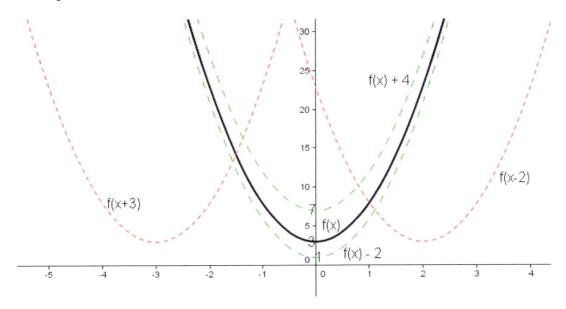

Aufgabe 8: Gib an, wie man die Funktionsgleichung der Grafen g(x), h(x) und s(x) aus der Funktionsgleichung f(x) erhält!

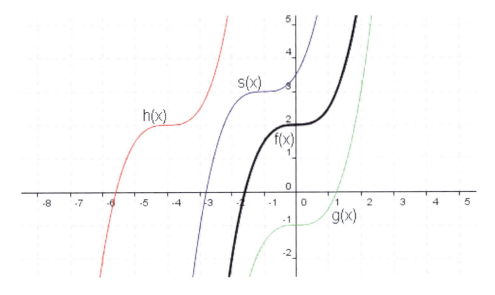

Kapitel 06
Potenzfunktionen

FORMEL[1]: $f(x) = a \cdot x^n + c$

[x kommt nur einmal vor (mit Hochzahl)]

Grafen für c=0: Verlauf durch Ursprung bzw. asymptotisch entlang der x-Achse
a>0 (kein Minus vor x)

n = 0	n = 1	n = 2, 4, 6, ...	n = 3, 5, 7, ...	n = -1, -3, -5, ...	n = -2, -4, -6

  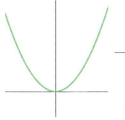  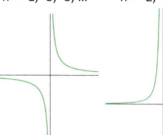

für a < 0 sind die Grafen jeweils an der x-Achse gespiegelt

n = 0	n = 1	n = 2, 4, 6, ...	n = 3, 5, 7, ...	n = -1, -3, -5, ...	n = -2, -4, -6

 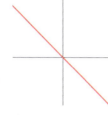 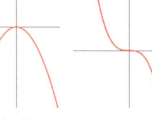 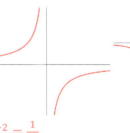 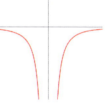

⚠ **Potenzschreibweise:** Minus bei Hochzahl entspricht Division → $x^{-2} = \frac{1}{x^2}$

Speziallfall: Hochzahl n = ½ → Wurzelfunktion, also $f(x) = a \cdot \sqrt{x}$
Funktionsgraf verläuft nur rechts von der y-Achse (Wurzel aus negativer Zahl nicht erlaubt!)

        a > 0   *a < 0*

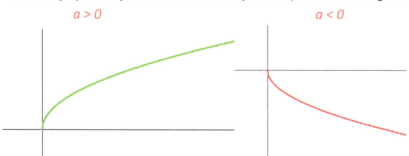

Ist $c \neq 0$, sind die Grafen entsprechend senkrecht nach oben/unten verschoben! [siehe dazu auch Funktionen allgemein]

Symmetrie und Monotonieverhalten

gerade Hochzahl: symmetrisch zur y-Achse; Monotonieverhalten ändert sich an der Stelle x = 0
ungerade Hochzahl: symmetrisch zum Ursprung (bzw. zum Punkt (0|c)); Monotonieverhalten immer gleich
        (bei negativen Hochzahlen allerdings den „Sprung" beachten!)

Bemerkung:

Den „Sprung" bei x = 0 nennt man **Polstelle**, wo eine Polstelle ist, ist immer auch eine senkrechte Asymptote.

---

[1] Eigentlich ist ein „+c" bei Potenzfunktionen nicht erlaubt. Bei der Matura geht es streng genommen lt. Grundkompetenzkatalog um „Funktionen" der Form $a \cdot x^n + c$; hier wurde dennoch die Überschrift „Potenzfunktionen" gewählt, weil es faktisch letztlich – egal ob mit „+c" oder ohne „+c" – um die Eigenschaften dieser Art von Funktionen geht.

Typische Aufgabenstellungen ([…] sind die Aufgabennummern aus www.aufgabenpool.at)

1) [1_437] In der Abbildung ist der Graph einer Potenzfunktion f vom Typ $f(x) = a \cdot x^z$ mit $a \in \mathbb{R}, a \neq 0, z \in \mathbb{Z}$ dargestellt. Eine der nachstehenden Gleichungen ist eine Gleichung dieser Funktion f. Kreuzen Sie die zutreffende Gleichung an!

○ $f(x) = 2x^{-4}$ ○ $f(x) = -x^{-2}$ ○ $f(x) = -x^2$
○ $f(x) = -x^{-1}$ ○ $f(x) = x^{-2}$ ○ $f(x) = x^{-1}$

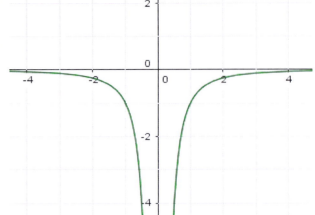

2) [1_484] Gegeben sind die Graphen von vier verschiedenen Potenzfunktionen f mit $f(x) = a \cdot x^z$ sowie sechs Bedingungen für den Parameter a und den Exponenten z. Dabei ist a eine reelle Zahl, z eine natürliche Zahl. Ordnen Sie den vier Graphen jeweils die entsprechende Bedingung für den Parameter a und den Exponenten z der Funktionsgleichung (aus A bis F) zu!

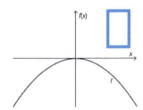 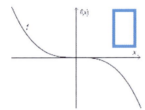 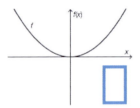 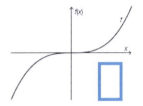

A $a > 0, z = 1$ **B** $a > 0, z = 2$ **C** $a > 0, z = 3$ **D** $a < 0, z = 1$ **E** $a < 0, z = 2$ **F** $a < 0, z = 3$

3) [1_532] In der Abbildung ist der Graph einer Funktion f mit $f(x) = a \cdot x^{\frac{1}{2}} + b$ $(a, b \in \mathbb{R}, a \neq 0)$ dargestellt. Die Koordinaten der hervorgehobenen Punkte des Graphen der Funktion sind ganzzahlig. Geben Sie die Werte von a und b an!

Tipp: b kann man direkt ablesen (Schnittpunkt y-Achse); zur Berechnung von a setzt man die Koordinaten eines Punkts in die Funktionsgleichung ein:

ablesbarer Punkt ist zB (1|3) => x = 1, f(x) = 3

somit Gleichung: $3 = a \cdot 1^{\frac{1}{2}} + 3$ => entweder selber ausrechnen oder Technologie verwenden ☺

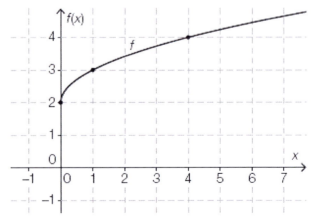

Kapitel 07
Proportionalitäten

Proportionalitäten entstehen bei Formeln (Funktionsgleichungen) ohne + oder − in der Rechenvorschrift
es gilt immer „Variable links (vom =) ist proportional zur Variable rechts (vom =)
→ Vorsicht, wenn beide Variablen auf derselben Seite stehen (vorher umformen!)

direkt proportional: $y = \text{Zahl} \cdot x$

- es wird mit x multipliziert (bei einem Bruch steht x im Zähler)

  $y = \frac{5a^2 x}{2z}$ → y ist direkt proportional zu x

- zeilenweise wird mit derselben Zahl multipliziert
- wird x mit einer Zahl multipliziert (dividiert), muss man y mit derselben Zahl multiplizieren (dividieren)
  wird x verdoppelt, verdoppelt sich auch y
- grafisch: eine Gerade durch den Ursprung

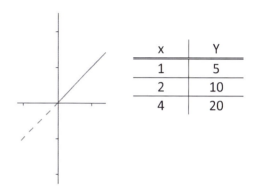

x	Y
1	5
2	10
4	20

direkt proportional zu x² (ähnlich bei x³, x⁴ usw.): $y = \text{Zahl} \cdot x^2$

- es wird mit x² multipliziert (bei einem Bruch steht x² im Zähler)

  $y = \frac{b \cdot x^2}{5c}$ → y ist direkt proportional zu x²

   y ist <u>nicht</u> direkt proportional zu x
  → Hochzahl <u>muss</u> mitgenannt werden!

- wird x mit einer Zahl multipliziert (dividiert) muss man y mit derselben Zahl hoch 2 multiplizieren (dividieren)
  wird x verdoppelt, so wird y vervierfacht
- grafisch: „nach oben gebogen" (Parabel bzw. „die rechte Seite von einer Parabel")

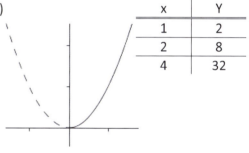

x	Y
1	2
2	8
4	32

indirekt proportional zu x (ähnlich bei x², x³ usw.): $y = \frac{\text{Zahl}}{x}$

- es wird durch x dividiert (bei einem Bruch steht x im Nenner)

  $y = \frac{k^2}{4 \cdot x}$ → y ist indirekt proportional zu x

- wird x multipliziert, muss man y durch dieselbe Zahl dividieren
  wird x verdoppelt, so wird y halbiert
- wird x durch eine Zahl dividiert, muss man y mit derselben Zahl multiplizieren
  wird x halbiert, so wird y verdoppelt
- grafisch: „nach unten gebogen" (Hyperbel bzw. „die rechte Seite von einer Hyperbel")

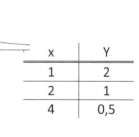

x	Y
1	2
2	1
4	0,5

Wie bestimmt man den Änderungsfaktor?

- direkt proportional → · bleibt ·,   : bleibt :
  indirekt proportional → · wird :,   : wird ·
- die Hochzahl bei der Variable überträgt sich <u>immer</u> auf den Faktor

Beispiel: $K = \frac{4tu^2}{2r^3}$ → K ist direkt proportional zu t; direkt proportional zu u², indirekt proportional zu r³

Um welchen Faktor ändert sich K, wenn man t und u verdoppelt und r halbiert?

Lösung: t·2   u·2   r:2

K ·2   ·2²   ·2³   → K wird mit Faktor 64 multipliziert

$\underbrace{\qquad\qquad\qquad}_{2^6 = 64}$

Prüfungstipp: wird durch mehrere Faktoren dividiert, schreibt man alle in den Nenner
→ im Nenner wird dann wieder multipliziert

Beispiel: $T = \frac{k^2}{r \cdot u^2}$ → T ist direkt proportional zu k², indirekt proportional zu r, indirekt proportional zu u²

Um welchen Faktor ändert sich T, wenn man k und r jeweils verdoppeln und u verdreifacht?

Lösung: k·2   r·2   u·3

T ·2²   :2   :3²   → T wird mit Faktor $\frac{4}{18} = \frac{2}{9}$ multipliziert

$\underbrace{\qquad\qquad\qquad}_{\cdot \frac{4}{2 \cdot 9}}$

Prüfungstipp: der Änderungsfaktor lässt sich auch mit Technologie berechnen

im Beispiel von oben: T(k, r, u) := k² / (r·u²)   [Funktion mit allen Variablen definieren]

solve(T(k·2, r·2, u·3) = x·T(k, r, u), x)   [x ist der Änderungsfaktor]

wie man das genau eintippen muss, hängt natürlich von der verwendeten Technologie ab ☺

Typische Beispiele ([...] sind die Aufgabennummern aus www.aufgabenpool.at)

1) Auf einem Grundstück wird ein Gebäude in Form eines Würfels mit der Seitenlänge a errichtet. Erklären Sie, wie sich die Verdopplung einer beliebigen Grundkante a auf das Volumen V des Gebäudes auswirkt! *Hinweis: für einen Würfel gilt V = a³*

2) Der Preis P(x) von x kg einer Ware sei zur Menge x direkt proportional. Es gilt P(10) = 35. Berechne P(5)!

3) [1_348] Der Betrag F der Kraft zwischen zwei Punktladungen q_1 und q_2 im Abstand r wird beschrieben durch die Gleichung $F = C \cdot \frac{q_1 \cdot q_2}{r^2}$ (C…physikalische Konstante).

Geben Sie an, um welchen Faktor sich der Betrag F der Kraft ändert, wenn der Betrag der Punktladungen q_1 und q_2 jeweils verdoppelt und der Abstand r zwischen diesen beiden Punktladungen halbiert wird!

4) Die Beleuchtungsstärke E in Lux (lx) an einem bestimmten Ort kann durch folgende Formel berechnet werden: $E = \frac{I}{r^2}$.

E…Beleuchtungsstärke in Lux in Abhängigkeit von der Entfernung r zur Lichtquelle
I…Lichtstärke einer Lichtquelle in Candela (cd)
r…Entfernung zur Lichtquelle in Meter (m)

Ein Buch befindet sich in r Meter Entfernung von der Lichtquelle. Argumentieren Sie, wie sich die Beleuchtungsstärke verändert, wenn man die Entfernung verdoppelt!

5) Ein physikalischer Zusammenhang wird durch die Formel $F = k \cdot \frac{q_1 \cdot q_2}{r^2}$ beschrieben.

   a) Erklären Sie, wie sich F verändert, wenn q_1, q_2 und r jeweils halbiert werden!
   b) Skizzieren Sie die Grafen der Funktionen $F(q_1)$ und $F(r)$!

6) [1_717] Die Frequenz f der Grundschwingung einer Saite eines Musikinstruments kann mithilfe der nachstehenden Formel berechnet werden: $f = \frac{1}{2 \cdot l} \cdot \sqrt{\frac{F}{\rho \cdot A}}$.

   l … Länge der Saite; A … Querschnittsfläche der Saite; ρ … Dichte des Materials der Saite;
   F … Kraft, mit der die Saite gespannt ist

Geben Sie an, wie die Länge *l* einer Saite zu ändern ist, wenn die Saite mit einer doppelt so hohen Frequenz schwingen soll und die anderen Größen (F, ρ, A) dabei konstant gehalten werden!

7) [1_645] Das Volumen eines Drehzylinders kann als Funktion V der beiden Größen h und r aufgefasst werden. Dabei ist h die Höhe des Zylinders und r der Radius der Grundfläche.
Verdoppelt man den Radius *r* und die Höhe *h* eines Zylinders, so erhält man einen Zylinder, dessen Volumen *x*-mal so groß wie jenes des ursprünglichen Zylinders ist. Geben Sie *x* an!
Tipp: die Volumsformel lautet $V = r^2 \cdot \pi \cdot h$; das kann man bei der Matura im Formelheft nachschaun ☺

Bestimmen der Funktionsgleichung mittels Schlussrechnung
man benötigt jeweils ein „Wertepaar" (entweder konkrete Zahlen oder auch gegebene Buchstaben)

direkt proportional: schräg multiplizieren, durch die dritte Zahl dividieren
   direkt proportional bedeutet: beides wird mehr oder beides wird weniger
Beispiel: Zwischen dem Kaufpreis K und der Menge der Kartoffeln x besteht ein direkt proportionaler Zusammenhang (mehr Kartoffeln ergeben auch „mehr", also höheren Kaufpreis). 7kg Kartoffeln kosten b€. Ermittle eine Funktionsgleichung für den Preis K(x) in Abhängigkeit von der Kartoffelmenge x!
Lösung: 7 kg .... b €
                        mal
               x kg .... K(x) €   → $K(x) = \frac{x \cdot b}{7}$

indirekt proportional: nebeneinander multiplizieren, durch die dritte Zahl dividieren
   indirekt proportional bedeutet: eines wird mehr, das andere weniger
Beispiel: zwischen L und t besteht ein indirekt proportionaler Zusammenhang; für t =2 gilt L=50.
Ermittle die Funktionsgleichung L(t)!
Lösung: 2 50
                        mal
               t .... L(t)   → $L(t) = \frac{2 \cdot 50}{t}$ bzw. $L(t) = \frac{100}{t}$

Inhaltliche Interpretation der Proportionalitätskonstante (alles was rechts steht „außer x")
   direkt proportional: „Wert pro Einheit" (zB Preis pro kg Kartoffel)
   indirekt proportional: „Gesamtmenge", „Gesamtwert" (der aufgeteilt wird)

Typische Beispiele

8) Ideales Gas: Die Abhängigkeit des Volumens V vom Druck p kann durch eine Funktion beschrieben werden. Bei gleichbleibender Temperatur ist das Volumen V eines idealen Gases zum Druck p indirekt proportional. 200cm³ eines idealen Gases stehen bei konstanter Temperatur unter einem Druck von 1 bar.
Aufgabe: Geben Sie den Term der Funktionsgleichung an und zeichnen Sie deren Graphen!

V(p) = _____

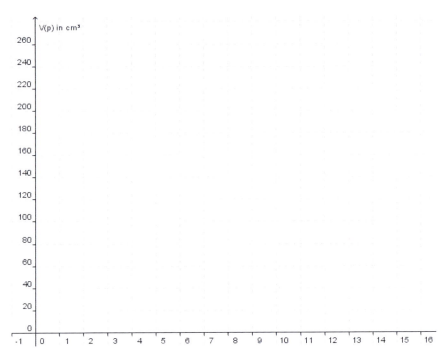

9) [1_791] Bei gleichbleibender Temperatur sind der Druck und das Volumen eines idealen Gases zueinander indirekt proportional. Die Funktion p ordnet dem Volumen V den Druck p(V) zu (V in m³, p(V) in Pascal).
Geben Sie p(V) mit $V \in \mathbb{R}^+$ an, wenn bei einem Volumen von 4m³ der Druck 50 000 Pascal beträgt!

10) [1_461] Die Anzahl der Heizungstage, für die ein Vorrat an Heizöl in einem Tank reicht, ist indirekt proportional zum durchschnittlichen Tagesverbrauch x (in Litern).
In einem Tank befinden sich 1500 Liter Heizöl. Geben Sie einen Term an, der die Anzahl d(x) der Heizungstage in Abhängigkeit vom durchschnittlichen Tagesverbrauch x bestimmt!

11) [1_767] Die sogenannte *Weinlese* (Ernte der Weintrauben) in einem Weingarten erfolgt umso schneller, je mehr Personen daran beteiligt sind. Die Funktion f modelliert den indirekt proportionalen Zusammenhang zwischen der für die Weinlese benötigten Zeit und der Anzahl der beteiligten Personen. Dabei ist f(n) die benötigte Zeit für die Weinlese, wenn n Personen beteiligt sind. ($n \in \mathbb{N}$, $f(n)$ in Stunden).
Geben Sie f(n) an, wenn bekannt ist, dass die benötigte Zeit für die Weinlese bei einer Anzahl von 8 beteiligten Personen 6 Stunden beträgt!

Proportionalitäten sind Potenzfunktionen mit c=0:
  direkt proportional: steigende Gerade
  direkt proportional mit Hochzahl: „nach oben gebogen"
  indirekt proportional: „nach unten gebogen", Verlauf **asymptotisch** entlang der Achsen
„Vorsicht Falle" bei Funktionsgrafen:
  die **Grafen MÜSSEN durch den Ursprung gehen** (direkte Proportionalität) bzw.
  MÜSSEN sich den Achsen annähern (indirekte Proportionalität)   (das bedeutet c <u>muss</u> 0 sein!)

Typische Beispiele ([...] sind die Aufgabennummern aus www.aufgabenpool.at)

12) Auf einen Körper der entlang einer Kreisbahn bewegt wird, wirkt die Zentripetalkraft $F = m \cdot \frac{v^2}{r}$. Kreuze jenen Grafen an, der den Zusammenhang zwischen F und r beschreibt!

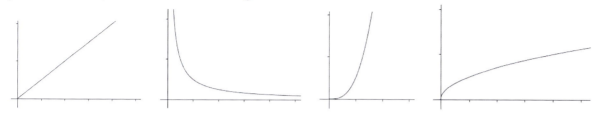

13) [1_559] Bei einem Drehzylinder wird der Radius des Grundkreises mit r und die Höhe des Zylinders mit h bezeichnet. Ist die Höhe des Zylinders konstant, dann beschreibt die Funktion V mit $V(r) = r^2 \cdot \pi \cdot h$ die Abhängigkeit des Zylindervolumens vom Radius.

Im Koordinatensystem ist der Punkt $P = (r_1 | V(r_1))$ eingezeichnet. Ergänzen Sie in diesem Koordinatensystem den Punkt $Q = (3 \cdot r_1 | V(3 \cdot r_1))$!

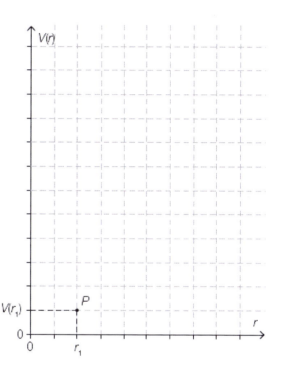

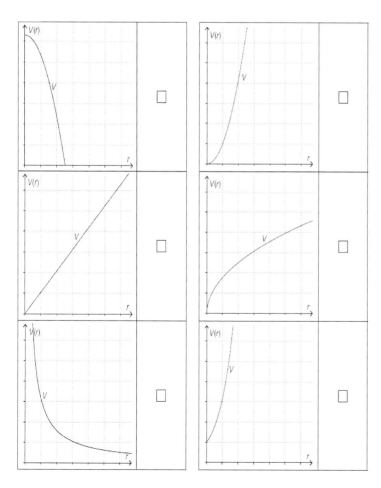

14) [1_415] Das Volumen V eines Drehkegels hängt vom Radius r und der Höhe h ab.

Es wird durch die Formel $V = \frac{1}{3} \cdot r^2 \cdot \pi \cdot h$ beschrieben.

Eine der nachstehenden Abbildungen stellt die Abhängigkeit des Volumens eines Drehkegels vom Radius bei konstanter Höhe dar.

Kreuzen Sie die entsprechende Abbildung an!

15) [1_620] Die Oberfläche einer regelmäßigen quadratischen Pyramide kann als Funktion O in Abhängigkeit von der Länge der Grundkante a und der Höhe der Seitenfläche h_1 aufgefasst werden.

Es gilt: $O(a, h_1) = a^2 + 2 \cdot a \cdot h_1$, wobei $a \in \mathbb{R}^+$ und $h_1 > \frac{a}{2}$.

Gegeben sind sechs Aussagen zur Oberfläche von regelmäßigen quadratischen Pyramiden. Kreuzen Sie die zutreffende Aussage an!

☐ Ist h_1 konstant, dann ist die Oberfläche direkt proportional zu a.
☐ Ist a konstant, dann ist die Oberfläche direkt proportional zu h_1.
☐ Für a = 1cm ist die Oberfläche sicher größer als 2cm².
☐ Für a = 1cm ist die Oberfläche sicher kleiner als 10cm².
☐ Werden sowohl a als auch h_1 verdoppelt, so wird die Oberfläche verdoppelt.
☐ Ist $h_1 = a^2$, dann kann die Oberfläche durch eine Exponentialfunktion in Abhängigkeit von a beschrieben werden.

Tipp: Liegen hier überhaupt irgendwelche Proportionalitäten vor?

16) [1_790] Gegeben ist eine Potenzfunktion $f: \mathbb{R} \setminus \{0\} \to \mathbb{R}$ mit $f(x) = \frac{a}{x^2}$ mit $a \in \mathbb{R} \setminus \{0\}$.

Kreuzen Sie die beiden Aussagen an, die auf die Funktion f auf jeden Fall zutreffen!

☐ $f\left(\frac{1}{a}\right) = 1$ ☐ $f(x+1) = \frac{a}{x^2 - 2 \cdot x + 1}$ ☐ $f(2 \cdot x) = \frac{a}{4 \cdot x^2}$ ☐ $f(2 \cdot a) = \frac{1}{2 \cdot a}$ ☐ $f(-x) = f(x)$

Technologie-Tipp:
die Eigenschaften lassen sich einfach (ganz ohne theoretisches Wissen über Potenzfunktionen) „nachrechnen":
Schema (genaue Eingabe hängt natürlich von der verwendeten Technologie ab):

    f(x) := a / x^2
    f(1/a) → dann sieht man schon, dass da nicht 1 rauskommt
    f(x+1) → daran kann man auch wieder erkennen, dass das nicht stimmt
    usw.; *evtl. muss man auch die Klammern im Ergebnis auflösen, dann kann man leichter vergleichen*

Kapitel 08
Lineare Funktion (Geradengleichung)

y = k·x + d   oder   f(x) = k·x + d

k = Steigung

d = Schnittpunkt mit y-Achse = „Startpunkt" auf der y-Achse   (präzise: d = yKoordinate vom Schnittpunkt)

Ablesen von k und d aus Funktionsgleichung

k = „Zahl vor x"   d = „Zahl ohne x"

Beispiel: $f(x) = 3x - 4$ → k = 3, d = -4

$f(x) = 5 - 9x$ → k = -9, d = 5

bei Brüchen sind beide Zahlen durch den Nenner zu dividieren!

$f(x) = \frac{4x-12}{4}$ → k = 1, d = -3

Berechnung von k und d

$$k = \frac{\Delta y}{\Delta x} \quad \text{bzw.} \quad k = \frac{y_2 - y_1}{x_2 - x_1}$$

Δx = waagrechter Abstand zwischen zwei Punkten (Differenz/Unterschied der x-Koordinaten)

Δy = senkrechter Abstand zwischen zwei Punkten (Differenz/Unterschied der y-Koordinaten)

d erhält man durch Einsetzen der Koordinaten eines Punktes in die Funktionsgleichung

Nachweis eines linearen Zusammenhangs

Steigung zwischen je zwei benachbarten Punkten ausrechnen (von A zu B, von B zu C, ...)

falls immer gleiches Ergebnis => linear; sonst nicht linear

Beispiel: Zeige, dass folgende Wertepaare nicht durch einen linearen Zusammenhang beschrieben werden können: A = (2 | 5); B = (7 | 15); C = (11 | 24)

Lösung: Steigung zwischen A und B = $\frac{15-5}{7-2} = \frac{10}{5} = 2$

Steigung zwischen B und C = $\frac{24-15}{11-7} = \frac{9}{4} = 2,25$

=> Ergebnisse nicht gleich, also kein linearer Zusammenhang (keine konstante Steigung)

Lineare Funktionsgleichung aus 2 gegebenen Punkten ermitteln

Beispiel: Ermitteln Sie die Gleichung der Geraden durch die Punkte P=(5|-3) und Q=(7|1)!

1. berechne k gemäß Formel $k = \frac{y_2 - y_1}{x_2 - x_1}$

$k = \frac{1-(-3)}{7-5} = \frac{4}{2} = 2$

2. berechne d aus Formel y = k·x + d

für x und y die Koordinaten von P (oder Q) einsetzen, für k=2 einsetzen

→ -3 = 2 ·5 + d, also gilt d = -13

3. Funktionsgleichung aufschreiben (k und d in y = k·x+d einsetzen(

$y = 2x - 13$ oder   f(x) = 2x - 13

Steigung und Steigungsdreieck
wird x um 1 erhöht, so erhöht sich y um den Wert k → f(x+1) = f(x) + k

geht man Δx nach rechts, so muss man Δy nach oben (bei plus) bzw. unten (bei minus) gehen
„Startpunkt" auf der y-Achse wird durch d festgelegt

Beispiel: Zeichne den Grafen der linearen Funktion $f(x) = \frac{2}{5}x + 1$!

Lösung: d = 1 → *Start auf y-Achse bei d=1*
       k = 2/5 → *gehe 5 nach rechts und 2 nach oben*
       Alternative: k = 2/5 = 0,4 → *1 nach rechts und 0,4 nach oben*

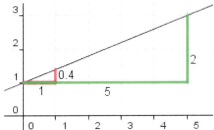

Prüfungstipp: sehr kleine Zahlen bzw. Dezimalzahlen sind als Steigung oft nur schwer „zeichenbar"
        → in eine Bruchzahl umwandeln (das kann eigentlich jeder Taschenrechner ☺)
Beispiel: k = 1,2 → 1 nach rechts und 1,2 nach oben ist schwer exakt zu zeichnen
        → $1,2 = \frac{6}{5}$ → 5 nach rechts und 6 nach oben lässt sich ziemlich genau zeichnen

linearer Zusammenhang in Tabelle
- linear bedeutet „gleichmäßiger Anstieg" → konstante Steigung
- wird x um 1 erhöht, wird zu y immer dieselbe Zahl addiert (subtrahiert)
  (die Steigung k)

Beispiel: Diese Wertetabelle beschreibt eine lineare Funktion. (Aufpassen bei „Lücken":
„springt" man von x = 3 auf x = 5, muss man auch bei y zweimal die Steigung addieren!)

x	y
1	7
2	10
3	13
5	19

linearer Zusammenhang als Funktionsgleichung
    linear erkennt man daran, dass x nur als „normale Variable" vorkommt
    (kein x², kein x im Nenner, keine Wurzel aus x, …)
    xVariable ist „der Buchstabe in der Klammer hinter f" bzw. „der Buchstabe vor ↦"

Beispiele: $f(u) = \frac{u}{v^2} - x^3$ ist linear, da u nur „normal" vorkommt

             $g(w) = \frac{2}{w+1} - 3$ ist nicht linear, da w unterm Bruchstrich steht

             $k \mapsto \frac{k \cdot a^b}{u+v} + 1$ ist linear, da k nur „normal" vorkommt

Typische Beispiele ([…] sind die Aufgabennummern aus www.aufgabenpool.at)

1) Geben Sie die Gleichung einer linearen Funktion an, welche die Punkte A=(-3/5) und B=(1/-3) enthält!

2) Gegeben ist eine lineare Funktion f mit der Gleichung f(x) = 4x − 2. Wählen Sie zwei Argumente x_1 und x_2 mit $x_2 = x_1 + 1$ und zeigen Sie, dass die Differenz $f(x_2) - f(x_1)$ gleich dem Wert der Steigung k der gegebenen linearen Funktion f ist!
   Tipp: für x_1 irgendeine beliebige Zahl aussuchen; x_2 ist dann durch $x_1 + 1$ fixiert; dann kann man beide Zahlen (getrennt!) in f(x) einsetzen und $f(x_2)$ bzw. $f(x_1)$ berechnen; die Differenz muss dann die Steigung (also „die Zahl vor x") ergeben.

3) Der Verlauf einer linearen Funktion f mit der Gleichung f(x) = k·x + d wird durch ihre Parameter k und d mit k, d ∈ ℝ bestimmt.
Zeichnen Sie den Graphen einer linearen Funktion f(x) = k·x + d, für deren Parameter k und d die nachfolgenden Bedingungen gelten, in das Koordinatensystem ein!

$k = \frac{2}{3}, d < 0$

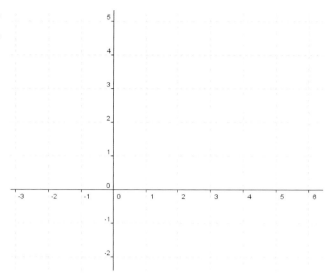

4) Die nebenstehende Zeichnung zeigt den Graphen einer linearen Funktion f(x) = k·x + d mit k = 0,5.
Zeichnen Sie die x-Achse so ein, dass der Parameter d den Wert d = -1 hat!

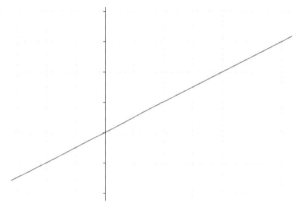

5) Im Koordinatensystem ist der Graph einer linearen Funktion f dargestellt. Vervollständigen Sie die Funktionsgleichung der Funktion f!

f(x) = _____

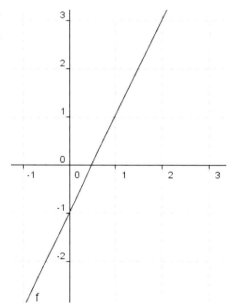

6) [1_342] Fünf lineare Funktionen sind in verschiedener Weise dargestellt. Kreuzen Sie jene beiden Darstellungen an, bei denen die Steigung der dargestellten linearen Funktion den Wert k = -2 annimmt!

x	m(x)
5	3
6	1
8	-3

□

$g(x) = -2 + 3x$ □

x	h(x)
0	-2
1	0
2	2

□

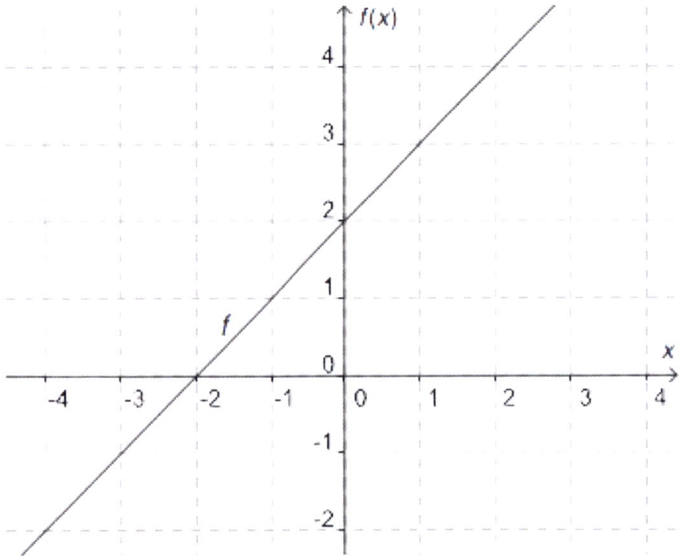

(Graph von f) □

$l(x) = \dfrac{3 - 4x}{2}$ □

7) [1_462] Der Graph der Funktion f ist eine Gerade, die durch die Punkte P=(2|8) und Q=(4|4) verläuft. Geben Sie eine Funktionsgleichung der Funktion f an!

8) [1_766] Gegeben ist eine lineare Funktion $f: \mathbb{R} \to \mathbb{R}$ mit $f(x) = k \cdot x + d$ mit $k, d \in \mathbb{R}$ und $k \neq 0$. Es gilt $\dfrac{f(5)-f(a)}{2} = k$ für ein $a \in \mathbb{R}$. Geben Sie a an!

Hinweis: *in der Steigungsformel steht unten $x_2 - x_1$*

   x_2 und x_1 sind auch die Zahlen, die oben in der Klammer hinter f stehen

   es gilt also $5 - a = 2$

Alternative mit CAS: f(x) := k·x + d

   solve((f(5)-f(a))/2=k, a)   → eigentlich genügt bloßes Abtippen der Angabe ☺

9) In der nebenstehenden Abbildung ist der Graph einer Funktion f mit $f(x) = k \cdot x + d$ dargestellt ($k, d \in \mathbb{R}$). Der Graph der Funktion f verläuft durch die Punkte P_1, P_2 und P_3, deren Koordinaten jeweils ganzzahlig sind.
Bestimmen Sie die Werte der Parameter k und d der Gleichung der Funktion f!

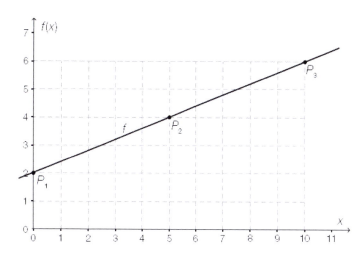

k = _____   d = _____

10) [1_743] Auf der Website des Finanzministeriums findet man einen Brutto-Netto-Rechner, der für jedes monatliche Bruttogehalt das entsprechende Nettogehalt berechnet.

Bruttogehalt in €	1 500	2 000	2 500
Nettogehalt in €	1 199	1 483	1 749

Die Tabelle gibt Auskunft über einige Gehälter.
Zeigen Sie unter Verwendung der in der Tabelle angeführten Werte, dass zwischen dem Bruttogehalt und dem Nettogehalt kein linearer Zusammenhang besteht!

11) [1_509] Gegeben ist eine lineare Funktion f mit folgenden Eigenschaften:
● Wenn das Argument x um 2 zunimmt, dann nimmt der Funktionswert f(x) um 4 ab.
● f(0) = 1
Geben Sie eine Funktionsgleichung dieser linearen Funktion an!
Tipp: in der zweiten Zeile steht der Punkt P=(0|1). Die erste Zeile sagt, wie man daraus einen zweiten Punkt Q konstruieren kann (bzw. eine zweite Zeile der Wertetabelle). Dann wendet man das System „Gleichung einer Geraden durch 2 Punkte" an.

12) [1_598] Der Graph einer linearen Funktion f verläuft durch die Punkte A=(a|b) und B=(5a|-3b) mit $a, b \in \mathbb{R} \setminus \{0\}$. Bestimmen Sie die Steigung k der linearen Funktion f!

13) [1_692] Gegeben ist die Formel $F = \frac{a^2 \cdot b}{c^n} + d$ mit $a, b, c, d \in \mathbb{R}$ und $c \neq 0, n \neq 0$. Nimmt man an, dass eine der Größen a, b, c, d oder n variabel ist und die anderen Größen konstant sind, so kann F als Funktion in Abhängigkeit von der variablen Größe interpretiert werden.
Welche der angegebenen Zuordnungen beschreiben (mit geeignetem Definitions- und Wertebereich) eine lineare Funktion? Kreuzen Sie die beiden zutreffenden Zuordnungen an!

☐ $a \mapsto \frac{a^2 \cdot b}{c^n} + d$ ☐ $b \mapsto \frac{a^2 \cdot b}{c^n} + d$ ☐ $c \mapsto \frac{a^2 \cdot b}{c^n} + d$ ☐ $d \mapsto \frac{a^2 \cdot b}{c^n} + d$ ☐ $n \mapsto \frac{a^2 \cdot b}{c^n} + d$

14) [1_762] Im dargestellten Koordinatensystem, dessen Achsen unterschiedlich skaliert sind, ist eine Gerade g dargestellt. Auf der x-Achse ist a und auf der y-Achse ist b markiert. Dabei sind a wie b ganzzahlig.
Die Gerade g wird durch y = -2 · x + 4 beschrieben.
Geben Sie a und b an!

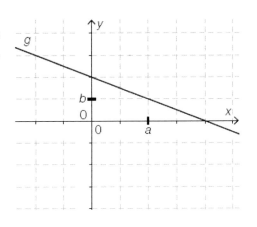

15) [1_742] Von einer linearen Funktion f sind nachstehende Eigenschaften bekannt:
- Die Steigung von f ist -0,4.
- Der Funktionswert von f an der Stelle 2 ist 1.

Zeichnen Sie im nachstehenden Koordinatensystem den Graphen von f auf dem Intervall [-7; 7] ein!

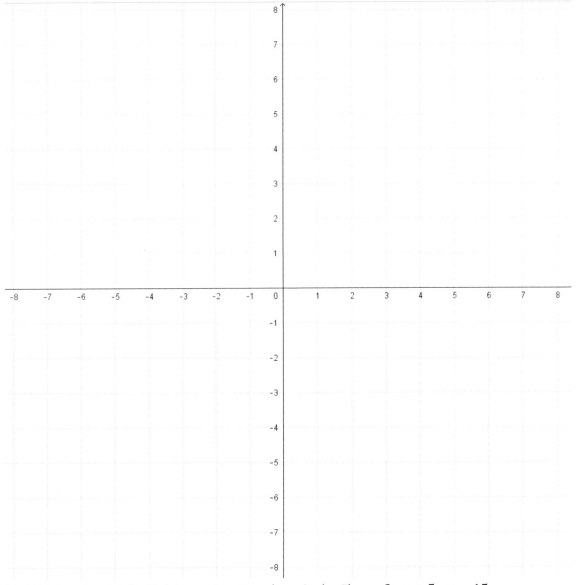

16) [1_365] Gegeben ist die Gleichung einer Geraden g in der Ebene: $3 \cdot x + 5 \cdot y = 15$.
Geben Sie die Steigung des Graphen der dieser Gleichung zugeordneten linearen Funktion an!

Kapitel 09
Modellbildung mit linearen Funktionen

Funktionsgleichung: $f(x) = k \cdot x + d$

k = Steigung: Zunahme/Abnahme des Funktionswerts um k yEinheiten pro xEinheit

wird die unabhängige Variable x um 1 erhöht, so ändert sich der Funktionswert f(x) um den Wert k

Mustersatz für die Interpretation der Steigung „im gegebenen Kontext":
Steigt ... [xVariable] um ein ... [xEinheit], so steigt/sinkt ... [yVariable] um jeweils ... [k] ... [yEinheit].
Alternative: Pro ... [xEinheit] steigt/sinkt ... [yVariable] immer um ... [k] ... [yEinheit].

d = Durchgangswert y-Achse: (Start)wert für x = 0

Funktionswert an der Stelle x=0 (Achtung: Schnitt<u>punkt</u> mit y-Achse ist (0|d); nicht d alleine!)

Beispiel: Die Höhe der Schneedecke (in cm) beim Einsatz einer Schneekanone lässt sich in Abhängigkeit von der Zeit t (in Stunden) durch die Funktion h(t) = 3t + 20 modellieren.
Interpretiere die Bedeutung der Zahlen 3 bzw. 20 in diesem Sachzusammenhang!
Lösung: Wenn eine Stunde vergeht, steigt die Höhe der Schneedecke jeweils um 3cm.
Alternativ: Pro Stunde steigt die Höhe der Schneedecke jeweils um 3cm.
Zu Beginn (beim Start der Schneekanone) beträgt die Höhe der Schneedecke 20cm.

Erinnerung: „linear" erkennt man daran, dass die Variable x (andere Buchstaben möglich ☺) nur „normal" vorkommt, also kein x², keine Division durch x oder Ähnliches

Typische Anwendungen für lineare Funktionen

Gleichung	Bedeutung von x	Bedeutung von k	Bedeutung von d
Produktionskosten K(x) = k·x + F	Produzierte Anzahl	Kosten pro Stück	Fixkosten
Einnahmen (Umsatz) E(x) = k·x	Verkaufte Anzahl	Verkaufspreis pro Stück	
Tarifmodelle f(x) = k·x + d	Tarifeinheiten (zB Gesprächsminuten, Kilowattstunden)	Kosten pro Tarifeinheit (zB Gesprächsgebühr pro Minute, Kosten pro kWh)	Fixkosten (zB Grundgebühr, Zählergebühr)
Weg bei gleichförmiger Bewegung s(t) = v·t + s₀	Zeit	Geschwindigkeit	Startpunkt („km-Stand zu Beginn")
Geschwindigkeit bei gleichförmiger Beschleunigung v(t) = a·t + v₀	Zeit	Beschleunigung (Zunahme bzw. Abnahme der Geschwindigkeit pro Zeiteinheit)	Anfangsgeschwindigkeit
Lineare Wachstumsmodelle (nach Zeit t vorhandene Anzahl) N(t) = k·t + N₀	Zeit (zB in Jahren)	Zuwachs pro Zeiteinheit (zB pro Jahr 100 Einwohner mehr, pro Minute werden 5ml Infusion verabreicht)	Anzahl zu Beginn (zB am Anfang 1000 Einwohner, zu Beginn 1000ml in der Flasche)
Umfang ebener Figuren Quadrat: u(s) = 4·s Kreis: u(r) = 2·r·π	abhängig von der Figur (zB Seitenlänge, Radius)	Konstante abhängig von der Figur (Quadrat: k=4, Kreis: k = 2π)	

Direkt proportionale Zusammenhänge (vgl. Kapitel 07) sind lineare Funktionen mit d = 0.
Lineare Funktionen sind im Allgemeinen (also für $d \neq 0$) aber nicht direkt proportional!!!

Typische Aufgabenstellungen ([…] sind die Aufgabennummern aus www.aufgabenpool.at)

1) Reale Sachverhalte können durch eine lineare Funktion *f(x) = k·x + d* mathematisch modelliert werden. In welchen Sachverhalten ist eine Modellierung mittels einer linearen Funktion sinnvoll möglich? Kreuzen Sie die beiden zutreffenden Sachverhalte an!
   - ○ der zurückgelegte Weg in Abhängigkeit von der Zeit bei einer gleichbleibenden Geschwindigkeit von 30km/h
   - ○ die Einwohnerzahl einer Stadt in Abhängigkeit von der Zeit, wenn die Anzahl der Einwohner/innen in einem bestimmten Zeitraum jährlich um 3% wächst
   - ○ der Fächeninhalt eines Quadrats in Abhängigkeit von der Seitenlänge
   - ○ die Stromkosten in Abhängigkeit von der verbrauchten Energie (in kWh) bei einer monatlichen Grundgebühr von €12 und Kosten von €0,4 pro kWh
   - ○ die Fahrzeit in Abhängigkeit von der Geschwindigkeit für eine bestimmte Entfernung

2) Die Grundgebühr (Zählermiete) für Gasbenützung im Haushalt beträgt 3,00€ <u>pro Monat</u>, die Verbrauchsgebühr pro Kubikmeter 0,40€. Stelle eine Funktionsgleichung zur Berechnung der <u>monatlichen</u> Gesamtkosten K bei einem <u>täglichen</u> Verbrauch von x Kubikmeter Gas auf!
   (1 Monat wird mit 30 Tagen gerechnet)

3) Die Gesamtkosten eines Betriebs betragen 10.000,00€ im Monat. Die fixen Kosten belaufen sich auf 1.200,00€, die Produktionskosten je Mengeneinheit auf 4,40€. Wie viel Stück stellt der Betrieb im Monat her?   *Hinweis: K(x) = k·x + F → x gesucht*

4) [1_412] Ein Betrieb gibt für die Abschätzung der Gesamtkosten K(x) für x produzierte Stück einer Ware folgende Gleichung an: K(x) = 25x + 12000.
   Interpretieren Sie die beiden Zahlenwerte 25 und 12000 in diesem Kontext!

5) Während man in Europa die Temperatur in Grad Celsius (°C) angibt, verwendet man in den USA die Einheit Grad Fahrenheit (°F). Zwischen der Temperatur T_F in °F und der Temperatur T_C in °C besteht ein linearer Zusammenhang.
   Für die Umrechnung von °F in °C gelten folgende Regeln:
   ● 32°F entsprechen 0°C
   ● Eine Temperaturzunahme um 1°F entspricht einer Zunahme der Temperatur um $\frac{5}{9}$°C.

   Geben Sie eine Gleichung an, die den Zusammenhang zwischen der Temperatur T_F (Grad in Fahrenheit) und der Temperatur T_C (Grad Celsius) beschreibt!
   Tipp: Das schaut nur so aus, als könnte man k und d direkt aus der Angabe ablesen…
   richtigerweise sind k und d aus folgender Wertetabelle zu ermitteln (Berechnung siehe Kapitel 8):

x = T_C	y = T_F
0	32
5/9	33

6) In einem Stadtteil gab es laut Volkszählung im Jahr 2010 am Stichtag 25 743 Einwohner. Man nimmt an, dass jedes Jahr 500 Personen neu in diesen Stadtteil zuziehen.
   Geben Sie eine Formel an, mit der die Anzahl der Bewohner B(t) nach t Jahren (gerechnet ab dem Jahr 2010) prognostiziert werden kann!

7) Durch die Funktion K mit der Gleichung $K(x) = 8 \cdot x + 7500$ sollen in einem Betrieb die gesamten Produktionskosten einer Ware in Abhängigkeit von der produzierten Menge näherungsweise berechnet werden. Die Produktionskosten werden in Euro angegeben; die Menge x der produzierten Ware wird in Kilogramm angegeben.
Welche der nachstehenden Aussagen stellen eine korrekte Interpretation der in der Gleichung $K(x) = 8 \cdot x + 7500$ auftretenden Parameter dar? Kreuzen Sie die beiden zutreffenden Aussagen an!
- ❏ Die Zahl 8 gibt diejenige Menge in Kilogramm an, die um 1 Euro produziert werden kann.
- ❏ Die Zahl 8 gibt diejenigen zusätzlichen Kosten in Euro an, die bei der Produktion einer weiteren Mengeneinheit (in Kilogramm) entstehen.
- ❏ Die Fixkosten betragen 7500 Euro pro Kilogramm.
- ❏ Die Zahl 8 gibt die gesamten Produktionskosten in Euro an, die bei der Produktion von 1 Kilogramm der Ware entstehen.
- ❏ Die Zahl 7500 beschreibt diejenigen Kosten in Euro, die auch dann entstehen, wenn keine Ware produziert wird.

8) Ein Unternehmen, welches im Bereich der Stahlerzeugung tätig ist, stellt unter anderem Auspuffrohre für bestimmte Fahrzeugmodelle her. Die monatlichen Gesamtkosten bei einer Produktion von x Stück Auspuffrohren werden durch die lineare Kostenfunktion $K(x) = 12{,}50 \cdot x + 3500$ beschrieben.
Interpretieren Sie die Formel $K(x + 1) = K(x) + k$ in diesem Sachzusammenhang!

9) Frau Agathe stellt zwei Kerzen auf den festlich geschmückten Kaffee-Tisch. Kerze 1 ist 8cm hoch, pro Stunde wird die Kerze um 1cm kleiner. Kerze 2 ist ursprünglich 10cm hoch und verliert pro Stunde 2cm an Höhe, sobald sie angezündet wird.
a) Stelle die Funktionsgleichungen $h_1(t)$ und $h_2(t)$ für die Höhe der Kerzen nach t Stunden auf!
b) Ermittle den Schnittpunkt der beiden Funktionsgrafen und interpretiere diese Koordinaten im Sachzusammenhang!

10) [1_784] Ein Körper bewegt sich geradlinig mit einer konstanten Geschwindigkeit von 8m/s und legt dabei 100m zurück. Interpretieren Sie die Lösung der Gleichung $8 \cdot x - 100 = 0$ im gegebenen Kontext!

11) [1_789] In einem Reitstall werden Pferde für t Tage eingestellt. Der tägliche Futterbedarf jedes dieser Pferde wird als konstant angenommen und mit c bezeichnet.
Die Funktion f beschreibt den gesamten Futterbedarf $f(p)$ für t Tage in Abhängigkeit von der Anzahl der Pferde p in diesem Reitstall.
Kreuzen Sie die zutreffende Gleichung an!
- ❏ $f(p) = p + t + c$
- ❏ $f(p) = c + p \cdot t$
- ❏ $f(p) = c \cdot \frac{t}{p}$
- ❏ $f(p) = \frac{c}{p \cdot t}$
- ❏ $f(p) = c \cdot p \cdot t$
- ❏ $f(p) = \frac{p \cdot t}{c}$

12) [1_573] Der Wert eines bestimmten Gegenstandes t Jahre nach der Anschaffung wird mit $W(t)$ angegeben und kann mithilfe der Gleichung $W(t) = -k \cdot t + d$ ($k, d \in \mathbb{R}^+$) berechnet werden ($W(t)$ in Euro).
Geben Sie die Bedeutung der Parameter k und d im Hinblick auf den Wert des Gegenstandes an!

13) [1_438] Eine lineare Funktion f wird allgemein durch eine Funktionsgleichung f(x) = k·x + d mit den Parametern $k \in \mathbb{R}$ und $d \in \mathbb{R}$ dargestellt.
Welche der nachstehend angegebenen Aufgabenstellungen kann/können mithilfe einer linearen Funktion modelliert werden? Kreuzen Sie die zutreffende(n) Aufgabenstellung(en) an!

- ❏ Die Gesamtkosten bei der Herstellung einer Keramikglasur setzen sich aus einmaligen Kosten von € 1.000 für die Maschine und € 8 pro erzeugtem Kilogramm Glasur zusammen.
Stellen Sie die Gesamtkosten für die Herstellung einer Keramikglasur in Abhängigkeit von den erzeugten Kilogramm Glasur dar!
- ❏ Eine Bakterienkultur besteht zu Beginn einer Messung aus 20 000 Bakterien. Die Anzahl der Bakterien verdreifacht sich alle vier Stunden.
Stellen Sie die Anzahl der Bakterien in dieser Kultur in Abhängigkeit von der verstrichenen Zeit (in Stunden) dar!
- ❏ Die Anziehungskraft zweier Planeten verhält sich indirekt proportional zum Quadrat des Abstandes der beiden Planeten.
Stellen Sie die Abhängigkeit der Anziehungskraft zweier Planeten von ihrem Abstand dar!
- ❏ Ein zinsenloses Wohnbaudarlehen von € 240.000 wird 40 Jahre lang mit gleichbleibenden Jahresraten von € 6.000 zurückgezahlt.
Stellen Sie die Restschuld in Abhängigkeit von der Anzahl der vergangenen Jahre dar!
- ❏ Bleibt in einem Stromkreis die Spannung konstant, so ist die Leistung direkt proportional zur Stromstärke.
Stellen Sie die Leistung im Stromkreis in Abhängigkeit von der Stromstärke dar!

14) [1_485] Bei einem Versuch ist eine bestimmte Wassermenge für eine Zeit t auf konstanter Energiestufe in einem Mikrowellengerät zu erwärmen. Die Ausgangstemperatur des Wassers und die Temperatur des Wassers nach 30 Sekunden werden gemessen.

Zeit (in Sekunden)	t = 0	t = 30
Temperatur (in °C)	35,6	41,3

Ergänzen Sie die Gleichung der zugehörigen linearen Funktion, die die Temperatur T(t) zum Zeitpunkt t beschreibt!
T(t) = _____ ·t + 35,6

15) [1_640] Ein Haushalt möchte seinen Erdgaslieferanten wechseln und schwankt noch bei der Wahl zwischen dem Anbieter A und dem Anbieter B. Der Energiegehalt des verbrauchten Erdgases wird in Kilowattstunden (kWh) gemessen.
Anbieter A verrechnet jährlich eine fixe Gebühr von 340 Euro und 2,9 Cent pro kWh.
Anbieter B verrechnet jährlich eine fixe Gebühr von 400 Euro und 2,5 Cent pro kWh.
Die Ungleichung $0{,}025 \cdot x + 400 < 0{,}029 \cdot x + 340$ dient dem Vergleich der zu erwartenden Kosten bei den beiden Anbietern. Lösen Sie die angeführte Ungleichung und interpretieren Sie das Ergebnis im gegebenen Kontext!
Tipp: die Ungleichung kann man mit Geogebra oder TR lösen; inhaltlich geht es hier aber eigentlich um das Interpretieren linearer Modelle

16) [1_533] Der elektrische Widerstand R eines zylinderförmigen Leiters mit dem Radius r und der Länge l kann mithilfe der Formel $R = \rho \cdot \frac{l}{r^2 \cdot \pi}$ berechnet werden. Der spezifische Widerstand ρ ist eine vom Material und von der Temperatur des Leiters abhängige Größe.
Nachstehend werden Zusammenhänge angeführt, die aus der Formel für den elektrischen Widerstand hergeleitet werden können.
Welche der nachstehend angeführten Gleichungen bestimmt/bestimmen eine lineare Funktion? Kreuzen Sie die zutreffende(n) Gleichung(en) an!

❏ $R(l) = \rho \cdot \frac{l}{r^2 \cdot \pi}$ mit ρ, r konstant

❏ $l(R) = \frac{R}{\rho} \cdot r^2 \cdot \pi$ mit ρ, r konstant

❏ $R(\rho) = \rho \cdot \frac{l}{r^2 \cdot \pi}$ mit l, r konstant

❏ $R(r) = \rho \cdot \frac{l}{r^2 \cdot \pi}$ mit ρ, l konstant

❏ $l(r) = \frac{R}{\rho} \cdot r^2 \cdot \pi$ mit R, ρ konstant

Tipp: linear ist, wenn die abhängige Variable (das ist die, die in der Klammer steht), nur „normal" vorkommt (ohne Hochzahl, nicht im Nenner) → alles andere ist egal

17) [1_646] Viele gegebene Zusammenhänge können in bestimmten Fällen als lineare Funktionen betrachtet werden. Welche der folgenden Zusammenhänge lassen sich mittels einer linearen Funktion beschreiben? Kreuzen Sie die beiden zutreffenden Zusammenhänge an!
   ❏ Die Wohnungskosten steigen jährlich um 10% des aktuellen Werts.
   ❏ Der Flächeninhalt eines quadratischen Grundstücks wächst mit zunehmender Seitenlänge.
   ❏ Der Umfang eines Kreises wächst mit zunehmendem Radius.
   ❏ Die Länge einer 17cm hohen Kerze nimmt nach dem Anzünden in jeder Minute um 8mm ab.
   ❏ In einer Bakterienkultur verdoppelt sich stündlich die Anzahl der Bakterien.

18) [1_670] Ein mit Helium gefüllter Ballon steigt lotrecht auf. Die jeweilige Höhe des Ballons über einer ebenen Fläche kann durch eine lineare Funktion h in Abhängigkeit von der Zeit t modelliert werden. Die Höhe h(t) wird in Metern, die Zeit t in Sekunden gemessen.
Deuten Sie die Gleichung h(t+1) – h(t) = 2 im gegebenen Kontext unter Angabe der richtigen Einheiten!
Tipp: es gilt allgemein f(x+1) = f(x) + k => f(x+1) – f(x) = k

19) [1_694] In einem quaderförmigen Wasserbehälter steht eine Flüssigkeit 40cm hoch. Diese Flüssigkeit fließt ab dem Öffnen des Ablaufs in 8 Minuten vollständig ab.
Eine lineare Funktion h mit h(t) = k · t + d beschreibt für t ∈ [0; 8] die Höhe (in cm) des Flüssigkeitspegels im Wasserbehälter t Minuten ab dem Öffnen des Ablaufs.
Bestimmen Sie die Werte k und d!

20) [1_718] Eine brennende Kerze, die vor t Stunden angezündet wurde, hat die Höhe h(t). Für die Höhe der Kerze gilt dabei näherungsweise $h(t) = a \cdot t + b$ mit $a, b \in \mathbb{R}$.
Geben Sie für jeden Koeffizienten a und b an, ob er positiv, negativ oder genau null sein muss!

21) [1_765] Ein Zug bewegt sich bis zum Zeitpunkt *t = 0* mit konstanter Geschwindigkeit vorwärts. Ab dem Zeitpunkt *t = 0* erhöht der Zug seine Geschwindigkeit.

Die Funktion *v* ordnet jedem Zeitpunkt *t* mit $0 \leq t \leq 60$ die Geschwindigkeit $v(t) = a \cdot t + b$ zu (*t* in s, *v(t)* in m/s, $a, b \in \mathbb{R}$).

Ergänzen Sie die Textlücken im folgenden Satz durch Ankreuzen des jeweils richtigen Satzteils so, dass eine korrekte Aussage entsteht!

Für den Parameter *a* gilt _____①_____ und für den Parameter *b* gilt _____②_____ .

①	
a < 0	❏
a = 0	❏
a > 0	❏

②	
b < 0	❏
b = 0	❏
b > 0	❏

Kapitel 10
Lineare Gleichungssysteme

Lösung eines linearen Gleichungssystems entspricht dem Schnittpunkt zweier Geraden

Grafisches Lösungsverfahren

- Gleichungen auf y = ... umformen
- Graf der entsprechenden linearen Funktion zeichnen (vgl Kapitel 08)
- Lösung = Schnittpunkt der beiden Grafen

Beispiel: I: $3x + 2y = 16$ II: $5x - 4y = 12$

$2y = -3x + 16$ $-4y = -5x + 12$

$y = -\frac{3}{2}x + 8$ $y = \frac{5}{4}x - 3$

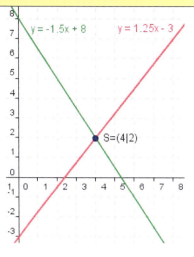

Rechnerische Lösung

- erfolgt mit Technologie (Geogebra, Taschenrechner)

Lösungsfälle

links sind die Zahlen jeweils ein Vielfaches, rechts nicht → keine Lösung (parallele Gerade)

    Beispiel: $6x + 10y = 7$
                        $18x + 30y = 10$

links und rechts sind die Zahlen jeweils ein Vielfaches → unendlich viele Lösungen (idente Gerade)

    Beispiel: $6x + 10y = 7$
                        $18x + 30y = 21$

sonstige Fälle (also links keine Vielfachen; rechts egal) → genau eine Lösung (schneidende Gerade)

Prüfungstipp: wenn es nicht „offensichtlich" ist, mit welcher Zahl multipliziert wird, löst man die „Multiplikationsgleichung" mit Geogebra oder Taschenrechner

    Beispiel: Bestimme b und c so, dass das Gleichungssystem keine Lösung hat!

        $5x - 3y = 9$
        $7x + by = c$ →   löse $(5, -3, 9) = k * (7, b, c)$ [wie man das genau eingibt hängt vom Gerät ab]

                                → $k = 1{,}4$ $b = -4{,}2$ $c = 12{,}6$

                                →   Antwort: $b = -4{,}2$ und $c \neq 12{,}6$ [denn für c = 12,6 wären es unendlich viele Lösungen!]

„Erfinden" eines linearen Gleichungssystems

- x = 4 und y = 5 vorgegeben
- linke Seite „beliebig" (Zahl·x + Zahl·y) (Achtung: in der zweiten Zeile keine Vielfachen verwenden!)
- rechte Seite <u>berechnen</u>, indem man links die vorgegebenen Werte für x und y einsetzt

Beispiel:

eine „einfache Lösung" wäre: x = 4   eine „komplizierte Lösung" wäre: $3x + 5y = 37$ (weil 3·4+5·5=37)
                                         y = 5 $2x - 4y = -12$ (weil 2·4-4·5=-12)

Prüfungstipps:

- „Vielfaches" bedeutet: mit derselben Zahl multiplizieren <u>oder durch dieselbe Zahl dividieren</u>!
- wenn nötig, zunächst so umformen, dass links die Variablen und rechts die Zahlen stehen

Typische Aufgaben ([...] sind die Aufgabennummern aus www.aufgabenpool.at)

1) Gegeben ist die lineare Gleichung I: 5x – 3y = 0. Geben Sie eine zweite lineare Gleichung II so an, dass das Gleichungssystem die Lösungsmenge L={(3|5)} hat!

2) Geben Sie mögliche Werte für a, b und c an, sodass das folgende Gleichungssystem keine Lösung hat!
   I: 5x – 3y = 2
   II: ax + by = c

3) Stellen Sie den Punkt P als Lösung jenes linearen Gleichungssystems dar, welches durch die Geraden g und h festgelegt wird!
   Hinweis: am schnellsten geht es, wenn man einfach die Geradengleichungen in der Form y = k·x+d für beide Geraden angibt
   (zur Frage wie das geht vgl Kapitel 07)

4) Gegeben ist das folgende lineare Gleichungssystem:
   I: 3x – 5y = 7
   II: -2x + 3y = -5
   Kreuzen Sie die zutreffende Lösungsmenge an!
   ○ L={(1|1)} ○ L={(2|-2)} ○ L={(4|1)} ○ L={(0|0)} ○ L={} ○ L={(1|4)}

5) Gegeben ist ein Gleichungssystem aus zwei linearen Gleichungen in den Variablen $x, y \in \mathbb{R}$.
   I: $3 \cdot x - 2 \cdot y = 4$
   II: $a \cdot x + 4 \cdot y = -2$ $(a \in \mathbb{R})$
   Geben Sie denjenigen Wert / diejenigen Werte von a an, für den/die das gegebene Gleichungssystem genau eine Lösung hat! Begründen Sie Ihre Antwort!

6) Eine Teilmenge der Lösungsmenge einer linearen Gleichung wird durch die nachstehende Abbildung dargestellt. Die durch die Gleichung beschriebene Gerade *g* verläuft durch die Punkte P1 und P2, deren Koordinaten jeweils ganzzahlig sind.
   Die lineare Gleichung und eine zweite lineare Gleichung bilden ein lineares Gleichungssystem. Ergänzen Sie die Textlücken im folgenden Satz durch Ankreuzen der jeweils richtigen Satzteile so, dass eine korrekte Aussage entsteht!
   Hat die zweite Gleichung die Form ____①____, so ____②____ .

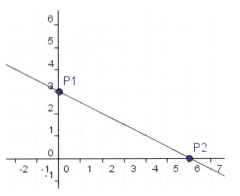

①	
$2x + y = 1$	☐
$x + 2y = 8$	☐
$y = 5$	☐

②	
hat das Gleichungssystem unendlich viele Lösungen	☐
ist die Lösungsmenge des Gleichungssystems L={(-2|4)}	☐
hat das Gleichungssystem keine Lösung	☐

7) Gegeben ist ein Gleichungssystem aus zwei linearen Gleichungen in den Variablen $x, y \in \mathbb{R}$.
   $2x + 3y = 7$
   $3x + by = c$ mit $b, c \in \mathbb{R}$
   Ermitteln Sie diejenigen Werte für *b* und *c*, für die das Gleichungssystem unendlich viele Lösungen hat!

8) Gegeben ist ein Gleichungssystem aus zwei linearen Gleichungen in den Variablen $x, y \in \mathbb{R}$.

   I: $\quad x + 4 \cdot y = -8$

   II: $a \cdot x + 8 \cdot y = c$ mit $a, c \in \mathbb{R}$.

   Ermitteln Sie diejenigen Werte für a und c, für die das Gleichungssystem unendlich viele Lösungen hat!

9) Gegeben ist ein Gleichungssystem aus zwei linearen Gleichungen in den Variablen $x, y \in \mathbb{R}$.

   I: $\quad a \cdot x + \quad y = -2$ mit $a \in \mathbb{R}$

   II: $3 \cdot x + b \cdot y = 6$ mit $b \in \mathbb{R}$

   Bestimmen Sie die Koeffizienten a und b so, dass das Gleichungssystem unendlich viele Lösungen hat!

10) Gegeben ist ein lineares Gleichungssystem in den Variablen x_1 und x_2. Es gilt $a, b \in \mathbb{R}$.

    I: $\quad 3 \cdot x_1 - 4 \cdot x_2 = a$

    II: $b \cdot x_1 + \quad x_2 = a$

    Bestimmen Sie die Werte der Parameter a und b so, dass für die Lösungsmenge des Gleichungssystems $L = \{(2; -2)\}$ ist!

    Tipp: Ersetzt man x_1 und x_2 durch die Zahlen 2 und -2, bleibt ein Gleichungssystem in den Variablen a und b übrig, dass man dann „ganz normal" mit Geogebra bzw. Taschenrechner lösen kann.

Kapitel 11
Grundlagen der Vektorrechnung

Punkte [zB P(1|3)]: ein bestimmter „Ort" im Koordinatensystem

Pfeile (Richtungsvektoren) [zB $v = \begin{pmatrix} 3 \\ -1 \end{pmatrix}$]: Weg von einem Punkt zum nächsten

    x-Koordinate (1. Zeile): waagrecht nach rechts (bei +) oder links (bei -)

    y-Koordinate (2. Zeile): senkrecht nach oben (bei +) oder unten (bei -)

==neuer Punkt = Punkt + Richtungsvektor== [zB $Q = P + v = \begin{pmatrix} 1 \\ 3 \end{pmatrix} + \begin{pmatrix} 3 \\ -1 \end{pmatrix} = \begin{pmatrix} 4 \\ 2 \end{pmatrix}$]

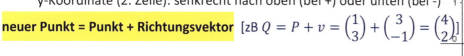

Vektor zwischen zwei Punkten: $\overrightarrow{AB} = B - A$ (Endpunkt – Anfangspunkt [zeilenweise rechnen])

    Beispiel: A=(4|9); B=(7|4) → $\overrightarrow{AB} = \begin{pmatrix} 7 \\ 4 \end{pmatrix} - \begin{pmatrix} 4 \\ 9 \end{pmatrix} = \begin{pmatrix} 3 \\ -5 \end{pmatrix}$

Halbierungspunkt (Mittelpunkt): $\frac{A+B}{2}$ (Koordinaten zeilenweise addieren; dann alle Zahlen durch 2)

    Beispiel: A=(-5|3); B=(7|-6) → $\frac{\begin{pmatrix} -5 \\ 3 \end{pmatrix} + \begin{pmatrix} 7 \\ -6 \end{pmatrix}}{2} = \frac{\begin{pmatrix} 2 \\ -4 \end{pmatrix}}{2} = \begin{pmatrix} 1 \\ -2 \end{pmatrix}$ bzw. als Punkt geschrieben (1|-2)

Länge eines Pfeils (Betrag des Richtungsvektors): $|v| = \sqrt{x^2 + y^2}$

    Beispiel: $v = \begin{pmatrix} -4 \\ 3 \end{pmatrix}$ → $|v| = \sqrt{4^2 + 3^2} = 5$

                               bei ² Minus gleich weglassen ☺

==**parallele Pfeile (parallele Richtungsvektoren)**==

    a und b sind parallel, wenn jede Zeile von a ein Vielfaches von b ist | **∥ bedeutet parallel**

    [Vielfaches = in jeder Zeile wird mit derselben Zahl multipliziert bzw. dividiert]

    Beispiele: $\begin{pmatrix} 3 \\ 5 \end{pmatrix}$ ist parallel zu $\begin{pmatrix} 9 \\ 15 \end{pmatrix}$ [jede Zeile mal 3]

               $\begin{pmatrix} 12 \\ -4 \end{pmatrix}$ ist parallel zu $\begin{pmatrix} -3 \\ y \end{pmatrix}$, falls y = 1 [jede Zeile durch -4]

==**normale (senkrechte) Pfeile (Pfeile bilden einen rechten Winkel)**==

    a und b sind normal (senkrecht), wenn das Skalarprodukt 0 ergibt   **⊥ bedeutet normal**

    Skalarprodukt = x-Koordinate·x-Koordinate + y-Koordinate·y-Koordinate

    Beispiele: $\begin{pmatrix} -4 \\ 1 \end{pmatrix}$ und $\begin{pmatrix} 2 \\ 8 \end{pmatrix}$ sind normal zueinander, weil $\begin{pmatrix} -4 \\ 1 \end{pmatrix} \cdot \begin{pmatrix} 2 \\ 8 \end{pmatrix} = -4 \cdot 2 + 1 \cdot 8 = 0$

            $\begin{pmatrix} 3 \\ -2 \end{pmatrix}$ und $\begin{pmatrix} 6 \\ b \end{pmatrix}$ sind normal zueinander, falls $\begin{pmatrix} 3 \\ -2 \end{pmatrix} \cdot \begin{pmatrix} 6 \\ b \end{pmatrix} = 3 \cdot 6 - 2 \cdot b = 0$, also falls b = 9

Normalvektor bilden: Koordinaten tauschen und ein Vorzeichen ändern

    Beispiel: gegeben ist $a = \begin{pmatrix} 3 \\ -5 \end{pmatrix}$ → Normalvektor ist $\begin{pmatrix} 5 \\ 3 \end{pmatrix}$ oder $\begin{pmatrix} -5 \\ -3 \end{pmatrix}$

Vektor: Paar von zwei (oder mehr) Koordinaten

Skalar: einzelne Zahl

Pfeile aus Grafik ablesen

    wie weit geht es nach rechts(+)/links(-) (→x-Koordinate) bzw. nach oben(+)/unten(-) (→y-Koordinate)

==**(fehlende) Richtungsvektoren konstruieren**==

    1. die Koordinaten der gezeichneten Pfeile aus der Grafik ablesen

    2. den „Ergebnispfeil" laut Angabe berechnen (bzw. die gegebene Gleichung mit Technologie lösen)

    3. den Ergebnispfeil wieder in die Grafik einzeichnen (vom gegebenen Startpunkt)

[das funktioniert, weil die Angabe immer nur lautet, „zeichnen Sie einen Pfeil ein", und nicht „<u>konstruieren</u> Sie einen Pfeil" ☺]

Beispiel: Zeichne zu den gegebenen Vektoren einen Vektor $\vec{v}$ so ein, dass die Summe aller Vektoren den Nullvektor ergibt!
Lösung:

aus der Grafik erkennt man $\vec{a} = \begin{pmatrix} 5 \\ 2 \end{pmatrix}$ und $\vec{b} = \begin{pmatrix} -3 \\ 1 \end{pmatrix}$

Summe muss $\begin{pmatrix} 0 \\ 0 \end{pmatrix}$ ergeben

$$\Rightarrow \begin{pmatrix} 5 \\ 2 \end{pmatrix} + \begin{pmatrix} -3 \\ 1 \end{pmatrix} + \begin{pmatrix} x \\ y \end{pmatrix} = \begin{pmatrix} 0 \\ 0 \end{pmatrix}$$

daraus ergibt sich x = -2 und y = -3

(Lösung auch mit Technologie möglich ☺)

diesen Pfeil zeichnet man dann wieder in die Grafik ein

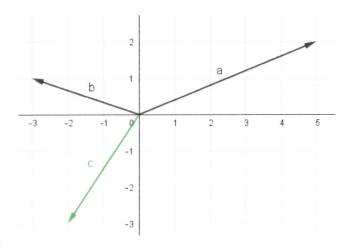

Teilungspunkte

Beispiel: Der Punkt T teilt die Strecke zwischen A = (2 | 7) und B = (14 | -2) im Verhältnis 2:1. Ermittle die Koordinaten des Punktes T!

Lösung: Verhältnis 2:1 ⇒ insgesamt 2 + 1 = 3 Teilstrecken

$$\text{Teilstreckenpfeil ist } \frac{\overrightarrow{AB}}{3} = \frac{B-A}{3} = \frac{\begin{pmatrix} 14 \\ -2 \end{pmatrix} - \begin{pmatrix} 2 \\ 7 \end{pmatrix}}{3} = \frac{\begin{pmatrix} 12 \\ -9 \end{pmatrix}}{3} = \begin{pmatrix} 4 \\ -3 \end{pmatrix}$$

Punkt = Startpunkt + Pfeil(e) ⇒ $T = A + 2 \cdot \text{Teilstreckenpfeil}$

$$T = \begin{pmatrix} 2 \\ 7 \end{pmatrix} + 2 \cdot \begin{pmatrix} 4 \\ -3 \end{pmatrix} = \begin{pmatrix} 10 \\ 1 \end{pmatrix}$$

Typische Aufgabenstellungen ([…] sind die Aufgabennummern aus www.aufgabenpool.at)

1) [1_346] Die Abbildung zeigt zwei als Pfeile dargestellte Vektoren $\vec{a}$ und $\vec{b}$ und einen Punkt P. Ergänzen Sie die Abbildung um einen Pfeil, der vom Punkt P. ausgeht und den Vektor $\vec{a} - \vec{b}$ darstellt!

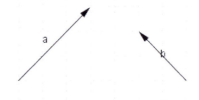

2) A, B, C und D sind die Eckpunkt des abgebildeten Quadrats, M ist der Schnittpunkt der Diagonalen. Kreuzen Sie die beiden zutreffenden Aussagen an!

○ $C = A + 2 \cdot \overrightarrow{AM}$ ○ $B = C + \overrightarrow{AD}$ ○ $M = D - \frac{1}{2} \cdot \overrightarrow{DB}$

○ $\overrightarrow{AM} \cdot \overrightarrow{MC} = 0$ ○ $\overrightarrow{AB} \cdot \overrightarrow{BC} = 0$

3) Gegeben sind die Vektoren $\vec{a}$ und $\vec{b}$, die in der Abbildung als Pfeile dargestellt sind. Stellen Sie $\frac{1}{2} \cdot \vec{b} - \vec{a}$ ausgehend vom Punkt C durch einen Pfeil dar!

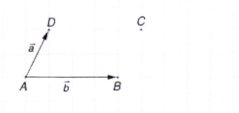

4) Gegeben sind die Vektoren $\vec{a}$ und $\vec{b}$ sowie ein Skalar $r \in \mathbb{R}$. Welche der folgenden Rechenoperationen liefert/liefern als Ergebnis wieder einen Vektor? Kreuzen Sie die zutreffende(n) Antwort(en) an!

○ $\vec{a} + r \cdot \vec{b}$ ○ $\vec{a} + r$ ○ $\vec{a} \cdot \vec{b}$ ○ $r \cdot \vec{b}$ ○ $\vec{b} - \vec{a}$

5) Gegeben ist das Rechteck *RSTU*. Kreuzen Sie die beiden zutreffenden Aussagen an!

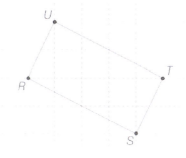

○ $\overrightarrow{ST} = -\overrightarrow{RU}$ ○ $\overrightarrow{SR} \parallel \overrightarrow{UT}$ ○ $\overrightarrow{RS} + \overrightarrow{ST} = \overrightarrow{TR}$

○ $U = T + \overrightarrow{SR}$ ○ $\overrightarrow{RT} \cdot \overrightarrow{SU} = 0$

6) Kreuzen Sie die beiden zum Vektor $\vec{v} = \begin{pmatrix} 12 \\ -4 \end{pmatrix}$ parallelen Vektoren an!

○ $\begin{pmatrix} 12 \\ 4 \end{pmatrix}$ ○ $\begin{pmatrix} -4 \\ 12 \end{pmatrix}$ ○ $\begin{pmatrix} 6 \\ -2 \end{pmatrix}$ ○ $\begin{pmatrix} 24 \\ -8 \end{pmatrix}$ ○ $\begin{pmatrix} 4 \\ -1 \end{pmatrix}$

7) [1_417] Gegeben sind die zwei Vektoren $\vec{a} = \begin{pmatrix} 2 \\ 3 \end{pmatrix}$ und $\vec{b} = \begin{pmatrix} b_1 \\ -4 \end{pmatrix}$. Bestimmen Sie die unbekannte Koordinate b_1 so, dass die beiden Vektoren $\vec{a}$ und $\vec{b}$ normal aufeinander stehen!

8) Von einem Parallelogramm sind die drei Punkte A=(-3|-2), B=(5|b_2) und C=(7|4) bekannt. Ermitteln Sie die Koordinaten des fehlenden Eckpunkts D in Abhängigkeit von der unbekannten Koordinate b_2!

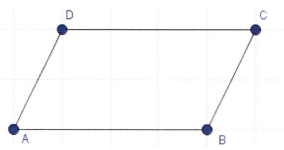

9) [1_443] In der unten stehenden Abbildung sind die Vektoren $\vec{a}, \vec{b}$ und $\vec{c}$ als Pfeile dargestellt. Stellen Sie den Vektor $\vec{d} = \vec{a} + \vec{b} - 2 \cdot \vec{c}$ als Pfeil dar!

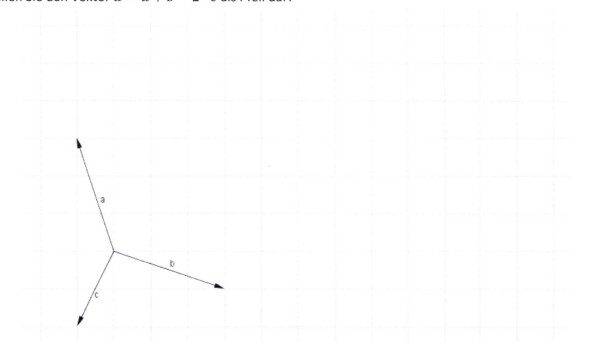

10) [1_441] Gegeben sind die beiden Punkte A=(-2|1) und B=(3|-1).
Geben Sie einen Vektor $\vec{n}$ an, der auf den Vektor $\overrightarrow{AB}$ normal steht!

11) [1_466] Gegeben ist der Vektor $\vec{a} = \begin{pmatrix} 4 \\ 1 \\ 2 \end{pmatrix}$. Bestimmen Sie die Koordinate z_b des Vektors $\vec{b} = \begin{pmatrix} 4 \\ 2 \\ z_b \end{pmatrix}$ so, dass $\vec{a}$ und $\vec{b}$ aufeinander normal stehen!

12) [1_618] Gegeben ist eine Strecke AB im $\mathbb{R}^2$ mit A = (3|4) und B = (-2|1). Geben Sie einen möglichen Vektor $\vec{n} \in \mathbb{R}^2$ mit $\vec{n} \neq \begin{pmatrix} 0 \\ 0 \end{pmatrix}$ an, der mit der Strecke AB einen rechten Winkel einschließt!

13) [1_489] Die unten stehende Abbildung zeigt zwei Vektoren $\vec{v_1}$ und $\vec{v}$. Ergänzen Sie in der Abbildung einen Vektor $\vec{v_2}$ so, dass $\vec{v_1} + \vec{v_2} = \vec{v}$ ist!

14) [1_515] In der Ebene werden auf einer Geraden in gleichen Abständen nacheinander die Punkte A, B, C und D markiert. Es gilt also: $\overrightarrow{AB} = \overrightarrow{BC} = \overrightarrow{CD}$.
Die Koordinaten der Punkte A und C sind bekannt: A = (3 | 1); C = (7 | 8).
Berechnen Sie die Koordinaten von D!

15) [1_539] Eine gegebene Strecke AB wird innen durch den Punkt T im Verhältnis 3:2 geteilt. Stellen Sie eine Formel für die Berechnung des Punkts T auf!
Tipp: Grundregel: neuer Punkt = Startpunkt + Richtungsvektor

Verhältnis 3:2 bedeutet, man muss die Gesamtstrecke (→ den „Gesamtvektor" $\overrightarrow{AB}$) in 3+2 = 5 Abschnitte teilen; der Punkt T liegt dann am Ende des dritten „Abschnittspfeils".

16) [1_538] Von einem Trapez ABCD sind die Koordinaten der Eckpunkte gegeben: A=(2|-6); B=(10|-2); C=(9|2); D=(3|y). Die Seiten a = AB und c = CD sind zueinander parallel.
Geben Sie den Wert der Koordinate y des Punkts D an!

17) [1_562] Die Abbildung zeigt einen Quader, dessen quadratische Grundfläche in der xy-Ebene liegt. Die Länge einer Grundkante beträgt 5 Längeneinheiten, die Körperhöhe beträgt 10 Längeneinheiten. Der Eckpunkt D liegt im Koordinatenursprung, der Eckpunkt C liegt auf der positiven y-Achse. Der Eckpunkt E hat somit die Koordinaten E = (5|0|10).

Geben Sie die Koordinaten (Komponenten) des Vektors $\overrightarrow{HB}$ an!

Ist zwar ein Vektor im $\mathbb{R}^3$, aber das Grundprinzip „Endpunkt – Anfangspunkt" ist dasselbe ☺

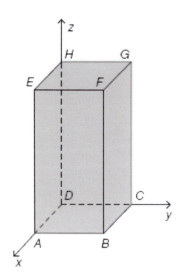

18) [1_570] Die unten stehende Abbildung zeigt zwei Vektoren $\vec{a}$ und $\vec{b}$. Zeichnen Sie in die Abbildung einen Vektor $\vec{c}$ so ein, dass die Summe der drei Vektoren denn Nullvektor ergibt, also $\vec{a} + \vec{b} + \vec{c} = \begin{pmatrix} 0 \\ 0 \end{pmatrix}$ gilt!

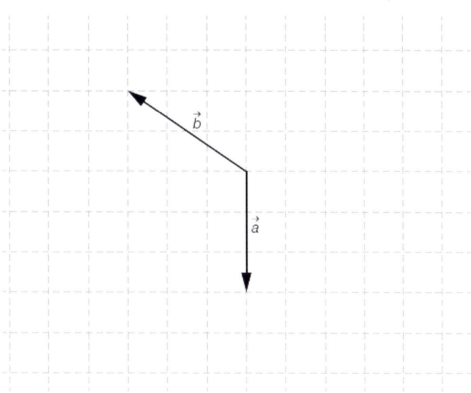

19) [1_617] An einem Massenpunkt M greifen drei Kräfte an. Diese sind durch die Vektoren $\vec{a}, \vec{b}$ und $\vec{c}$ gegeben. Zeichnen Sie in der Abbildung einen Kraftvektor $\vec{d}$ so ein, dass die Summe aller vier Kräfte (in jeder Komponente) gleich null ist!

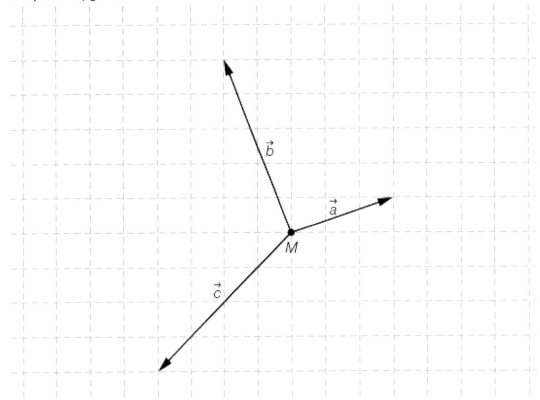

20) [1_593] Gegeben sind die nachstehend angeführten Vektoren:
$\vec{a} = \binom{2}{3}$; $\vec{b} = \binom{x}{0}, x \in \mathbb{R}$; $\vec{c} = \binom{1}{-2}$; $\vec{d} = \vec{a} - \vec{b}$

Berechnen Sie x so, dass die Vektoren $\vec{c}$ und $\vec{d}$ aufeinander normal stehen!

21) [1_666] Gegeben sind die Vektoren $\vec{a} = \binom{13}{5}$ und $\vec{b} = \binom{10 \cdot m}{n}$ mit $m, n \in \mathbb{R} \setminus \{0\}$. Die Vektoren $\vec{a}$ und $\vec{b}$ sollen aufeinander normal stehen. Geben Sie für diesen Fall n in Abhängigkeit von m an!

22) [1_689] In der Abbildung ist ein Quader dargestellt. Die Eckpunkte A, B, C und E sind beschriftet. Für weitere Eckpunkte R, S und T gilt:
$R = E + \overrightarrow{AB}$
$S = A + \overrightarrow{AE} + \overrightarrow{BC}$
$T = E + \overrightarrow{BC} - \overrightarrow{AE}$
Beschriften Sie in der Abbildung klar erkennbar die Eckpunkte R, S und T!

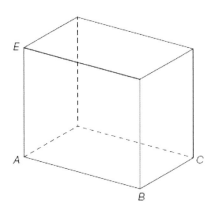

23) [1_785] In der nachstehenden Abbildung sind die vier Punkte P, Q, R und S sowie die zwei Vektoren $\vec{u}$ und $\vec{v}$ dargestellt.

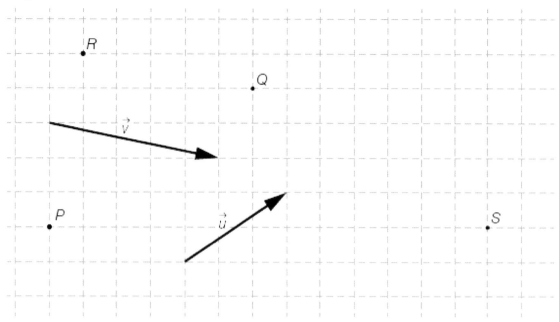

Ordnen Sie den vier Vektoren jeweils den entsprechenden Ausdruck (aus A bis F) zu!

$\vec{PQ}$	
$\vec{PR}$	
$\vec{QR}$	
$\vec{PS}$	

A	$2 \cdot \vec{u} - \vec{v}$
B	$2 \cdot \vec{v} - \vec{u}$
C	$-\vec{v}$
D	$2 \cdot \vec{v} + \vec{u}$
E	$2 \cdot \vec{u}$
F	$2 \cdot \vec{u} + 2 \cdot \vec{v}$

24) [1_761] Nachstehend ist eine symmetrische Windrose abgebildet, die Himmelsrichtungen zeigt.

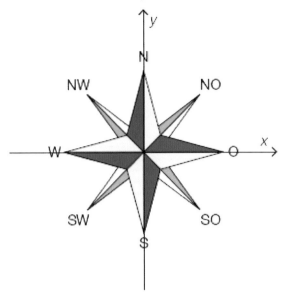

Die Geschwindigkeit eines Schiffes, das in Richtung Nordwest (NW) fährt, wird durch den Vektor $\vec{u} = \begin{pmatrix} -a \\ a \end{pmatrix}$ mit $a \in \mathbb{R}^+$ beschrieben.

Geben Sie einen Vektor $\vec{v}$ an, der die Geschwindigkeit eines Schiffes beschreibt, das in Richtung Nordost (NO) fährt!

25) [1_539] Eine gegebene Strecke AB wird innen durch den Punkt T im Verhältnis 3:2 geteilt.
Stellen Sie eine Formel für die Berechnung des Punkts T auf!

Kapitel 12
Vektoren in Anwendungen interpretieren

Vektoren → zeilenweise Berechnung
bietet sich an, wenn die gleiche Rechnung wiederholt durchzuführen ist

Beispiel 1: Warenbestand in 3 Filialen (Produkt 1 = x-Koord, Produkt 2 = y-Koord, Produkt 3 = z-Koord)

$$a = \begin{pmatrix} 3 \\ 2 \\ 5 \end{pmatrix}; b = \begin{pmatrix} 1 \\ 0 \\ 2 \end{pmatrix}; c = \begin{pmatrix} 2 \\ 2 \\ 7 \end{pmatrix}$$

$$a + b + c = \begin{pmatrix} 3 \\ 2 \\ 5 \end{pmatrix} + \begin{pmatrix} 1 \\ 0 \\ 2 \end{pmatrix} + \begin{pmatrix} 2 \\ 2 \\ 7 \end{pmatrix} = \begin{pmatrix} 6 \\ 4 \\ 14 \end{pmatrix}$$ ergibt den Gesamtbestand in allen drei Filialen

Beispiel 2: Preisvektor für mehrere Produkte: $v = \begin{pmatrix} 1{,}20€ \\ 2{,}00€ \\ 3{,}40€ \end{pmatrix}$

Preiserhöhung um 5% → alle Zeilen ·1,05 (siehe Thema 2: Prozentrechnen ☺): $\begin{pmatrix} 1{,}20€ \\ 2{,}00€ \\ 3{,}40€ \end{pmatrix} \cdot 1{,}05 = \begin{pmatrix} 1{,}26€ \\ 2{,}10€ \\ 3{,}57€ \end{pmatrix}$

Skalarprodukt ermittelt einen Gesamtwert (Gesamtbetrag)

Beispiel 1: Verkaufsmengen $a = \begin{pmatrix} 3 \\ 2 \\ 7 \end{pmatrix}$; Verkaufspreise $b = \begin{pmatrix} 0{,}50€ \\ 2{,}20€ \\ 0{,}90€ \end{pmatrix}$

Gesamt-Einnahme = $a \cdot b = 3 \cdot 0{,}50 + 2 \cdot 2{,}20 + 7 \cdot 0{,}90 = 12{,}20€$

Beispiel 2: tägliche Durchschnittsgeschwindigkeiten $v = \begin{pmatrix} 60km/h \\ 40km/h \\ 55km/h \end{pmatrix}$; tägliche Fahrzeit $t = \begin{pmatrix} 2h \\ 1{,}5h \\ 3h \end{pmatrix}$

gesamte Wegstrecke = $v \cdot t = 60 \cdot 2 + 40 \cdot 1{,}5 + 55 \cdot 3 = 345km$

Typische Fragestellungen ([…] sind die Aufgabennummern aus www.aufgabenpool.at)

1) Eine Familie fährt auf Urlaub. Die Anreise zu ihrem Urlaubsziel dauert vier Tage. Die während der Anreise pro Tag absolvierten Fahrzeiten werden durch den Vektor $\vec{h} = \begin{pmatrix} h_1 \\ h_2 \\ h_3 \\ h_4 \end{pmatrix}$, die jeweiligen Durchschnittsgeschwindigkeiten pro Tag durch den Vektor $\vec{v} = \begin{pmatrix} v_1 \\ v_2 \\ v_3 \\ v_4 \end{pmatrix}$ dargestellt. Die Fahrzeiten werden in Stunden, die Geschwindigkeiten in km/h angegeben.
Interpretieren Sie die Bedeutung des skalaren Produkts $\vec{h} \cdot \vec{v}$ in diesem Zusammenhang!

2) Der Vektor $\vec{E} = \begin{pmatrix} e_1 \\ e_2 \\ e_3 \end{pmatrix}$ gibt die Gehälter dreier Angestellter eines Unternehmens an. Interpretieren Sie in diesem Zusammenhang die Bedeutung des Ausdrucks $1{,}04 \cdot \vec{E}$!

3) [1_419] Die Gehälter der 8 Mitarbeiter/innen eines Kleinunternehmens sind im Vektor $G = \begin{pmatrix} G_1 \\ G_2 \\ \vdots \\ G_8 \end{pmatrix}$ dargestellt. Geben Sie an, was der Ausdruck (das Skalarprodukt) $G \cdot \begin{pmatrix} 1 \\ 1 \\ 1 \\ 1 \\ 1 \\ 1 \\ 1 \\ 1 \end{pmatrix}$ in diesem Kontext bedeutet!

4) Ein Unternehmen lagert zwei Komponenten x und y an drei Lagerstätten A, B und C. Der Vektor $\vec{a} = \begin{pmatrix} x_a \\ y_a \end{pmatrix}$ gibt die Anzahl der in der Lagerstätte A vorhandenen Komponenten an, die Vektoren $\vec{b}$ und $\vec{c}$ die Anzahl der Komponenten an den Orten B und C.
Interpretieren Sie die Bedeutung des Ausdrucks $\vec{a} + \vec{b} + \vec{c}$ in diesem Kontext!

5) [1_569] Ein Würstelstandbesitzer führt Aufzeichnungen über die Anzahl der täglich verkauften Würstel. Die Aufzeichnung eines bestimmten Tages ist in der Tabelle angegeben.

	Anzahl der verkauften Portionen	Verkaufspreis pro Portion (in Euro)	Einkaufspreis pro Portion (in Euro)
Frankfurter	24	2,70	0,90
Debreziner	14	3,00	1,20
Burenwurst	11	2,80	1,00
Käsekrainer	19	3,20	1,40
Bratwurst	18	3,20	1,20

Die mit Zahlenwerten ausgefüllten Spalten der Tabelle können als Vektoren angeschrieben werden. Dabei gibt der Vektor A die Anzahl der verkauften Portionen, der Vektor B die Verkaufspreise pro Portion (in Euro) und der Vektor C die Einkaufspreise pro Portion (in Euro) an.
Geben Sie einen Ausdruck mithilfe der Vektoren A, B und C an, der den an diesem Tag erzielten Gesamtgewinn des Würstelstandbesitzers bezogen auf den Verkauf der Würstel beschreibt!

6) [1_641] Ein Sportfachgeschäft bietet n verschiedene Sportartikel an. Die n Sportartikel sind in einer Datenbank nach ihrer Artikelnummer geordnet, sodass die Liste mit den entsprechenden Stückzahlen als Vektor (mit n Komponenten) aufgefasst werden kann.
Die Vektoren B, C und P (mit $B, C, P \in \mathbb{R}^n$) haben die folgende Bedeutung:
Vektor B: Die Komponente $b_i \in \mathbb{N}$ (mit $1 \leq i \leq n$) gibt den Lagerbestand des i-ten Artikels am Montagmorgen einer bestimmten Woche an.
Vektor C: Die Komponente $c_i \in \mathbb{N}$ (mit $1 \leq i \leq n$) gibt den Lagerbestand des i-ten Artikels am Samstagabend dieser Woche an.
Vektor P: Die Komponente $p_i \in \mathbb{R}$ (mit $1 \leq i \leq n$) gibt den Stückpreis (in Euro) des i-ten Artikels in dieser Woche an.
Das Fachgeschäft ist in der betrachteten Woche von Montag bis Samstag geöffnet und im Laufe dieser Woche werden weder Sportartikel nachgeliefert noch Stückpreise verändert.
Am Ende der Woche werden Daten für die betrachtete Woche (Montag bis Samstag) ausgewertet, wobei die erforderlichen Berechnungen mithilfe von Termen angeschrieben werden können. Ordnen Sie den vier gesuchten Größen jeweils den für die Berechnung zutreffenden Term (aus A bis F) zu!
Tipp: eigentlich geht es bei diesen Termen gar nicht darum, dass hinter den Buchstaben Vektoren stecken ☺

durchschnittliche Verkaufszahlen (pro Sportartikel) pro Tag in der betrachteten Woche	
Gesamteinnahmen durch den Verkauf von Sportartikeln in der betrachteten Woche	
Verkaufszahlen (pro Sportartikel) in der betrachteten Woche	
Verkaufswerts des Lagerbestands an Sportartikeln am Ende der betrachteten Woche	

A	$6 \cdot (B - C)$
B	$B - C$
C	$\frac{1}{6} \cdot (B - C)$
D	$P \cdot C$
E	$P \cdot (B - C)$
F	$6 \cdot P \cdot (B - C)$

Kapitel 13
Geraden im R²

Parameterform

Punkt auf Gerade = Startpunkt + Parameter · Richtungsvektor
$X \quad = \quad P \quad + \quad t \quad \cdot \quad \vec{v}$

Parameter ist die „Nummer" des Punkts auf der Geraden;
bei einer Bewegung entspricht t der Zeit, die bis zu diesem Punkt vergeht

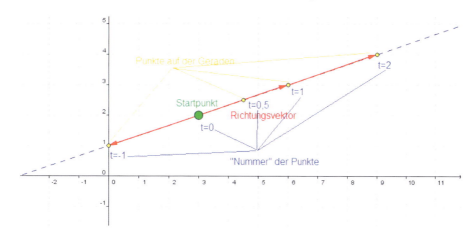

Beispiel: $X = \binom{3}{2} + t \cdot \binom{3}{1}$ (das ist die in der Skizze dargestellt Gerade!)

Bestimmen des Richtungsvektors

- Gerade durch 2 Punkte: Richtungsvektor $v = Endpunkt - Anfangspunkt$
- parallele Gerade: Richtungsvektor bleibt gleich
- normale Gerade: Koordinaten tauschen und ein Vorzeichen ändern (um 90° drehen)

Geradengleichung (Normalvektorform einer Geraden): a·x + b·y = c

Beispiel: 5x − 2y = 20

Überprüfen, ob Punkt auf Gerade liegt

in Gleichung einsetzen → wenn wahre Aussage, liegt Punkt auf g
Beispiel: (4|0) liegt auf 5x − 2y = 20, weil 5·4-2·0 = 20

Punkt auf einer Geraden finden

für x oder y irgendeine (ganz egal welche ☺) Zahl einsetzen und die zweite ausrechnen
Beispiel: 5x − 2y = 20
  wähle x = 8 → 5·8 − 2y = 20
  − 2y = −20
  y = 10 → (8|10) ist ein Punkt auf dieser Geraden

Gleichung einer parallelen Geraden: linke Seite bleibt gleich, Zahl rechts neu berechnen
Beispiel: gesucht ist die zu 3x + 5y = 10 parallele Gerade durch den Punkt A=(9|2)
  Lösung: 3x + 5y = 37 (rechte Seite: Koordinaten von A links einsetzen → 3·9+5·2 = 37)

Gleichung einer normalen Geraden: links Zahlen tauschen und <u>ein</u> Vorzeichen ändern, Zahl rechts neu berechnen

Beispiel: gesucht ist die zu 4x − 7y = 8 normale Gerade durch den Punkt B=(3|-5)

Lösung: 7x + 4y = 1   *(rechte Seite: Koordinaten von B links einsetzen* → 7·3+4·(-5) = 1)

Wechsel der Darstellungsform

Normalvektor ←→ Richtungsvektor: Koordinaten tauschen und ein Vorzeichen ändern

Formel für Geradengleichung: $\vec{n} \cdot \begin{pmatrix} x \\ y \end{pmatrix} = \vec{n} \cdot Punkt$

Multiplikation ist hier Skalarprodukt (zeilenweise multiplizieren und addieren)

Beispiel 1: von der Parameterdarstellung zur Geradengleichung

Gerade g: $X = \begin{pmatrix} 3 \\ 4 \end{pmatrix} + t \cdot \begin{pmatrix} -2 \\ 5 \end{pmatrix}$ →   Normalvektor: $\vec{n} = \begin{pmatrix} 5 \\ 2 \end{pmatrix}$

Geradengleichung: $\begin{pmatrix} 5 \\ 2 \end{pmatrix} \cdot \begin{pmatrix} x \\ y \end{pmatrix} = \begin{pmatrix} 5 \\ 2 \end{pmatrix} \cdot \begin{pmatrix} 3 \\ 4 \end{pmatrix}$

$5x + 2y = 5 \cdot 3 + 2 \cdot 4 = 23$

Beispiel 2: von der Geradengleichung zur Parameterdarstellung

Geradengleichung: 7x −2 y = 24 → Normalvektor: $\vec{n} = \begin{pmatrix} 7 \\ -2 \end{pmatrix}$ (Zahlen vor x und y sind die Koordinaten von $\vec{n}$)

→ Richtungsvektor: $\vec{v} = \begin{pmatrix} 2 \\ 7 \end{pmatrix}$ (Koordinaten tauschen und ein Vorzeichen ändern)

Punkt auf g finden: Zahl für x aussuchen, zB x = 2 → 7·2−2y=24 → y = −5 → P=(2|-5)

Parameterdarstellung: $X = \begin{pmatrix} 2 \\ -5 \end{pmatrix} + t \cdot \begin{pmatrix} 2 \\ 7 \end{pmatrix}$

Lagebeziehungen erkennen

parallele Gerade: links sind die Zahlen jeweils ein Vielfaches, rechts nicht das gleiche Vielfache

Beispiel: 3x + 6y = 10
             6x + 12y = 40

Die Richtungsvektoren (Normalvektoren) sind ein Vielfaches.

identische Gerade: links und rechts sind die Zahlen jeweils ein Vielfaches

Beispiel: 3x + 6y = 10
             6x + 12y = 20

Die Richtungsvektoren (Normalvektoren) sind ein Vielfaches.

normale Gerade: links sind Zahlen „vertauscht" und ein Vorzeichen geändert; ev. auch ein Vielfaches

Beispiele: 3x + 6y = 10   3x + 6y = 10
             6x − 3y = 5   18x − 9y = 15

Die beiden Richtungsvektoren (Normalvektoren) stehen normal aufeinander.
Erinnerung: 2 Vektoren stehen normal aufeinander, wenn das Skalarprodukt null ergibt!
Der Richtungsvektor der ersten Gerade ist gleich (parallel zu) dem Normalvektor der zweiten Gerade.

schneidende Gerade: wenn sie nicht parallel oder identisch sind (zur Berechnung des Schnittpunkts vgl. Kapitel 10)

Typische Aufgaben ([...] sind die Aufgabennummern aus www.aufgabenpool.at)

1) Bestimme die Gleichung der Geraden durch die Punkte P=(3/7) und Q=(5/3) in Parameterform sowie in Normalvektorform!

2) Gegeben ist die Gerade g: $X = \binom{7}{3} + t \cdot \binom{-4}{1}$. Geben Sie eine Gleichung der Geraden in der Form ax + by = c an!

3) Gegeben ist die Gerade g mit der Gleichung 3x − 4y = 12.
   Geben Sie eine Gleichung von g in Parameterform an!

4) Gegeben ist die Gerade g mit der Gleichung 5x + 9y = 12. Bestimmen Sie die Gleichung der parallelen Geraden durch den Punkt P=(-8|2)!

5) Gegeben ist die Gerade g mit der Gleichung 3x − 8y = 13. Geben Sie die Gleichung der zu g normalen Geraden h durch den Punkt (0|0) an!

6) Geben Sie eine Gleichung der in der Grafik dargestellten Geraden g in Parameterform an!

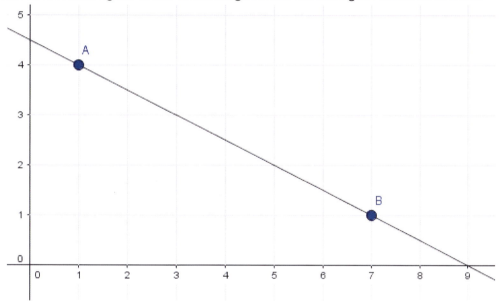

7) [1_442] Gegeben ist die folgende Parameterdarstellung einer Geraden g: $X = \binom{1}{-5} + t \cdot \binom{1}{7}$ mit $t \in \mathbb{R}$.
   Geben Sie die Koordinaten des Schnittpunkts S der Geraden g mit der x-Achse an!

8) [1_465] In der nachstehenden Abbildung sind eine Gerade g durch die Punkte P und Q sowie der Punkt A dargestellt. Ermitteln Sie die Gleichung der Geraden h, die durch A verläuft und normal zu g ist!

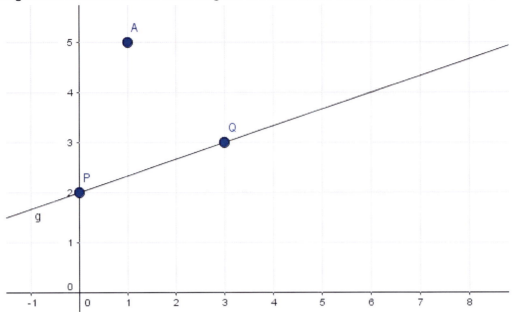

9) Gegeben sind die Geraden $g: X = \binom{1}{1} + s \cdot \binom{-1}{2}$ und $h: x - 2 \cdot y = -1$.

Ergänzen Sie die folgende Aussage so, dass sie die Lagebeziehung der beiden Geraden g und h korrekt begründet!

Die Geraden g und h ____①____, weil ____②____.

Prüfungstipp: <u>zuerst</u> Gleichung der Geraden g bestimmen; <u>dann</u> überlegen, welche Lagebeziehung vorliegt; <u>dann</u> überlegen, was man ankreuzen muss ☺

①	
sind parallel	☐
sind ident	☐
stehen normal aufeinander	☐

②	
der Richtungsvektor von g zum Normalvektor von h parallel ist	☐
die Richtungsvektoren der beiden Geraden g und h parallel sind	☐
der Punkt P=(1|1) auf beiden Geraden g und h liegt	☐

10) [1_514] Die Gerade g ist durch eine Parameterdarstellung $g: X = \binom{2}{6} + t \cdot \binom{3}{-5}$ gegeben.

Geben Sie mögliche Werte der Parameter a und b so an, dass die durch die Gleichung $a \cdot x + b \cdot y = 1$ gegebene Gerade h normal zur Geraden g ist!

Tipp: Ermittle zunächst die Gleichung der Geraden g (von der Parameterdarstellung zur Gleichungsform). Und nicht verwirren lassen ☺

11) [1_537] Gegeben ist die Gerade $g: X = \binom{1}{-2} + s \cdot \binom{2}{3}$. Die Gerade h verläuft parallel zu g durch den Koordinatenursprung. Geben Sie die Gleichung der Geraden h in der Form $a \cdot x + b \cdot y = c$ mit $a, b, c \in \mathbb{R}$ an!

12) [1_642] Gegeben ist eine Gerade g mit der Parameterdarstellung $g: X = \binom{2}{1} + t \cdot \vec{a}$ mit $t \in \mathbb{R}$.

Geben Sie einen Vektor $\vec{a} \in \mathbb{R}^2$ mit $\vec{a} \neq \binom{0}{0}$ so an, dass die Gerade g parallel zur x-Achse verläuft!

13) [1_665] Gegeben sind die Parameterdarstellungen zweier Geraden $g: X = P + t \cdot \vec{u}$ und $h: X = Q + s \cdot \vec{v}$ mit $s, t \in \mathbb{R}$ und $\vec{u}, \vec{v} \neq \binom{0}{0}$.

Welche der angeführten Aussagen sind unter der Voraussetzung, dass die beiden Geraden zueinander parallel, aber nicht identisch sind, stets zutreffend?
Kreuzen Sie die beiden zutreffenden Aussagen an!

❏ $P = Q$ ❏ $P \in h$ ❏ $Q \notin g$ ❏ $\vec{u} \cdot \vec{v} = 0$ ❏ $\vec{u} = a \cdot \vec{v}$ für ein $a \in \mathbb{R} \setminus \{0\}$

14) [1_690] In der Abbildung ist eine Gerade g dargestellt. Die gekennzeichneten Punkte der Geraden g haben ganzzahlige Koordinaten.
Vervollständigen Sie folgende Parameterdarstellung der Geraden g durch Angabe der Werte für a und b mit $a, b \in \mathbb{R}$!

$g: X = \binom{a}{3} + t \cdot \binom{3}{b}$

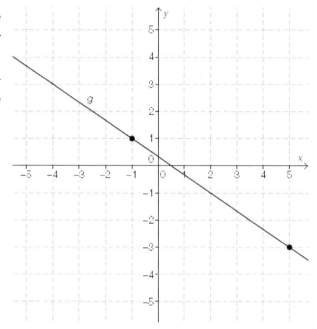

15) [1_712] Im angegebenen Koordinatensystem sind der Vektor $\vec{v}$ sowie die Punkte A und B dargestellt. Die Komponenten des dargestellten Vektors $\vec{v}$ und die Koordinaten der beiden Punkte A und B sind ganzzahlig. Bestimmen Sie den Wert des Parameters t so, dass die Gleichung $B = A + t \cdot \vec{v}$ erfüllt ist!

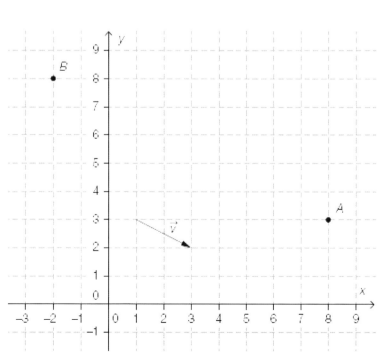

16) [1_713] Die Punkte $A = (7|6)$, $M = (-1|7)$ und $N = (8|1)$ sind gegeben.

Eine Gerade g verläuft durch den Punkt A und steht normal auf die Verbindungsgerade durch die Punkte M und N.

Geben Sie eine Gleichung der Geraden g an!

17) [1_786] Für die zwei Geraden g und h in $\mathbb{R}^2$ gilt:
- Die Gerade g mit dem Richtungsvektor $\vec{g}$ hat den Normalvektor $\vec{n_g}$.
- Die Gerade h mit dem Richtungsvektor $\vec{h}$ hat den Normalvektor $\vec{n_h}$.
- Die Geraden g und h stehen normal aufeinander.

Kreuzen Sie die beiden Bedingungen an, die auf jeden Fall gelten!

☐ $\vec{n_g} \cdot \vec{h} = 0$ ☐ $\vec{n_g} \cdot \vec{n_h} = 0$ ☐ $\vec{g} = r \cdot \vec{h}$ mit $r \in \mathbb{R} \setminus \{0\}$

☐ $\vec{g} = r \cdot \vec{n_h}$ mit $r \in \mathbb{R} \setminus \{0\}$ ☐ $\vec{g} \cdot \vec{n_h} = 0$

normale Geraden =>
- die Richtungsvektoren bilden einen rechten Winkel
- die Normalvektoren bilden einen rechten Winkel
- Richtungsvektor der einen Geraden ist parallel zum Normalvektor der anderen Geraden

18) [1_738] Im nachstehenden Koordinatensystem ist eine Gerade g abgebildet. Die gekennzeichneten Punkte der Geraden g haben ganzzahlige Koordinaten.

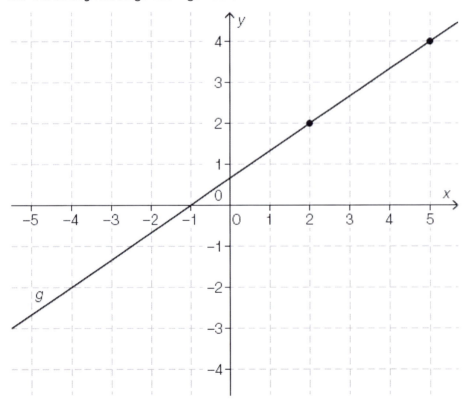

Geben Sie eine Parameterdarstellung einer zu g parallelen Geraden h durch den Punkt (3 | -1) an!

Kapitel 14
Geradengleichung im $\mathbb{R}^3$

Parameterform einer Geraden

$$\text{Punkt auf Gerade} = \text{Startpunkt} + t \cdot \text{Richtungsvektor}$$
$$X = P + t \cdot \vec{v}$$

Beispiel: g: $X = \begin{pmatrix} 5 \\ -2 \\ 4 \end{pmatrix} + t \cdot \begin{pmatrix} 3 \\ -1 \\ -2 \end{pmatrix}$ (gleiches System wie im $\mathbb{R}^2$)

Irgendeinen Punkt auf einer Geraden finden

für t irgendeine Zahl einsetzen

Beispiel: t = 3 → $\begin{pmatrix} 5 \\ -2 \\ 4 \end{pmatrix} + 3 \cdot \begin{pmatrix} 3 \\ -1 \\ -2 \end{pmatrix} = \begin{pmatrix} 5 \\ -2 \\ 4 \end{pmatrix} + \begin{pmatrix} 9 \\ -3 \\ -6 \end{pmatrix} = \begin{pmatrix} 14 \\ -5 \\ -2 \end{pmatrix}$ ist ein Punkt auf g

Prüfen ob ein Punkt auf g liegt

Punkt statt X einsetzen → aus allen drei Zeilen t berechnen → bei gleichem t liegt Punkt auf g

Beispiel: A=(11|-4|0) → einsetzen: $\begin{pmatrix} 11 \\ -4 \\ 0 \end{pmatrix} = \begin{pmatrix} 5 \\ -2 \\ 4 \end{pmatrix} + t \cdot \begin{pmatrix} 3 \\ -1 \\ -2 \end{pmatrix}$

1. Zeile	2. Zeile	3. Zeile
11 = 5 + 3t	-4 = -2 - t	0 = 4 - 2t
6 = 3t	-2 = -t	-4 = -2t
2 = t	2 = t	2 = t

gleiche t → A liegt auf der Geraden

Prüfungstipp: oft kann man durch Probieren „im Kopf" feststellen, ob gleiche t herauskommen ☺

Parallele Geraden

erkennt man daran, dass die Richtungsvektoren parallel sind

paralleler Richtungsvektor: jede Koordinate wird mit derselben Zahl multipliziert (dividiert)

Beispiel: $h_1: X = \begin{pmatrix} 4 \\ 3 \\ 1 \end{pmatrix} + t \cdot \begin{pmatrix} 12 \\ -4 \\ -8 \end{pmatrix}$ ist parallel zu g (beim Richtungsvektor wurden alle Zahlen mit 4 multipliziert)

Idente Gerade

erkennt man daran, dass die Richtungsvektoren parallel sind (vgl. parallele Gerade)

UND der Startpunkt ein (anderer) Punkt von g ist (vgl. Prüfen ob Punkt auf g liegt)

Beispiel: $h_2: X = \begin{pmatrix} 11 \\ -4 \\ 0 \end{pmatrix} + t \cdot \begin{pmatrix} 12 \\ -4 \\ -8 \end{pmatrix}$ ist ident mit der Geraden g

Normale Gerade

erkennt man daran, dass die Richtungsvektoren normal stehen (Skalarprodukt ergibt 0)

Beispiel: $h_3: X = \begin{pmatrix} 11 \\ -4 \\ 0 \end{pmatrix} + t \cdot \begin{pmatrix} 2 \\ 4 \\ 1 \end{pmatrix}$ ist normal zu g

$\begin{pmatrix} 3 \\ -1 \\ -2 \end{pmatrix} \cdot \begin{pmatrix} 2 \\ 4 \\ 1 \end{pmatrix} = 3 \cdot 2 - 1 \cdot 4 - 2 \cdot 1 = 0$

Schneidende und Kreuzende („windschiefe") Gerade

zunächst sicherstellen, dass die Geraden nicht parallel sind (vgl. oben)

berechne s und t aus den ersten beiden Zeilen (lineares Gleichungssystem lösen; vgl. Kapitel 9)

setze s und t in 3. Zeile ein → bei wahrer Aussage schneidende Gerade, sonst kreuzend

Beispiel: siehe Aufgabe 6 bzw. Lösungsteil

Typische Fragestellungen ([...] sind die Aufgabennummern aus www.aufgabenpool.at)

1) Gegeben sind die beiden Geraden g und h mit den Gleichungen: $g: X = \begin{pmatrix} 1 \\ 2 \\ 3 \end{pmatrix} + t \cdot \begin{pmatrix} 3 \\ 1 \\ 2 \end{pmatrix}$ und

   $h: X = \begin{pmatrix} 1 \\ 2 \\ 3 \end{pmatrix} + s \cdot \begin{pmatrix} 4 \\ 2 \\ -7 \end{pmatrix}$ mit $t, s \in \mathbb{R}$. Weisen Sie nach, dass diese Geraden aufeinander normal stehen!

2) Gegeben ist die Gerade g mit der Gleichung $X = \begin{pmatrix} 4 \\ 2 \\ 4 \end{pmatrix} + t \cdot \begin{pmatrix} 1 \\ -1 \\ 2 \end{pmatrix}$ mit $t \in \mathbb{R}$. Zwei der folgenden Gleichungen sind ebenfalls Parameterdarstellungen der Geraden g. Kreuzen Sie diese beiden Gleichungen an!

   ○ $X = \begin{pmatrix} 4 \\ 2 \\ 4 \end{pmatrix} + t \cdot \begin{pmatrix} 2 \\ -1 \\ 3 \end{pmatrix}$ ○ $X = \begin{pmatrix} 5 \\ 7 \\ 9 \end{pmatrix} + t \cdot \begin{pmatrix} 2 \\ -2 \\ 4 \end{pmatrix}$ ○ $X = \begin{pmatrix} 6 \\ 0 \\ 8 \end{pmatrix} + t \cdot \begin{pmatrix} 1 \\ -1 \\ 2 \end{pmatrix}$

   ○ $X = \begin{pmatrix} 4 \\ 2 \\ 4 \end{pmatrix} + t \cdot \begin{pmatrix} -1 \\ 1 \\ -2 \end{pmatrix}$ ○ $X = \begin{pmatrix} 3 \\ 3 \\ 2 \end{pmatrix} + t \cdot \begin{pmatrix} 1 \\ 0 \\ 1 \end{pmatrix}$

3) Begründen Sie, dass der Punkt P=(9|-4|5) nicht auf der Geraden $g: X = \begin{pmatrix} 11 \\ -1 \\ -2 \end{pmatrix} + t \cdot \begin{pmatrix} -2 \\ 3 \\ 7 \end{pmatrix}$ liegen kann!

4) Ergänzen Sie die Textlücken im folgenden Satz durch Ankreuzen der jeweils richtigen Satzteile so, dass eine mathematisch korrekte Aussage entsteht!

   Die Gerade $g: X = \begin{pmatrix} 4 \\ -5 \\ 2 \end{pmatrix} + t \cdot \begin{pmatrix} 3 \\ -2 \\ 5 \end{pmatrix}$ ist mit der Geraden $h: X = \begin{pmatrix} 3 \\ 1 \\ 2 \end{pmatrix} + t \cdot \begin{pmatrix} 6 \\ -4 \\ 10 \end{pmatrix}$ _____①_____ ,

   weil _____②_____ .

①	
parallel	□
ident	□
schneidend	□

②	
alle Koordinaten ganzzahlig sind	□
die Richtungsvektoren parallel sind	□
in beiden Gleichungen der Parameter t auftritt	□

5) [1_418] Die zwei Punkte A=(-1|-6|2) und B=(5|-3|-3) liegen auf einer Geraden g in $\mathbb{R}^3$. Geben Sie eine Parameterdarstellung dieser Geraden g unter Verwendung der konkreten Koordinaten der Punkte A und B an!

6) Zeigen Sie, dass sich die Geraden $g: X = \begin{pmatrix} 5 \\ -3 \\ 2 \end{pmatrix} + t \cdot \begin{pmatrix} 3 \\ -2 \\ 2 \end{pmatrix}$ und $h: X = \begin{pmatrix} 14 \\ -22 \\ 15 \end{pmatrix} + s \cdot \begin{pmatrix} 1 \\ -5 \\ 3 \end{pmatrix}$ schneiden und geben Sie die Koordinaten des Schnittpunkts an!

7) [1_561] Gegeben sind folgende Parameterdarstellungen der Geraden g und h: $g: X = \begin{pmatrix} 1 \\ 1 \\ 1 \end{pmatrix} + t \cdot \begin{pmatrix} -3 \\ 1 \\ 2 \end{pmatrix}$ mit

   $t \in \mathbb{R}$ und $h: X = \begin{pmatrix} 3 \\ 1 \\ 1 \end{pmatrix} + s \cdot \begin{pmatrix} 6 \\ h_y \\ h_z \end{pmatrix}$ mit $s \in \mathbb{R}$. Bestimmen Sie die Koordinaten h_y und h_z des Richtungsvektors der Geraden h so, dass die Gerade h zur Geraden g parallel ist!

Kapitel 15
Quadratische Gleichungen

quadratische Gleichung → es kommt ein x² vor

manchmal kann man das ² durch Wurzelziehen „beseitigen"

bei √ immer 2 Lösungen: + und –
Wurzel ziehen geht NUR bei positiven Zahlen
(oder bei 0; $\sqrt{0} = 0$)
→ bei negativen Zahlen keine Lösung;
zB x² = -9 hat keine Lösung

Beispiel: (x-5)² = 100   / √
x – 5 = +10   oder   x – 5 = -10   / +5
x = 15   oder   x = -5

Bei Multiplikationen von 2 xTeilen (Klammern) auf zwei Gleichungen „aufteilen" (Produkt-Null-Satz)

Beispiel: x (x-3) = 0
x = 0   oder   x-3 = 0
x = 3

Allgemeine Formel: ax² + bx + c = 0

a = Zahl vor x²;   b = Zahl vor x;   c = Zahl ohne x
kommt ein Teil nicht vor, ist der entsprechende Wert = 0
Auf der rechten Seite der Gleichung MUSS 0 stehen!

Lösungsformel

$$x_{1,2} = \frac{-b \pm \sqrt{b^2 - 4 \cdot a \cdot c}}{2 \cdot a}$$

(Natürlich kann man statt a, b und c auch andere Buchstaben verwenden ☺)
Für die praktische Berechnung empfiehlt sich der Technologie-Einsatz (Taschenrechner, Geogebra, …) ☺;
dh diese Formel ist nicht so prüfungsrelevant => wichtig ist aber der Teil der in der Wurzel steht:

Anzahl der Lösungen:

b² - 4ac < 0   →   keine Lösung
b² - 4ac = 0   →   eine Lösung („Doppellösung")
b² - 4ac > 0   →   zwei (verschiedene) Lösungen

Den Term b² - 4ac nennt man **Diskriminante**.

 Haben a und c verschiedene Vorzeichen, gibt es immer zwei Lösungen;
sonst kann jeder der drei Fälle eintreten (zur Begründung vgl. Aufgabe 11).

Beispiel: Bestimme den Parameter k so, dass die Gleichung 2x² - 4x + k-3 = 0 genau eine reelle Lösung hat!
Lösung: a = 2, b = -4, c = k-3   →   (-4)² - 4·2·(k-3) = 0
16   - 8k + 24 = 0
40 = 8k
5 = k

Sonderfall: Gleichung enthält nur x² oder (…)² [also kein „normales" x] =>
alles andere auf die rechte Seite bringen; dann gilt:
rechte Seite < 0   →   keine Lösung
rechte Seite = 0   →   eine Lösung
rechte Seite > 0   →   zwei (verschiedene) Lösungen

Beispiel: Für welche Werte des Parameters $h \in \mathbb{R}$ hat die Gleichung (5-3x)² - h = 4 keine reellen Lösungen?
Lösung: bringe h nach rechts → (5 – 3x)² = 4 + h
rechte Seite < 0 → 4 + h < 0
h < -4

Spezialfall: steht vor x² die Zahl 1, kann man auch folgende Formel verwenden:

x² + px + q = 0 hat die Lösungen: $x_{1,2} = -\frac{p}{2} \pm \sqrt{\left(\frac{p}{2}\right)^2 - q}$; die Diskriminante lautet in diesem Fall $\left(\frac{p}{2}\right)^2 - q$

Typische Fragestellungen ([...] sind die Aufgabennummern aus www.aufgabenpool.at)

1) Bestimme die Lösungsmenge der folgenden quadratischen Gleichung: 6x² - 12x – 90 = 0.

2) [1_347] Die Anzahl der Lösungen der quadratischen Gleichung $rx^2 + sx + t = 0$ in der Menge der reellen Zahlen hängt von den Koeffizienten r, s und t ab.
Ergänzen Sie die Textlücken im folgenden Satz durch Ankreuzen der jeweils richtigen Satzteile so, dass eine mathematisch korrekte Aussage entsteht!
Die quadratische Gleichung $rx^2 + sx + t = 0$ hat genau dann für alle $r \neq 0; r, s, t \in \mathbb{R}$ _____①_____, wenn _____②_____ gilt.

①	
zwei reelle Lösungen	☐
keine reelle Lösung	☐
genau eine reelle Lösung	☐

②	
r² - 4st > 0	☐
t² = 4rs	☐
s² - 4rt > 0	☐

3) [1_161] Quadratische Gleichungen können in der Menge der reellen Zahlen keine, genau eine oder zwei verschiedene Lösungen haben. Ordnen Sie jeder Lösungsmenge L die entsprechende quadratische Gleichung in der Menge der reellen Zahlen zu!

Gleichung	
(x + 4)² = 0	A
(x – 4)² = 25	B
x(x-4) = 0	C
-x² = 16	D
x² - 16 = 0	E
x² - 8x + 16 = 0	F

Lösungsmenge
L = { }
L = {-4; 4}
L = {0; 4}
L = {4}

4) Gegeben ist die quadratische Gleichung x² + kx – k = 0. Wie ist der Parameter k zu wählen, damit diese Gleichung genau eine reelle Lösung hat?

5) [1_468] Gegeben ist die folgende quadratische Gleichung in der Unbekannten x über der Grundmenge $\mathbb{R}$:
$4x^2 - d = 2$ mit $d \in \mathbb{R}$. Geben Sie denjenigen Wert für $d \in \mathbb{R}$ an, für den die Gleichung genau eine Lösung hat!

6) Jemand löst die Gleichung x² + x = 0 so: x² + x = 0 | :x
    x + 1 = 0
    x = -1

Begründen Sie, warum diese Vorgehensweise nicht korrekt ist! Geben Sie alle Lösungen dieser Gleichung an!

7) [1_490] Gegeben ist die quadratische Gleichung $x^2 + p \cdot x - 12 = 0$. Bestimmen Sie denjenigen Wert für p, für den die Gleichung die Lösungsmenge $L = \{-2; 6\}$ hat!

8) [1_540] Gegeben ist die Gleichung $a \cdot x^2 + 10 \cdot x + 25 = 0$ mit $a \in \mathbb{R}, a \neq 0$. Bestimmen Sie jene(n) Wert(e) von a, für welche(n) die Gleichung genau eine reelle Lösung hat!

9) [1_592] Eine Gleichung, die man auf die Form $a \cdot x^2 + b \cdot x + c = 0$ mit $a, b, c \in \mathbb{R}$ und $a \neq 0$ umformen kann, nennt man quadratische Gleichung in der Variablen x mit den Koeffizienten a, b, c.

Ergänzen Sie die Textlücken im folgenden Satz durch Ankreuzen der jeweils richtigen Satzteile so, dass eine korrekte Aussage entsteht!

Eine quadratische Gleichung der Form $a \cdot x^2 + b \cdot x + c = 0$ mit ____①____ hat in jedem Fall ____②____ .

①	
a > 0 und c > 0	☐
a > 0 und c < 0	☐
a < 0 und c < 0	☐

②	
zwei verschiedene reelle Lösungen	☐
genau eine reelle Lösung	☐
keine reelle Lösung	☐

10) Gegeben ist eine quadratische Gleichung $x^2 + p \cdot x - 3 = 0$ mit $p \in \mathbb{R}$. Ergänzen Sie die Textlücken im folgenden Satz durch Ankreuzen der jeweils richtigen Satzteile so, dass eine korrekte Aussage entsteht!

Diese Gleichung hat ____①____ , wenn ____②____ gilt.

①	
unendlich viele reelle Lösungen	☐
genau eine reelle Lösung	☐
keine reelle Lösung	☐

②	
$\frac{p^2}{4} + 3 > 0$	☐
$\frac{p^2}{4} + 3 < 0$	☐
$\frac{p^2}{4} + 3 > 1$	☐

11) [1_616] Gegeben ist eine quadratische Gleichung der Form $r \cdot x^2 + s \cdot x + t = 0$ in der Variablen x mit den Koeffizienten $r, s, t \in \mathbb{R} \setminus \{0\}$. Die Anzahl der reellen Lösungen der Gleichungen hängt von r, s und t ab.

Geben Sie die Anzahl der reellen Lösungen der gegebenen Gleichung an, wenn r und t verschiedene Vorzeichen haben, und begründen Sie Ihre Antwort allgemein!

12) [1_737] Gegeben ist die quadratische Gleichung $x^2 + r \cdot x + s = 0$ in $x \in \mathbb{R}$ mit $r, s \in \mathbb{R}$.

Ordnen Sie den vier Lösungsfällen jeweils diejenige Aussage über die Parameter r und s (aus A bis F) zu, bei der stets der jeweilige Lösungsfall vorliegt!

Die quadratische Gleichung hat keine reelle Lösung.	
Die quadratische Gleichung hat nur eine reelle Lösung $x = -\frac{r}{2}$.	
Die quadratische Gleichung hat die reellen Lösungen $x_1 = 0$ und $x_2 = -r$.	
Die quadratische Gleichung hat die reellen Lösungen $x_1 = -\sqrt{-s}$ und $x_2 = \sqrt{-s}$.	

A	$\frac{r^2}{4} = s$
B	$\frac{r^2}{4} - s > 0$ mit $r, s \neq 0$
C	$r \in \mathbb{R}, s > 0$
D	$r = 0, s < 0$
E	$r \neq 0, s = 0$
F	$r = 0, s > 0$

13) [1_687] Schülerinnen und Schüler einer Fahrschule lernen die nachstehende Formel für die näherungsweise Berechnung des Anhaltewegs s. Dabei ist v die Geschwindigkeit des Fahrzeugs (s in m; v in km/h). $\quad s = \frac{v}{10} \cdot 3 + \left(\frac{v}{10}\right)^2$

Bei „Fahren auf Sicht" muss man jederzeit die Geschwindigkeit so wählen, dass man innerhalb der Sichtweite anhalten kann. „Sichtweite" bezeichnet dabei die Länge des Streckenabschnitts, den man sehen kann.

Berechnen Sie die maximal zulässige Geschwindigkeit bei einer Sichtweite von 25m!

14) Gegeben sind vier quadratische Gleichungen mit der Variablen x mit $x \in \mathbb{R}$ und dem Parameter a mit $a \in \mathbb{N}$ ($a \neq 0$). Die Deutung der Lösungen quadratischer Gleichungen kann anhand der Graphen der entsprechenden Funktionen erfolgen.

Ordnen Sie den vier quadratischen Gleichungen jeweils die Grafik zu, die die Ermittlung der Lösungen auf grafischem Weg veranschaulicht!

Tipp: für a eine natürliche Zahl aussuchen und die entsprechenden Funktionen mit dem Taschenrechner / Geogebra zeichnen lassen

$ax^2 = 0$	
$x^2 + ax = 0$	
$x^2 + 4a^2 = 0$	
$x^2 - a^2 = 0$	

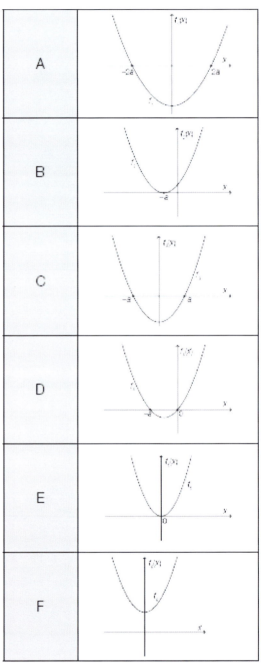

15) [1_639] Gegeben ist eine quadratische Gleichung der Form $x^2 + a \cdot x = 0$ in x mit $a \in \mathbb{R}$.

Bestimmen Sie denjenigen Wert für a, für den die gegebene Gleichung die Lösungsmenge $L = \left\{0; \frac{6}{7}\right\}$ hat!

Kapitel 16
Quadratische Funktionen

$$f(x) = ax^2 + bx + c$$

Funktionsgraf ist eine Parabel („ein Bogen")

- **a (Zahl vor x²):**
  - nach oben offen, falls a>0 => Graf hat Tiefpunkt [Minimum];
    nach unten offen, falls a<0 => Graf hat Hochpunkt [Maximum]
  - wird |a| („Betrag von a", also a ohne Vorzeichen) größer,
    so wird der Bogen „enger"
  - falls a direkt ablesbar: vom Scheitelpunkt 1 nach rechts;
    a = senkrechter Abstand zum nächsten Punkt (mit Vorzeichen!)
- **b (Zahl vor x):**
  - b = 0 (keine „normalen" x): Symmetrie zur y-Achse
  - sonst bewirkt b Verschiebung nach links/rechts:
    a und b verschiedene Vorzeichen => nach rechts;
    a und b gleiche Vorzeichen => nach links
- **c (Zahl am Ende):** Schnittpunkt mit der y-Achse [yKoord vom Schnittpunkt]

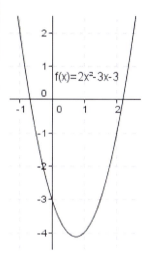

Nullstellen (Schnittpunkte mit der x-Achse)

- Lösungen der Gleichung $ax^2 + bx + c = 0$
- Es kann 0, 1 oder 2 Nullstellen geben (vgl. Lösungsfälle für quadratische Gleichungen)
- Aufspalten in Linearfaktoren: $ax^2 + bx + c = a(x - x_1)(x - x_2)$
  - kennt man die Nullstellen, kann man den Funktionsterm „zerlegen"
  - man kann „direkt" eine Funktion mit entsprechenden Nullstellen angeben
  - Nullstellen „direkt" ablesen („Zahlen in Klammer hinter x mit geändertem Vorzeichen")

Scheitelpunkt (Hochpunkt bzw. Tiefpunkt)

- X-Koordinate „zwischen den Nullstellen": $x_s = \frac{x_1 + x_2}{2}$
- y_s ergibt sich durch Einsetzen in die Funktionsgleichung

Bestimmen der Parameter

- c (=Zahl ohne x) ist der Durchgangswert auf der y-Achse (Funktionswert für x=0)
- a (und ev. b) erhält man durch Einsetzen eines Punkts in die Funktionsgleichung
  (für x und y Koordinaten einsetzen → a (und ev. b) ausrechnen

Beispiel: Die dargestellte Funktion kann durch einen
quadratischen Funktionsterm der Form $f(x) = ax^2 + c$
modelliert werden. Bestimme die Parameter a und c!
Lösung:
c ist der Schnittpunkt mit der y-Achse → c = -4
einen Punkt suchen und Koordinaten in Funktionsgleichung
einsetzen → Punkt P=(4|0)
→ $0 = a \cdot 4^2 - 4$ → $4 = 16a$ → a = 0,25

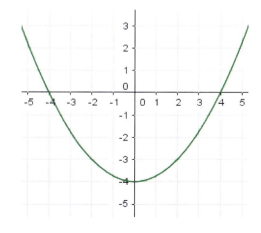

Prüfungstipp
- bei Angaben wie „a>0" immer eine konkrete Zahl > 0 einsetzen (und Ausprobieren was passiert; vgl. die in Kapitel 0 vorgestellte Strategie)

Typische Aufgaben ([...] sind die Aufgabennummern aus www.aufgabenpool.at)

1) Gib die Gleichung einer quadratischen Funktion mit den Nullstellen $x_1 = 5$ und $x_2 = -7$ an!

2) Gib die Nullstellen der quadratischen Funktion $f(x) = 3(x-4)(x+1)$ an!

3) Gegeben ist eine reelle Funktion f mit $f(x) = ax^2 + b$ mit $a, b > 0$ und $a \neq b$.
   Ergänzen Sie die Textlücken im folgenden Satz durch Ankreuzen der jeweils richtigen Satzteile so, dass eine mathematisch korrekte Aussage entsteht!
   Die gegebene quadratische Funktion hat ___①___ und schneidet die y-Achse im Punkt ___②___.
   Tipp: für a und b Zahlen größer 0 einsetzen und schauen, was passiert (ev Graf am TR zeichnen)

①	
zwei reelle Nullstellen	☐
eine reelle Nullstelle	☐
keine reellen Nullstellen	☐

②	
P=(0|a)	☐
P=(0|b)	☐
P=(b|0)	☐

4) Eine quadratische Funktion f mit $f(x) = ax^2 + bx + c$ mit $a \neq 0$ kann keine Nullstelle, genau eine Nullstelle oder zwei Nullstellen haben.
   Kreuzen Sie diejenigen beiden Abbildungen an, die den Graphen einer quadratischen Funktion f mit genau einer Nullstelle darstellen!

   ☐   ☐   ☐   ☐   ☐

   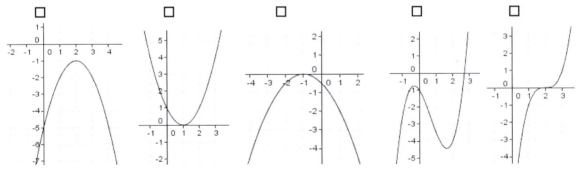

5) Von einer Funktion f mit der Gleichung $f(x) = ax^2 + b$ ist der Graph gegeben. Ermitteln Sie die Parameter a und b!

   a = _____

   b = _____

   Tipp: Nachlesen bei „Bestimmen der Parameter"

   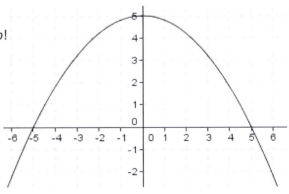

6) Im Koordinatensystem ist der Graph einer quadratischen Funktion f mit der Gleichung $f(x) = a \cdot x^2 + b$ $(a, b \in \mathbb{R})$ dargestellt. Ermitteln Sie die Werte der Parameter a und b! Die für die Berechnung relevanten Punkte mit ganzzahligen Koordinaten können dem Diagramm entnommen werden.

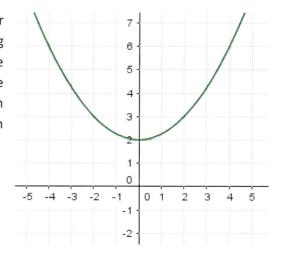

a = _____

b = _____

7) In einem Unternehmen wird der Gewinn bei der Produktion und dem Verkauf eines bestimmten Artikels in Abhängigkeit von der Menge x durch eine quadratische Gewinnfunktion $G(x)$ modelliert.
   a) Geben Sie jenes Intervall für die Menge x an, in dem mit Gewinn produziert werden kann!
   b) Unter Fixkosten versteht man die von der Absatzmenge x unabhängig anfallenden Kosten, das sind die Kosten für die Menge $x=0$. Lesen Sie aus dem Diagramm die Fixkosten ab!
   c) Um welchen Wert dürfen die Fixkosten höchstens steigen, damit noch eine Produktion mit Gewinn möglich ist?

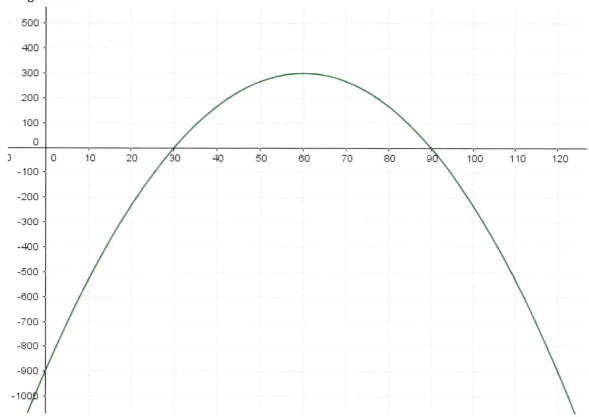

8) Der freie Fall eines Körpers beginnt zum Zeitpunkt t=0. Die Höhe, in der sich der frei fallende Körper über dem Boden befindet, lässt sich näherungsweise durch eine Funktion h mit h(t) = 320 − 5t² (t in Sekunden, h(t) in Metern) modellieren.
   a) Bestimmen Sie den Schnittpunkt des Graphen der Funktion h mit der senkrechten Achse und deuten Sie das Ergebnis im Hinblick auf den freien Fall des Körpers!
   b) Modellierungen von realen Vorgängen mithilfe von Funktionen sind nur für bestimmte Argumentwerte sinnvoll. Diese Argumentwerte bilden die Definitionsmengen der entsprechenden Funktionen. Geben Sie die Definitionsmenge der in der Angabe angeführten Funktion h an!

9) Die bei der Erzeugung eines bestimmten Produkts anfallenden Kosten lassen sich durch eine quadratische Kostenfunktion K(x) (x = Menge in Stück, K(x) = Kosten in €). modellieren.
   Die Einnahmen beim Verkauf einer Menge x lassen sich durch die Funktion E(x) = 10x (x = Menge in Stück, E(x) = Einnahmen in €) berechnen.
   Bestimmen Sie grafisch die Schnittpunkte der Funktion E(x) mit der Funktion K(x) und interpretieren Sie das Ergebnis im vorliegenden Kontext!

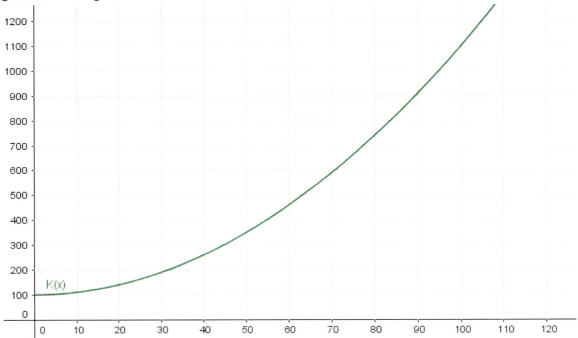

10) [1_597] In der Abbildung sind der Graph der Funktion f mit $f(x) = x^2 - 4 \cdot x - 2$ und der Graph der Funktion g mit $g(x) = x - 6$ dargestellt sowie deren Schnittpunkte A und B gekennzeichnet.

Bestimmen Sie die Koeffizienten a und b der quadratischen Gleichungen $x^2 + a \cdot x + b = 0$ so, dass die beiden Lösungen dieser Gleichung die x-Koordinaten der Schnittpunkte A und B sind!

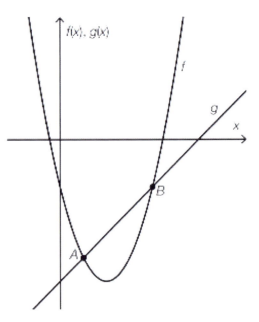

11) [1_622] Die Abbildung zeigt die Graphen quadratischer Funktionen f_1, f_2 und f_3 mit den Gleichungen $f_i(x) = a_i \cdot x^2 + b_i$, wobei gilt: $a_i, b_i \in \mathbb{R}$, $i \in \{1, 2, 3\}$.

Ordnen Sie die Parameterwerte a_i und b_i jeweils der Größe nach, beginnend mit dem kleinsten!

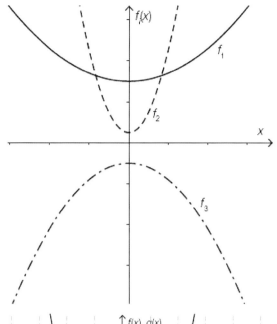

12) [1_644] Gegeben ist die quadratische Gleichung $x^2 + x - 2 = 0$.

Man kann die gegebene Gleichung geometrisch mithilfe der Graphen zweier Funktionen f und g lösen, indem man die Gleichung $f(x) = g(x)$ betrachtet.

Die Abbildung zeigt den Graphen der quadratischen Funktion f, wobei gilt: $f(x) \in \mathbb{Z}$ für jedes $x \in \mathbb{Z}$. Zeichnen Sie in dieser Abbildung den Graphen der Funktion g ein!

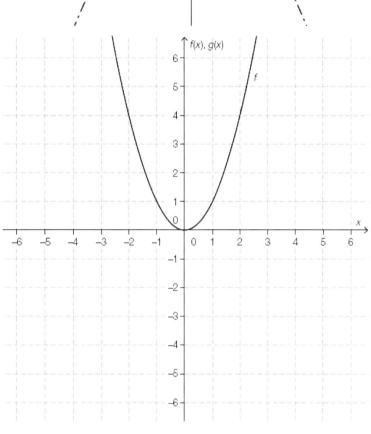

13) [1_716] Gegeben ist eine quadratische Funktion $f: \mathbb{R} \to \mathbb{R}$ mit $f(x) = a \cdot x^2 + b \cdot x + c$ ($a, b, c \in \mathbb{R}$ und $a \neq 0$). Ergänzen Sie die Textlücken im folgenden Satz durch Ankreuzen des jeweils richtigen Satzteils so, dass eine korrekte Aussage entsteht!

Wenn ____①____ gilt, so hat die Funktion f auf jeden Fall ____②____.

①	
a < 0	☐
b = 0	☐
c > 0	☐

②	
einen zur senkrechten Achse symmetrischen Graphen	☐
zwei reelle Nullstellen	☐
ein lokales Minimum	☐

14) [1_719] Die Graphen von Funktionen $f: \mathbb{R} \to \mathbb{R}$ mit $f(x) = a \cdot x^2$ mit $a \in \mathbb{R} \setminus \{0\}$ sind Parabeln. Für $a=1$ erhält man den oft als *Normalparabel* bezeichneten Graphen. Je nach Wert des Parameters a erhält man Parabeln, die im Vergleich zur Normparabel „steiler" oder „flacher" bzw. „nach unten offen" oder „nach oben offen" sind.

Nachstehend sind vier Parabeln beschrieben. Ordnen Sie den vier Beschreibungen jeweils diejenige Bedingung (aus A bis F) zu, die der Parameter a erfüllen muss!

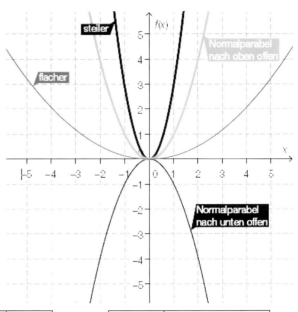

Die Parabel ist im Vergleich zur Normalparabel „flacher" und „nach unten offen".	
Die Parabel ist im Vergleich zur Normalparabel weder „flacher" noch „steiler", aber „nach unten offen".	
Die Parabel ist im Vergleich zur Normalparabel „steiler" und „nach unten offen".	
Die Parabel ist im Vergleich zur Normalparabel „steiler" und „nach oben offen".	

A	a < -1
B	a = -1
C	-1 < a < 0
D	0 < a < 1
E	a = 1
F	a > 1

Kapitel 17
Polynomfunktionen 3. Grades

$$f(x) = ax^3 + bx^2 + cx + d$$

- im allgemeinen 2 Bögen (ein Hochpunkt und ein Tiefpunkt)
  Spezialfälle: Graf mit Sattelpunkt oder „normaler" Wendepunkt
- d (Zahl am Ende) ist der Durchgangswert auf der y-Achse [Schnittpunkt ist (0|d)]
- + vor x³ → Graf von „links unten" nach „rechts oben"

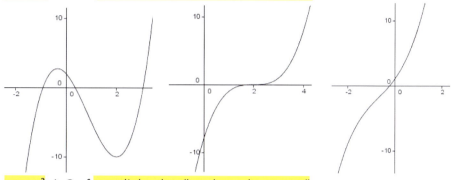

- − vor x³ → Graf von „links oben" nach „rechts unten"

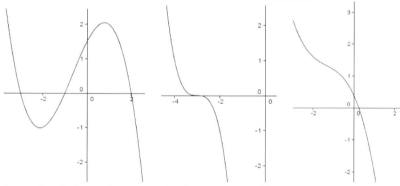

je größer |a| ist, desto „steiler" ist der Graf (|a| = „a ohne Vorzeichen")
- Graf hat immer einen Wendepunkt (ev. Sattelpunkt);
  Graf kann zwei Extrempunkte haben oder gar keine (ein Extrempunkt geht nicht);
  Graf hat immer eine Nullstelle, kann aber auch zwei oder drei haben
  2 Nullstellen → Funktion berührt die x-Achse (ein Extrempunkt liegt genau auf der x-Achse)
- Graf ist symmetrisch zum Ursprung, wenn nur x³ und x vorkommt (kein x², keine Zahl ohne x)
- 1. Ableitung ist eine quadratische Funktion, 2. Ableitung ist eine lineare Funktion

Typische Aufgabenstellungen ([...] sind die Aufgabennummern aus www.aufgabenpool.at)

1) Gegeben sind Aussagen über Polynomfunktionen 3. Grades. Kreuzen Sie die beiden Aussagen an, die für jede Polynomfunktion 3. Grades zutreffen!
   - ○ Jede Polynomfunktion 3. Grades hat genau drei Nullstellen.
   - ○ Jede Polynomfunktion 3. Grades hat mehr Nullstellen als lokale Extremstellen.
   - ○ Jede Polynomfunktion 3. Grades hat genau eine Wendestelle.
   - ○ Jede Polynomfunktion 3. Grades hat genau eine lokale Maximumstelle und genau eine lokale Minimumstelle.
   - ○ Jede Polynomfunktion 3. Grades hat entweder genau zwei lokale Extremstellen oder keine lokale Extremstelle.

2) Gegeben ist eine Polynomfunktion f dritten Grades. Kreuzen Sie diejenige(n) Abbildung(en) an, die einen möglichen Funktionsgraphen von f zeigt/zeigen!

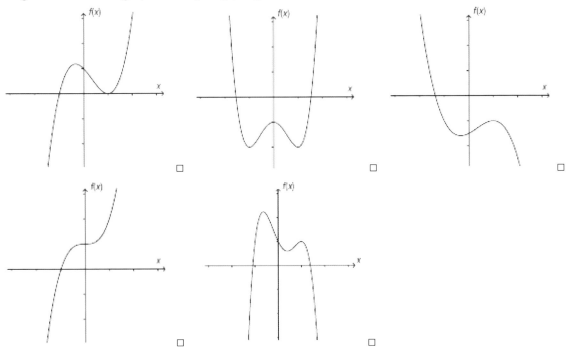

3) Eine reelle Funktion f mit $f(x) = ax^3 + bx^2 + cx + d$ (mit $a, b, c, d \in \mathbb{R}$ und $a \neq 0$) heißt Polynomfunktion dritten Grades. Kreuzen Sie die beiden zutreffenden Aussagen an!
   o Jede Polynomfunktion dritten Grades hat immer zwei Nullstellen.
   o Jede Polynomfunktion dritten Grades hat genau eine Wendestelle.
   o Jede Polynomfunktion dritten Grades hat mehr Nullstellen als lokale Extremstellen.
   o Jede Polynomfunktion dritten Grades hat mindestens eine lokale Maximumstelle.
   o Jede Polynomfunktion dritten Grades hat höchstens zwei lokale Extremstellen.

4) Eine Polynomfunktion 3. Grades hat allgemein die Form $f(x) = ax^3 + bx^2 + cx + d$ mit $a, b, c, d \in \mathbb{R}$ und $a \neq 0$. Welche der folgenden Eigenschaften treffen auf Polynomfunktionen 3. Grades zu? Kreuzen Sie die beiden zutreffenden Aussagen an!
   o Es gibt Polynomfunktionen 3. Grades, die keine lokale Extremstelle haben.
   o Es gibt Polynomfunktionen 3. Grades, die keine Nullstelle haben.
   o Es gibt Polynomfunktionen 3. Grades, die mehr als eine Wendestelle haben.
   o Es gibt Polynomfunktionen 3. Grades, die keine Wendestelle haben.
   o Es gibt Polynomfunktionen 3. Grades, die genau zwei verschiedene Nullstellen haben.

5) Die Abbildung zeigt die Graphen zweier reeller Funktionen f und g mit den Funktionsgleichungen $f(x) = a \cdot x^3 + b$ und $g(x) = c \cdot x^3 + d$ mit $a, b, c, d \in \mathbb{R}$.
Welche der nachstehenden Aussagen treffen für die Parameter a, b, c und d zu? Kreuzen Sie die beiden zutreffenden Aussagen an!

○ a > c ○ b > d ○ a > 0 ○ b > 0 ○ c < 0

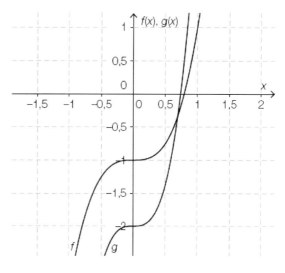

6) Die nachstehende Abbildung zeigt den Graphen einer Polynomfunktion f. Begründen Sie, warum es sich bei der dargestellten Funktion nicht um eine Polynomfunktion dritten Grades handeln kann!

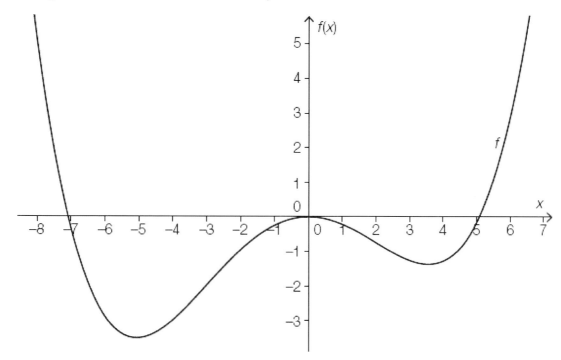

7) Gegeben ist eine Polynomfunktion $f: \mathbb{R} \to \mathbb{R}$ mit $f(x) = a \cdot x^3 + b \cdot x^2 + c \cdot x + d$ ($a, b, c, d \in \mathbb{R}$; $a \neq 0$). Nachstehend sind Aussagen über die Funktion f gegeben.
Welche dieser Aussagen trifft/treffen für beliebige Werte von $a \neq 0, b, c$ und d auf jeden Fall zu? Kreuzen Sie die zutreffende(n) Aussage(n) an!

❑ Die Funktion f hat mindestens einen Schnittpunkt mit der x-Achse.
❑ Die Funktion f hat höchstens zwei lokale Extremstellen.
❑ Die Funktion f hat höchstens zwei Punkte mit der x-Achse gemeinsam.
❑ Die Funktion f hat genau eine Wendestelle.
❑ Die Funktion f hat mindestens eine lokale Extremstelle.

8) Eine Polynomfunktion dritten Grades ändert an höchstens zwei Stellen ihr Monotonieverhalten. Skizzieren Sie im nebenstehenden Koordinatensystem den Graphen einer Polynomfunktion dritten Grades f, die an den Stellen x = -3 und x = 1 ihr Monotonieverhalten ändert!

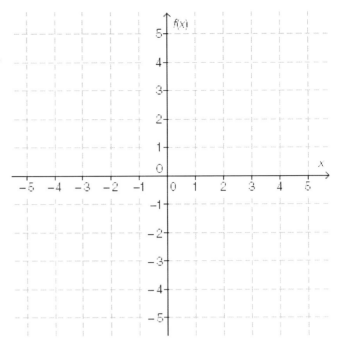

Kapitel 18
Eigenschaften von Polynomfunktionen

Polynomfunktion:
- Kombination aus x, x², x³, …. (auch x⁰; also Zahl ohne x)
- mit Zahlen davor (→ Koeffizienten)
- und + oder – dazwischen

Beispiele: $f(x) = 3x^3 - 2x^2 + 3x + 4$; $f(x) = x^3 - 2x + 1$

Grad einer Polynomfunktion: die höchste auftretende Hochzahl

Nullstellen
- mindestens eine Nullstelle, falls der Grad ungerade ist
- höchstens so viele Nullstellen wie der Grad der Polynomfunktion (→ Grad ist mindestens gleich Anzahl Nullstellen)

Extremwerte (erst ab Grad 2!)
- mindestens ein Extremwert, falls der Grad gerade ist
- keinen oder mindestens zwei Extremwerte, falls der Grad ungerade ist
- höchstens Grad minus 1 Extremwerte (→ Grad ist mindestens Anzahl Extremwerte + 1)

Der Grad entspricht der Anzahl der „Bögen" + 1.

Wendepunkte (erst ab Grad 3!)
- mindestens ein Wendepunkt, falls der Grad ungerade ist **(Achtung: Sattelpunkt möglich!!!)**
- höchstens Grad minus 2 Wendepunkte (→ Grad ist mindestens Anzahl Wendepunkte + 2)

Vorzeichen vor dem höchsten Grad
- + → Ende ist „rechts oben"
- – → Ende ist „rechts unten"

Durchgangswert y-Achse (yKoord vom Schnittpunkt mit der y-Achse): Konstante („Zahl ohne x") am Ende

Symmetrien
nur gerade Hochzahlen (auch x0 = Zahl ohne x) => Symmetrie zur y-Achse („links/rechts gleich")
nur ungerade Hochzahlen => Symmetrie zum Ursprung („diagonal gleich")

Ableitung einer Polynomfunktion → Grad wird um 1 kleiner
Beispiel: f(x) Polynomfunktion 3. Grades → f´(x) ist eine quadratische Polynomfunktion

Typische Aufgabenstellungen ([…] sind die Aufgabennummern aus www.aufgabenpool.at)
1) Nachfolgend sind einige Aussagen über Polynomfunktionen angeführt. Kreuzen Sie die zutreffende(n) Aussagen an!
o Hat eine Polynomfunktion genau zwei Nullstellen, dann muss sie den Grad 2 aufweisen.
o Hat eine Polynomfunktion genau zwei Extremstellen, dann muss sie den Grad 3 aufweisen.
o Hat eine Funktion mehr als einen Wendepunkt, dann muss sie mindestens den Grad 4 aufweisen.
o Hat eine Polynomfunktion mehr als einen Extrempunkt, dann muss ihr Grad größer als 2 sein.
o Hat eine Polynomfunktion nur eine Nullstelle, dann muss sie entweder den Grad 1 oder den Grad 3 aufweisen.

2) Es sind die Graphen von 4 Polynomfunktion f: ℝ → ℝ gegeben. Ordnen Sie den folgenden Graphen jeweils die entsprechende Funktionsgleichung zu!

Tipps:
- Zahl am Ende = Schnittpunkt mit der y-Achse
- Zahl der „Bögen" + 1 = Grad (größte Hochzahl)
- + am Anfang → Ende rechts oben; - am Anfang → Ende rechts unten

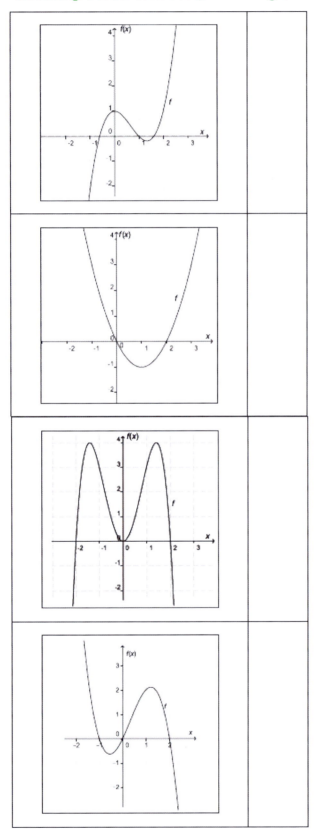

A	$f(x) = x^2 - 2x$
B	$f(x) = -x^3 + x^2 + 2x$
C	$f(x) = x^2 + 2x - 1$
D	$f(x) = -x^4 + 4x^2$
E	$f(x) = x^4 - 4x^3$
F	$f(x) = x^3 - 2x^2 + 1$

3) Ordne den gegebenen Funktionsgrafen die jeweils passende Funktionsgleichung richtig zu!

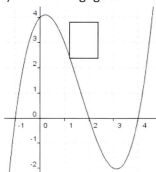 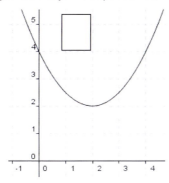 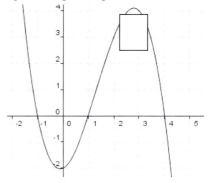

A) f(x) = 0,5x³ - 2,5x² + x + 4   B) f(x) = x³ - 3x² - 2x + 3   C) f(x) = 0,5x² - 2x + 4   D) f(x) = -0,5x³ + 2x² + 0,5x – 2

4) Gegeben sind Grafen von Polynomfunktionen. Gib jeweils an, welchen Grad diese Polynomfunktion (mindestens) haben muss!

Tipp: Grad = Anzahl der „Bögen" plus 1

Achtung: „Bögen" können auch nur „halb fertig" sein (siehe 2. Grafik von links)

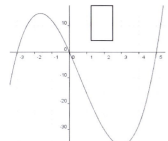 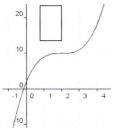 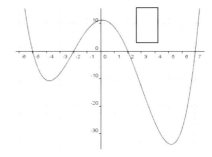 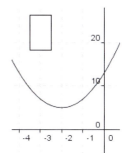

5) [1_508] Die Abbildung zeigt den Graphen einer Polynomfunktion f. Alle charakteristischen Punkte des Graphen (Schnittpunkte mit den Achsen, Extrempunkte, Wendepunkte) sind in dieser Abbildung enthalten.

Ergänzen Sie die Textlücken im folgenden Satz durch Ankreuzen der jeweils richtigen Satzteile so, dass eine korrekte Aussage entsteht!

Die Polynomfunktion f ist vom Grad _____①_____, weil f genau _____②_____ hat.

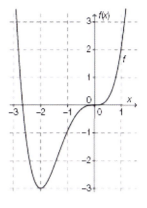

①	
n < 3	☐
n = 3	☐
n > 3	☐

②	
eine Extremstelle	☐
zwei Wendestellen	☐
zwei Nullstellen	☐

6) [1_695] Es gibt Polynomfunktionen vierten Grades, die genau drei Nullstellen x_1, x_2 und x_3 mit $x_1, x_2, x_3 \in \mathbb{R}$ und $x_1 < x_2 < x_3$ haben.

Skizzieren Sie im nachstehenden Koordinatensystem im Intervall [-4; 4] den Verlauf des Graphen einer solchen Funktion f mit allen drei Nullstellen im Intervall [-3; 3]!

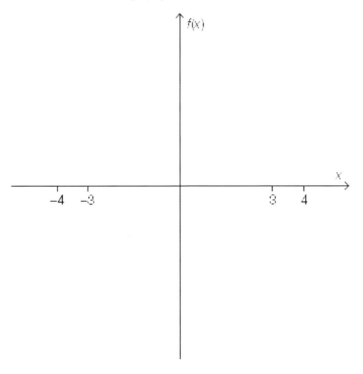

7) [1_788] Eine Polynomfunktion $f; [-3; 3] \to \mathbb{R}, x \mapsto f(x)$ hat folgende Eigenschaften:
- Der Graph von f ist symmetrisch bezüglich der senkrechten Achse.
- Die Funktion f hat im Punkt (2 | 1) ein lokales Minimum.
- Der Graph von f schneidet die senkrechte Achse im Punkt (0 | 3).

Zeichnen Sie im nachstehenden Koordinatensystem den Graphen einer solchen Funktion f im Intervall [-3; 3] ein!

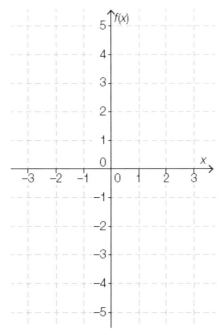

Kapitel 19
Trigonometrie (rechtwinklige Dreiecke)

Hypotenuse: Seite gegenüber vom rechten Winkel (längste Seite)
Gegenkathete: Seite gegenüber vom gegebenen oder gesuchten Winkel
Ankathete: Seite die noch übrig bleibt ☺

$$\sin(Winkel) = \frac{Gegenkathete}{Hypotenuse} \qquad \cos(Winkel) = \frac{Ankathete}{Hypotenuse} \qquad \tan(Winkel) = \frac{Gegenkathete}{Ankathete}$$

Satz von Pythagoras: $Hypotenuse^2 = Kathete_1^2 + Kathete_2^2$

Flächeninhalt: $A = \frac{Kathete_1 \cdot Kathete_2}{2}$

Höhenwinkel: von der waagrechten Linie (0°-Linie) aus nach oben gemessen
Tiefenwinkel: von der waagrechten Linie (0°-Linie) aus nach unten gemessen
 Höhenwinkel und Tiefenwinkel sind gleich groß! (Z-Regel)
Sehwinkel (Visierwinkel): Winkel zwischen zwei „Sehstrahlen" (schräge Linien)

Beispiel: Eine Katze erblickt auf einem Baum einen Vogel unter einem Höhenwinkel von 27°. Die horizontale Entfernung zum Vogel beträgt 23m. Wie hoch ist der Ast, auf dem der Vogel sitzt, über dem Boden?

horizontale Entfernung = waagrechter Abstand

Würde im Text stehen: „Der Vogel erblickt eine Katze unter einem Tiefenwinkel von 27°." wäre der Winkel trotzdem bei der Katze einzuzeichnen → immer dort, wo die waagrechte Linie ist!

Lösung:

Asthöhe ist gegenüber vom Winkel → GK

23m ist „Kathete beim Winkel" → AK

brauchen also Formel mit GK und AK → tan

$\tan(Winkel) = \frac{GK}{AK}$

$\tan(27) = \frac{h}{23} \quad | \cdot 23$

$\tan(27) \cdot 23 = h$

$h = 11{,}72m$

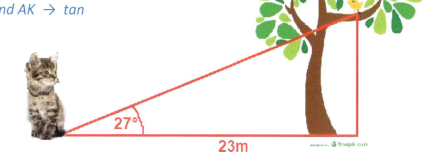

Winkelsumme im Dreieck ist immer 180°
   → die beiden „nicht rechten" Winkel ergeben zusammen 90!
      $90° - Winkel_1$ entspricht dem „anderen" (nicht rechten) Winkel im Dreieck

Bei vielen Aufgaben hat man es mit Steigungen und Steigungsdreiecken zu tun:

$$\text{Steigung} = \frac{\text{Höhenunterschied}}{\text{waagrechte Entfernung}}$$

Die Steigung liegt dabei zwischen 0 und ∞;

Steigung in Prozent = Steigung · 100

!!! 45° entspricht einer Steigung von 100% !!!

$\text{Steigungswinkel} = \tan^{-1}(\text{Steigung})$ $\qquad$ $\text{Steigung} = \tan(\text{Steigungswinkel})$

Beispiel: Was bedeutet dieses Verkehrszeichen? (Wie steil ist es dort?)

Prozentsteigung:

immer 100m waagrecht, Prozentzahl senkrecht

$12\% = \frac{12}{100}$

→ bei 100m waagrechter Entfernung gibt es einen Höhenunterschied von 12m

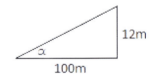

Welchem Steigungswinkel entspricht dies?

$\tan(\alpha) = \frac{12}{100}$, also $\alpha = \tan^{-1}\left(\frac{12}{100}\right) = 6{,}84°$

Bei **Steigung in Promille** gilt das gleiche Prinzip, nur mit 1000m waagrecht (statt 100m), Promillezahl senkrecht.

Beispiel: Eine Dampflok muss einen Hügel hochfahren (Abmessungen siehe Skizze). Ermittle die Steigung der Bahnstrecke in Grad und in Prozent!

Hier gilt:

Steigung k = $\frac{6}{200} = 0{,}03$

·100 ↕ :100

Steigung in Prozent: k = 3%

Steigungswinkel: $\tan^{-1}(0{,}03) = 1{,}7184°$

Wichtige **Rechentechnik**: Wie löst man $tan(15) = \frac{3}{x}$?

Variable x im Nenner → erster Schritt ist „mal x": $tan(15) \cdot x = 3 \;\; \Rightarrow \;\; x = \frac{3}{tan(15)}$

Prüfungstipp: oder Gleichung mit Technologie lösen ☺

Typische Aufgaben ([...] sind die Aufgabennummern aus www.aufgabenpool.at)

1) Zur Spitze eines h Meter hohen Baumes wird in einer waagrechten Entfernung von 30m ein Höhenwinkel $\varphi = 22{,}13°$ gemessen. Berechne die Höhe des Baumes!

2) Die nebenstehende Abbildung zeigt ein rechtwinkliges Dreieck mit den Seitenlängen r, s und t.

   Kreuzen Sie die beiden zutreffenden Gleichungen an!
   - $\sin\alpha = \frac{s}{t}$
   - $\cos\alpha = \frac{t}{r}$
   - $\tan\alpha = \frac{r}{s}$
   - $\sin(90° - \alpha) = \frac{r}{t}$
   - $\cos(90° - \alpha) = \frac{t}{s}$

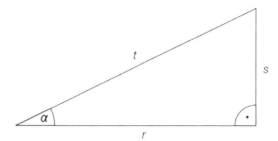

3) Von einem rechtwinkligen Dreieck sind die Längen der Seiten a und c gegeben. Geben Sie eine Formel für die Berechnung des Winkels α an!

4) Ein 3m langer Stab wirft einen Schatten von 5m Länge. Berechnen Sie, in welchem Winkel die Sonnenstrahlen auf die Erde auftreffen!

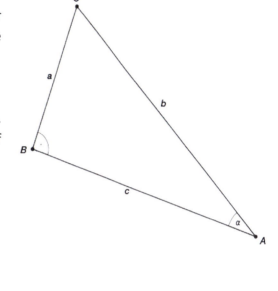

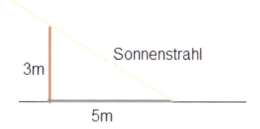

5) [1_344] Die untenstehende Abbildung zeigt ein rechtwinkeliges Dreieck PQR. Kreuzen Sie jene beiden Gleichungen an, die für das dargestellte Dreieck gelten!
   - $\sin\alpha = \frac{p}{r}$
   - $\sin\alpha = \frac{q}{r}$
   - $\tan\beta = \frac{p}{q}$
   - $\tan\alpha = \frac{r}{p}$
   - $\cos\beta = \frac{p}{r}$

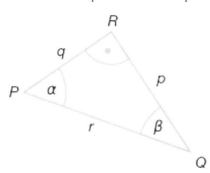

6) Die größte Steigung der Abfahrtsstrecke im italienischen Bormio beträgt 63%.
   a) Erklären Sie an Hand einer Skizze, was man unter einer Steigung von 63% versteht!
   b) Erstellen Sie eine Formel, mit welcher man den zugehörigen Steigungswinkel berechnen kann!

7) [1_416] Der Sehwinkel ist derjenige Winkel, unter dem ein Objekt von einem Beobachter wahrgenommen wird. Die nachstehende Abbildung verdeutlicht den Zusammenhang zwischen dem Sehwinkel α, der Entfernung r und der realen („wahren") Ausdehnung g eines Objekts in zwei Dimensionen.
Geben Sie eine Formel an, mit der die reale Ausdehnung g dieses Objekts mithilfe von α und r berechnet werden kann!

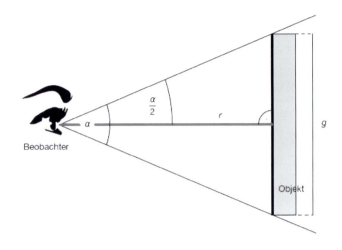

Prüfungstipp: Nicht zu lang mit dem Text aufhalten und einfach g aus der Skizze berechnen ☺

8) [1_594] Eine Regenrinne hat eine bestimmte Länge l (in Metern). Damit das Wasser gut abrinnt, muss die Regenrinne unter einem Winkel von mindestens α zur Horizontalen geneigt sein. Dadurch ergibt sich ein Höhenunterschied von mindestens h Metern zwischen den beiden Endpunkten der Regenrinne. Geben Sie eine Formel zur Berechnung von h in Abhängigkeit von l und α an!

9) [1_440] Unter der Sonnenhöhe φ versteht man denjenigen spitzen Winkel, den die einfallenden Sonnenstrahlen mit einer horizontalen Ebene einschließen. Die Schattenlänge s eines Gebäudes der Höhe h hängt von der Sonnenhöhe φ ab (s, h in Metern).
Geben Sie eine Formel an, mit der die Schattenlänge s eines Gebäudes der Höhe h mithilfe der Sonnenhöhe φ berechnet werden kann!

10) Eine Teilstrecke einer Seilbahn fährt von der Talstation in 1350m Seehöhe auf die Bergstation in 2100m Seehöhe. Aus einer Wanderkarte entnimmt man die horizontale Entfernung zwischen der Tal- und der Bergstation mit 2160m.
Ermitteln Sie die durchschnittliche Steigung zwischen Tal- und Bergstation in Grad sowie in Prozent!

11) [1_464] Die Festungsbahn Salzburg ist eine Standseilbahn in der Stadt Salzburg mit konstanter Steigung. Die Bahn auf den dortigen Festungsberg ist die älteste in Betrieb befindliche Seilbahn dieser Art in Österreich. Die Standseilbahn legt eine Wegstrecke von 198,5m zurück und überwindet dabei einen Höhenunterschied von 96,6m.
Berechnen Sie den Winkel α, unter dem die Gleise der Bahn gegen die Horizontale geneigt sind!

12) [1_571] Ein Kleinflugzeug befindet sich im Landeanflug mit einer Neigung von α (in Grad) zur Horizontalen. Es hat eine Eigengeschwindigkeit von v (in m/s).
Geben Sie eine Formel für den Höhenverlust x (in m) an, den das Flugzeug bei dieser Neigung und dieser Eigengeschwindigkeit in einer Sekunde erfährt!
Hinweis: Die Geschwindigkeit entspricht dem Weg, den das Flugzeug in einer Sekunde zurücklegt (Weg = Hypotenuse!); Neigungswinkel wird (so wie Steigungswinkel) immer zur waagrechten (horizontalen) Linie eingezeichnet.

13) [1_488] Ein Steilwandstück CD mit der Höhe $h = \overline{CD}$ ist unzugänglich. Um h bestimmen zu können, werden die Entfernung e = 6m und zwei Winkel $\alpha = 24°$ und $\beta = 38°$ gemessen. Der Sachverhalt wird durch die nachstehende (nicht maßstabgetreue) Abbildung veranschaulicht.

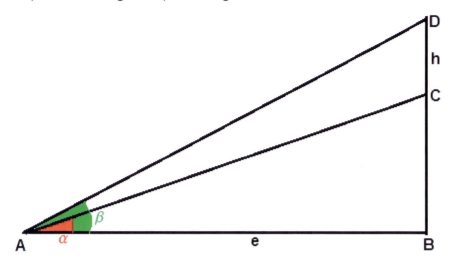

Berechnen Sie die Höhe h des unzugänglichen Steilwandstücks in Metern!

14) [1_513] Aufgrund der Erdkrümmung ist die Oberfläche des Bodensees gewölbt. Wird die Erde modellhaft als Kugel mit dem Radius R = 6370km und dem Mittelpunkt M angenommen und aus der Länge der Südost-Nordwest-Ausdehnung des Bodensees der Winkel $\varphi = 0{,}5846°$ ermittelt, so lässt sich die Aufwölbung des Bodensees näherungsweise berechnen. Berechnen Sie die Aufwölbung des Bodensees (siehe Abbildung) in Metern!

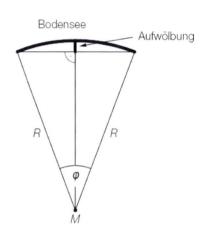

15) [1_536] In einem Rhombus mit der Seite a halbieren die Diagonalen e = AC und f = BD einander. Die Diagonale e halbiert den Winkel $\alpha = \sphericalangle DAB$ und die Diagonale f halbiert den Winkel $\beta = \sphericalangle ABC$.
Gegeben sind die Seitenläge a und der Winkel β. Geben Sie eine Formel an, mit der f mithilfe von a und β berechnet werden kann!

16) [1_560] In der Abbildung ist der Punkt P = (-3 | -2) dargestellt. Die Lage des Punktes P kann durch die Angabe des Abstands $r = \overline{OP}$ und die Größe des Winkels φ eindeutig festgelegt werden.
Berechnen Sie die Größe des Winkels φ!

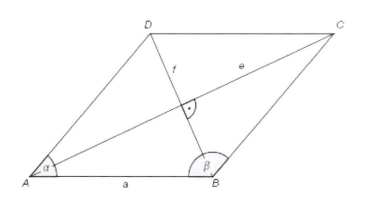

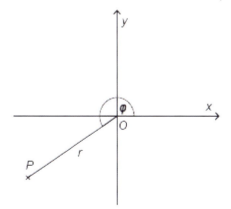

17) [1_643] Die Abbildung zeigt ein rechtwinkliges Dreieck. Geben Sie einen Term zur Bestimmung der Länge der Seite *w* mithilfe von *x* und β an!

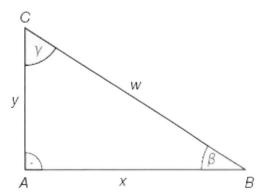

18) [1_667] Gegeben ist das Viereck ABCD mit den Seitenlängen a, b, c und d. Zeichnen Sie in der Abbildung einen Winkel φ ein, für den $\sin(\varphi) = \frac{d-b}{c}$ gilt!

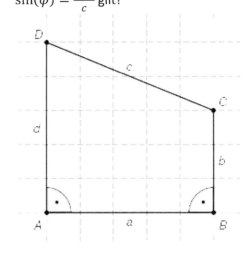

19) [1_691] Gegeben ist das abgebildete Dreieck mit den Seitenlängen r, s und t. Berechnen Sie das Verhältnis $\frac{r}{t}$ für dieses Dreieck!

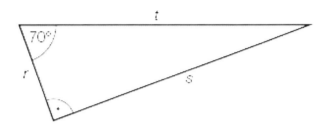

20) [1_691] Gegeben ist ein Drehkegel mit einer Höhe von 6cm. Der Winkel zwischen der Kegelachse und der Erzeugenden (Mantellinie) beträgt 32°.
Berechnen Sie den Radius *r* der Grundfläche des Drehkegels!

21) [1_739] Betrachtet man einen Gegenstand, so schließen die Blickrichtungen der beiden Augen einen Winkel ε ein. In der nachstehend dargestellten Situation hat der Gegenstand G zu den beiden Augen A_1 und A_2 den gleichen Abstand g. Der Augenabstand wird mit d bezeichnet.

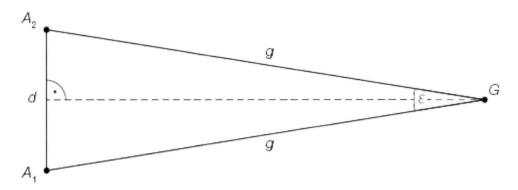

Geben Sie den Abstand g in Abhängigkeit vom Augenabstand d und dem Winkel ε an!

22) [1_763] Die Steigung einer geradlinigen Bahntrasse wird in Promille (‰) angegeben. Beispielsweise ist bei einem Höhenunterschied von 1m pro 1000m zurückgelegter Distanz in horizontaler Richtung die Steigung 1‰.

Geben Sie eine Gleichung an, mit der für eine geradlinige Bahntrasse mit der Steigung 30‰ der Steigungswinkel α exakt berechnet werden kann ($\alpha > 0$)!

23) [1_787] Eine 4m lange Leiter wird auf einem waagrechten Boden aufgestellt und an eine senkrechte Hauswand angelegt.

Die Leiter muss mit dem Boden einen Winkel zwischen 65° und 75° einschließen, um einerseits ein Wegkippen und andererseits ein Wegrutschen zu vermeiden.

Berechnen Sie den Mindestabstand und den Höchstabstand des unteren Endes der Leiter von der Hauswand!

24) [1_368] Das nachstehend abgebildete Verkehrszeichen besagt, dass eine Straße auf einer horizontalen Entfernung von 100m um 7m an Höhe gewinnt.

Geben Sie eine Formel zur Berechnung des Gradmaßes des Steigungswinkels α dieser Straße an!

Kapitel 20
Winkelfunktionen im Einheitskreis

Einheitskreis
- Kreis mit Radius 1;
  zur Darstellung von sin, cos und tan
  sowie Bogenmaß
- „rechts" entspricht 0° = 360°,
  „oben" entspricht 90°,
  „links" entspricht 180°,
  „unten" entspricht 270°
- Winkel werden von der positiven
  x-Achse („rechts")
  nach oben gemessen
  (negative Winkel werden nach unten gemessen)

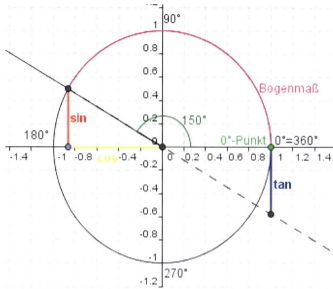

Bogenmaß
- Länge des Kreisbogens vom 0°-Punkt („ganz
  rechts außen") bis zum Schnittpunkt des Winkelschenkels mit dem Kreis
- Einheit: rad (Radiant)
- 0° = 0 rad, 90° = π/2 rad, 180°= π rad, 270° = 3 π/2 rad, 360° = 2 π rad

sin, cos und tan am Einheitskreis
bezieht sich auf den Schnittpunkt des Winkelschenkels mit dem Einheitskreis
- sin = Abstand des Schnittpunkts von der x-Achse (senkrechter Strich)
- cos = Abstand des Schnittpunkts von der y-Achse (waagrechter Strich)
- tan = senkrechter Abstand vom 0°-Punkt („ganz rechts außen") bis zum Winkelschenkel
  (den Winkelschenkel notfalls nach rechts verlängern!!!)

Die Abstände werden mit Vorzeichen (+ nach rechts bzw. oben, - nach links bzw. unten) angegeben!

Umkehrfunktionen (Winkel berechnen)
es gibt jeweils zwei Winkel mit gleichem sin, cos bzw. tan-Wert
(außer bei 0°, 90°, 180°, 270°)
- erste Lösung mit $\sin^{-1}$, $\cos^{-1}$ bzw. $\tan^{-1}$
- zweite Lösung: sin → 180 - α_1; cos → 360 - α_1; tan → 180 + α_1
- bei negativen Winkeln addiert man 360° → Lösung im Intervall [0°; 360°]

Prüfungstipp: mit Technologieunterstützung kann man in der Regel direkt beide Lösungen berechnen ☺

grafisch
- sinus: Abstand auf y-Achse markieren
  waagrecht nach links/rechts (2 Schnittpunkte am Kreis)
  Schnittpunkt mit Mittelpunkt verbinden, Winkelbögen einzeichnen
- cos: Abstand auf x-Achse markieren
  dann senkrecht nach oben/unten (2 Schnittpunkte am Kreis)
  Schnittpunkt mit Mittelpunkt verbinden, Winkelbögen einzeichnen

Achtung: Winkelbögen richtig einzeichnen → von der positiven x-Achse nach oben!

gleicher sin-Wert
→ Kreispunkte waagrecht nebeneinander

gleicher cos-Wert
→ Kreispunkte senkrecht übereinander

Typische Aufgaben ([…] sind die Aufgabennummern aus www.aufgabenpool.at)

1) Der Punkt $P = \left(-\frac{4}{5} \mid \frac{3}{5}\right)$ liegt auf dem Einheitskreis. Bestimmen Sie für den in der Abbildung markierten Winkel α den Wert von $\sin(\alpha)$!

   Tipp:
   sinus = Abstand des Punkts am Einheitskreis von der x-Achse

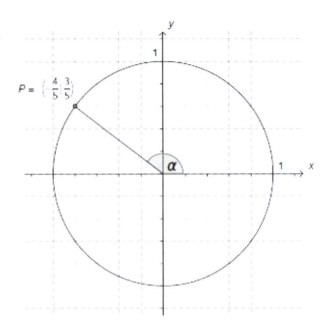

2) Gegeben ist das Intervall [0°; 360°].
   Nennen Sie alle Winkel α im gegebenen Intervall, für die gilt: sin α = cos α!

3) Bestimmen Sie grafisch alle Winkel α für die gilt: cos(α) = -0,25!

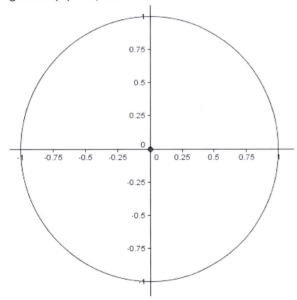

4) [1_595] In der nachstehenden Grafik ist ein Winkel α im Einheitskreis dargestellt. Zeichnen Sie in der Grafik denjenigen Winkel β aus dem Intervall [0°; 360°] mit $\beta \neq \alpha$ ein, für den $\cos(\beta) = \cos(\alpha)$ gilt!

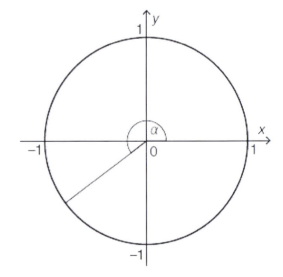

5) Für die nachstehende Aufgabe gilt für den Winkel α: 180° < α < 270°. Kreuzen Sie die beiden für α zutreffenden Aussagen an!
   o Im angegebenen Intervall existiert mindestens ein Winkel α, für den gilt: sin(α) < cos(α).
   o Im angegebenen Intervall existiert mindestens ein Winkel α, für den gilt: sin(α) = -1.
   o Im angegebenen Intervall existiert mindestens ein Winkel α, für den gilt: sin(α) = -cos(α).
   o Im angegebenen Intervall existiert mindestens ein Winkel α, für den gilt: cos(α) = 0.
   o Im angegebenen Intervall existiert mindestens ein Winkel α, für den gilt: sin(α) < 0.
   Tipp: Achtung beim Vergleich von Minuszahlen: zB gilt -0,9 < -0,5
   Achtung auf die Ungleichung „<": 180° und 270° sind keine „erlaubten" Winkel

6) [1_512] Für einen Winkel $\alpha \in [0°; 360°)$ gilt: $\sin(\alpha) = 0{,}4$ und $\cos(\alpha) < 0$. Berechnen Sie den Winkel α!

7) [1_619] Die nachstehende Abbildung zeigt einen Kreis mit dem Mittelpunkt O und dem Radius 1. Die Punkte A = (0|1) und P liegen auf der Kreislinie. Der eingezeichnete Winkel α wird vom Schenkel OA zum Schenkel OP gegen den Uhrzeigersinn gemessen.

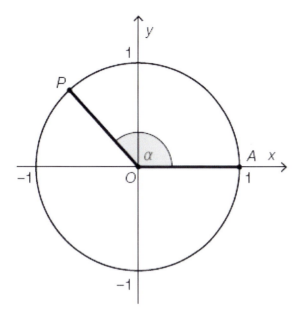

Ein Punkt Q auf der Kreislinie soll in analoger Weise einen Winkel β festlegen, für den folgende Beziehungen gelten: $\sin(\beta) = -\sin(\alpha)$ und $\cos(\beta) = \cos(\alpha)$.
Zeichnen Sie in der oben stehenden Abbildung den Punkt Q ein!

8) [1_715] Gegeben sei eine reelle Zahl c mit $0 < c < 1$. Für die zwei unterschiedlichen Winkel α und β soll gelten: $\sin(\alpha) = \sin(\beta) = c$.
Dabei soll α ein spitzer Winkel und β ein Winkel aus dem Intervall (0°; 360°) sein.
Welche Beziehung besteht zwischen den Winkeln α und β?
Kreuzen Sie die zutreffende Beziehung an!
❏ $\alpha + \beta = 90°$ ❏ $\alpha + \beta = 180°$ ❏ $\alpha + \beta = 270°$ ❏ $\alpha + \beta = 360°$ ❏ $\beta - \alpha = 270°$ ❏ $\beta - \alpha = 180°$

Tipp: für c eine beliebige Zahl einsetzen und beide Winkel mit Technologieunterstützung ausrechnen => dann kann man relativ leicht nachprüfen, was stimmt ☺

Kapitel 21
Schwingungen (Winkelfunktionen)

x = Winkel im Bogenmaß (2π entspricht 360°; π entspricht 180°; π/2 entspricht 90°)

Eigenschaften von sin(x)
- eine Schwingung (Hochpunkt und Tiefpunkt) im Intervall [0; 2π]
- Funktionswerte zwischen -1 und +1
- Start im Ursprung „nach oben"

sin(x) ist eine ungerade Funktion (Spiegelung am Ursprung): sin(-x) = -sin(x)

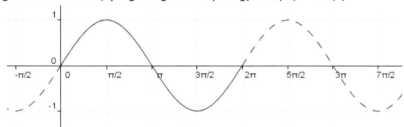

Eigenschaften von cos(x)
- eine Schwingung im Intervall [0; 2π]
- Funktionswerte zwischen -1 und 1
- Start im Punkt (0|1) (Start mit Hochpunkt)

cos(x) ist eine gerade Funktion (Spiegelung an der y-Achse): cos(-x) = cos(x)

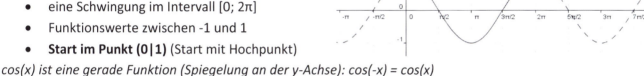

Spezielle Rechenregeln

Umschreiben von sin auf cos → **sin(...) = cos(... -π/2)**   **Beispiel:** sin(3x) = cos(3x-π/2)

Umschreiben von cos auf sin → **cos(...) = sin(... + π/2)**   **Beispiel:** 2cos(5x) = 2sin(5x+π/2)

Vorzeichen der Amplitude ändern → **sin(...) = -sin(...+π)** (oder –π); cos genau gleich

  Beispiel: 4sin(3x) = -4sin(3x+π) oder -4sin(3x-π)

  bedeutet grafisch: Start nach unten (bei sin) bzw. Start im Tiefpunkt (bei cos)

Periodenlänge der Winkelfunktionen

Sinus-Funktion (Cosinus-Funktion) hat Periodenlänge 2π

Bestimmen der Periodenlänge von sin(...·t): löse $\ldots \cdot t = 2\pi$ nach t auf → Periodenlänge $= \dfrac{2\pi}{Zahl\ vor\ t}$

Beispiel: $\sin(8\pi t)$ hat die Periodenlänge 0,25

  (weil $8\pi t = 2\pi \;\to\; t = \dfrac{2\pi}{8\pi} = \dfrac{2}{8} = 0{,}25$)

nach der Periodenlänge „wiederholt sich" die Funktion → **formal:** $f(x + Periode) = f(x)$

Harmonische Schwingungen: A·sin(ω·(x+c))   *Klammer bei (x+c) ist wichtig!!!*

- **A = Amplitude:** Schwingung zwischen –A und +A
    - *erkennt man daran, wie „hoch" es die Schwingung nach oben „schafft"*
    - *ein Minus vor A bewirkt „Start nach unten"*
- **ω = (Kreis-)Frequenz:** Anzahl der Schwingungen im Intervall [0; 2π]
    - *erkennt man daran, wie viele Paare Hochpunkt-Tiefpunkt es im Intervall [0; 2π] gibt*
- **c = Phasenverschiebung:** Startpunkt auf x-Achse mit geändertem Vorzeichen
    - *(entspricht Verschiebung des Grafen: bei + nach links; bei – nach rechts)*

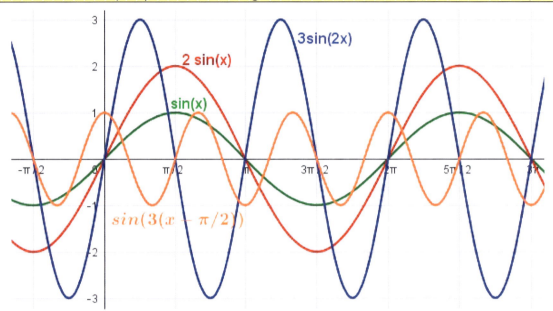

Typische Aufgaben ([…] sind die Aufgabennummern aus www.aufgabenpool.at)

1) Die Cosinusfunktion ist eine periodische Funktion. Zeichnen Sie in der nachstehenden Abbildung die Koordinatenachsen und deren Skalierung so ein, dass der angegebene Graph dem Graphen der Cosinusfunktion entspricht! Die Skalierung beider Achsen muss jeweils zwei Werte umfassen!

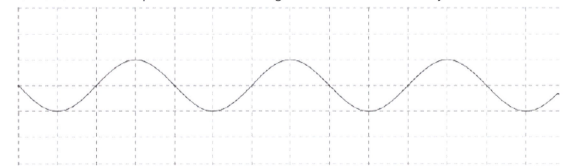

2) Eine Schwingung werde durch eine Funktion f mit der Funktionsgleichung $f(t) = r \cdot \sin(\omega \cdot t)$ beschrieben. Die nebenstehende Abbildung zeigt den Graphen der Funktion f.
Geben Sie die für den abgebildeten Graphen passenden Parameterwerte von f an!

r = _____   ω = _____

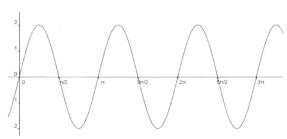

3) [1_601] Gegeben ist der Graph einer Funktion f mit $f(x) = a \cdot \sin(b \cdot x)$ mit $a, b \in \mathbb{R}^+$.
Geben Sie die für den abgebildeten Graphen passenden Parameterwerte a und b an!

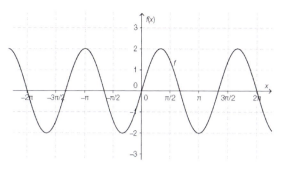

a = _____   b = _____

4) [1_530] Gegeben sind die Funktionen f und g mit $f(x) = -\sin(x)$ bzw. $g(x) = \cos(x)$. Geben Sie an, um welchen Wert $b \in [0; 2\pi]$ der Graph von f verschoben werden muss, um den Graphen von g zu erhalten, sodass $-\sin(x + b) = \cos(x)$ gilt!
Tipp: man beachte die „speziellen Rechenregeln" im Theorieteil ☺ *(leider muss man das für die Prüfung auswendig lernen, steht nicht im zugelassenen Formelheft...)*

5) [1_338] Im untenstehenden Diagramm sind die Graphen zweier Funktionen f und g dargestellt. Die Funktion f hat die Funktionsgleichung $f(x) = a \cdot \sin(b \cdot x)$ mit den reellen Parametern a und b. Wenn diese Parameter in entsprechender Weise verändert werden, erhält man die Funktion g. Wie müssen die Parameter a und b verändert werden, um aus f die Funktion g zu erhalten? Ergänzen Sie die Textlücken im folgenden Satz durch Ankreuzen der jeweils richtigen Satzteile so, dass eine mathematisch korrekte Aussage entsteht!

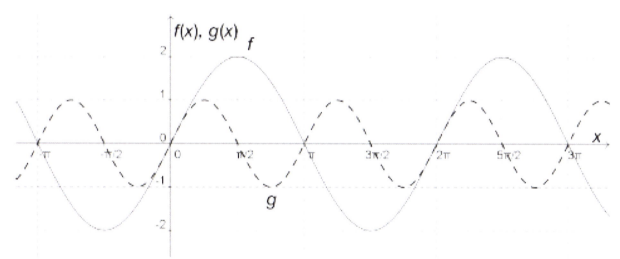

Um den Graphen von g zu erhalten, muss a ___①___ und b ___②___ .

①	
verdoppelt werden	☐
halbiert werden	☐
gleich bleiben	☐

②	
verdoppelt werden	☐
halbiert werden	☐
gleich bleiben	☐

6) [1_410] Die nachstehende Abbildung zeigt den Graphen einer Funktion f mit $f(x) = a \cdot \sin(b \cdot x)$ mit $a, b \in \mathbb{R}$. Geben Sie die für den abgebildeten Graphen passenden Parameterwerte von f an!

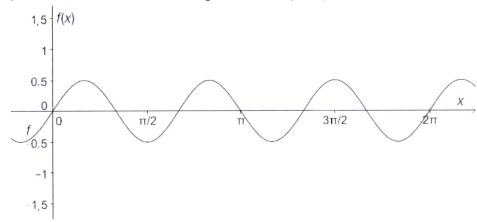

7) Geben Sie die Periodenlänge der Winkelfunktion $\sin(4\pi t)$ (t in Sekunden) an!

8) [1_577] Gegeben ist eine reelle Funktion f mit der Funktionsgleichung $f(x) = 3 \cdot \sin(b \cdot x)$ mit $b \in \mathbb{R}$. Einer der nachstehend angegebenen Werte gibt die (kleinste) Periodenlänge der Funktion f an. Kreuzen Sie den zutreffenden Wert an!

○ $\frac{b}{2}$ ○ b   ○ $\frac{b}{3}$ ○ $\frac{\pi}{b}$ ○ $\frac{2\pi}{b}$ ○ $\frac{\pi}{3}$

9) [1_506] Gegeben ist die periodische Funktion f mit der Funktionsgleichung $f(x) = \sin(x)$. Geben Sie die kleinste Zahl $a > 0$ (Maßzahl für Winkel in Radiant) so an, dass für alle $x \in \mathbb{R}$ die Gleichung $f(x + a) = f(x)$ gilt!

10) [1_434] Gegeben sind die Graphen von vier Funktionen der Form $f(x) = a \cdot \sin(b \cdot x)$ mit $a, b \in \mathbb{R}$. Ordnen Sie jedem Graphen den dazugehörigen Funktionsterm (aus A bis F) zu!

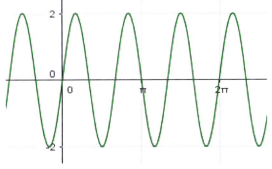

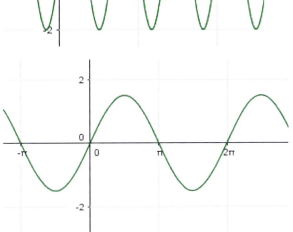

A) $\sin(x)$ B) $1{,}5 \cdot \sin(x)$ C) $\sin(0{,}5x)$ D) $1{,}5 \cdot \sin(2x)$ E) $2 \cdot \sin(0{,}5x)$ F) $2 \cdot \sin(3x)$

11) [1_458] Die nachstehende Abbildung zeigt den Graphen der Funktion s mit der Gleichung $s(x) = c \cdot \sin(d \cdot x)$ mit $c, d \in \mathbb{R}^+$ im Intervall $[-2\pi; 2\pi]$.
Erstellen Sie im Koordinatensystem eine Skizze eines möglichen Funktionsgraphen der Funktion s_1 mit $s_1(x) = 2c \cdot \sin(2d \cdot x)$ im Intervall $[-2\pi; 2\pi]$!

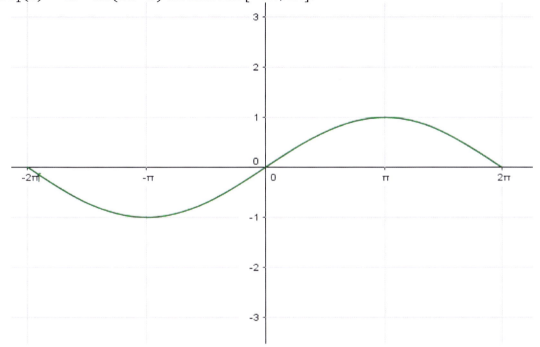

12) [1_625] Für $a, b \in \mathbb{R}^+$ sei die Funktion $f: \mathbb{R} \to \mathbb{R}$ mit $f(x) = a \cdot \sin(b \cdot x)$ für $x \in \mathbb{R}$ gegeben.
Die beiden nachstehenden Eigenschaften der Funktion f sind bekannt:
- Die (kleinste) Periode der Funktion f ist π.
- Die Differenz zwischen dem größten und dem kleinsten Funktionswert von f beträgt 6.

Geben Sie a und b an!

13) [1_673] In der unten stehenden Abbildung sind die Graphen der Funktionen f und g mit den Funktionsgleichungen $f(x) = \sin(x)$ und $g(x) = \cos(x)$ dargestellt.
Für die in der Abbildung eingezeichneten Stellen a und b gilt: $\cos(a) = \sin(b)$.

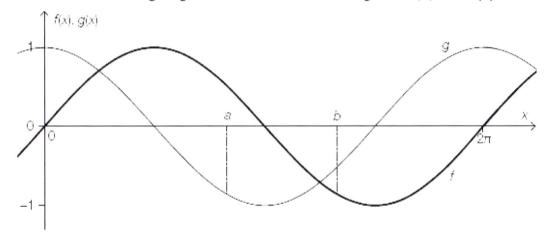

Bestimmen Sie $k \in \mathbb{R}$ so, dass $b - a = k \cdot \pi$ gilt!

14) [1_697] Die Abbildung zeigt die Graphen der Funktionen $f_1: \mathbb{R} \to \mathbb{R}$ und $f_2: \mathbb{R} \to \mathbb{R}$ mit $f_1(x) = a_1 \cdot \sin(b_1 \cdot x)$ sowie $f_2(x) = a_2 \cdot \sin(b_2 \cdot x)$ mit $a_1, a_2, b_1, b_2 > 0$.

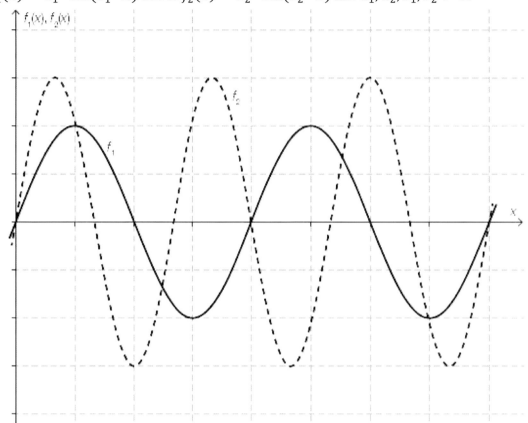

Ergänzen Sie die Textlücken im folgenden Satz durch Ankreuzen der jeweils richtigen Satzteile so, dass eine korrekte Aussage entsteht!
Für die Parameterwerte gilt ___①___ und ___②___.

①	
$a_2 < a_1$	☐
$a_1 \leq a_2 \leq 2 \cdot a_1$	☐
$a_2 > 2 \cdot a_1$	☐

②	
$b_2 < b_1$	☐
$b_1 \leq b_2 \leq 2 \cdot b_1$	☐
$b_2 > 2 \cdot b_1$	☐

15) [1_721] Gegeben ist die Funktion $f: \mathbb{R} \to \mathbb{R}$ mit $f(x) = \frac{1}{3} \cdot \sin\left(\frac{3 \cdot \pi}{4} \cdot x\right)$.
Bestimmen Sie die Länge der (kleinsten) Periode p der Funktion f!

16) [1_745] Gegeben ist eine Funktion $f: \mathbb{R} \to \mathbb{R}$ mit $f(x) = a \cdot \sin\left(\frac{\pi \cdot x}{b}\right)$ mit $a, b \in \mathbb{R}^+$.

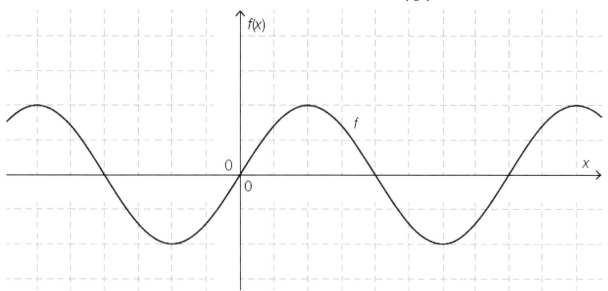

Ergänzen Sie in der Abbildung a und b auf der jeweils entsprechenden Achse so, dass der abgebildete Graph dem Graphen der Funktion f entspricht!

17) [1_769] Ein Punkt P bewegt sich auf einem Kreis mit dem Mittelpunkt $M = (0 \mid 0)$ mit konstanter Geschwindigkeit gegen den Uhrzeigersinn.
Zu Beginn der Bewegung (zum Zeitpunkt $t = 0$) liegt der Punkt P auf der positiven x-Achse wie in der Abbildung dargestellt.
Die Funktion f ordnet der Zeit t die zweite Koordinate $f(t) = a \cdot \sin(b \cdot t)$ des Punktes P zu Zeit t zu (t in s, $f(t)$ in dm, $a, b \in \mathbb{R}^+$).
Der in der nachstehenden Abbildung dargestellte Graph von f verläuft durch den Punkt H, wobei gilt: $f'(1{,}5) = 0$.

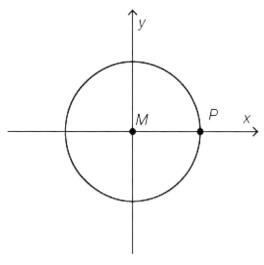

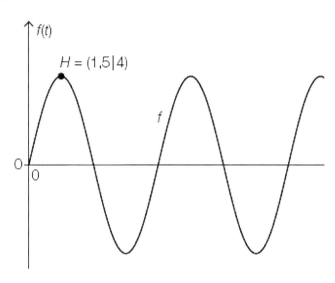

Ermitteln Sie den Radius des Kreises und die Umlaufzeit des Punktes P (für eine Umrundung)!

18) [1_793] Bei sinusförmigem Wechselstrom ändert sich der Wert der Stromstärke periodisch. In der nachstehenden Abbildung ist die Stromstärke *I(t)* in Abhängigkeit von der Zeit *t* für einen sinusförmigen Wechselstrom dargestellt (*t* in s, *I(t)* in A).

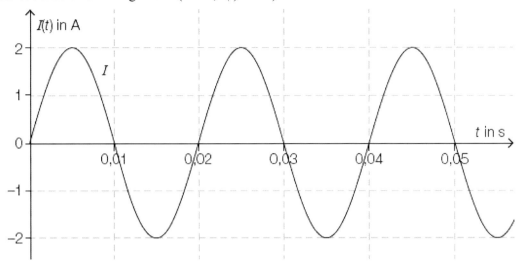

Geben Sie den Maximalwert der Stromstärke und die kleinste Periodenlänge dieses sinusförmigen Wechselstroms an!

Kapitel 22
Exponentielle Wachstums-/Zerfallsprozesse

exponentiell:
Zu-/Abnahme um einen **fixen Prozentsatz** (zB +3%, -5%)
wird x um 1 erhöht, wird y **immer mit derselben Zahl** (→ Prozentfaktor) **multipliziert (dividiert)**
Zu- oder Abnahme **beschleunigt sich immer mehr**

x	y
1	3
2	6
3	12
5	48

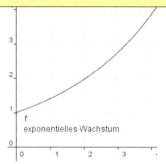
exponentielles Wachstum

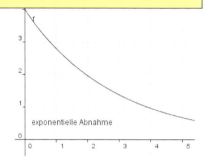
exponentielle Abnahme

Prozentfaktoren
prozentuelle Änderung bedeutet Multiplikation mit dem Prozentfaktor

+3%   →   Prozentfaktor = 1,03 (100%+3% = 103%, 103% : 100 = 1,03)
-5%   →   Prozentfaktor = 0,95 (100%-5% = 95%, 95% : 100 = 0,95)
·0,87 →   Rückgang um 13% (0,87 entspricht 87%; 100% - 87% = 13%)

Wachstumsformeln

N(t) = Endwert („was nach Zeit t <u>noch übrig ist</u>")
N_0 = Anfangswert (zu Beginn vorhandene Menge)
t = Zeit

$N(t) = N_0 \cdot a^t$ (a ist der Prozentfaktor; Wachstum für a>1, Abnahme für a<1)
$N(t) = N_0 \cdot e^{\lambda t}$ (λ ist die Wachstumskonstante → Zahl vor t größer 0)
$N(t) = N_0 \cdot e^{-\lambda t}$ (Abnahme, wenn Minus vor λ steht → Zahl vor t kleiner 0; λ heißt dann Zerfallskonstante)

Zusammenhang: $a = e^\lambda$ bzw. $\lambda = \ln(a)$

Prüfungstipps
- ist kein konkreter Startwert bekannt, gilt immer N_0 = 100%
- Endwert N(t) bezeichnet immer die noch vorhandene Menge
  → aufpassen, wenn die Änderung gegeben ist („um 30% abgenommen" → N(t) = 70%)

Erstellen eines exponentiellen Modells
„Modell erstellen" bedeutet immer Parameter ausrechnen (a bzw. λ)!

Beispiel 1: Ein Startup-Unternehmen kalkuliert zu Beginn mit einem Absatz von 120ME (Mengeneinheiten) eines neu auf dem Markt eingeführten Produkts. Man hofft, dass sich die Absatzzahlen monatlich um 30% steigern werden. Erstelle ein Modell für die Anzahl N(t) der abgesetzten Mengeneinheiten nach t Monaten!
Lösung: $N_0 = 120$; $a = 1{,}30$ (siehe oben: Bilden eines Prozentfaktors!)
→ Modell: $N(t) = 120 \cdot 1{,}30^t$

Beispiel 2: Im Jahr 2005 wurde der Bestand an Kaninchen in einer Region auf 4500 geschätzt. 2015 ergab eine neue Schätzung eine Anzahl von bereits 12800 Tieren.
Erstelle ein Modell für die Anzahl N(t) der Kaninchen nach t Jahren! (Nimm dafür für das Jahr 2005 t=0 an!)
Lösung: $N_0 = 4500, N(t) = 12800, t = 10$

Variante 1: $N(t) = N_0 \cdot a^t$
$12\,800 = 4500 \cdot a^{10}$
$\sqrt[10]{\frac{12800}{4500}} = a$
Modell: $N(t) = 4500 \cdot 1{,}110196223^t$

Variante 2: $N(t) = N_0 \cdot e^{\lambda t}$
$12\,800 = 4500 \cdot e^{\lambda \cdot 10}$
$\frac{\ln\left(\frac{12800}{4500}\right)}{10} = \lambda$
Modell: $N(t) = 4500 \cdot e^{0{,}104536777 \cdot t}$

Die Berechnungen lassen sich mit Technologie natürlich vereinfachen ☺

Typische Beispiele ([...] sind die Aufgabennummern aus www.aufgabenpool.at)

1) In einem Revier schätzt man den aktuellen Bestand an Hasen auf 500. Man rechnet mit einem jährlichen Zuwachs um 7%. Geben Sie eine Formel an, mit der die Anzahl N(t) der Hasen nach t Jahren berechnet werden kann!

2) Ein exponentieller Wachstumsprozess ist durch die Formel $N(t) = N_0 \cdot e^{0{,}0378t}$ gegeben (t in Jahren). Finden Sie eine Darstellung in der Form $N(t) = N_0 \cdot a^t$! Wie hoch ist der prozentuelle Zuwachs pro Jahr?

3) Kreuzen Sie an, in welchen Fällen es sich um einen exponentiellen Prozess handeln könnte!

x	y
1	4
2	12
3	36
4	108

x	y
1	2
2	4
3	6
4	8

x	y
4	1
5	0,5
6	0,25
7	0,125

x	y
1	100
2	50
3	33,33
4	25

x	y
1	1
2	4
3	9
4	16

4) Der Schadstoffausstoß einer Fabrik steigt gemäß der Funktion $N(t) = N_0 \cdot 1{,}054^t$, t in Jahren. Wie groß ist die prozentuelle Steigerung innerhalb von 10 Jahren?

5) [1_340] Die Funktion f beschreibt einen exponentiellen Wachstumsprozess der Form $f(t) = c \cdot a^t$ in Abhängigkeit von der Zeit t. Ermitteln Sie für t=2 und t=3 die Werte der Funktion f!

t	f(t)
0	400
1	600
2	f(2)
3	f(3)

f(2) = _____ f(3) = _____

Erinnerung:
wird x um 1 erhöht, wird y **immer mit derselben Zahl** (→ Prozentfaktor) **multipliziert (dividiert)**

6) Die Vermehrung einer Bakterienkultur in einer Petrischale erfolgt exponentiell nach dem Modell $N(t) = N_0 \cdot e^{0{,}0732 \cdot t}$, t = Zeit in Stunden. Berechnen Sie, um wie viel Prozent sich die Anzahl der Bakterien in einem Zeitraum von 5 Stunden erhöht!

7) Die nebenstehende Tabelle zeigt die Menge des gesammelten Restmülls (in Tonnen) in Graz in den Jahren 2001, 2005 und 2010. Es wird vermutet, dass sich die Entwicklung des Restmüllaufkommens näherungsweise durch eine Exponentialfunktion beschreiben lässt.

2001	41 072
2005	43 312
2010	52 569

  a) Erstellen Sie mit den Daten der Jahre 2001 und 2010 eine Exponentialfunktion, die als Modell für die Entwicklung der Restmüllmenge genommen werden kann! (Jahr 2001: t = 0)
  b) Bestimmen Sie die prozentuelle Abweichung der Modellrechnung von der tatsächlich gesammelten Restmüllmenge im Jahr 2005!

8) [1_599] Durch die Gleichung $N(t) = 1{,}2 \cdot 0{,}98^t$ wird ein Änderungsprozess einer Größe N in Abhängigkeit von der Zeit t beschrieben. Welcher der angeführten Änderungsprozesse kann durch die gegebene Gleichung beschrieben werden? Kreuzen Sie den zutreffenden Änderungsprozess an!
- ❏ Von einer radioaktiven Substanz zerfallen pro Zeinteinheit 0,02% der am jeweiligen Tag vorhandenen Menge.
- ❏ In ein Speicherbecken fließen pro Zeiteinheit 0,02m³ Wasser zu.
- ❏ Vom Wirkstoff eines Medikaments werden pro Zeiteinheit 1,2mg abgebaut.
- ❏ Die Einwohnerzahl eines Landes nimmt pro Zeiteinheit um 1,2% zu.
- ❏ Der Wert einer Immobilie steigt pro Zeiteinheit um 2%.
- ❏ Pro Zeiteinheit nimmt die Temperatur eines Körpers um 2% ab.

Halbwertszeit und Verdopplungszeit

Halbwertszeit = Zeit, die es dauert, bis von einer Anfangsmenge $N_0 = 100\%$ nur noch eine Restmenge $N(t) = 50\%$ („die Hälfte") übrig ist (Verdopplungszeit: bis 200% erreicht sind)

Beispiel: Der Abbau eines radioaktiven Isotops erfolgt exponentiell nach dem Zerfallsgesetz $N(t) = N_0 \cdot 0{,}875^t$, t = Zeit in Jahren.
Bestimmen Sie die Halbwertszeit dieses Isotops!
Lösung: $50 = 100 \cdot 0{,}875^t$
            $0{,}5 = 0{,}875^t$
    $\log(0{,}5) = t \cdot \log(0{,}875)$ | :log(0,875)
    5,19 Jahre = t

Typische Beispiele

9) Zur Behandlung von Epilepsie wird oft der Arzneistoff Felbamat eingesetzt. Nach der Einnahme einer Ausgangsdosis D_0 nimmt die Konzentration D von Felbamat im Körper näherungsweise exponentiell mit der Zeit ab.
Für D gilt folgender funktionaler Zusammenhang: $D(t) = D_0 \cdot 0{,}9659^t$. Dabei wird die Zeit t in Stunden gemessen.
Berechnen Sie die Halbwertszeit von Felbamat! Geben Sie die Lösung auf Stunden gerundet an!

10) [1_576] Die Intensität elektromagnetischer Strahlung nimmt bei Durchdringung eines Körpers exponentiell ab. Die Halbwertsdicke eines Materials ist diejenige Dicke, nach deren Durchdringung die Intensität der Strahlung auf die Hälfte gesunken ist. Die Halbwertsdicke von Blei liegt für die beobachtete Strahlung bei 0,4cm. Bestimmen Sie diejenige Dicke d, die eine Bleischicht haben muss, damit die Intensität auf 12,5% der ursprünglichen Intensität gesunken ist!

11) Halbwertszeit eines Isotops: Der radioaktive Zerfall des Iod-Isotops 131I verhält sich gemäß der Funktion N mit $N(t) = N(0) \cdot e^{-0{,}086 \cdot t}$ mit t in Tagen.
Aufgabe: Kreuzen Sie diejenige(n) Gleichung(en) an, mit der/denen die Halbwertszeit des Isotops in Tagen berechnet werden kann!

- ○ $\ln\left(\frac{1}{2}\right) = -0{,}086 \cdot t \cdot \ln(e)$
- ○ $2 = e^{-0{,}086 \cdot t}$
- ○ $N(0) = \frac{N(0)}{2} \cdot e^{-0{,}086 \cdot t}$
- ○ $\ln\left(\frac{1}{2}\right) = -\ln 0{,}086 \cdot t \cdot e$
- ○ $\frac{1}{2} = 1 \cdot e^{-0{,}086 \cdot t}$

Erinnerung: es gilt ln(e) = 1

12) Die untenstehende Abbildung zeigt den Graphen einer Exponentialfunktion f mit $f(t) = a \cdot b^t$. Bestimmen Sie mithilfe des Graphen die Größe der Verdopplungszeit!

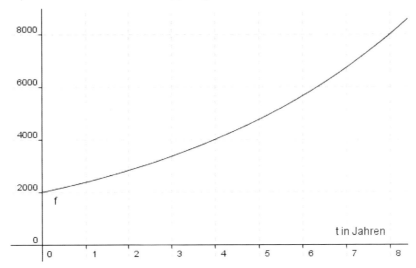

13) [1_343] Der rechts abgebildete Graph einer Funktion N stellt einen exponentiellen Zerfallsprozess dar; dabei bezeichnet t die Zeit und $N(t)$ die zum Zeitpunkt t vorhandene Menge des zerfallenden Stoffes. Für die zum Zeitpunkt $t=0$ vorhandene Menge gilt: $N(0)=800$.

Mit t_H ist diejenige Zeitspanne gemeint, nach deren Ablauf die ursprüngliche Menge des zerfallenden Stoffes auf die Hälfte gesunken ist.

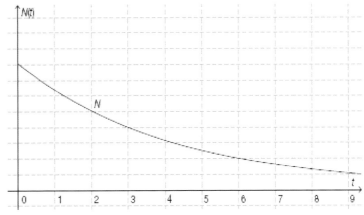

Kreuzen Sie die beiden zutreffenden Aussagen an!

○ $t_H = 6$ ○ $t_H = 2$ ○ $t_H = 3$ ○ $N(t_H) = 400$ ○ $N(t_H) = 500$

14) [1_411] Für eine medizinische Untersuchung wird das radioaktive Isotop $^{99m}_{43}Tc$ $(Technetium)$ künstlich hergestellt. Dieses Isotop hat eine Halbwertszeit von 6,01 Stunden.
Geben Sie an, wie lange es dauert, bis von einer bestimmten Ausgangsmenge Technetiums nur noch ein Viertel vorhanden ist!

15) Mit zunehmender Höhe nimmt der Luftdruck exponentiell ab. Es gilt für die Höhe h in Metern über dem Meeresspiegel und dem Luftdruck p in Millibar folgender funktionaler Zusammenhang:
$p(h) = 1013{,}25 \cdot e^{-0{,}000118 \cdot h}$. Berechnen Sie jene Höhe, in welcher der Luftdruck nur mehr halb so groß wie der Ausgangswert ist!

16) [1_483] Der Flächeninhalt eines Ölteppichs beträgt momentan 1,5km² und wächst täglich um 5%. Geben Sie an, nach wie vielen Tagen der Ölteppich erstmals größer als 2km² ist!

17) [1_507] Wegen eines Umweltgifts nimmt der Bienenbestand eines Imkers täglich um einen fixen Prozentsatz ab. Der Imker stellt fest, dass er innerhalb von 14 Tagen einen Bestandsverlust von 50% erlitten hat. Berechnen Sie den täglichen relativen Bestandsverlust in Prozent!

18) [1_531] Die Größe einer Population wird in Abhängigkeit von der Zeit mithilfe der Funktion N mit $N(t) = N_0 \cdot e^{0,1188 \cdot t}$ beschrieben, wobei die Zeit t in Stunden angegeben wird.
Dabei bezeichnet N_0 die Größe der Population zum Zeitpunkt t=0 und $N(t)$ die Größe der Population zum Zeitpunkt $t \geq 0$.
Bestimmen Sie denjenigen Prozentsatz p, um den die Population pro Stunde wächst!

19) [1_554] Das radioaktive Isotop Cobalt-60 wird unter anderem zur Konservierung von Lebensmitteln und in der Medizin verwendet. Das Zerfallsgesetz für Cobalt-60 lautet $N(t) = N_0 \cdot e^{-0,13149 \cdot t}$ mit t in Jahren; dabei bezeichnet N_0 die vorhandene Menge des Isotops zum Zeitpunkt t = 0 und N(t) die vorhandene Menge zum Zeitpunkt $t \geq 0$. Berechnen Sie die Halbwertszeit von Cobalt-60!

20) [1_624] Im Rahmen eines biologischen Experiments werden sechs Zellkulturen günstigen und ungünstigen äußeren Bedingungen ausgesetzt, wodurch die Anzahl der Zellen entweder exponentiell zunimmt oder exponentiell abnimmt. Dabei gibt $N_i(t)$ die Anzahl der Zellen in der jeweiligen Zellkultur t Tage nach Beginn des Experiments an ($i = 1, 2, 3, 4, 5, 6$).
Ordnen Sie den vier beschriebenen Veränderungen jeweils die zugehörige Funktionsgleichung zu!

Die Anzahl der Zellen verdoppelt sich pro Tag.		A	$N_1(t) = N_1(0) \cdot 0,15^t$
Die Anzahl der Zellen nimmt pro Tag um 85% zu.		B	$N_2(t) = N_2(0) \cdot 0,5^t$
Die Anzahl der Zellen nimmt pro Tag um 85% ab.		C	$N_3(t) = N_3(0) \cdot 0,85^t$
Die Anzahl der Zellen nimmt pro Tag um die Hälfte ab.		D	$N_4(t) = N_4(0) \cdot 1,5^t$
		E	$N_5(t) = N_5(0) \cdot 1,85^t$
		F	$N_6(t) = N_6(0) \cdot 2^t$

21) [1_649] Die Masse m(t) einer radioaktiven Substanz kann durch eine Exponentialfunktion m in Abhängigkeit von der Zeit t beschrieben werden.
Zu Beginn einer Messung sind 100mg der Substanz vorhanden, nach vier Stunden misst man noch 75mg dieser Substanz.
Bestimmen Sie die Halbwertszeit t_H dieser radioaktiven Substanz in Stunden!

22) [1_672] In der Medizintechnik werden Röntgenstrahlen eingesetzt. Durch den Einbau von Bleiplatten in Schutzwänden sollen Personen vor diesen Strahlen geschützt werden. Man geht davon aus, dass pro 1mm Dicke der Bleiplatte die Strahlungsintensität um 5% abnimmt.
Berechnen Sie die notwendige Dicke x (in mm) einer Bleiplatte, wenn die Strahlungsintensität auf 10% der ursprünglichen Strahlungsintensität, mit der die Strahlen auf die Bleiplatte auftreffen, gesenkt werden soll!

23) [1_696] Die Abnahme der Menge des Wirkstoffs eines Medikaments im Blut lässt sich durch eine Exponentialfunktion modellieren. Nach einer Stunde sind 10% der Anfangsmenge des Wirkstoffs abgebaut worden.
Berechnen Sie, welcher Prozentsatz der Anfangsmenge des Wirkstoffs nach insgesamt vier Stunden noch im Blut vorhanden ist!

24) [1_744] Ein Kapital K_0 wird auf einem Sparbuch mit 1% p.a. (pro Jahr) verzinst.
Für die nachstehende Aufgabenstellung gilt die Annahme, dass allfällige Steuern oder Gebühren nicht gesondert berücksichtigt werden müssen und dass keine weiteren Einzahlungen oder Auszahlungen erfolgen.
Berechnen Sie, in wie vielen Jahren sich das Kapitel K_0 bei gleichbleibendem Zinssatz verdoppelt!

25) [1_768] Man nimmt an, dass sich die Anzahl der Tiere einer bestimmten Tierart auf der Erde um 1,8% pro Jahr erhöht.
Bestimmen Sie diejenige Zeitdauer in Jahren, innerhalb der sich die Anzahl der Tiere dieser Tierart auf der Erde verdoppelt!

26) [1_792] Die Funktion f mit $f(t) = 80 \cdot b^t$ mit $b \in \mathbb{R}^+$ beschreibt die Masse $f(t)$ einer radioaktiven Substanz in Abhängigkeit von der Zeit t (t in h, $f(t)$ in mg). Die Halbwertszeit der radioaktiven Substanz beträgt 4h. Eine Messung beginnt zum Zeitpunkt $t = 0$.
Berechnen Sie diejenige Masse (in mg) der radioaktiven Substanz, die nach den ersten 3 Halbwertszeiten vorhanden ist!

Kapitel 23
Die Exponentialfunktion

Erinnerung: Exponentialfunktionen beschreiben exponentielles Wachstum (Abnahme)
Merkmal: Änderung um einen konstanten Prozentwert

Erkennen eines exponentiellen Zusammenhangs: $f(x) = c \cdot a^x$

x	y
0	1,33 = 4/3
1	4
2	12
3	36
6	972

wird x um 1 erhöht, wird y immer mit derselben Zahl multipliziert/dividiert
$f(x+1) = a \cdot f(x)$
c entspricht dem „Startwert" für x = 0
  Beispiel: für die Tabelle rechts gilt also a = 3 und c = 4/3
Achtung: wird x um 3 erhöht, muss man drei Mal multiplizieren → mal Zahl³
  formal: $f(x+3) = a^3 \cdot f(x)$

Eigenschaften
- Kurve nach oben (bei Wachstum) bzw. nach unten (bei Abnahme)
- keine Extremwerte, keine Wendepunkte
- keine Nullstellen → Annäherung an x-Achse (Asymptote)

Funktionsgleichung: $f(x) = c \cdot a^x$
- **bei c>0: steigend für a > 1, fallend für a < 1**
  (für a = 1 konstant → waagrechte Gerade; a<0 nicht erlaubt)
- **c ist Schnittpunkt mit der y-Achse: f(0) = c → Punkt (0|c)**
- c < 0 bewirkt Spiegelung an x-Achse → für a > 1 fallend, für a < 1 steigend

Darstellung mit e-Funktion (e = 2,71....): $f(x) = c \cdot e^{\lambda x}$
- **bei c>0: steigend für λ > 0, fallend für λ < 0**
  (für λ = 0 konstant)
- **c ist Schnittpunkt mit der y-Achse: f(0) = c → Punkt (0|c)**
- c < 0 bewirkt Spiegelung an x-Achse → für λ > 0 fallend, für λ < 0 steigend

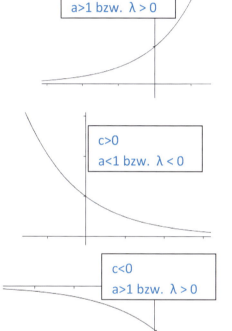

Ableitung
Ableitung der e-Funktion mit Kettenregel („mal innere Ableitung"), also
$f(x) = 5 \cdot e^{2x} \implies f'(x) = 5 \cdot e^{2x} \cdot 2 = 10 \cdot e^{2x}$

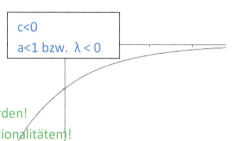

Prüfungstipp:
Exponentialfunktionen (→ x kommt als Hochzahl vor)
dürfen nicht mit Potenzfunktionen (→ x hoch eine Zahl) verwechselt werden!
Zu den Eigenschaften von Potenzfunktionen vgl. Kapitel 6 und 7 (Proportionalitäten)!

Achtung:
in der Darstellung a^x ist a = 1 die „Grenzzahl" zwischen steigend und fallend;
in der Darstellung $e^{\lambda x}$ ist λ = 0 die „Grenzzahl"

Ermitteln der Funktionsgleichung (Bestimmen der Parameter)

- c (=Zahl ohne x) ist Startwert auf y-Achse bzw. Wert für x=0
- a bestimmt man durch Einsetzen eines weiteren bekannten Punkts

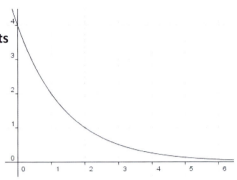

Beispiel: Bestimme die Parameter a und c der Funktion $f(x) = c \cdot a^x$!

Lösung: c = 4 (Startpunkt auf y-Achse)
Punkt (2|1) einsetzen → $1 = 4 \cdot a^2$ |:4
$0{,}25 = a^2$ | Wurzel ziehen
$0{,}5 = a$

Berechnungen können natürlich mit Technologie vereinfacht werden

Typische Aufgaben ([...] sind die Aufgabennummern aus www.aufgabenpool.at)

1) Gegeben ist eine reelle Funktion f mit der Gleichung $f(x) = a \cdot e^{\lambda x}$ mit $a \in \mathbb{R}^+$ und $\lambda \in \mathbb{R}$.
   Kreuzen Sie die für die Funktion f zutreffende(n) Aussage(n) an!

$f'(x) = a \cdot \lambda \cdot e^{\lambda x}$	☐
Für $a > 0$ sind alle Funktionswerte negativ.	☐
Die Funktion f hat mindestens eine reelle Nullstelle.	☐
Die Funktion f schneidet die y-Achse bei (0|a).	☐
Die Funktion f ist streng monoton fallend, wenn $\lambda < 0$ und $a \neq 0$ ist.	☐

2) Von einer Exponentialfunktion f mit der Gleichung $f(x) = a \cdot b^x$ ($a, b \in \mathbb{R}; a, b \neq 0; b \neq 1$) sind folgende Wertepaare bekannt:

x	0	1	2
f(x)	15	45	135

   Geben Sie die Werte der Parameter a und b an!
   Tipp: *Nachlesen bei „Erkennen eines exponentiellen Zusammenhangs"*

3) [1_575] Von einer Exponentialfunktion f sind die folgenden Funktionswerte bekannt: f(0) = 12 und f(4) = 192. Geben Sie eine Funktionsgleichung der Exponentialfunktion f an!

4) Gegeben sind fünf Funktionsgleichungen von Exponentialfunktionen mit den Parametern a, b und c ($a, b, c \in \mathbb{R}$).
   Zwei der folgenden Gleichungen beschreiben für alle jeweils zugelassenen Werte der Parameter a, b und c ein exponentielles Wachstum (streng monoton steigend). Kreuzen Sie diese beiden Gleichungen an! Dabei bezeichnet e die Euler'sche Zahl.

$f(x) = c \cdot a^x$ mit $c > 0$ und $a > 0$	☐
$f(x) = c \cdot a^x$ mit $c < 0$ und $a > 1$	☐
$f(x) = c \cdot a^x$ mit $c > 0$ und $a > 1$	☐
$f(x) = c \cdot e^{b \cdot x}$ mit $c > 1$ und $b < 1$	☐
$f(x) = c \cdot e^{b \cdot x}$ mit $c > 0$ und $b > 0$	☐

5) Allgemein lässt sich der Zusammenhang zwischen der Meereshöhe und dem Luftdruck durch die Funktion L mit $L(h) = L_0 \cdot a^h$, h...Meereshöhe in Metern, L(h)...Luftdruck auf der Meereshöhe h in Millibar, beschreiben. Dabei gelten die Bedingungen $L_0 > 0, 0 < a < 1, h \geq 0$.
Kreuze Sie die richtige Aussage an!
☐ Der Graf der Funktion L hat mindestens eine Nullstelle.
☐ Der Graf der Funktion L nähert sich asymptotisch der negativen x-Achse an.
☐ Die prozentuelle Druckabnahme pro Höhenmeter ist konstant.
☐ Der Graf der Funktion L ist rechtsgekrümmt.
☐ Die absolute Druckabnahme pro Höhenmeter ist konstant.

6) [1_459] Gegeben ist die Funktion f mit $f(x) = 50 \cdot 1{,}97^x$. Welche der folgende Aussagen trifft/treffen auf diese Funktion zu? Kreuzen Sie die zutreffende(n) Aussage(n) an!
☐ Der Graf der Funktion f verläuft durch den Punkt P=(50|0).
☐ Die Funktion f ist im Intervall [0; 5] streng monoton steigend.
☐ Wenn man den Wert des Arguments x um 5 vergrößert, wird der Funktionswert 50-mal so groß.
☐ Der Funktionswert $f(x)$ ist positiv für alle $x \in \mathbb{R}$.
☐ Wenn man den Wert des Arguments x um 1 vergrößert, wird der zugehörige Funktionswert um 97% größer.

7) [1_435] Gegeben ist der Graf einer Exponentialfunktion f mit $f(x) = a \cdot b^x$ mit $a, b \in \mathbb{R}^+$ durch die Punkte P=(0|25) und Q=(1|20).
Geben Sie eine Funktionsgleichung der dargestellten Exponentialfunktion f an!

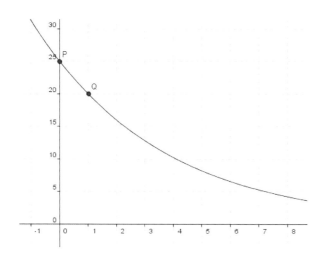

8) Gegeben sind die Grafen zweier Exponentialfunktion der Form $a \cdot b^x$. Bestimmen Sie jeweils die Parameter a bzw. b und interpretieren Sie diese im Hinblick auf den Verlauf der Funktionsgrafen!

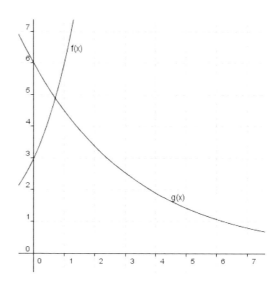

9) [1_482] Die nachstehende Abbildung zeigt die Graphen zweier Exponentialfunktionen f und g mit den Funktionsgleichungen $f(x) = c \cdot a^x$ und $g(x) = d \cdot b^x$ mit $a, b, c, d \in \mathbb{R}^+$.

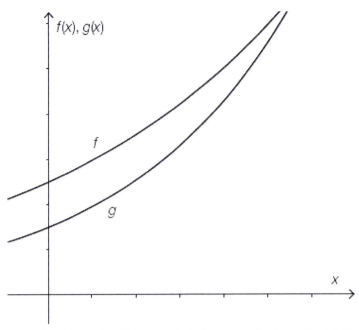

Ergänzen Sie die Textlücken im folgenden Satz durch Ankreuzen der jeweils richtigen Satzteile so, dass eine korrekte Aussage entsteht!

Für die Parameter a, b, c, d der beiden gegebenen Exponentialfunktionen gelten die Beziehungen _____①_____ und _____②_____ .

①	
c < d	☐
c = d	☐
c > d	☐

②	
a < b	☐
a = b	☐
a > b	☐

10) [1_339] Eine reelle Funktion f mit der Gleichung $f(x) = c \cdot a^x$ ist eine Exponentialfunktion, für deren reelle Parameter c und a gilt: $c \neq 0, a > 1$.

Kreuzen Sie jene beiden Aussagen an, die auf diese Exponentialfunktion f und alle Werte $k, h \in \mathbb{R}, k > 1$ zutreffen!

○ $f(k \cdot x) = k \cdot f(x)$ ○ $\frac{f(x+h)}{f(x)} = a^h$ ○ $f(x+1) = a \cdot f(x)$

○ $f(0) = 0$ ○ $f(x+h) = f(x) + f(h)$

11) [1_720] Für eine nicht konstante Funktion $f: \mathbb{R} \to \mathbb{R}$ gilt für alle $x \in \mathbb{R}$ die Beziehung $f(x+1) = 3 \cdot f(x)$.

Geben Sie eine Gleichung einer solchen Funktion f an!

Tipp: für eine Exponentialfunktion gilt allgemeine die Formel $f(x+1) = a \cdot f(x)$

Kapitel 24
Vergleich von Funktionen und Funktionsgrafen

Man kann sich nicht mit „Funktionen" auskennen, sondern jeweils nur mit den Eigenschaften von ganz bestimmten Funktionen (mit deutlich verschiedenen Fragestellungen, wie die letzten Kapitel gezeigt haben). Für manche Aufgaben benötigt man dann allerdings auch ein „Überblickswissen".

1) [1_510] Im Folgenden sind die Graphen von vier Funktionen dargestellt. Weiters sind sechs Funktionstypen angeführt, wobei die Parameter $a, b \in \mathbb{R}^+$ sind.
   Ordnen Sie den vier Graphen jeweils den entsprechenden Funktionstyp (aus A bis F) zu!

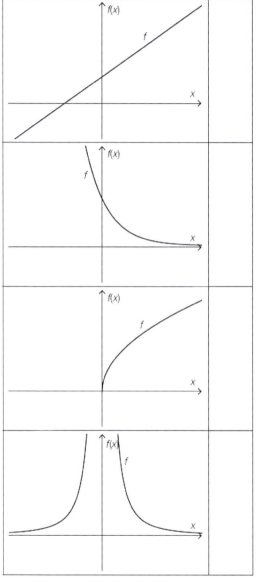

A	$f(x) = a \cdot b^x$
B	$f(x) = a \cdot x^{\frac{1}{2}}$
C	$f(x) = a \cdot \frac{1}{x^2}$
D	$f(x) = a \cdot x^2 + b$
E	$f(x) = a \cdot x^3$
F	$f(x) = a \cdot x + b$

2) [1_534] Gegeben sind fünf Funktionen. Welche der nachstehenden Funktion f sind in jedem Intervall $[x_1; x_2]$ mit $0 < x_1 < x_2$ streng monoton steigend? Kreuzen Sie die beiden zutreffenden Funktionen an!
   ☐ lineare Funktion f mit Funktionsgleichung $f(x) = a \cdot x + b$ $(a > 0, b > 0)$
   ☐ Potenzfunktion f mit Funktionsgleichung $f(x) = a \cdot x^n$ $(a < 0, n \in \mathbb{N}, n > 0)$
   ☐ Sinusfunktion f mit Funktionsgleichung $f(x) = a \cdot \sin(b \cdot x)$ $(a > 0, b > 0)$
   ☐ Exponentialfunktion f mit Funktionsgleichung $f(x) = a \cdot e^{k \cdot x}$ $(a > 0, k < 0)$
   ☐ Exponentialfunktion f mit Funktionsgleichung $f(x) = c \cdot a^x$ $(a > 1, c > 0)$

3) Im Folgenden sind vier Funktionsgleichungen (mit *a, b* ∈ ℝ⁺) angeführt und die Graphen von sechs reellen Funktionen dargestellt.
Ordnen Sie den vier Funktionsgleichungen jeweils den passenden Graphen (aus A bis F) zu!

$f(x) = a \cdot \sin(b \cdot x)$	
$f(x) = a \cdot b^x$	
$f(x) = a \cdot \sqrt{x} + b$	
$f(x) = a \cdot x + b$	

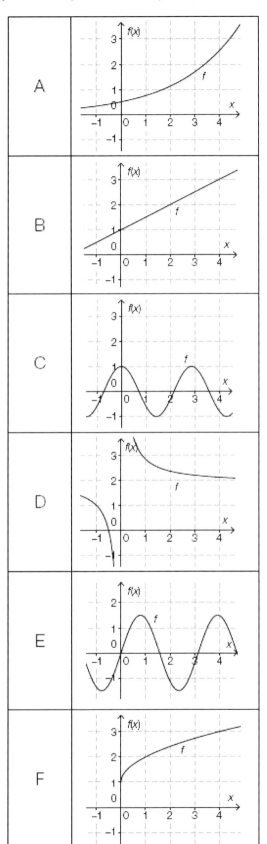

4) Die Leuchtkraft L eines Sterns wird durch folgende Formel beschrieben: $L = 4 \cdot \pi \cdot R^2 \cdot T^4 \cdot \sigma$. Dabei ist R der Sternradius und T die Oberflächentemperatur des Sterns; σ ist eine Konstante (die sogenannte Stefan-Boltzmann-Konstante).

Ergänzen Sie die Textlücken im folgenden Satz durch Ankreuzen der jeweils richtigen Satzteile so, dass eine korrekte Aussage entsteht!

Für verschiedene Sterne mit gleichem, bekanntem Sternradius R ist die Leuchtkraft L eine Funktion _____①_____; es handelt sich dabei um eine _____②_____.

①	
des Sternradius R	☐
der Oberflächentemperatur T	☐
der Konstanten σ	☐

②	
lineare Funktion	☐
Potenzfunktion	☐
Exponentialfunktion	☐

5) [1_741] Gegeben ist die Gleichung $w = \frac{y \cdot z^2}{2 \cdot x}$ mit $w, x, y, z \in \mathbb{R}^+$.

Die gegebene Gleichung beschreibt funktionale Zusammenhänge zwischen zwei Variablen, wenn die beiden anderen Variablen als konstant angenommen werden.

Kreuzen Sie die beiden zutreffenden Aussagen an!

Betrachtet man z in Abhängigkeit von x, so ist $z: \mathbb{R}^+ \to \mathbb{R}^+, x \mapsto z(x)$ eine Exponentialfunktion.	☐
Betrachtet man w in Abhängigkeit von z, so ist $w: \mathbb{R}^+ \to \mathbb{R}^+, z \mapsto w(z)$ eine quadratische Funktion.	☐
Betrachtet man w in Abhängigkeit von x, so ist $w: \mathbb{R}^+ \to \mathbb{R}^+, x \mapsto w(x)$ eine lineare Funktion.	☐
Betrachtet man y in Abhängigkeit von z, so ist $y: \mathbb{R}^+ \to \mathbb{R}^+, z \mapsto y(z)$ eine Polynomfunktion vom Grad 2.	☐
Betrachtet man x in Abhängigkeit von y, so ist $x: \mathbb{R}^+ \to \mathbb{R}^+, y \mapsto x(y)$ eine lineare Funktion.	☐

Tipp: die gegebene Gleichung muss man jeweils auf die entsprechende Variable umformen; hier kann Technologie-Einsatz die Arbeit natürlich wesentlich erleichtern ☺

6) [1_366] Gegeben sind vier Funktionstypen. Für alle unten angeführten Funktionen gilt: $a \neq 0, b \neq 0$; $a, b \in \mathbb{R}$.

Funktion	
lineare Funktion f mit $f(x) = a \cdot x + b$	C
Exponentialfunktion f mit $f(x) = a \cdot b^x$ ($b > 0, b \neq 1$)	A
Wurzelfunktion f mit $f(x) = a \cdot x^{\frac{1}{2}} + b$	F
Sinusfunktion f mit $f(x) = a \cdot \sin(b \cdot x)$	D

A	Die Funktion f ist für $a > 0$ und $0 < b < 1$ streng monoton fallend.
B	Die Funktion f hat genau drei Nullstellen.
C	Die Funktion f hat in jedem Punkt die gleiche Steigung.
D	Der Graph der Funktion f hat einen Wendepunkt im Ursprung.
E	Die Funktion f ist für $b = 2$ konstant.
F	Die Funktion f ist nur für $x \geq 0$ definiert.

Kapitel 25
Grundbegriffe der Wirtschaftsmathematik

x = produzierte / verkaufte Menge

K(x) = Kosten, die bei der Produktion von x Stück <u>insgesamt</u> (für alle x Stück) anfallen
  für lineare Funktion: k = Kosten pro Stück; d = Fixkosten
  Fixkosten: Kosten für x = 0 (Startwert auf y-Achse)
  Kostenkehre: Wendepunkt der Kostenfunktion
    vor der Kostenkehre nimmt die Steigung ab (degressiver Verlauf)
    nach der Kostenkehre steigen die Kosten wieder schneller (progressiver Verlauf)

p(x) = Preis, zu dem <u>ein</u> Stück verkauft werden kann (insgesamt werden x Stück verkauft)
  *lineare Funktion: k = wie viel man den Preis senken muss, um ein Stück mehr zu verkaufen
      d = Höchstpreis*

E(x) = Erlös (Umsatz)
  Umsatz = Menge mal Preis, also $U(x) = x \cdot p(x)$

G(x) = Gewinn
  Gewinn = Einnahmen – Ausgaben, also $G(x) = E(x) - K(x)$
  Gewinnfunktion beginnt auf der y-Achse bei den negativen Fixkosten
  Gewinnschwelle: Menge, ab der Gewinn erzielt wird
    Nullstelle von G(x) [also G(x) = 0] bzw. Schnittpunkt von E(x) und K(x) [also E(x) = K(X)]

Aufgabe 1: Für ein Produkt P können die Kosten bei einer Produktion von x Stück durch die lineare Funktion $K(x) = 3x + 500$ modelliert werden. Interpretieren Sie die Bedeutung der Parameter k und d in diesem Kontext!

Aufgabe 2: In einem Unternehmen lassen sich die Kosten, die bei einer Produktion von x ME (Mengeneinheiten) anfallen, durch die Kostenfunktion $K(x) = 2x^2 + x + 10$ modellieren. Der Marktpreis für dieses Produkt beträgt 15 GE (Geldeinheiten).
Geben Sie an, in welchem Mengenbereich mit Gewinn produziert werden kann!

Aufgabe 3: [1_486] Die Funktion *E* beschreibt den Erlös (in €) beim Absatz von *x* Mengeneinheiten eines Produkts. Die Funktion *G* beschreibt den dabei erzielten Gewinn in €. Dieser ist definiert als Differenz „Erlös – Kosten".
Ergänzen Sie die Abbildung durch den Grafen der zugehörigen Kostenfunktion *K*! Nehmen Sie dabei *K* als linear an! (Die Lösung der Aufgabe beruht auf der Annahme, dass alle produzierten Mengeneinheiten des Produkts verkauft werden.)
Tipp: die Nullstellen von G(x) entsprechen den Schnittpunkten von K(x) mit E(x)

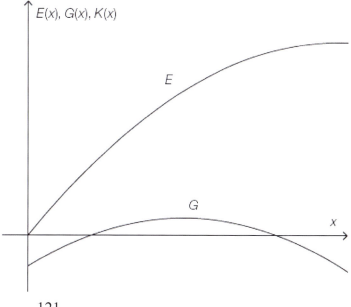

Aufgabe 4: [1_535] Die Funktion E gibt den Erlös $E(x)$ und die Funktion K die Kosten $K(x)$ jeweils in Euro bezogen auf die Produktionsmenge x an. Die Produktionsmenge x wird in Mengeneinheiten (ME) angegeben. Im folgenden Koordinatensystem sind die Graphen beider Funktionen dargestellt:

Interpretieren Sie die beiden Koordinaten des Schnittpunkts S der beiden Funktionsgraphen im gegebenen Zusammenhang!

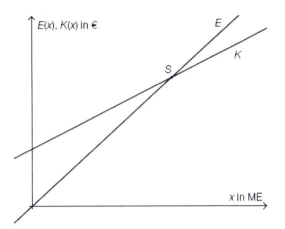

Aufgabe 5: [1_669] Für ein Produkt sind die Kostenfunktion K mit $K(x) = 2 \cdot x + 4000$ und die Erlösfunktion E mit $E(x) = 10 \cdot x$ bekannt, wobei x die Anzahl der produzierten Mengeneinheiten ist und alle produzierten Mengeneinheiten verkauft werden. Kosten und Erlös werden jeweils in Euro angegeben. Der Schnittpunkt der beiden Funktionsgraphen ist $S = (500|5000)$.
Interpretieren Sie die Koordinaten 500 und 5000 des Schnittpunkts S im gegebenen Kontext!

Durchschnittsfunktion bilden

Schreibweise: mit Strich über f(x); also $\overline{f(x)}$ ist die Durchschnittsfunktion von f(x)

formal: $\overline{f(x)} = \frac{f(x)}{x}$ → man muss jeden Teil durch x dividieren (→Hochzahl wird um 1 kleiner)

Beispiel: $f(x) = 3x^3 - 5x + 2$ → $\overline{f(x)} = 3x^2 - 5 + \frac{2}{x}$

Vorkommen: vor allem in der Wirtschaftsmathematik
(Gesamtkosten → durchschnittliche Kosten (=Stückkosten))

Aufgabe 6: Die Funktion K(x) = 2x² + 17x + 250 gibt die Gesamtkosten an, welche bei einer Produktion von x Stück anfallen. Gib eine Funktion zur Berechnung der durchschnittlichen Kosten bei einer Produktionsmenge von x Stück an!

Aufgabe 7: [1_740] Die rechts stehende Abbildung zeigt eine lineare Kostenfunktion $K: x \mapsto K(x)$ und eine lineare Erlösfunktion $E: x \mapsto E(x)$ mit $x \in [0; 6]$.

Für die Gewinnfunktion $G: x \mapsto G(x)$ gilt für alle $x \in [0; 6]$: $G(x) = E(x) - K(x)$.

Zeichnen Sie in der Abbildung den Graphen von G ein!

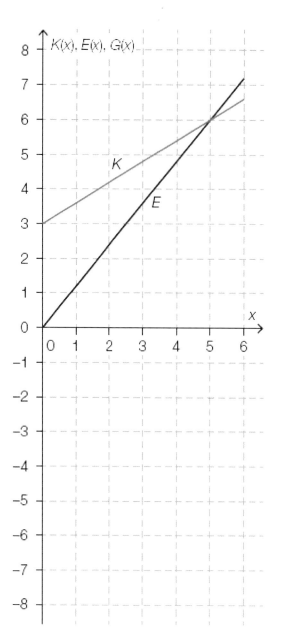

Aufgabe 8: [1_764] Die Gesamtkosten, die bei der Herstellung eines Produkts anfallen, können mithilfe einer differenzierbaren Kostenfunktion K modelliert werden. Dabei ordnet K der Produktionsmenge x die Kosten $K(x)$ zu (x in Mengeneinheiten (ME), $K(x)$ in Geldeinheiten (GE)).

Für die Kostenfunktion $K: [0; x_2] \to \mathbb{R}$ und x_1 mit $0 < x_1 < x_2$ gelten nachstehende Bedingungen:
- K ist im Intervall $[0; x_2]$ streng monoton steigend.
- Die Fixkosten betragen 10 GE.
- Die Kostenfunktion hat im Intervall $[0; x_1)$ einen degressiven Verlauf, d.h., die Kosten steigend bei zunehmender Produktionsmenge immer schwächer.
- Bei der Produktionsmenge x_1 liegt die Kostenkehre. Die Kostenkehre von K ist diejenige Stelle, ab der die Kosten immer stärker steigen.

Skizzieren Sie im nachstehenden Koordinatensystem den Verlauf des Graphen einer solchen Kostenfunktion K!

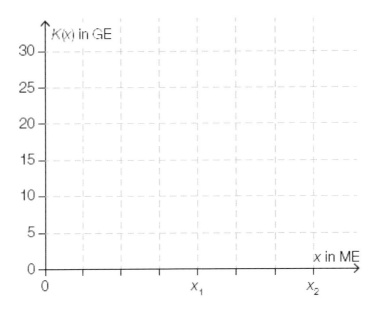

Kompetenzcheck Nr. 1 *Kapitel 1-25 & Lehrstoff 8. Klasse*

1) Welche der folgenden Zahlen gehören zur Zahlenmenge $\mathbb{Q}_0^+$? Kreuze alle zutreffenden Zahlen an!

   ○ $\frac{7}{9}$ ○ $\frac{6}{0}$ ○ $3{,}5 \cdot 10^{-3}$ ○ 5 ○ $\frac{\sqrt{3}}{2}$ /1

2) Die Bergbahnen „Hills-Top-Up" bieten anlässlich des Saison-Openings einen speziellen Sondertarif P_a für die Tageskarte. Damit soll eine wesentliche Steigerung der Tages-Skifahrer gegenüber dem Vorjahr erreicht werden.
   Für diesen Tag wird das Kassensystem umprogrammiert. Dabei wird die Formel $P_a = P_0 \cdot 0{,}7$ verwendet. (P_0 bezeichnet den normalen Tarif für eine Tageskarte.)
   Interpretiere die Formel $P_a = P_0 \cdot 0{,}7$ in diesem Sachzusammenhang!   /1

3) Ute U. betreibt einen Punsch-Stand am Adventmarkt. Der Markt hat an 6 Wochentagen (von Dienstag bis Sonntag) geöffnet.
   Am Ende jedes Verkaufstages führt Frau U. einen Kassasturz durch und ermittelt so die erzielten Einnahmen. Die Beträge an den 6 Verkaufstagen werden mit $x_1, x_2, \ldots, x_6$. bezeichnet.
   Interpretiere den Term $\frac{x_1+x_2+x_3+x_4+x_5+x_6}{6}$ in diesem Sachzusammenhang!   /1

4) Wird eine Spule der Länge s von einem Strom der Stärke I durchflossen, so entsteht ein Magnetfeld. Im Zentrum der Spule misst man dabei die Feldstärke H.
   Handelt es sich um eine langgestreckte Spule (dh die Länge der Spule ist viel größer als der Durchmesser), so gilt für die Feldstärke H folgende Formel: $H = \frac{I \cdot N}{s}$.
   Dabei bezeichnet N die Anzahl der Windungen der Spule.
   Kreuze die beiden zutreffenden Aussagen an!
   ○ Wird die Anzahl der Windungen (N) verdoppelt, so verdoppelt sich die Feldstärke (H).
   ○ Die Feldstärke (H) ist zur Länge der Spule (s) indirekt proportional.
   ○ Wird die Länge der Spule (s) halbiert, so halbiert sich die Feldstärke (H).
   ○ Zwischen der Stromstärke (I) und der Anzahl der Windungen (N) besteht ein linearer Zusammenhang.
   ○ Wird die Anzahl der Windungen (N) verdoppelt und die Länge der Spule (s) halbiert, so ändert sich die Feldstärke (H) nicht.
                                                                                                                          /1

5) Nebenstehendes Schaubild zeigt den von einem Modellauto zurückgelegten Weg auf einer ebenen Fläche.

   Begründe, warum sich die vom Modellauto beschriebene Kurve nicht als Graf einer Funktion $f: \mathbb{R} \to \mathbb{R}$ darstellen lässt!

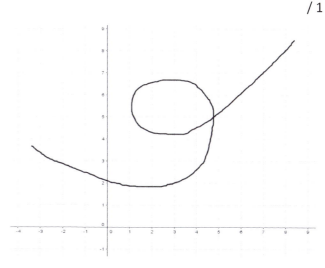

                                                                                                                          /1

6) Skizziere den grafischen Verlauf der linearen Funktion f(x) = 5 − 2x!

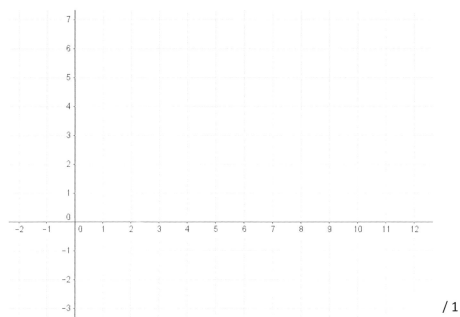

/ 1

7) Eine Manufaktur erzeugt unter anderem handbemalte Glaskugeln als Weihnachtsschmuck. Für die Kalkulation wurde dabei eine Kostenfunktion K(x) = 6,5x + 750 ermittelt.
Dabei bezeichnet x die Anzahl der hergestellten Glaskugeln (in Stück) und K(x) die dabei entstehenden Gesamtkosten (in €).
Ergänzen Sie die Textlücken in folgendem Satz durch Ankreuzen der jeweils richtigen Satzteile so, dass eine mathematisch korrekte Aussage entsteht!

Die Zahl 6,5 gibt ____①____ an; und die Zahl 750 steht für ____②____ .

①	
die Anzahl der Arbeitsstunden für eine Glaskugel	☐
den Verkaufspreis für eine Glaskugel	☐
die (zusätzlichen) Kosten für eine produzierte Glaskugel	☐

②	
die Gesamtzahl der produzierten Glaskugeln	☐
das Gewicht einer Glaskugel in Gramm	☐
die (von der Anzahl unabhängigen) Fixkosten der Produktion	☐

/ 1

8) Gegeben ist eine lineare Gleichung I: 12x − 16y = 24.
Gib eine Gleichung II so an, dass das resultierende Gleichungssystem unendlich viele Lösungen hat!

II: _____

/ 1

9) Die Abbildung zeigt zwei als Pfeile dargestellte Vektoren $\vec{a}$ und $\vec{b}$. Stelle den Vektor $-\vec{a} + 2\vec{b}$, ausgehend vom Punkt P, als Pfeil dar!

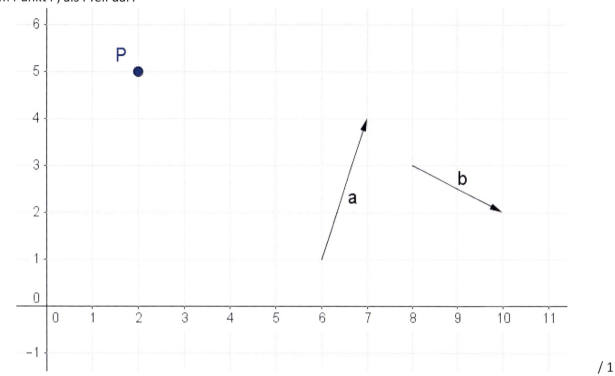

/ 1

10) In einem bekannten Wintertourismusort bietet ein Gastronom an seiner Après-Ski-Bar n verschiedene Schnäpse an. Die Preise für ein Stamperl der jeweiligen Sorte sind im Vektor $\vec{p} = \begin{pmatrix} p_1 \\ p_2 \\ p_3 \\ \vdots \\ p_n \end{pmatrix}$ zusammengefasst. Die Anzahlen der an einem bestimmten Wochentag verkauften Stamperl wurden im Vektor $\vec{a} = \begin{pmatrix} a_1 \\ a_2 \\ a_3 \\ \vdots \\ a_n \end{pmatrix}$ festgehalten.

Interpretiere den Wert des Ausdrucks $\vec{p} \cdot \vec{a}$ im gegebenen Kontext! / 1

11) Geraden im $\mathbb{R}^2$ können durch eine Parameterdarstellung der Form $X = P + t \cdot \vec{v}$ angegeben werden. Die Gerade g besitzt die Darstellung g: $X = \begin{pmatrix} 5 \\ -3 \end{pmatrix} + t \cdot \begin{pmatrix} -5 \\ 2 \end{pmatrix}$.

Gib die Gleichung einer zu g normalen Geraden h durch den Punkt A=(9|1) in Parameterdarstellung an!

h: X = _____ / 1

12) Die beiden Punkte P=(-3|5|1) und Q=(2|-1|0) liegen auf einer Geraden g im $\mathbb{R}^3$. Gib eine Gleichung der Geraden g unter Verwendung der konkreten Koordinaten der beiden Punkte P und Q in Parameterform an!

/ 1

13) Für welchen Wert des Parameters r besitzt die quadratischen Gleichung $x^2 - 6x + r = 0$ genau eine Lösung in $\mathbb{R}$? Kreuze die zutreffende Antwort an!

○ r = -5   ○ r = 0   ○ r = 2   ○ r = 9   ○ r = 100   ○ r = 1   / 1

14) Im Koordinatensystem ist der Graf einer quadratischen Funktion f: $f(x) = ax^2 + b$ dargestellt. Ermittle die Werte der Parameter a und b!

a = _____   b = _____

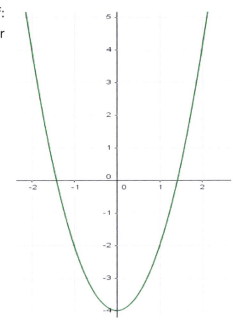

/ 1

15) Otto O. fährt auf Winterurlaub in ein kleines Dorf in den Alpen. Auf der Zufahrtsstraße zu seiner Unterkunft ist das abgebildete Verkehrsschild aufgestellt.

Wie groß ist der Steigungswinkel an jener Stelle, auf welche das Warnschild aufmerksam machen soll?

/ 1

16) In der Grafik ist ein Winkel α am Einheitskreis dargestellt. Kreuze die beiden für den Winkel α zutreffenden Aussagen an!

○ sin(α) > 0
○ cos(α) > 0
○ cos(α) = 0
○ tan(α) > 0
○ tan(α) < 0

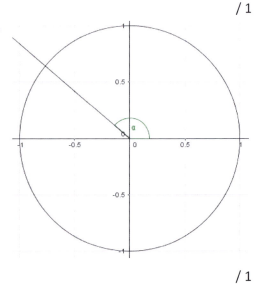

/ 1

gesamt: / 16

Kompetenzcheck Nr. 2 Kapitel 1-25 & Lehrstoff 8. Klasse

1) Kreuze die beiden für die jeweiligen Zahlenmengen zutreffenden Aussagen an!
   - ○ Jede periodische Dezimalzahl ist eine irrationale Zahl.
   - ○ Die Zahl $\sqrt{-4}$ liegt in $\mathbb{C}$, aber nicht in $\mathbb{R}$.
   - ○ Jede ganze Zahl ist eine natürliche Zahl.
   - ○ $\sqrt{n}$ ist für alle $n \in \mathbb{N}$ irrational.
   - ○ $\frac{6}{3}$ ist eine ganze Zahl. /1

2) Gegeben ist die Ungleichung $-bx < a$ mit $a, b > 0$.
   Kreuze die richtige Lösung an!
   ○ $x < -\frac{a}{b}$ ○ $x < \frac{a}{b}$ ○ $x > -\frac{a}{b}$ ○ $x > \frac{a}{b}$ ○ $x > b - a$ ○ $x = -\frac{a}{b}$ /1

3) Quadratische Gleichungen $ax^2 + bx + c = 0$ mit $a \neq 0$ können grafisch gelöst werden, indem die linke Seite der Gleichung als Funktion aufgefasst wird und die Nullstellen der Funktion ermittelt werden. Welcher Graf passt zu welchen Bedingungen für die Gleichungen? Trage die Buchstaben in die zutreffenden Kästchen ein!

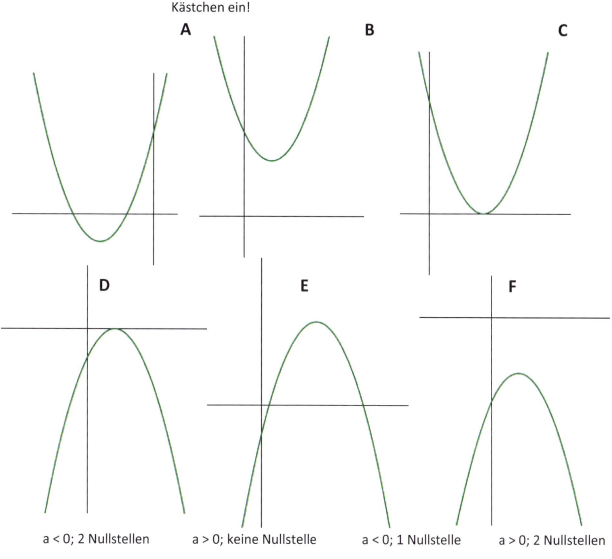

a < 0; 2 Nullstellen   a > 0; keine Nullstelle   a < 0; 1 Nullstelle   a > 0; 2 Nullstellen

☐ ☐ ☐ ☐ /1

4) Gib eine lineares Gleichungssystem in zwei Variablen so an, dass die Lösungsmenge L = {(2|5)} ist! /1

5) Die Großmärkte A und B beziehen ihr Frischgemüse von drei Lieferanten X, Y und Z.
Die Vektoren $A = \begin{pmatrix} x_A \\ y_A \\ z_A \end{pmatrix}$ und $B = \begin{pmatrix} x_B \\ y_B \\ z_B \end{pmatrix}$ geben an, wie viel Tonnen Gemüse von den drei Händlern an die beiden Großmärkte geliefert wurden.
Welche Aussagen über die angeführten Berechnungen mit den Vektoren A bzw. B sind richtig? Kreuze die zutreffende(n) Aussage(n) an!

○ Der Vektor D = B − A gibt an, wie viele Tonnen Gemüse von den drei Lieferanten an den Großmarkt A mehr geliefert wurden als an B.
○ Der Vektor B′ = 0,6·B drückt aus, dass die Gemüselieferungen an den Großmarkt B um 60% zurückgegangen sind.
○ Der Vektor S = A + B gibt an, wie viele Tonnen Gemüse von den drei Lieferanten insgesamt an beide Großmärkte geliefert wurden.
○ Der Vektor A′ = 1,04·A drückt aus, dass die Gemüselieferungen an den Großmarkt A um 4% zugenommen haben.
○ Der Vektor D = A − B gibt an, wie viele Tonnen Gemüse von den drei Lieferanten an den Großmarkt A mehr geliefert wurden als an B.

/1

6) Gegeben sind die Geraden $g: X = \begin{pmatrix} 1 \\ 5 \end{pmatrix} + s \cdot \begin{pmatrix} 3 \\ -2 \end{pmatrix}$ und $h: X = \begin{pmatrix} 4 \\ -2 \end{pmatrix} + t \cdot \begin{pmatrix} 1 \\ 1 \end{pmatrix}$ im $\mathbb{R}^2$.
Berechne den Schnittpunkt S!

/1

7) Gegeben ist der Graf der Geraden g, zu der das Steigungsdreieck eingezeichnet ist.
Ermittle die Steigung der Geraden in Prozent und berechne den Steigungswinkel φ dieser Geraden!

/1

8) Gegeben sind Winkelfunktionswerte, deren zugehörige Winkel in den Quadranten 1 bis 4 liegen können.
In welchen Quadranten können die angegebenen Winkel liegen? Kreuze alle möglichen Quadranten an!

$\sin(\alpha) = 0{,}734$ $\cos(\beta) = -0{,}532$

Winkel	1. Quadrant	2. Quadrant	3. Quadrant	4. Quadrant
α	☐	☐	☐	☐
β	☐	☐	☐	☐

/1

9) Zwischen x und den Variablen r, s, t besteht folgender Zusammenhang:
x ist direkt proportional zu s und t² sowie indirekt proportional zu r.
Welche der angegebenen Formeln drücken diesen Zusammenhang aus? Kreuze die zwei zutreffenden Formeln an!

○ $x = \frac{4rt^2}{s}$ ○ $x = \frac{3st^2}{r}$ ○ $x = \frac{3r}{st^2}$ ○ $x = \frac{t^2 s}{4r}$ ○ $x = \frac{t^2 s}{r^2}$

/1

10) Im Labor wird das Wachstum einer Bakterienkultur untersucht. Während der Beobachtung wird die Bakterienanzahl notiert und daraus folgende Modellfunktion abgeleitet: $N(t) = 20 \cdot 1{,}35^t$, t…Zeit in Stunden, N(t)…Anzahl der Bakterien nach t Stunden.
Berechne die Verdopplungszeit für diese Bakterienkultur! /1

11) Das Diagramm veranschaulicht, wie aus einer Regentonne Wasser ausgelassen wird. Beschreibe, welche Bedeutung der Punkt X aus der Grafik in diesem Kontext hat!

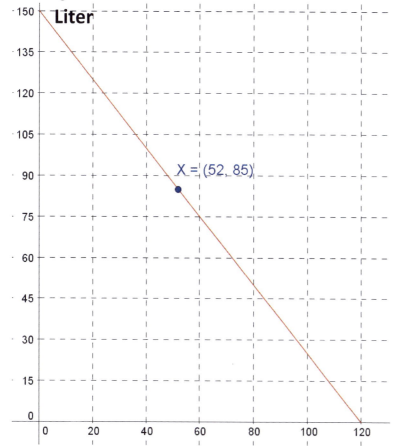

/1

12) Die Geschwindigkeit, welche eine U-Bahn im Zeitintervall [0s; 150s] zwischen zwei Stationen erreicht, wird durch die Funktion v(t), v(t)…Geschwindigkeit in m/s beschrieben.
Interpretiere den Wert des Integrals $\int_0^{150} v(t)\,dt$ in diesem Sachzusammenhang!

/1

13) Ein Unternehmer möchte den Erlös beim Verkauf eines Produkts in Abhängigkeit von der Stückzahl modellieren. Der zugehörige Funktionsterm lautet $E(x) = 1{,}5 \cdot x$. Kreuze die zwei richtigen Aussagen an!

o Pro Stück erhöht sich der Erlös um den gleichen Betrag.
o Mit dem Ausdruck $\frac{E(8)-E(4)}{8-4}$ kann der Erlös pro Stück berechnet werden.
o Je mehr Stück verkauft werden, umso schneller wächst der Erlös.
o Die Steigung des Erlöses im Intervall [0; 5] ist kleiner als im Intervall [5; 10].
o Die durchschnittliche Steigung des Erlöses wird immer mehr, je mehr Stück verkauft werden.

/ 1

14) Gegeben sind Aussagen über die Parameter a und b von allgemeinen Sinusfunktionen $f(x) = a \cdot \sin(b \cdot x)$.
Ordne die Aussagen den Funktionen zu, indem du die Buchstaben zu den passenden Funktionsgleichungen einträgst!

A	Die Amplitude wird verdreifacht.
B	Die Periodenlänge wird verdreifacht.
C	Die Amplitude wird halbiert.
D	Die Frequenz wird verdoppelt.
E	Die Frequenz wird halbiert.
F	Die Frequenz wird verdreifacht.

	$f(x) = \sin(0{,}5x)$
	$f(x) = \sin(3x)$
	$f(x) = \sin(2x)$
	$f(x) = 3 \cdot \sin(x)$

/ 1

15) Gegeben sind Integrale und Terme. Ordne die Integrale den Termen (mit Integrationskonstante c=0) zu, indem du die Buchstaben in die entsprechenden Kästchen einträgst!

A	$\int (2x)^2\, dx$
B	$\int \frac{1}{3}x^2\, dx$
C	$\int 3x^2\, dx$
D	$\int (3x)^2\, dx$
E	$\int \left(\frac{x}{2}\right)^2 dx$
F	$\int \frac{1}{2}x^2\, dx$

	$\frac{1}{9}x^3$
	$\frac{1}{12}x^3$
	x^3
	$\frac{4}{3}x^3$

/ 1

16) Eine maschinelle Abfüllanlage für Getränkeflaschen arbeitet mit den Parametern μ = 330ml und σ = 5ml. Die Füllmenge der Getränkeflaschen kann als normalverteilt angenommen werden. Berechne, wie viel Prozent aller Flaschen eine Füllmenge von zumindest 320ml enthalten!

/ 1

gesamt: / 16

Kapitel 26
Differenzenquotient und Differentialquotient

Differenzenquotient = durchschnittliche (mittlere) Änderung (Steigung der Sekante in einem Intervall)

$$\frac{\Delta y}{\Delta x} = \frac{y_2 - y_1}{x_2 - x_1} = \frac{f(x_2) - f(x_1)}{x_2 - x_1} \quad oder \quad \frac{\Delta y}{\Delta x} = \frac{f(x+t) - f(x)}{t}$$

Beispiel: Berechne für $f(x) = 3x^2 - 5$ die durchschnittliche Änderung im Intervall [1; 5]!
Tipp: „Intervall" enthält immer die x-Werte!

Lösung: $x_1 = 1 \rightarrow f(x_1) = 3 \cdot 1^2 - 5 = -2;$ $\quad x_2 = 5 \rightarrow f(x_2) = 3 \cdot 5^2 - 5 = 70$

Differenzenquotient: $\frac{70-(-2)}{5-1} = \frac{72}{4} = 18$

Δy ist der „senkrechte Abstand"; Δx ist der „waagrechte Abstand"
 (wichtig bei grafischen Angaben)

Differenzenquotient ist positiv, wenn der Endpunkt höher als der Anfangspunkt liegt
 (negativ, wenn der Endpunkt tiefer liegt; gleich null, wenn der Endpunkt gleich hoch liegt)
Der Differenzenquotient sagt nichts über die Monotonie aus!!!
 (Es geht nur um Anfangs- und Endpunkt.)

Einheit: y-Einheit / x-Einheit
 x = Zeit in Sekunden, y = Weg in Meter → m/s
 x = Menge in kg, y = Kosten in € → €/kg

Differenzenquotient = Steigung der Sekante (Gerade, welche die beiden Punkte verbindet)

Mustersatz für die Interpretation (zur Interpretation der Änderungsmaße siehe auch das folgende Kapitel)
Die durchschnittliche Zunahme(+) / Abnahme (-) des/der ... [Funktionsbezeichnung] im Intervall/im Zeitraum ... [x1; x2] beträgt ... yEinheit/xEinheit.
4 wichtige Inhalte der Interpretation:
- Bezeichnung als durchschnittliche oder mittlere Zunahme bzw. Abnahme
- Benennung des Funktionswerts („was" nimmt zu oder ab)
- Angabe des Intervalls bzw. des Zeitraums (ohne Intervall wird die Antwort oft als falsch gewertet!)
- Angabe der richtigen Einheit

Spezialfall Bewegung
Differenzenquotient der Wegfunktion → die mittlere Geschwindigkeit des Objekts im Zeitintervall [t1; t2] in Wegeinheit/Zeiteinheit [also zB in m/s oder in km/h]
Differenzenquotient der Geschwindigkeitsfunktion → die mittlere Beschleunigung des Objekts im Zeitintervall [t1; t2] in Wegeinheit/Zeiteinheit^2 [also zB in m/s^2 oder in km/h^2]

Prüfungstipps
- durchschnittliche Steigung, durchschnittliche Änderung, mittlere Änderung, mittlere Änderungsrate, ... → ist alles dasselbe
- „durchschnittliche Änderung" ist das Stichwort → der größte Teil der Angabe ist für die Lösung der Aufgabe meistens völlig bedeutungslos
- eine positive Zahl ist immer größer als eine negative Zahl → geht es nur ganz leicht bergauf, ist der Differenzenquotient größer als wenn es steil nach unten geht

wenn zwei Punkte „sehr nah" (**Schreibweise $x_2 \to x_1$ oder $t \to 0$**) beisammen liegen, gibt der Differenzenquotient „ungefähr" die momentane Steigung in diesen Punkten an:
der **Differentialquotient** (→ die Ableitung = Steigung der Tangente)

ist der Grenzwert (lim) des Differenzenquotienten

Differentialquotient = momentane Änderung (Steigung der Tangente in einem Punkt):
$$\lim_{x_2 \to x_1} \frac{f(x_2)-f(x_1)}{x_2-x_1} \quad \text{oder} \quad \lim_{t \to 0} \left(\frac{f(x+t)-f(x)}{t}\right)$$

Differentialquotient ist positiv, wenn die Funktion in diesem Punkt steigt
  (negativ, wenn sie fällt; gleich null, wenn sie dort waagrecht verläuft)
Differentialquotient ist „Steigung im Punkt", Differenzenquotient ist „Steigung im Intervall"

Einheit: y-Einheit / x-Einheit (gleich wie bei Differenzenquotient)

Differentialquotient = Steigung der Tangente (Gerade, welche Funktion im Punkt berührt („anstreift"))

Mustersatz für die Interpretation (zur Interpretation der Änderungsmaße siehe auch das folgende Kapitel)
Die momentane Zunahme(+) / Abnahme (-) des/der … [Funktionsbezeichnung] an der Stelle…/zum Zeitpunkt … [x bzw. t] beträgt … yEinheit/xEinheit.
4 wichtige Inhalte der Interpretation:
- Bezeichnung als momentane Zunahme bzw. Abnahme
- Benennung des Funktionswerts („was" nimmt zu oder ab)
- Angabe der Stelle bzw. des Zeitpunkts (ohne Intervall wird die Antwort oft als falsch gewertet!)
- Angabe der richtigen Einheit

Spezialfall Bewegung
Differentialquotient der Wegfunktion → die momentane Geschwindigkeit des Objekts zum Zeitpunkt t in Wegeinheit/Zeiteinheit [also zB in m/s oder in km/h]
Differentialquotient der Geschwindigkeitsfunktion → die momentane Beschleunigung des Objekts zum Zeitpunkt t in Wegeinheit/Zeiteinheit² [also zB in m/s² oder in km/h²]

Steigung = Steilheit „mit Vorzeichen"
  steiler nach oben => mehr Plus-Steigung => Steigung größer
  steiler nach unten => mehr Minus-Steigung => Steigung kleiner

Beispiel:

$f'(-3) < f'(-1)$
  bei x = -3 ist es zwar steiler, aber eben nach unten
  → Minus-Steigung ist immer kleiner als Plus-Steigung

Der Differenzenquotient im Intervall [-2; 1] ist kleiner als der Differentialquotient an der Stelle -1.
  bei x = -1 geht es steiler nach oben als die „Verbindungslinie"
  der Punkte im Intervall [-2 ;1]
    → steiler nach oben ist die größere Steigung (mehr plus)

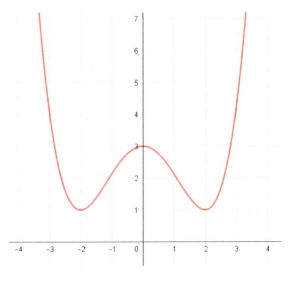

Typische Beispiele ([...] sind die Aufgabennummern aus www.aufgabenpool.at)

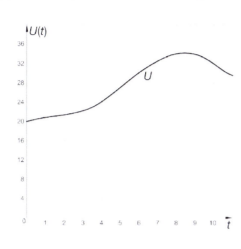

1) Die elektrische Spannung als Funktion der Zeit:
In der nebenstehenden Abbildung ist die elektrische Spannung während eines physikalischen Experiments in Abhängigkeit von der Zeit t dargestellt. Die Spannung U(t) wird in Volt, die Zeit t in Sekunden angegeben.
Geben Sie die mittlere Änderungsrate der Spannung im Zeitintervall [4; 10] an! Die für die Berechnung relevanten Werte sind ganzzahlig und können dem Diagramm entnommen werden.

Die mittlere Änderungsrate der Spannung im Zeitintervall [4; 10] beträgt _____ $\frac{V}{s}$.

2) Die nebenstehende Abbildung zeigt den Graphen einer Funktion f, auf dem drei Punkte A, B und C gekennzeichnet sind.
Kreuzen Sie die beiden zutreffenden Aussagen an!
○ Die momentane Änderungsrate von f an der Stelle c ist positiv.
○ Die mittlere Änderungsrate von f im Intervall [a; b] ist negativ.
○ Die mittlere Änderungsrate von f im Intervall [b; c] ist null.

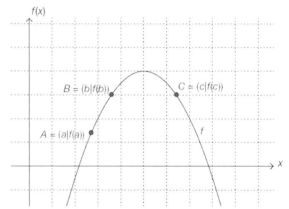

○ Die momentane Änderungsrate von f an der Stelle a ist größer als die momentane Änderungsrate von f an der Stelle b.
○ Die momentane Änderungsrate von f an der Stelle a ist kleiner als die mittlere Änderungsrate von f im Intervall [a; c].

3) Der Luftwiderstand F_L eines bestimmten PKWs in Abhängigkeit von der Fahrtgeschwindigkeit v lässt sich durch folgende Funktionsgleichung beschreiben: $F_L(v) = 0{,}4 \cdot v^2$. Der Luftwiderstand ist dabei in Newton (N) und die Geschwindigkeit in Metern pro Sekunde (m/s) angegeben.
Berechnen Sie die mittlere Zunahme des Luftwiderstandes in $\frac{N}{m/s}$ bei einer Erhöhung der Fahrtgeschwindigkeit von 20m/s auf 30m/s!

4) Eine Funktion s: [0; 6] → ℝ beschreibt den von einem Radfahrer innerhalb von t Sekunden zurückgelegten Weg.
Es gilt: $s(t) = \frac{1}{2}t^2 + 2t$.
Der zurückgelegte Weg wird dabei in Metern angegeben, die Zeit wird ab dem Zeitpunkt $t_0 = 0$ in Sekunden gemessen.
Ermitteln Sie den Differenzenquotienten der Funktion s im Intervall [0;6] und deuten Sie das Ergebnis!

5) Ein technischer Zusammenhang wird durch die Funktion $K(u) = \frac{7u^2}{2}$ beschrieben. Bestimme für die Funktion K(u) die durchschnittliche Änderung im Intervall [1; 5]!

6) Durch welche Terme wird die Steigung der Funktion f(x) an der Stelle x = 4 korrekt angegeben? Kreuzen die beiden richtigen Antworten an!

   ○ f(4)   ○ $\lim\limits_{x \to 0} \frac{f(x)-f(4)}{x-4}$ ○ $\lim\limits_{x \to 4} \frac{f(x)-f(4)}{4}$ ○ $\lim\limits_{x \to 4} \frac{f(x)-f(4)}{x-4}$ ○ f'(4)

7) Die Temperatur einer Flüssigkeit zu einem bestimmten Zeitpunkt t während eines Abkühlvorganges wird durch die Funktion T mit $T(t) = 25 \cdot 0{,}9^t$ näherungsweise modelliert. Dabei ist $T(t)$ in Grad Celsius und t in Minuten angegeben.
   a) Berechnen Sie den Differenzquotienten der Funktion T im Intervall [0min; 20min]. Geben Sie das Ergebnis inklusive Einheit an!
   b) Beschreiben Sie anhand der nachstehenden Abbildung, wie der Differenzquotient von T im Intervall [0min; 20min] grafisch bestimmt werden kann und erläutern Sie, was er über die Veränderung der Temperatur T aussagt!

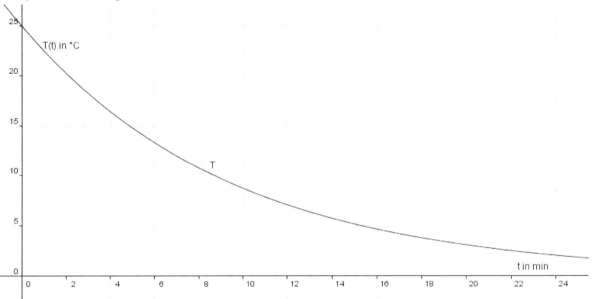

8) [1_528] Gegeben ist der Graph einer Polynomfunktion f. Kreuzen Sie die beiden zutreffenden Aussagen an!
   ❑ Der Differenzialquotient an der Stelle x = 6 ist größer als der Differenzialquotient an der Stelle x = -3.
   ❑ Der Differenzialquotient an der Stelle x = 1 ist negativ.
   ❑ Der Differenzquotient im Intervall [-3; 0] ist 1.
   ❑ Die mittlere Änderungsrate ist in keinem Intervall gleich 0.
   ❑ Der Differenzquotient im Intervall [3; 6] ist positiv.

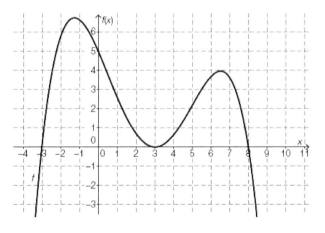

9) [1_433] Gegeben ist eine Polynomfunktion f zweiten Grades. In der nachstehenden Abbildung sind der Graph dieser Funktion im Intervall $[0; x_3]$ sowie eine Sekante s und eine Tangente t dargestellt. Die Stellen x_0 und x_3 sind Nullstellen, x_1 ist eine lokale Extremstelle von f. Weiters ist die Tangente t im Punkt $(x_2|f(x_2))$ parallel zur eingezeichneten Sekante s.

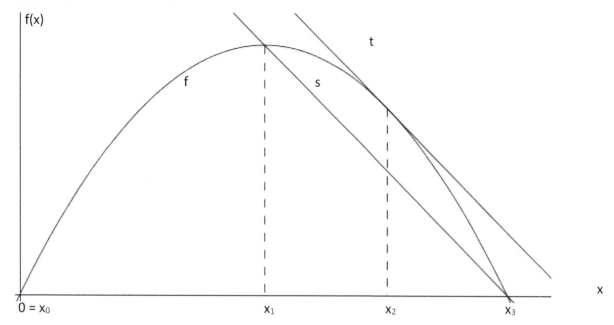

Welche der folgenden Aussagen sind für die in der Abbildung dargestellte Funktion f richtig? Kreuzen Sie die beiden zutreffenden Aussagen an!

☐ $f'(x_0) = f'(x_3)$ ☐ $f'(x_1) = 0$ ☐ $\frac{f(x_3)-f(x_1)}{x_3-x_1} = f'(x_2)$ ☐ $f'(x_0) = 0$ ☐ $\frac{f(x_1)-f(x_3)}{x_1-x_3} > 0$

10) [1_481] Gegeben ist eine Polynomfunktion f dritten Grades. Die mittlere Änderungsrate von f hat im Intervall $[x_1; x_2]$ den Wert 5.
Welche der nachstehenden Aussagen können über die Funktion f sicher getroffen werden? Kreuzen Sie die beiden zutreffenden Aussagen an!
○ Im Intervall $[x_1; x_2]$ gibt es mindestens eine Stelle x mit $f(x) = 5$.
○ $f(x_2) > f(x_1)$
○ Die Funktion f ist im Intervall $[x_1; x_2]$ monoton steigend.
○ $f'(x) = 5$ für alle $x \in [x_1; x_2]$
○ $f(x_2) - f(x_1) = 5 \cdot (x_2 - x_1)$

11) [1_651] Von einer Funktion f ist die nebenstehende Wertetabelle gegeben.
Die mittlere Änderungsrate der Funktion f ist im Intervall [-1; b] für genau ein $b \in \{0; 1; 2; 3; 4; 5; 6\}$ gleich null. Geben Sie b an!
Tipp: die mittlere Änderungsrate ist null, wenn der Endwert gleich hoch ist wie der Anfangswert

x	f(x)
-3	42
-2	24
-1	10
0	0
1	-6
2	-8
3	-6
4	0
5	10
6	24

12) [1_722] Der Graph einer Funktion f verläuft durch die Punkte $P = (-1|2)$ und $Q = (3|f(3))$.
Bestimmen Sie $f(3)$ so, dass der Differenzenquotient von f im Intervall [-1; 3] den Wert 1 hat!

13) [1_746] Die Abbildung zeigt den Graphen einer Polynomfunktion f zweiten Grades. Zusätzlich sind vier Punkte auf dem Graphen mit den x-Koordinaten x_1, x_2, x_3 und x_4 eingezeichnet.

Kreuzen Sie die beiden auf die Funktion f zutreffenden Aussagen an!

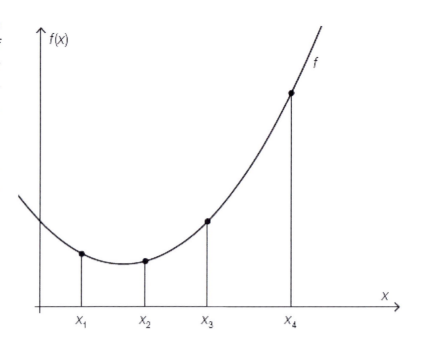

☐ Der Differenzenquotient für das Intervall $[x_1; x_2]$ ist kleiner als der Differenzialquotient an der Stelle x_1.
☐ Der Differenzenquotient für das Intervall $[x_1; x_3]$ ist kleiner als der Differenzialquotient an der Stelle x_3.
☐ Der Differenzenquotient für das Intervall $[x_1; x_4]$ ist kleiner als der Differenzialquotient an der Stelle x_2.
☐ Der Differenzenquotient für das Intervall $[x_2; x_4]$ ist kleiner als der Differenzialquotient an der Stelle x_2.
☐ Der Differenzenquotient für das Intervall $[x_3; x_4]$ ist kleiner als der Differenzialquotient an der Stelle x_4.

14) [1_794] In der Abbildung ist der Graph einer Polynomfunktion f 3. Grades dargestellt.
Kreuzen Sie die beiden zutreffenden Aussagen an!

☐ Im Intervall $(0; 2)$ gibt es eine Stelle a, sodass gilt: $\frac{f(a)-f(0)}{a-0} = f'(0)$.
☐ Im Intervall $(4; 6)$ gibt es eine Stelle a, sodass gilt: $\frac{f(a)-f(0)}{a-0} = f'(0)$.
☐ Für alle $a \in (0; 1)$ gilt: Je kleiner a ist, desto weniger unterscheidet sich $\frac{f(a)-f(0)}{a-0}$ von $f'(0)$.
☐ Für alle $a \in (2; 5)$ gilt: Je größer a ist, desto weniger unterscheidet sich $\frac{f(a)-f(0)}{a-0}$ von $f'(0)$.
☐ Für alle $a \in (2; 3)$ gilt: $\frac{f(a)-f(0)}{a-0} > f'(0)$.

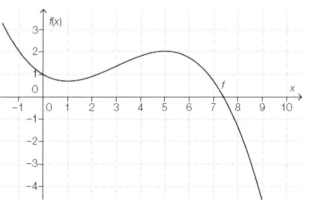

15) [1_795] In der Abbildung ist der Graph einer Funktion f im Intervall $[1; 7]$ dargestellt. Zeichnen Sie in der Abbildung denjenigen Punkt P des Graphen von f ein, in dem für die Funktion f der Differenzialquotient dem Differenzenquotienten im Intervall $[1; 7]$ entspricht!

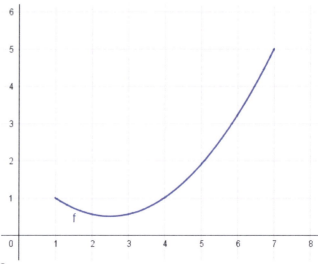

Kapitel 27
Änderungsmaße (Änderungsraten)

Grundwissen: $\Delta x = x_2 - x_1$: *waagrechter Abstand zwischen 2 Punkten*
$\Delta y = y_2 - y_1$: *senkrechter Abstand zwischen 2 Punkten*
„Änderung" und „Änderungsrate" ist dasselbe!

Änderung im Intervall $[x_1; x_2]$ → das Intervall enthält immer x_1 bzw. x_2

absolute Änderung: $\Delta y = y_2 - y_1 = f(x_2) - f(x_1)$
Die absolute Zunahme/Abnahme des Funktionswerts im Intervall [x_1, x_2] beträgt … yEinheit.

durchschnittliche Änderung: $\frac{\Delta y}{\Delta x} = \frac{y_2 - y_1}{x_2 - x_1} = \frac{f(x_2) - f(x_1)}{x_2 - x_1}$ (auch mittlere Änderung)
Die mittlere Zunahme/Abnahme des Funktionswerts im Intervall [x_1, x_2] beträgt … yEinheit/xEinheit.
(vgl. dazu auch Kapitel 26)

relative Änderung: $\frac{\Delta y}{y_1} = \frac{y_2 - y_1}{y_1} = \frac{f(x_2) - f(x_1)}{f(x_1)}$
relative Änderung · 100 ⇒ um wieviel Prozent etwas mehr/weniger geworden ist

Änderungsfaktor: $\frac{y_2}{y_1} = \frac{f(x_2)}{f(x_1)}$
Änderungsfaktor · 100 ⇒ auf wieviel Prozent etwas gestiegen/gesunken ist

prozentuelle Änderung: $\frac{\Delta y}{y_1} \cdot 100\% = \frac{y_2 - y_1}{y_1} \cdot 100\%$
Die relative Zunahme/Abnahme des Funktionswerts im Intervall ([x_1, x_2]) beträgt … %.

Prüfungstipp: Bei der Interpretation von relativer Änderung bzw. Änderungsfaktor immer auch dazuschreiben, welcher prozentuellen Änderung das entspricht! (Man kann nie wissen, was in der Korrekturrichtlinie steht… ☺)

Änderung an einer Stelle x

momentane Änderung: $\frac{dy}{dx} = f'(x)$ oder $\lim\limits_{h \to 0} \frac{f(x+h) - f(x)}{h}$ oder $\lim\limits_{z \to x} \frac{f(z) - f(x)}{z - x}$
Die momentane Zunahme/Abnahme des Funktionswerts an der Stelle [x] beträgt … yEinheit/xEinheit.

Prüfungstipps:
Ein Interpretationssatz muss immer die fünf folgenden „Bausteine" enthalten; die Reihenfolge bzw. die genaue Wortwahl (z.B. „Zuwachs" statt „Zunahme" oder „Rückgang" statt „Abnahme" usw.) ist natürlich egal ☺.
- die korrekte Bezeichnung der Änderung (absolute, mittlere, relative, momentane)
- die Umschreibung in Worten, ob etwas zunimmt/ansteigt oder abnimmt/sinkt!!!
  („die Einwohnerzahl sinkt um 3%" statt „die Einwohnerzahl ändert sich um -3%")
- die Wiederholung des „Funktionswerts" (was die Funktion angibt) aus der Angabe (Kontextbezug!)
- das Intervall bzw. die Stelle, auf die sich die Änderung bezieht
- die korrekte Einheit der Änderung

Änderungsraten geben an, „wie schnell sich etwas ändert" → **Änderungsgeschwindigkeit**
(zum Begriff „Geschwindigkeit" bei Bewegungen siehe im Detail die entsprechenden Kapitel)

Beispiel: Während eines Hochwassers wird der Pegelstand eines Flusses (in cm) zum Zeitpunkt t (in h) durch eine Funktion h(t) beschrieben. Interpretiere den Term $\frac{h(10)-h(2)}{8} = 17$ in diesem Kontext!
Lösung: Der mittlere Anstieg des Pegelstands im Zeitintervall [2h; 10h] beträgt 17 cm/h.

 In dieser Form „mit ausgerechnetem 10 – 2", also mit 8 (statt 10 - 2) im Nenner, wird die mittlere Änderung oft mit der relativen Änderung verwechselt → nicht in die Falle tappen!

Typische Aufgabenstellungen ([...] sind die Aufgabennummern aus www.aufgabenpool.at)

1) Bestimme absolute, durchschnittliche, relative und prozentuelle Änderung der Funktion
   f(x) = 3x² + 1 im Intervall [1; 7]!

2) Erkläre, was mit dem Ausdruck $\frac{f(10)-f(5)}{f(5)} = 0,04$ berechnet wird!

3) [1_409] Ein Fernsehgerät wurde im Jahr 2012 zum Preis P_0 verkauft, das gleiche Gerät wurde im Jahr 2014 zum Preis P_2 verkauft. Ergänzen Sie die Textlücken im folgenden Satz durch Ankreuzen der jeweils richtigen Satzteile so, dass eine korrekte Aussage entsteht!
   Der Term ____①____ gibt die absolute Preisänderung von 2012 auf 2014 an, der Term ____②____ die relative Preisänderung von 2012 auf 2014.

①	
$\frac{P_0}{P_2}$	☐
$P_2 - P_0$	☐
$\frac{P_2-P_0}{2}$	☐

②	
$\frac{P_2}{P_0}$	☐
$\frac{P_0-P_2}{2}$	☐
$\frac{P_2-P_0}{P_0}$	☐

4) [1_408] Ein bestimmter Temperaturverlauf wird modellhaft durch eine Funktion *T* beschrieben. Die Funktion *T*: [0; 60] → ℝ ordnet jedem Zeitpunkt *t* eine Temperatur *T(t)* zu. Dabei wird *t* in Minuten und *T(t)* in Grad Celsius angegeben.
   Stellen Sie die mittlere Änderungsrate *D* der Temperatur im Zeitintervall [20; 30] durch einen Term dar!

5) Die Funktion *B* beschreibt die Entwicklung der Bakterienanzahl in einer Nährlösung in Abhängigkeit von der Zeit *t* (in Minuten).
   Interpretieren Sie den Wert des Terms $\frac{B(t_2)-B(t_1)}{t_2-t_1}$ in diesem Zusammenhang!

6) In der Grafik ist die Anzahl aller zur Anzeige gebrachten Kriminalfälle pro Jahr in Österreich („Gesamtkriminalität") im Zeitraum von 2004 bis 2013 dargestellt. Die angeführten Zahlen geben dabei an, wie viele Anzeigen im jeweiligen Jahr erstattet wurden.
   Lea rechnet unter Einbeziehung der Grafik:
   $\frac{535745-591597}{591597} \approx -0,094$.
   Interpretieren Sie das Ergebnis ihrer Berechnung im gegebenen Kontext!

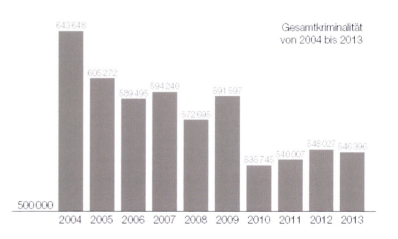

7) [1_505] Ab dem Zeitpunkt $t = 0$ wird der Kurs einer Aktie (in Euro) beobachtet und dokumentiert. $A(t)$ beschreibt den Kurs der Aktie nach t Tagen. Es wird folgender Wert berechnet: $\frac{A(10)-A(0)}{10} = 2$. Geben Sie an, was dieser Wert im Hinblick auf die Entwicklung des Aktienkurses aussagt!

8) [1_553] Drei Personen A, B und C absolvieren jeweils vor und nach einem Spezialtraining denselben Koordinationstest. In der Tabelle sind die dabei erreichten Punkte angeführt.

	Person A	Person B	Person C
Punkte vor Training	5	15	20
Punkte nach Training	8	19	35

Gute Leistungen sind durch hohe Punktzahlen gekennzeichnet. Wie aus der Tabelle ersichtlich ist, erreichen alle drei Personen nach dem Spezialtraining mehr Punkte als vorher. Wählen Sie aus den Personen A, B und C die beiden aus, die die nachstehenden Bedingungen erfüllen!
- Bei der ersten Person ist die absolute Änderung der Punktezahl größer als bei der zweiten.
- Bei der zweiten Person ist die relative Änderung der Punktezahl größer als bei der ersten Person.

9) [1_552] Die Finanzschulden Österreichs haben im Zeitraum 2000 bis 2010 zugenommen. Im Jahr 2000 betrugen die Finanzschulden Österreichs F_0, zehn Jahre später betrugen Sie F_1 (jeweils in Milliarden Euro). Interpretieren Sie den Ausdruck $\frac{F_1-F_0}{10}$ im Hinblick auf die Entwicklung der Finanzschulden Österreichs!

10) [1_578] Das Bruttogehalt eines bestimmten Angestellten betrug im Jahr 2008 monatlich € 2.160. In den folgenden sechs Jahren ist sein monatliches Bruttogehalt durchschnittlich um €225 pro Jahr gestiegen.
Geben Sie die prozentuelle Änderung des monatlichen Bruttogehalts im gesamten betrachteten Zeitraum von 2008 bis 2014 an!

11) [1_579] In ein Schwimmbad wird ab dem Zeitpunkt $t=0$ Wasser eingelassen. Die Funktion h beschreibt die Höhe des Wasserspiegels zum Zeitpunkt t. Die Höhe $h(t)$ wird dabei in dm gemessen, die Zeit t in Stunden.
Interpretieren Sie das Ergebnis der folgenden Berechnung im gegebenen Kontext: $\frac{h(5)-h(2)}{5-2} = 4$

12) [1_602] Der Wert $m(t)$ bezeichnet die nach t Tagen vorhandene Menge eines radioaktiven Stoffes. Einer der nachstehend angeführten Ausdrücke beschreibt die relative Änderung der Menge des radioaktiven Stoffes innerhalb der ersten drei Tage.
Kreuzen Sie den zutreffenden Ausdruck an!

❑ $m(3) - m(0)$ ❑ $\frac{m(3)-m(0)}{3}$ ❑ $\frac{m(0)}{m(3)}$ ❑ $\frac{m(3)-m(0)}{m(0)}$ ❑ $\frac{m(3)-m(0)}{m(0)-m(3)}$ ❑ $m'(3)$

13) [1_627] Eine Flüssigkeit wird abgekühlt. Die Funktion T beschreibt modellhaft den Temperaturverlauf. Dabei gibt $T(t)$ die Temperatur der Flüssigkeit zum Zeitpunkt $t \geq 0$ an ($T(t)$ in °C, t in Minuten). Der Abkühlungsprozess startet zum Zeitpunkt $t = 0$.
Interpretieren Sie die Gleichung $T'(20) = -0{,}97$ im gegebenen Kontext unter Angabe der korrekten Einheiten!

14) [1_650] Die Funktion $W: [0; 24] \to \mathbb{R}_0^+$ ordnet jedem Zeitpunkt t den Wasserstand $W(t)$ eines Flusses an einer bestimmten Messstelle zu. Dabei wird t in Stunden und $W(t)$ in Metern angegeben.
Interpretieren Sie den nachstehenden Ausdruck im Hinblick auf den Wasserstand $W(t)$ des Flusses:
$\lim\limits_{\Delta t \to 0} \frac{W(6+\Delta t) - W(6)}{\Delta t}$

15) [1_674] Der Wert N_{12} gibt die Anzahl der Nächtigungen in österreichischen Jugendherbergen im Jahr 2012 an, der Wert N_{13} jene im Jahr 2013.

Geben Sie die Bedeutung der Gleichung $\frac{N_{13}}{N_{12}} = 1{,}012$ für die Veränderung der Anzahl der Nächtigungen in österreichischen Jugendherbergen an!

16) [1_698] Die Tabelle gibt an, wie viele Kriminalfälle in jedem Bundesland in Österreich in den Jahren 2010 und 2011 angezeigt wurden.

Geben Sie für das Burgenland die relative Änderung der angezeigten Kriminalfälle im Jahr 2011 im Vergleich zum Jahr 2010 an!

Bundesland	angezeigte Kriminalfälle 2010	angezeigte Kriminalfälle 2011
Burgenland	9 306	10 391
Kärnten	30 192	29 710
Niederösterreich	73 146	78 634
Oberösterreich	66 141	67 477
Salzburg	29 382	30 948
Steiermark	55 167	55 472
Tirol	44 185	45 944
Vorarlberg	20 662	20 611
Wien	207 564	200 820

17) [1_770] Die absolute Änderung einer Funktion $f: \mathbb{R} \to \mathbb{R}$ in einem Intervall $[a;b]$ wird mit A bezeichnet, die relative Änderung von f im Intervall $[a;b]$ wird mit R bezeichnet. Dabei gilt: $f(a) \neq 0$ und $a < b$.

Geben Sie eine Gleichung an, die den Zusammenhang zwischen A und R beschreibt!

18) [1_771] Die nebenstehende Grafik zeigt die Preisentwicklung für Rohöl im Zeitraum vom 8.6.2012 bis 8.9. 2012.

Ermitteln Sie die mittlere Änderungsrate für den Preis pro Barrel Rohöl pro Monat im Zeitraum vom 1.7.2012 bis 1.9.2012!

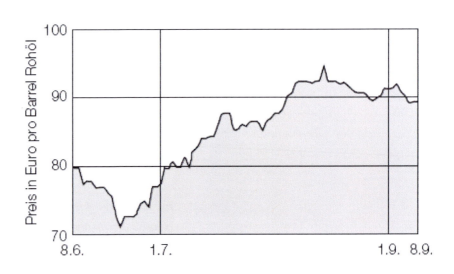

Kapitel 28
Ableitung von Funktionen (allgemeine Einführung)

Ableitung:
Steigung in einem Punkt = Steigung der Tangente
momentane Geschwindigkeit = momentane Änderungsrate

Schreibweisen: $f'(x); y'; \frac{dy}{dx}; \frac{df(x)}{dx}; \frac{d}{dx}(f(x))$

Einheit: „y-Einheit pro x-Einheit" → y/x

  y = Strecke in m; x = Zeit in s → m/s (Meter pro Sekunde)
  y = Produktionskosten in €; x = Menge in Stück → €/Stück (Euro pro Stück)

Rechenregeln (für Polynomfunktionen)
  Zahl vor x^n mit Hochzahl multiplizieren; Hochzahl − 1
  x ohne Hochzahl → Zahl vor x bleibt stehen
  Zahl ohne x → fällt weg

$$f(x) = 3x^5 - 3x + 1 \quad \rightarrow \quad f'(x) = 15x^4 - 3$$

  aber: Zahlen, die mit einem x-Ausdruck multipliziert / dividiert werden, bleiben stehen
  („multiplikative Konstante" / „konstante Faktoren")

$$f(x) = \frac{2x^3}{5} - 4x \quad \rightarrow \quad f'(x) = \frac{6x^2}{5} - 4$$

Kompliziertere Ableitung am besten (nur) mit Technologie ausrechnen ☺!

Interpretation
Ableitung = momentane Zunahme/Abnahme des Funktionswerts an der Stelle x = ... in yEinheit/xEinheit

Ableitung = 0 bedeutet: Steigung (Geschwindigkeit) an dieser Stelle ist 0
  grafisch entspricht das einem „sehr flachen" bzw. waagrechten Verlauf an dieser Stelle;
  häufig ist dies mit einem Extremwert verbunden, das muss aber nicht sein!!! (dazu ausführlich Kapitel 30)

 Ist eine „Formel" für die momentane Änderungsrate bzw. für die momentane Geschwindigkeit („Geschwindigkeit zum Zeitpunkt t") gesucht, muss man „einfach nur" die Ableitung ausrechnen!

zwei Funktionen haben dieselbe Ableitung, wenn nur der „konstante Term" (Zahl ohne x) anders ist
    Beispiel: f(x) = x² + 3 und g(x) = x² +5 haben dieselbe Ableitung
abstrakt: Gilt f(x) = g(x) + c bzw. f(x) − g(x) = c (c konstant), so folgt daraus f´(x) = g´(x).

Prüfungstipps (für Interpretationsfragen; vgl. auch Kapitel 27)**:**
    - immer die Stelle angeben: „Geschwindigkeit nach 3 Sekunden", „Steigung an der Stelle x=5"
    - immer die Wörter der Angabe in der Antwort wiederholen („kontextbezogen argumentieren"):
        Beispiele: „die Geschwindigkeit des Steins"; „die Steigung der Produktionskosten"

Typische Beispiele ([...] sind die Aufgabennummern aus www.aufgabenpool.at)

1) Ein Stein wird lotrecht nach oben geworfen. Die Funktion h(t) gibt die Höhe des Steins (in Meter) nach t Sekunden an. Interpretieren Sie den Ausdruck h′(3) = 0!

2) Der Weg, den ein Körper nach t Sekunden zurückgelegt hat, wird durch die Funktion $s(t) = \frac{2}{3}t^3 - \frac{5}{2}t^2 + 5$ beschrieben.
   Geben Sie die Funktion der Geschwindigkeit an!   v(t) = _____

3) Die Gesamtkosten (in €) für die Produktion eine Ware in Abhängigkeit von der Menge (in Tonnen) werden durch die Funktion $K(x) = 0{,}4x^3 + 0{,}2x + 10$ beschrieben.
   Bestimmen Sie die momentane Änderungsrate dieser Funktion bei einer Produktion von 2 Tonnen!

4) Gegeben ist die Polynomfunktion $f(x) = 2x^2 - 4$.
   Bestimmen Sie die Steigung der Tangente an der Stelle x = 4!

5) Gegeben ist die Polynomfunktion f(x) = 5x³ - 4x + 1.
   Berechne den Anstieg der Tangente an der Stelle x = 2!

6) „Urban Legends" sind aufregende oder seltsame Geschichten, die sich häufig vor allem in sozialen Netzwerken im Internet ausbreiten. Diese Geschichten sind jedoch regelmäßig frei erfunden.
   Die Anzahl der Personen, die eine solche Geschichte nach x Tagen gelesen haben, wird durch die Funktion f(x) = 0,5x³ + 1,5x + 2 berechnet (0≤x≤30).
   Gib eine Formel für die Geschwindigkeit (in Personen/Tag) an, mit der sich diese „Urban Legend" nach x Tagen ausbreitet!

7) [1_456] Eine reelle Funktion f ist durch die Funktionsgleichung $f(x) = 4x^3 - 2x^2 + 5x - 2$ gegeben.
   Geben Sie eine Funktionsgleichung der Ableitungsfunktion f′ der Funktion f an!

   f′(x) = _____

8) [1_550] Zur Vorbeugung von Hochwässern wurde in einer Stadt ein Gerinne (Wasserlauf) angelegt. Die Funktion f beschreibt die Wassertiefe dieses Gerinnes bei einer Hochwasserentwicklung in Abhängigkeit von der Zeit t an einer bestimmten Messstelle für das Zeitintervall [0; 2].
   Die Gleichung der Funktion f lautet $f(t) = t^3 + 6 \cdot t^2 + 12 \cdot t + 8$ mit $t \in [0; 2]$. Dabei wird f(t) in dm und t in Tagen gemessen.
   Geben Sie eine Gleichung der Funktion g an, die die momentane Änderungsrate der Wassertiefe des Gerinnes (in dm pro Tag) in Abhängigkeit von der Zeit t beschreibt!

   g(t) = _____

Kapitel 29
Eigenschaften von Funktionen aus Grafen erkennen

Funktionswert f(x)

Zur Wiederholung: Funktion ist eine Rechenvorschrift →
man setzt eine Zahl ein (x = „eingesetzte Zahl") und berechnet einen Funktionswert f(x)

Beispiel: $f(x) = x^2 - 3$

Wie berechnet man f(3)? → in der Klammer steht, was man einsetzen soll
also: $f(3) = 3^2 - 3$
$f(3) = 6$

Aufgabe 1: Gegeben ist die Funktion $f(x) = 3x^2 - 5$. Berechne f(4), f(5) und f(-2)!

Funktionsgraf

Funktionswert f(x) gibt die y-Koordinate an: $y = f(x)$
wie „hoch" oder „tief" der Funktionsgraf liegt (senkrechter Abstand von der x-Achse)

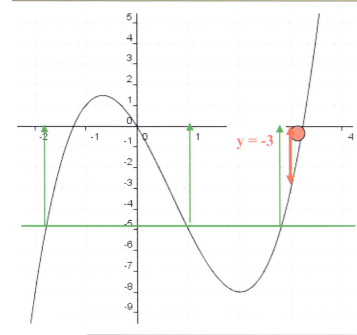

Wie bestimmt man f(3)?
→ in der Klammer steht der x-Wert;
also auf x-Achse die Zahl 3 suchen
Funktionswert = y-Koordinate
→ „Wie weit oben/unten liegt der Funktionsgraf?";
also y = -3

Aufgabe 2: Bestimme f(-1); f(2); f(0)!

Wie bestimmt man alle Stellen mit f(x) = -5?
→ Funktionswert ist y-Koordinate, also y = -5
→ waagrechte Linie bei -5 zeichnen
→ nachsehen, an welchen Stellen diese Linie den Funktionsgraf schneidet
→ 3 Lösungen: x ≈ -1,8; x = 1; x ≈ 2,8

f(x) gibt die y-Koordinate an („Abstand von der x-Achse")
f(x) > 0, wenn der Graf oberhalb der x-Achse liegt
f(x) < 0, wenn der Graf unterhalb der x-Achse liegt
f(x) = 0, wenn der Graf die x-Achse schneidet (Nullstelle)

Aufgabe 3: Setze <, =, > richtig ein!

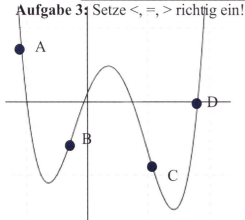

Punkt A: f(x) _____ 0

Punkt B: f(x) _____ 0

Punkt C: f(x) _____ 0

Punkt D: f(x) _____ 0

Steigung f´(x)

Funktion (streng monoton) steigend (Graf verläuft nach oben) → f´(x) > 0
Funktion (streng monoton) fallend (Graf verläuft nach unten) → f´(x) < 0
Hochpunkt, Tiefpunkt oder Sattelpunkt → f´(x) = 0

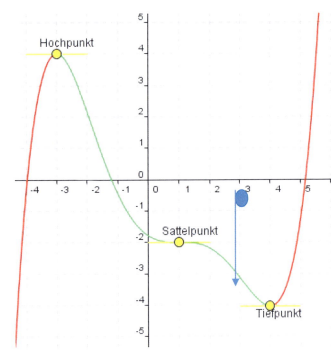

Wie stellt man fest, ob f´(3) > 0 oder f´(3) < 0 ist?

in der Klammer steht der x-Wert
→ auf x-Achse 3 suchen

senkrecht nach oben/unten zum Funktionsgraf
→ wie verläuft der Graf dort?

Graf ist fallend → f´(3) < 0

Aufgabe 4: Setze <, = oder > ein!

a) f´(5)   0   b) f´(-1)   0
c) f´(-4) 0   d) f´(1)   0

Krümmung f´´(x)

Linkskrümmung: Steigung nimmt zu („Bogen nach oben") → f´´(x) > 0
Rechtskrümmung: Steigung nimmt ab („Bogen nach unten") → f´´(x) < 0
Änderung im Krümmungsverhalten (Wendepunkt) → f´´(x) = 0
(Sattelpunkt ist ein Spezialfall eines Wendepunkts)

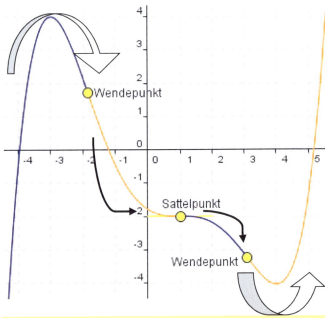

Wie stellt man fest, ob f´´(2) > 0 oder f´´(2) < 0 gilt?

in der Klammer steht der x-Wert
→ auf x-Achse die Zahl 2 suchen

senkrecht darüber oder darunter den
  Funktionsgraf suchen

Funktionsgraf hat hier Rechtskrümmung, also
f´´(2) < 0

Aufgabe 5: Setze <, = oder > ein!
a) f´´(4)   0   b) f´´(-4)   0
c) f´´(1)   0   d) f´´(0)   0

Wendepunkte sind die (abschnittsweise) „steilsten [oder flachsten] Punkte":
vorher wird es immer steiler (nach oben oder unten), danach wieder flacher [oder umgekehrt]
(auch bei Sattelpunkten)

Typische Aufgabenstellungen ([...] sind die Aufgabennummern aus www.aufgabenpool.at)

6) Gegeben ist der Graf einer Funktion f(x). Ordne die Funktionswerte f(2), f(3), f(4) und f(5) der Größe nach, beginnend mit dem kleinsten!

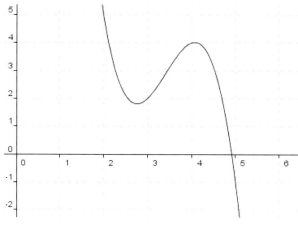

_____ < _____ < _____ < _____

7) Gegeben ist der Graf einer Polynomfunktion f dritten Grades. Kreuzen Sie die für den dargestellten Funktionsgrafen f zutreffende(n) Aussagen an!

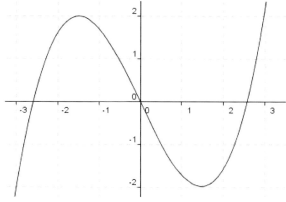

❑ Die Funktion f ist im Intervall (2; 3) monoton steigend.
❑ Die Funktion f hat im Intervall (1; 2) eine lokale Maximumstelle.
❑ Die Funktion f ändert im Intervall (-1; 1) das Krümmungsverhalten.
❑ Der Graf von f ist symmetrisch bzgl. der senkrechten Achse.
❑ Die Funktion f ändert im Intervall (-3; 0) das Monotonieverhalten.

8) Gegeben ist der Graf einer Funktion f(x). Setze die Zeichen <, = oder > richtig ein!

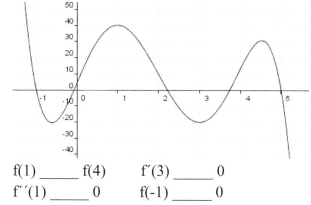

f(1) _____ f(4)   f'(3) _____ 0
f''(1) _____ 0   f(-1) _____ 0

9) Gegeben ist der Graf einer Polynomfunktion f. Kreuze die beiden für die Funktion f zutreffenden Eigenschaften an!

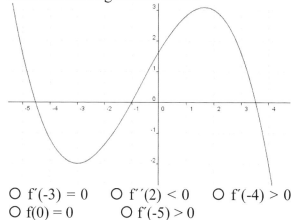

○ f'(-3) = 0   ○ f''(2) < 0   ○ f'(-4) > 0
○ f(0) = 0   ○ f'(-5) > 0

10) [1_502] Die Abbildung zeigt den Ausschnitt eines Graphen einer Polynomfunktion f. Die Tangentensteigung an der Stelle x = 6 ist maximal. Kreuzen Sie die beiden für die gegebene Funktion f zutreffenden Aussagen an!
❑ f''(6) = 0   ❑ f''(11) < 0   ❑ f''(2) < f''(10)
❑ f'(6) = 0   ❑ f'(7) < f'(10)

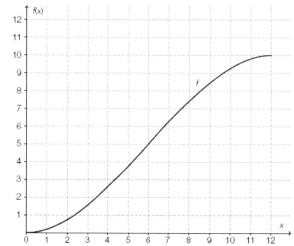

11) [1_336] Gegeben ist der Graph einer Funktion f. Ordnen Sie die Werte $f'(0)$, $f'(1)$, $f'(3)$ und $f'(4)$ der Größe nach, beginnend mit dem kleinsten Wert! (Die konkreten Werte von $f'(0)$, $f'(1)$, $f'(3)$ und $f'(4)$ sind dabei nicht anzugeben.)

12) Gegeben ist der Graph der Funktion f mit $f(x) = \frac{x^4}{4} + \frac{x^3}{3} - x^2$.
Kreuzen Sie die beiden für f' zutreffenden Aussagen an!
○ $f'(-3) > 0$ ○ $f'(-2) = 0$ ○ $f'(-1) > 0$
○ $f'(1) > 0$ ○ $f'(2) = 0$

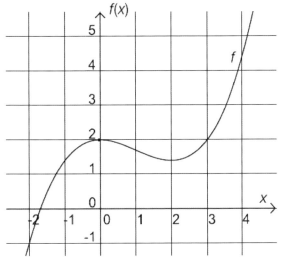
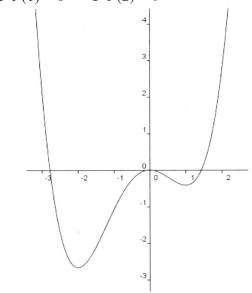

13) [1_526] Gegeben sind die Graphen von fünf reellen Funktionen. Für welche der angegebenen Funktionen gilt $f''(x) > 0$ im Intervall $[-1; 1]$? Kreuzen Sie die beiden zutreffenden Graphen an!

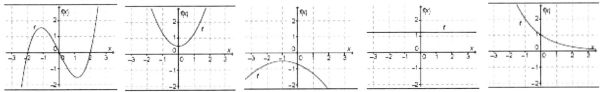

14) Die Höhe h (in cm) von drei verschiedenen Pflanzen in Abhängigkeit von der Zeit t (in Tagen) wurde über einen längeren Zeitraum beobachtet und mittels geeigneter Funktionen h_1 (für Pflanze 1), h_2 (für Pflanze 2) und h_3 (für Pflanze 3) modelliert. Die Abbildung zeigt die Graphen der drei Funktionen h_1, h_2 und h_3.
Kreuzen Sie die beiden zutreffenden Aussagen an!
○ Der Graph der Funktion h_1 ist im Intervall [1; 5] links gekrümmt.
○ Die Wachstumsgeschwindigkeit von Pflanze 1 nimmt im Intervall [11; 13] ab.
○ Während des Beobachtungszeitraums [0;17] nimmt die Wachstumsgeschwindigkeit von Pflanze 2 ständig zu.
○ Für alle Werte $t \in [0; 17]$ gilt: $h_3''(t) \leq 0$.
○ Für alle Werte $t \in [3; 8]$ gilt: $h_1'(t) < 0$.

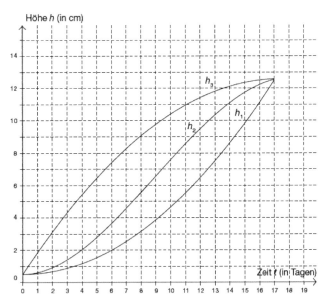

15) [1_653] Gegeben ist der Graph einer Polynomfunktion f dritten Grades. Die eingezeichneten Punkte sind der Hochpunkt $H = (0|f(0))$, der Wendepunkt $W = (2|f(2))$ und der Tiefpunkt $T = (4|f(4))$ des Graphen.
Nachstehend sind fünf Aussagen über die zweite Ableitung von f gegeben. Kreuzen Sie die beiden zutreffenden Aussagen an!
☐ Für alle x aus dem Intervall [-1;1] gilt: $f''(x) < 0$.
☐ Für alle x aus dem Intervall [1;3] gilt: $f''(x) < 0$.
☐ Für alle x aus dem Intervall [3;5] gilt: $f''(x) < 0$
☐ $f''(0) = f''(4)$
☐ $f''(2) = 0$

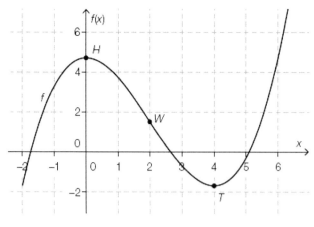

16) [1_677] Gegeben ist der Graph einer Polynomfunktion dritten Grades f. Die Stellen $x = -2$ und $x = 2$ sind Extremstellen von f.
Kreuzen Sie die beiden zutreffenden Aussagen an!
☐ $f'(0) = 0$ ☐ $f''(1) > 0$ ☐ $f'(-3) < 0$
☐ $f'(2) = 0$ ☐ $f''(-2) > 0$

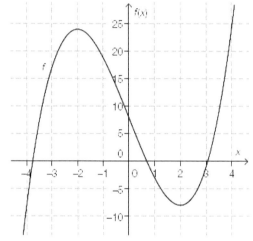

17) [1_702] In der Abbildung ist der Graph einer Polynomfunktion $f: \mathbb{R} \to \mathbb{R}$ vom Grad 3 im Intervall [-1; 7] dargestellt. Alle lokalen Extremstellen sowie die Wendestelle von f im Intervall [-1; 7] sind ganzzahlig und können aus der Abbildung abgelesen werden.
Kreuzen Sie die beiden auf die Funktion f zutreffenden Aussagen an!
☐ $f''(3) = 0$ ☐ $f'(1) > f'(3)$ ☐ $f''(1) = f''(5)$ ☐ $f''(1) > f''(4)$ ☐ $f'(3) = 0$

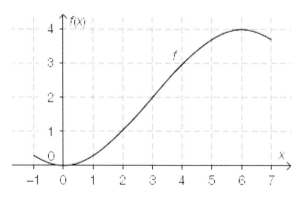

18) [1_693] Ein Politiker, der die erfolgreiche Arbeitsmarktpolitik einer Regierungspartei hervorheben möchte, sagt: „Die Zunahme der Arbeitslosenrate verringerte sich während des ganzen Jahres."

Ein Politiker der Opposition sagt darauf: „Die Arbeitslosenrate ist während des ganzen Jahres gestiegen."

Die Entwicklung der Arbeitslosenrate während dieses Jahres kann durch eine Funktion f in Abhängigkeit von der Zeit modelliert werden.

Welcher der nachstehenden Graphen stellt die Entwicklung der Arbeitslosenrate während dieses Jahres dar, wenn die Aussagen beider Politiker zutreffen? Kreuzen Sie den zutreffenden Graphen an!

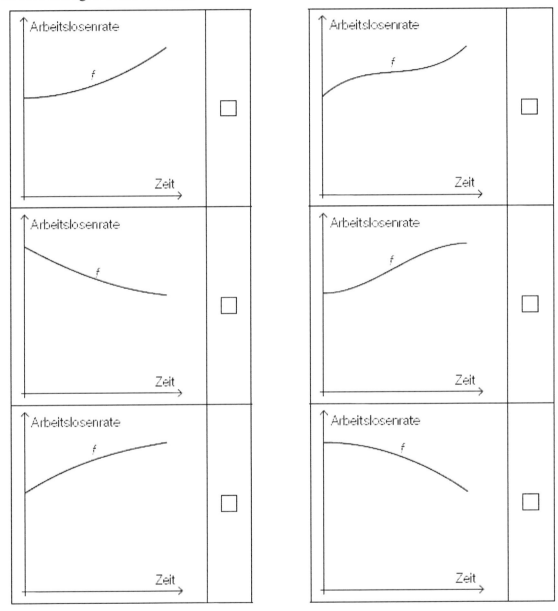

19) [1_668] Nachstehend sind Eigenschaften von Funktionen angeführt sowie charakteristische Ausschnitte von Funktionsgraphen abgebildet.

Ordnen Sie den vier Eigenschaften jeweils den passenden Graphen (aus A bis F) zu!

Die Funktion ist auf ihrem gesamten Definitionsbereich monoton steigend.	
Die Funktion ist auf ihrem gesamten Definitionsbereich negativ gekrümmt (rechtsgekrümmt).	
Die Funktion ist auf dem Intervall $(-\infty; 0)$ positiv gekrümmt (linksgekrümmt).	
Die Funktion ist auf dem Intervall $(-\infty; 0)$ monoton fallend.	

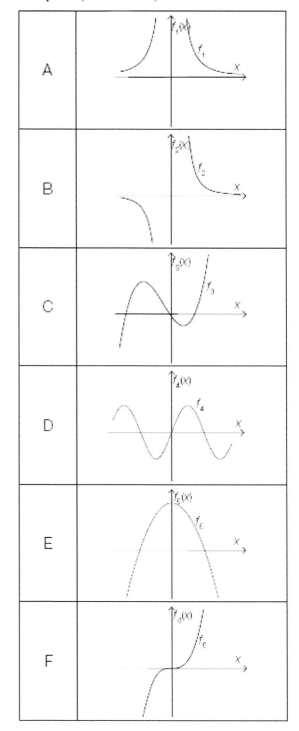

20) [1_774] Die unten links stehenden Abbildungen zeigen jeweils die Tangente t in einem Punkt $P = (x_P | f(x_P))$ des Graphen einer Polynomfunktion f. Dabei ist P der einzige gemeinsame Punkt des Graphen von f und der Tangente t. In der unten rechts stehenden Tabelle sind Aussagen über $f'(x_P)$ und $f''(x_P)$ gegeben.

Ordnen Sie den vier Abbildungen jeweils die zutreffende Aussage zu!

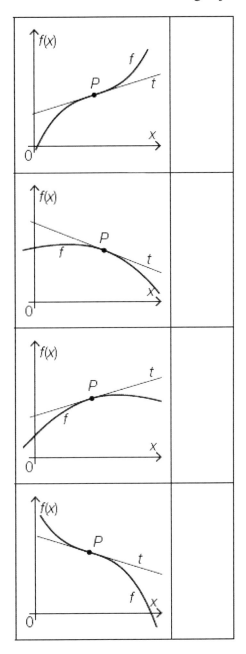

A	$f'(x_P) > 0$ und $f''(x_P) > 0$
B	$f'(x_P) > 0$ und $f''(x_P) < 0$
C	$f'(x_P) < 0$ und $f''(x_P) > 0$
D	$f'(x_P) < 0$ und $f''(x_P) < 0$
E	$f'(x_P) > 0$ und $f''(x_P) = 0$
F	$f'(x_P) < 0$ und $f''(x_P) = 0$

Kapitel 30
Kurvendiskussion (Schwerpunkt Polynomfunktionen)

Begriffsklärung
- Stelle .... x-Koordinate
- Funktionswert .... y-Koordinate [y=f(x)]
- lokales Maximum/Minimum .... Hochpunkt/Tiefpunkt (ggf nur die x-Koordinate)
- f(3) = 4 .... für x=3 (Zahl in der Klammer) gilt y = 4 (bzw. f(x) = 4)

Nullstellen: f(x) = 0

    Nullstellen sind Schnittpunkte des Grafen mit der x-Achse

Beispiel: $f(x) = x^2 + 4x - 21$

  Nullstelle bedeutet f(x) = 0 → $x^2 + 4x - 21 = 0$

                                       $x_1 = 3$; $x_2 = -7$ (Lösungsverfahren siehe „quadratische Gleichungen")

Extremwerte (Hochpunkte bzw. Tiefpunkte): f´(x) = 0

Extremwert bedeutet eine Änderung des Monotonieverhaltens oder einen höchsten/tiefsten Punkt

Nachweis des Extremums: *es ist zusätzlich die 2. Ableitung zu berechnen!*

    f´´(x) > 0 → Tiefpunkt
    f´´(x) < 0 → Hochpunkt
    f´´(x) = 0 → kein Nachweis möglich (oft liegt ein Sattelpunkt vor, aber das muss nicht sein!)

Monotonieverhalten:

  löse f´(x) = 0   (man erhält x_1, x_2, x_3 [können auch mehr oder weniger Lösungen sein])

  dann in Intervalle aufteilen:]-∞; x_1]; [x_1; x_2]; [x_2; x_3]; [x_3; ∞[

  aus jedem Intervall eine beliebige Zahl aussuchen und in f´(x) einsetzen

  f´(x) > 0 → f(x) ist im ganzen Intervall streng monoton steigend
  f´(x) < 0 → f(x) ist im ganzen Intervall streng monoton fallend

    umgekehrt gilt das nicht:

    ist eine Funktion streng monoton steigend, muss nicht überall f´(x) > 0 gelten[1]

    Beispiel: $f(x) = x^3$ ist überall streng monoton steigend, aber f´(0) = 0

Wendepunkte: f´´(x) = 0

Wendepunkt bedeutet eine Änderung des Krümmungsverhaltens oder eine steilste/flachste Stelle

Nachweis des Wendepunkts: *es ist zusätzlich die 3. Ableitung zu berechnen!*

  f´´´(x) ≠ 0 → es liegt ein Wendepunkt vor
  f´´´(x) = 0 → kein Nachweis möglich

Krümmungsverhalten:

  f´´(x) > 0 → Linkskrümmung (Graf „dreht sich nach oben") [gilt „rund um Tiefpunkte"]
  f´´(x) < 0 → Rechtskrümmung (Graf „dreht sich nach unten") [gilt „rund um Hochpunkte"]

---

[1] manche Schulbücher (und auch manche Lehrermeinung ☺) sagen zwar Anderes, zumindest für die Matura gilt es aber so wie hier angeführt; ich habe zu dieser Frage sogar eine „offizielle" Antwort aus dem Ministerium bekommen

Erinnerung (an frühere Kapitel ☺)

- Steigung f´(x) = Geschwindigkeit (Änderungsgeschwindigkeit)
- f´´(x) > 0 (Linkskrümmung) → Geschwindigkeit nimmt zu (positive Beschleunigung)
  f´´(x) < 0 (Rechtskrümmung) → Geschwindigkeit nimmt ab (negative Beschleunigung)
- Ableitung f´(x) = momentane Steigung <u>in einem Punkt</u>
  Differenzenquotient $\frac{\Delta y}{\Delta x}$ = durchschnittliche (mittlere) Steigung <u>zwischen zwei Punkten</u>

Typische Aufgabenstellungen ([...] sind die Aufgabennummern aus www.aufgabenpool.at)

1) Gegeben ist eine Polynomfunktion f. Ergänzen Sie die Textlücken im folgenden Satz durch Ankreuzen der jeweils richtigen Satzteile so, dass eine mathematisch korrekte Aussage entsteht!
   Wenn ____①____ ist und ____②____ ist, dann besitzt die gegebene Funktion f an der Stelle x_1 ein lokales Maximum.

①	
$f´(x_1) < 0$	
$f´(x_1) = 0$	
$f´(x_1) > 0$	

②	
$f´´(x_1) < 0$	
$f´´(x_1) = 0$	
$f´´(x_1) > 0$	

2) Gegeben ist die reelle Funktion f mit $f(x) = x^2 - 2x + 3$. Kreuzen Sie je eine der angegebenen Möglichkeiten so an, dass eine korrekte Aussage entsteht!
   Die Funktion f ist im Intervall [2; 3] ____①____, weil ____②____.

①	
streng monoton fallend	
konstant	
streng monoton steigend	

②	
für alle $x \in [2;3]$ $f´´(x) > 0$ gilt	
für alle $x \in [2;3]$ $f´(x) > 0$ gilt	
es ein $x \in [2;3]$ mit $f´´(x) = 0$ gibt	

3) [1_555] Gegeben ist die Gleichung einer reellen Funktion f mit $f(x) = x^2 - x - 6$. Einen Funktionswert $f(x)$ nennt man negativ, wenn $f(x) < 0$ gilt. Bestimmen Sie alle $x \in \mathbb{R}$, deren zugehöriger Funktionswert $f(x)$ negativ ist!

4) Gegeben ist der Graf einer Funktion f(x). Kreuze die beiden zutreffenden Aussagen an!

   ○ f ist im Intervall [-1; 2] rechtsgekrümmt.

   ○ Der Differenzenquotient im Intervall [4; 7] ist positiv.

   ○ f ist im Intervall [4; 7] streng monoton steigend.

   ○ Der Differentialquotient im Intervall [-2; 5] ist 0.

   ○ f besitzt im Intervall [1; 6] einen Wendepunkt.

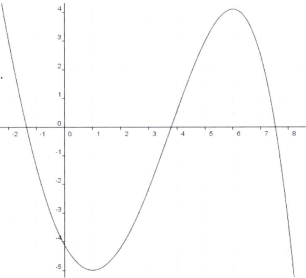

5) [1_406] In der Abbildung ist der Graph einer Polynomfunktion f dargestellt. Ergänzen Sie die Textlücken im folgenden Satz durch Ankreuzen der jeweils richtigen Satzteile so, dass eine korrekte Aussage entsteht!
Die erste Ableitung der Funktion f ist _____①_____, und daraus folgt: _____②_____ .

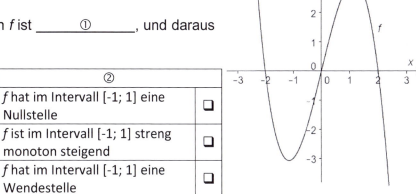

①	
im Intervall [-1; 1] negativ	☐
im Intervall [-1; 1] gleich null	☐
im Intervall [-1; 1] positiv	☐

②	
f hat im Intervall [-1; 1] eine Nullstelle	☐
f ist im Intervall [-1; 1] streng monoton steigend	☐
f hat im Intervall [-1; 1] eine Wendestelle	☐

6) Begründen Sie mit Hilfe der Differentialrechnung, warum der Graph einer Polynomfunktion 3. Grades stets genau einen Wendepunkt besitzt!

7) [1_454] In der nachstehenden Tabelle sind Funktionswerte einer Polynomfunktion f dritten Grades sowie ihrer Ableitungsfunktionen f' und f'' angegeben.

x	0	1	2	3	4
f(x)	-2	2	0	-2	2
f'(x)	9	0	-3	0	9
f''(x)	-12	-6	0	6	12

Geben Sie an, an welchen Stellen des Intervalls (0; 4) die Funktion f jedenfalls lokale Extremstellen besitzt!

8) [1_478] Gegeben ist eine Polynomfunktion p mit $p(x) = x^3 - 3 \cdot x + 2$. Die erste Ableitung p' mit $p'(x) = 3 \cdot x^2 - 3$ hat an der Stelle $x = 1$ den Wert null.
Zeigen Sie rechnerisch, dass p an dieser Stelle ein lokales Minimum (d.h. ihr Graph dort einen Tiefpunkt) hat!

9) [1_605] Eine Polynomfunktion dritten Grades hat die Ableitungsfunktion f' mit f'(x) = 12x² − 4x − 8.
Geben Sie an, ob die Funktion f an der Stelle x = 6 eine Wendestelle hat, und begründen Sie Ihre Entscheidung!

10) [1_725] Gegeben ist eine Polynomfunktion f dritten Grades. An den beiden Stellen x_1 und x_2 mit $x_1 < x_2$ gelten folgende Bedingungen:
$f'(x_1) = 0$ und $f''(x_1) < 0$
$f'(x_2) = 0$ und $f''(x_2) > 0$
Kreuzen Sie die beiden Aussagen an, die für die Funktion f auf jeden Fall zutreffen!
☐ $f(x_1) > f(x_2)$
☐ Es gibt eine weitere Stelle x_3 mit $f'(x_3) = 0$.
☐ Im Intervall $[x_1; x_2]$ gibt es eine Stelle x_3 mit $f(x_3) > f(x_1)$.
☐ Im Intervall $[x_1; x_2]$ gibt es eine Stelle x_3 mit $f''(x_3) = 0$.
☐ Im Intervall $[x_1; x_2]$ gibt es eine Stelle x_3 mit $f'(x_3) > 0$.

11) [1_750] Es sei $f: \mathbb{R} \to \mathbb{R}$ eine Polynomfunktion und $a, b \in \mathbb{R}$ mit $a < b$.

Ergänzen Sie die Textlücken im folgenden Satz durch Ankreuzen des jeweils richtigen Satzteils so, dass jedenfalls eine korrekte Aussage entsteht!

Wenn für alle $x \in (a; b)$ _____①_____ gilt, dann ist die Funktion f im Intervall $(a; b)$ _____②_____ .

①	
$f(x) > 0$	☐
$f'(x) < 0$	☐
$f''(x) > 0$	☐

②	
streng monoton fallend	☐
rechtsgekrümmt (negativ gekrümmt)	☐
streng monoton steigend	☐

12) [1_798] In der Abbildung ist der Graph einer Polynomfunktion 4. Grades $f: x \mapsto f(x)$ dargestellt. Die x-Achse ist nicht eingezeichnet.

Kreuzen Sie die beiden Aussagen an, die für die dargestellte Polynomfunktion f bei jeder Lage der x-Achse zutreffen!

☐ Es gibt genau zwei Stellen x_1 und x_2 mit $f(x_1) = 0$ und $f(x_2) = 0$.

☐ Es gibt genau zwei Stellen x_1 und x_2 mit $f'(x_1) = 0$ und $f'(x_2) = 0$.

☐ Es gibt genau eine Stelle x_1 mit $f''(x_1) = 0$.

☐ Es gibt genau eine Stelle x_1 mit $f'(x_1) = 0$ und $f''(x_1) > 0$.

☐ Es gibt genau eine Stelle x_1 mit $f'(x_1) > 0$ und $f''(x_1) = 0$.

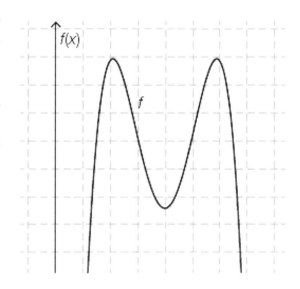

Kapitel 30a
Skizzieren von Funktionsgrafen

Voraussetzung: Kenntnis aller Eigenschaften zur Kurvendiskussion (vgl voriges Kapitel!)

Mögliche Strategie:
1. Markiere alle Abschnitte, wo die Funktion steigend (nach oben) bzw. fallend (nach unten) verlaufen muss
2. Kennzeichne alle Hochpunkte und Tiefpunkte (dort müssen dann entsprechende „Bögen" sein → wenn man nur die x-Koord kennt, eine senkrechte Linie zeichnen, wo der Extremwert liegen muss)
3. Kennzeichne alle Nullstellen
4. Eine Linie zeichnen, die sich an alle diese Vorschriften hält ☺
   (oft ist es dabei egal, wo genau man beginnt bzw. aufhört)

Achtung: Intervalle beachten!!!
Ein Funktionsgraf „im Intervall [0; 5]" darf nicht „links von 0" oder „rechts von 5" herumgeistern ☺

Typische Aufgabenstellungen ([…] sind die Aufgabennummern aus www.aufgabenpool.at)

1) [1_413] Eine Polynomfunktion f hat folgende Eigenschaften:
   - Die Funktion ist für $x \leq 0$ streng monoton steigend.
   - Die Funktion ist im Intervall [0; 3] streng monoton fallend.
   - Die Funktion ist für $x \geq 3$ streng monoton steigend.
   - Der Punkt $P=(0|1)$ ist ein lokales Maximum (Hochpunkt).
   - Die Stelle 3 ist eine Nullstelle.

   Erstellen Sie anhand der gegebenen Eigenschaften eine Skizze eines möglichen Funktionsgrafen von f im Intervall [-2; 4]!

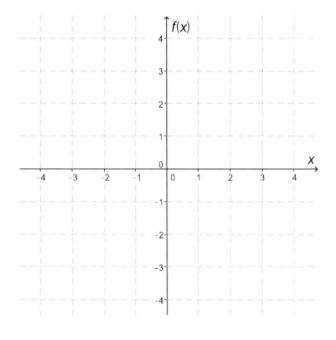

2) [1_558] Der Graph einer Polynomfunktion dritten Grades hat im Punkt T = (-3|1) ein lokales Minimum, in H = (-1|3) ein lokales Maximum und in W = (-2|2) einen Wendepunkt.
   In welchem Intervall ist diese Funktion linksgekrümmt (positiv gekrümmt)? Kreuzen Sie das zutreffende Intervall an!
   ❏ (-∞; 2)   ❏ (-∞; -2)   ❏ (-3; -1)   ❏ (-2; 2)   ❏ (-2; ∞)   ❏ (3; ∞)

3) [1_630] Eine nicht konstante Funktion $f: \mathbb{R} \to \mathbb{R}$ hat die folgenden Eigenschaften:

$f(4) = 2$
$f'(4) = 0$
$f''(4) = 0$
$f'(x) \leq 0$ für alle $x \in \mathbb{R}$

Skizzieren Sie in der nachstehenden Abbildung einen möglichen Graphen einer solchen Funktion f!

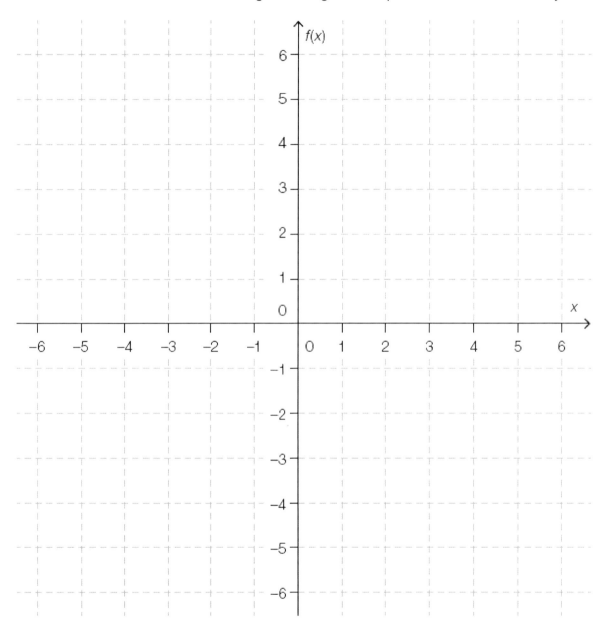

Kapitel 31
Grafisch Differenzieren und Integrieren

Nullstelle von f	in f´ nicht sichtbar
f ist streng monoton steigend	f´ liegt oberhalb der x-Achse
f ist streng monoton fallend	f´ liegt unterhalb der x-Achse
f hat Hochpunkt	f´ schneidet x-Achse „von oben nach unten"
f hat Tiefpunkt	f´ schneidet x-Achse „von unten nach oben"
f hat Wendepunkt	f´ hat Extremwert
f steigend und steilste Stelle	f´ hat lokales Maximum (Hochpunkt) über x-Achse
f fallend und steilste Stelle	f´ hat lokales Minimum (Hochpunkt) unter x-Achse
f steigend und flachste Stelle	f´ hat lokales Minimum (Tiefpunkt) über x-Achse
f fallend und flachste Stelle	f´ hat lokales Maximum (Tiefpunkt) unter x-Achse
f hat Sattelpunkt (ist auch ein Wendepunkt!)	f´ hat Extremwert auf der x-Achse
f ist im Sattelpunkt streng monoton steigend	f´ berührt x-Achse „von oben"
f ist im Sattelpunkt streng monoton fallend	f´ berührt x-Achse „von unten"
f hat Linkskrümmung	f´ ist streng monoton steigend
f hat Rechtskrümmung	f´ ist streng monoton fallend

Zwei Funktionen haben dieselbe Ableitung, wenn sie entlang der y-Achse nach oben/unten verschoben werden.

Spezialfälle:

f ist quadratische Funktion („ein Bogen") ↔ f´ ist eine lineare Funktion (Gerade)
  die Steigung von f´ kann man aus der Grafik „nur so ungefähr" ermitteln

f ist eine lineare Funktion (Gerade) ↔ f´ ist konstant (<u>waagrechte</u> Gerade)
  hier muss man darauf achten, dass man f´ in der richtigen Höhe (bei der Steigung von f) zeichnet

f ist eine konstante Funktion (waagrechte Gerade) ↔ f´ ist 0 (f´ verläuft entlang der x-Achse)

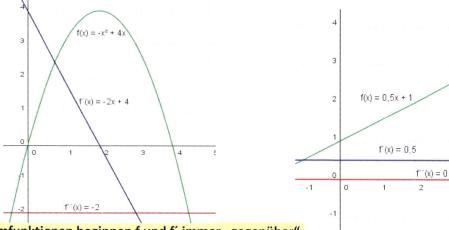

Bei Polynomfunktionen beginnen f und f´ immer „gegenüber":
    f links oben => f´ links unten; f links unten => f´ links oben

Bei senkrechten Asymptoten gilt:
    f springt von unten nach oben => f´ läuft auf beiden Seiten nach unten;
    f springt von oben nach unten => f´ läuft auf beiden Seiten nach oben;
    f läuft auf beiden Seiten nach unten => f´ springt von unten nach oben;
    f läuft auf beiden Seiten nach oben => f´ springt von oben nach unten

Bei waagrechten Asymptoten gilt:
    f läuft waagrecht aus (nach links oder rechts) => f´ nähert sich der x-Achse
    (ist f steigend, nähert sich f´ von oben der x-Achse; ist f fallend, nähert sich f´ von unten der x-Achse)

Tipp: immer zuerst versuchen, den „fehlenden" Grafen von f zu skizzieren!

1. f ist steigend ↔ f´ oberhalb der der x-Achse; f ist fallend ↔ f´ unterhalb der x-Achse
2. f hat Hochpunkt ↔ f´ hat Nullstelle von oben nach unten
   f hat Tiefpunkt ↔ f´ hat Nullstelle von unten nach oben
3. f hat Wendepunkt ↔ f´ hat Extremwert
   f hat Sattelpunkt ↔ f´ hat Extremwert auf der x-Achse (berührt die x-Achse)

Man kann nur die Verlaufsform von f skizzieren, wie hoch der Graf liegt kann man aus f´nicht erkennen. Daher sind auch keine Aussagen über Nullstellen von f bzw. generell das Vorzeichen von f möglich!

Typische Beispiele ([…] sind die Aufgabennummern aus www.aufgabenpool.at)

1) Gegeben ist der Graf einer Funktion f. Skizziere den Graf einer Funktion g, welche dieselbe Ableitung wie f hat!

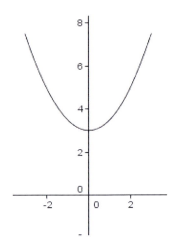

2) Gegeben ist der Verlauf einer Ableitungsfunktion f´. Skizziere einen möglichen Verlauf des Grafen der Funktion f; beginnend bei f(0) = -2!

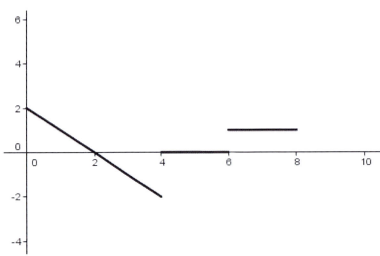

3) Gegeben ist der Graf einer <u>Ableitungsfunktion f´</u>. Kreuze die zutreffenden Aussagen an!
o f ist im Intervall [1; 3] streng monoton fallend.
o f besitzt an der Stelle x=3 einen Sattelpunkt.
o Der Funktionswert von f an der Stelle 4 ist 1.
o f besitzt an der Stelle x = -1 einen Tiefpunkt.
o f ist im Intervall [2; 4] streng monoton steigend.
o f besitzt im Intervall [0; 1] einen Wendepunkt.
o f ist im Intervall [3; 4] rechtsgekrümmt.

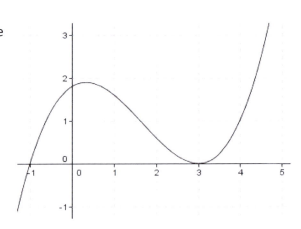

4) Die Abbildung zeigt den Graphen der Ableitungsfunktion f´ einer Polynomfunktion f.
Kreuzen Sie die beiden zutreffenden Aussagen an!

○ Die Funktion f hat an der Stelle x=3 einen lokalen Hochpunkt.
○ Die Funktion f ist im Intervall [2; 3,1] streng monoton fallend.
○ Die Funktion f hat an der Stelle x=0 einen Wendepunkt.
○ Die Funktion f hat an der Stelle x=0 eine lokale Extremstelle.
○ Die Funktion f ist im Intervall [-2; 0] links gekrümmt.

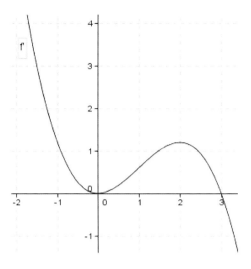

5) [1_334] Von einer reellen Polynomfunktion f sind der Graph und die Funktionsgleichung der Ableitungsfunktion f' gegeben: $f'(x) = -x + 2$. Kreuzen Sie die beiden zutreffenden Aussagen an!

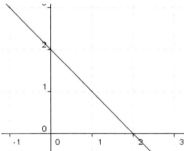

○ Die Stelle $x_1=0$ ist eine Wendestelle von f.
○ Im Intervall [0; 1] ist f streng monoton fallend.
○ Die Tangente an den Graphen der Funktion f im Punkt $(0|f(0))$ hat die Steigung 2.
○ Die Stelle $x_2=2$ ist eine lokale Maximumstelle von f.
○ Der Graph der Funktion f weist im Intervall [2; 3] eine Linkskrümmung (positive Krümmung) auf.

6) Ordne den Funktionsgrafen den entsprechenden Grafen der Ableitungsfunktion zu!

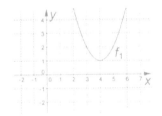 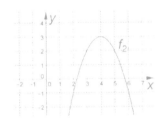 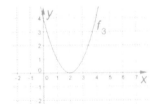 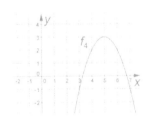

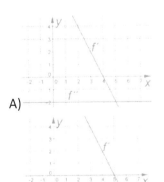  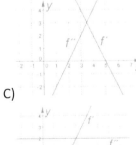

A)   B)   C)

D)   E)   F)

7) Gegeben ist der Graf der Ableitung f´(x) einer Polynomfunktion f(x). Ergänze die fehlenden Satzteile durch Ankreuzen der jeweils richtigen Aussage so, dass eine mathematisch korrekte Aussage entsteht!

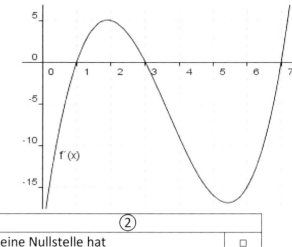

Die Funktion f(x) ist an der Stelle

x = 3 ____①____ ,

weil f´(x) dort ____②____ .

①	
linksgekrümmt	☐
rechtsgekrümmt	☐
streng monoton fallend	☐

②	
eine Nullstelle hat	☐
streng monoton fallend ist	☐
streng monoton steigend ist	☐

8) [1_405] Die nachstehende Abbildung zeigt den Graphen der Ableitungsfunktion f´ mit $f'(x) = \frac{1}{4} \cdot x^2 - \frac{1}{2} \cdot x - 2$ einer Polynomfunktion f.

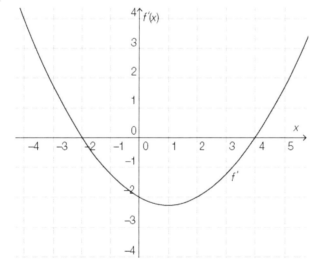

Welche der folgenden Aussagen über die Funktion f sind richtig? Kreuzen Sie die beiden zutreffenden Aussagen an!
- Die Funktion f hat im Intervall [-4; 5] zwei lokale Extremstellen.
- Die Funktion f ist im Intervall [1; 2] monoton steigend.
- Die Funktion f ist im Intervall [-4; -2] monoton fallend.
- Die Funktion f ist im Intervall [-4; 0] linksgekrümmt (d.h. f´´(x)>0 für alle $x \in [-4; 0]$).
- Die Funktion f hat an der Stelle x = 1 eine Wendestelle.

9) Gegeben ist der Funktionsgraf einer Polynomfunktion f.
   a) Skizziere den Verlauf des Grafen der Ableitungsfunktion f′!
   b) Begründe, warum die Polynomfunktion f mindestens Grad 4 haben muss!
   Argumentiere, woran man erkennt, dass für den Fall $f(x) = ax^4 + bx^3 + cx^2 + dx + e$ für die Koeffizienten c, d und e gilt: c = d = e = 0!

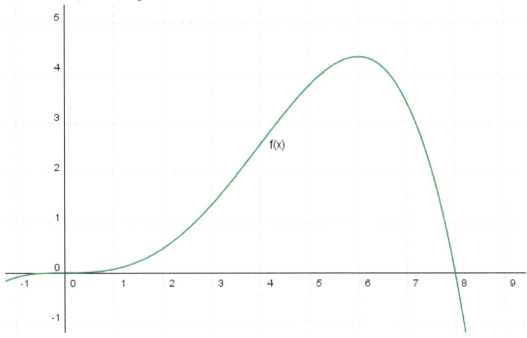

10) [1_549] Gegeben ist der Graph einer Polynomfunktion f dritten Grades. Skizzieren Sie in der gegebenen Grafik den Graphen der Ableitungsfunktion f′ im Intervall [x1; x2] und markieren Sie gegebenenfalls die Nullstellen!

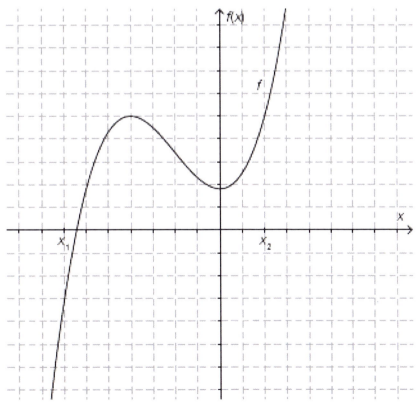

11) In den untenstehenden Abbildungen sind die Graphen von vier Funktionen f_1, f_2, f_3 und f_4 und von sechs weiteren Funktionen $g_1, g_2, \ldots, g_6$ dargestellt. Ordnen Sie anhand der gegebenen Graphen jeder der vier Funktionen f_1, f_2, f_3 und f_4 die zugehörigen Ableitungsfunktion zu!

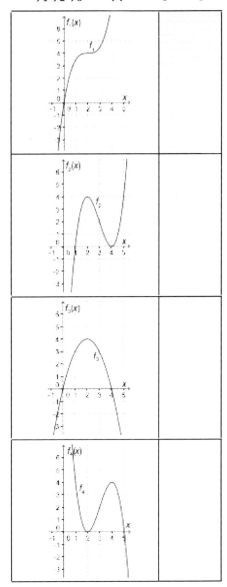

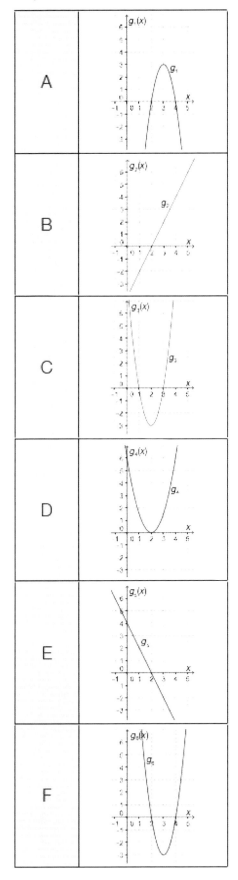

12) In der Abbildung ist der Graph der Ableitungsfunktion f' einer Polynomfunktion f vierten Grades dargestellt. Die Koordinaten der Punkte auf der x-Achse, der Extrempunkte und der Wendepunkte der Ableitungsfunktion f' sind jeweils ganzzahlig.

Kreuzen Sie die beiden für die Funktion f zutreffenden Aussagen an!
- Die Funktion f besitzt im Definitionsbereich $D = \mathbb{R}$ genau zwei lokale Extremstellen.
- Die Funktion f besitzt weniger Wendestellen als Extremstellen.
- Der Graph der Funktion f ändert im Intervall $(0; 3)$ das Monotonieverhalten.
- Die Funktion f hat an der Stelle $x=0$ einen Tiefpunkt.
- Der Graph der Funktion f ist im Intervall $(-\infty; 0)$ streng monoton fallend.

13) [1_431] In der Abbildung ist der Graf einer konstanten Funktion f dargestellt. Der Graf einer Stammfunktion F von f verläuft durch den Punkt P=(1|1). Zeichnen Sie den Grafen der Stammfunktion F im Koordinatensystem ein!

Hinweis: „F ist Stammfunktion" bedeutet, dass f die Ableitungsfunktion ist (vgl Kapitel 33)

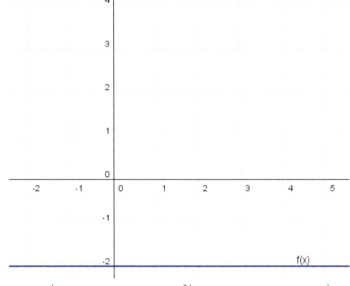

14) [1_430] Die Abbildung zeigt den Graphen der Ableitungsfunktion f' einer Funktion f. Die Funktion f' ist eine Polynomfunktion zweiten Grades.

Kreuzen Sie die beiden zutreffenden Aussagen an!
- Die Funktion f ist eine Polynomfunktion dritten Grades.
- Die Funktion f ist im Intervall [0; 4] streng monoton steigend.
- Die Funktion f ist im Intervall [-4; -3] streng monoton fallend.
- Die Funktion f hat an der Stelle $x = 0$ eine Wendestelle.
- Die Funktion f ist im Intervall [-4; 4] links gekrümmt.

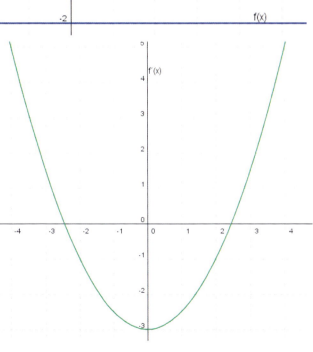

15) Die Abbildung zeigt den Grafen einer Polynomfunktion f dritten Grades. Die Koordinaten der hervorgehobenen Punkte des Graphen der Funktion sind ganzzahlig.
Welche der folgenden Aussagen treffen auf die Ableitungsfunktion f′ der Funktion f zu? Kreuzen Sie die beiden zutreffenden Aussagen an!
- o Die Funktionswerte der Funktion f′ sind im Intervall (0; 2) negativ.
- o Die Funktion f′ ist im Intervall (-1; 0) streng monoton steigend.
- o Die Funktion f′ hat an der Stelle x = 2 eine Wendestelle.
- o Die Funktion f′ hat an der Stelle x = 1 ein lokales Maximum.
- o Die Funktion f′ hat an der Stelle x = 0 eine Nullstelle.

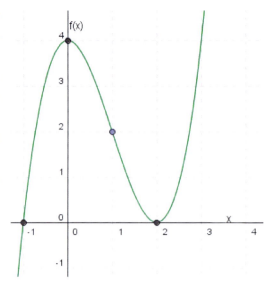

16) [1_548] In der Abbildung ist die momentane Änderungsrate R der Wassermenge in einem Behälter (in m³/h) in Abhängigkeit von der Zeit t dargestellt. Kreuzen Sie die beiden zutreffenden Aussagen über die Wassermenge im Behälter an!

Tipp: der Graf zeigt die Ableitungsfunktion → skizziere zunächst die zugehörige „Wassermengenfunktion"

- o Zum Zeitpunkt t = 6 befindet sich weniger Wasser im Behälter als zum Zeitpunkt t = 2.
- o Im Zeitintervall (6;8) nimmt die Wassermenge im Behälter zu.
- o Zum Zeitpunkt t=2 befindet sich kein Wasser im Behälter.
- o Im Zeitintervall (0;2) nimmt die Wassermenge im Behälter ab.
- o Zum Zeitpunkt t=4 befindet sich am wenigsten Wasser.

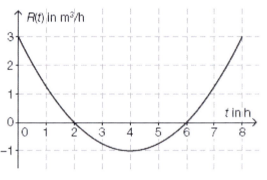

17) [1_652] In der Abbildung ist der Graph einer linearen Funktion g dargestellt. Kreuzen Sie die beiden für die Funktion g zutreffenden Aussagen an!
- ❏ Jede Stammfunktion von g ist eine Polynomfunktion zweiten Grades.
- ❏ Jede Stammfunktion von g hat an der Stelle x = -2 ein lokales Minimum.
- ❏ Jede Stammfunktion von g ist im Intervall (0; 2) streng monoton fallend.
- ❏ Die Funktion G mit G(x) = -0,5 ist eine Stammfunktion von g.
- ❏ Jede Stammfunktion von g hat mindestens eine Nullstelle.

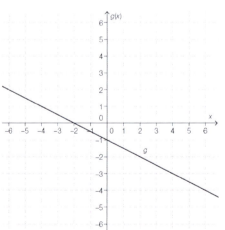

18) [1_479] Links sind die Graphen von vier Polynomfunktionen (f_1, f_2, f_3, f_4) abgebildet, rechts die Graphen sechs weiterer Funktionen $(g_1, g_2, g_3, g_4, g_5, g_6)$.

Ordnen Sie den Polynomfunktionen f_1 bis f_4 ihre jeweilige Ableitungsfunktion aus den Funktionen g_1 bis g_6 (aus A bis F) zu!

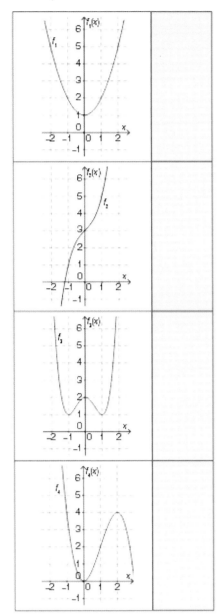
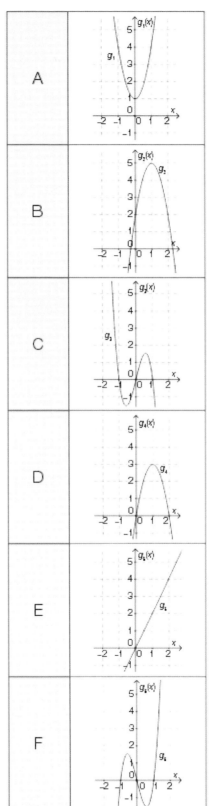

19) Das in einem Gefäß enthaltene Flüssigkeitsvolumen V ändert sich im Laufe der Zeit t im Zeitintervall $[t_0; t_4]$. Die Abbildung zeigt den Graphen der Funktion V', die die momentane Änderungsrate des im Gefäß enthaltenen Flüssigkeitsvolumens in diesem Zeitintervall angibt. Kreuzen Sie die beiden zutreffenden Aussagen an!

- ❑ Das Flüssigkeitsvolumen im Gefäß nimmt im Zeitintervall $[t_1; t_3]$ ab.
- ❑ Das Flüssigkeitsvolumen im Gefäß ist zum Zeitpunkt t_2 kleiner als zum Zeitpunkt t_3.
- ❑ Das Flüssigkeitsvolumen im Gefäß weist zum Zeitpunkt t_3 die niedrigste momentane Änderungsrate auf.
- ❑ Das Flüssigkeitsvolumen im Gefäß ist zum Zeitpunkt t_4 am größten.
- ❑ Das Flüssigkeitsvolumen im Gefäß ist zu den Zeitpunkten t_2 und t_4 gleich groß.

20) [1_749] Neben stehend sind die vier Graphen der Funktion f_1 bis f_4 sowie die Graphen von sechs Funktionen (A bis F) abgebildet.

Ordnen Sie den vier Graphen der Funktionen f_1 bis f_4 jeweils denjenigen Graphen (aus A bis F) zu, der die Ableitung dieser Funktion darstellt!

Hinweis: beachte die Regeln zu senkrechten bzw. waagrechten Asymptoten!

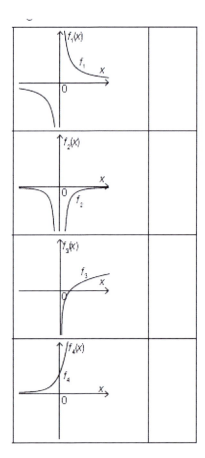
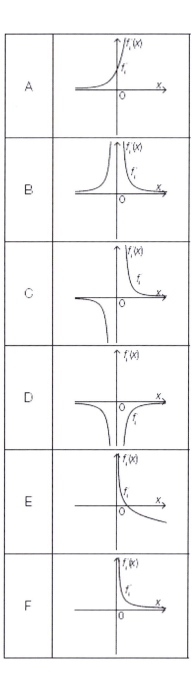

Kapitel 32
Charakteristische Stellen von Funktionen (Umkehraufgaben)

„Stelle" = x-Koordinate   **Funktionswert f(x) = y-Koordinate**

f(5) = 7 bedeutet, dass an der Stelle x = 5 der **Funktionswert** y = 7 beträgt → Punkt (5|7)
(*Zahl in der Klammer ist x-Koordinate; Zahl nach dem „=" ist y-Koordinate*)

f´(3) = 7 bedeutet, dass die **Steigung** (Ableitung) an der Stelle x=3 den Wert k=7 hat.

Zusammenhang mit Tangentengleichung:
  Beispiel: Im Punkt P(4|y) lautet die Gleichung der Tangente y = 5x + 2
    f(4) = 22   (x=4 in Tangente einsetzen → y = 5 · 4 + 2)
    f´(4) = 5   (Steigung k = Zahl vor x)

Spezielle Punkte
  Extremwert (Hochpunkt oder Tiefpunkt): f´(x) = 0
  Wendepunkt: f´´(x) = 0
  Nullstelle: f(x) = 0

Für denselben xWert gelten oft mehrere Gleichungen:
Beispiel: H = (9 | 2) ist Hochpunkt
  → f(9) = 2 [bekannte Koordinaten nach Schema f(x) = y] UND f´(9) = 0 [weil Extremwert]

Fehlende Koeffizienten bestimmen:
  für x und f(x) (oder f´(x) bzw. f´´(x)) Zahlen aus Angabe einsetzen → Gleichung lösen

Beispiel: Die Steigung der Funktion f(x) = ax² + 3x an der Stelle x=5 beträgt -7. Berechne den Koeffizienten b!
Lösung: Ableitung bilden   → f´(x) = 2ax + 3
    x = 5 und f´(x) = -7 einsetzen   → -7 = 10a + 3 |-3
                 -10 = 10a | :10
                  -1 = a

Typische Aufgaben ([...] sind die Aufgabennummern aus www.aufgabenpool.at)

1) f ist eine Polynomfunktion 3. Grades. Die Funktion f hat im Punkt $T=(2|1)$ einen Tiefpunkt, das heißt ein lokales Minimum, und an der Stelle $x = 4$ eine Wendestelle.
   Welche der nachstehenden Bedingungen müssen daher in jedem Fall erfüllt sein?
   Kreuzen Sie die beiden zutreffenden Bedingungen an!
   ○ f´(2) = 0   ○ f´(4) = 0   ○ f´(2) = 1   ○ f´´(2) = -1   ○ f´´(4) = 0

2) Gegeben ist eine Polynomfunktion f mit der Funktionsgleichung $f(x) = a \cdot x^3 + b \cdot x^2 + c \cdot x + d$ mit den Parametern $a \neq 0; a, b, c, d \in \mathbb{R}$.
   Die Funktion f hat einen Hochpunkt im Punkt $H=(2|2)$ und einen Wendepunkt an der Stelle $x_2 = -1$. An der Stelle $x_3 = 3$ hat die Steigung der Funktion den Wert -9.
   Kreuzen Sie die zutreffende(n) Aussage(n) an!
   ○ f´(3) = -9   ○ f(2) = 0   ○ f´´(-1) = 0   ○ f´(2) = 0   ○ f´´(2) = 0

3) Gegeben ist eine Polynomfunktion f. Im Punkt T=(4|-3) liegt ein lokales Minimum (Tiefpunkt) vor. Kreuze jene beiden Bedingungen an, die für die Funktion f sicher zutreffen!
   ○ f(4) = 0   ○ f(4) = -3   ○ f(-3) = 4   ○ f´(4) = -3   ○ f´(4) = 0

4) Der Graf der Polynomfunktion f(x) = ax² + 5x – 3 verläuft durch den Punkt A=(2|-5). Welchen Wert muss der Koeffizient a haben?
   Kreuze die richtige Antwort an!
   ○ a = 2   ○ a = -5   ○ a = -3   ○ a = 0   ○ a = 5   ○ a = 1

5) Ordne den verbal formulierten Eigenschaften der linken Spalte die entsprechenden mathematischen Aussagen der rechten Spalte zu!

Die Funktion f besitzt an der Stelle x=3 ein lokales Maximum.	
Die Funktion f besitzt an der Stelle x=5 den Funktionswert 7.	
Der Wendepunkt der Funktion f liegt an der Stelle x = 7.	
An der Stelle x=4 verläuft die Funktion f parallel zur Geraden g: y = 3x + 1.	

A	f´(4) = 3
B	f´(5) = 7
C	f´´(7) = 0
D	f´(3) = 0
E	f(4) = 7
F	f(5) = 7

Kapitel 33
Unbestimmtes Integral (Stammfunktionen)

Integrieren ist die Umkehrung des Differenzierens → Regeln:
  Hochzahl + 1, durch die neue Hochzahl dividieren (gilt auch für $x = x^1$)
  Zahl ohne x → durch Integral kommt x dazu
  am Ende +c (Integrationskonstante → die Zahl, die beim Differenzieren weggefallen ist)

Tipp: kompliziertere Fälle immer mit Technologie lösen ☺

Schreibweise: $\int 2x^3 + 5 \, dx$ bedeutet: was zwischen $\int$ und dx steht, wird integriert

  Ergebnis also: $\int 2x^3 + 5 \, dx = \frac{2x^4}{4} + 5x + c$

Bei Brüchen bedeutet Division „im Nenner multiplizieren"

  Beispiel: $\int \frac{x^3}{5} + \frac{2x}{3} \, dx = \frac{x^4}{20} + \frac{2x^2}{6} + c$

Das Ergebnis eines Integrals heißt Stammfunktion.
  Es gibt unendlich viele Stammfunktionen
    → für die Integrationskonstante c kann man eine beliebige Zahl verwenden!
  2 Stammfunktionen unterscheiden sich nur durch eine additive Konstante
    (durch eine andere Zahl am Ende)[1]
  formal: F(x) ist eine Stammfunktion von f(x), wenn F´(x) = f(x) [bzw. wenn $\int f(x)dx = F(x)$+c]

Bestimmen der Integrationskonstante
  durch Einsetzen eines bekannten Punktes P=(x|y) bzw. eines bekannten Funktionswerts f(x)=y

Beispiel: Bestimme jene Stammfunktion F von f(x) = 6x² + 1, welche F(1) = 6 erfüllt!

  Lösung: $F(x) = \int 6x^2 + 1 \, dx = \frac{6x^3}{3} + 1x + c = 2x^3 + x + c$
  F(1) = 6 ⇒ $2 \cdot 1^3 + 1 + c = 6$
  $3 + c = 6$
  $c = 3$ ⇒ $F(x) = 2x^3 + x + 3$

Stammfunktionen im „Anwendungskontext"
in der Angabe steht die „momentane Änderungsrate" oder die Änderungsgeschwindigkeit
  → gesuchte „Originalfunktion" ist die Stammfunktion
Integrationskonstante entspricht dem Anfangswert / Startwert
  (Achtung: das gilt so nur bei Polynomfunktionen; was Anderes ist bisher aber nie vorgekommen...)

Beispiel: Die momentane Zuflussrate von Wasser in ein Schwimmbecken (im l/s) ist durch die Funktion f(t) = 0,06t² + 1 gegeben (t = Zeit in Sekunden). Zu Beginn enthält das Schwimmbecken 500l Wasser. Ermittle eine Gleichung der Funktion V(t), welche jedem Zeitpunkt t die Füllmenge an Wasser (in l) im Schwimmbecken zuordnet!
Lösung: V(t) ist das Integral von f(t); die Integrationskonstante entspricht dem Anfangswert (500l)
  V(t) = 0,02t³ + t + 500   *[Funktion f(t) nach den obigen Regeln oder mit Technologie integrieren]*

---

[1] für Mathematik-Spezialisten: ganz so allgemein gilt das nicht (genau wäre: für stetige Funktionen auf einem Intervall [a;b]); aber für die Polynomfunktionen, mit denen wir hier quasi ausschließlich zu tun haben, ist das jedenfalls so

Typische Aufgabenstellungen ([...] sind die Aufgabennummern aus www.aufgabenpool.at)

1) Gegeben ist die Polynomfunktion $f(x) = 3x^2 + 5x + 6$. Kreuzen Sie alle Funktionen an, welche eine Stammfunktion von *f(x)* sind!
   ○ $F(x) = x^3 + 5x^2 + 6x$ ○ $F(x) = \frac{1}{2} \cdot (x^3 + 5x + 12x + 2)$ ○ $F(x) = 6x + 5$
   ○ $F(x) = x^3 + \frac{5x^2}{2} + 6x + 47$ ○ $F(x) = 4 \cdot \left(x^3 + \frac{5x^2}{2} + 6x + 4\right)$

2) Von einer Polynomfunktion f(x) ist die Ableitung f´(x) = 4x+3 bekannt. Bestimmen Sie die Funktionsgleichung f(x), wenn f(0) = 3 gilt!

3) Die Funktion F(x) = 3x² - 4x + 2 ist eine Stammfunktion der Funktion f(x). Geben Sie eine von F(x) verschiedene Funktion G(x) an, die ebenfalls Stammfunktion der Funktion f ist.

4) Von einer Polynomfunktion f ist die 1. Ableitung bekannt: f´(x) = 3x² - 4x. Der Graf der Funktion f verläuft durch den Punkt P=(1|7). Bestimme die Funktionsgleichung!

5) Gegeben ist die Gleichung einer Funktion f(x) = 0,5(x² - ax), a∈ ℝ. Für eine Stammfunktion F von f gilt F(0) = 1. Geben Sie eine Gleichung von F in Abhängigkeit des Parameters a an!

6) [1_527] Es sei *f* eine Polynomfunktion und *F* eine ihrer Stammfunktionen. Kreuzen Sie die beiden zutreffenden Aussagen an!
   ❏ Eine Funktion *F* heißt Stammfunktion der Funktion *f*, wenn gilt: $f(x) = F(x) + c \; (c \in \mathbb{R})$.
   ❏ Eine Funktion *f´* heißt Ableitungsfunktion von *f*, wenn gilt: $\int f(x)dx = f'(x)$.
   ❏ Wenn die Funktion *f* an der Stelle x_0 definiert ist, gibt $f'(x_0)$ die Steigung der Tangente an den Graphen von *f* an dieser Stelle an.
   ❏ Die Funktion *f* hat unendlich viele Stammfunktionen, die sich nur durch eine additive Konstante unterscheiden.
   ❏ Wenn man die Stammfunktion *F* einmal integriert, dann erhält man die Funktion *f*.

7) [1_629] Es sei *f* eine Polynomfunktion dritten Grades, *f´* ihre Ableitungsfunktion und *F* eine der Stammfunktionen von *f*.
   Ergänzen Sie die Textlücken im folgenden Satz durch Ankreuzen der jeweils richtigen Satzteile so, dass eine korrekte Aussage entsteht!
   Die zweite Ableitungsfunktion der Funktion _____①_____ ist die Funktion _____②_____ .

①	
f	❏
f´	❏
F	❏

②	
f	❏
f´	❏
F	❏

8) [1_701] Gegeben ist eine Funktion $f: \mathbb{R} \to \mathbb{R}$ mit $f(x) = a \cdot x^3$ mit $a \in \mathbb{R}$.
   Bestimmen Sie a so, dass die Funktion $F: \mathbb{R} \to \mathbb{R}$ mit $F(x) = 5 \cdot x^4 - 2$ eine Stammfunktion von f ist!

9) [1_797] Gegeben ist eine Funktion $f: \mathbb{R} \to \mathbb{R}, x \mapsto f(x)$.

   Die Funktion $g: \mathbb{R} \to \mathbb{R}, x \mapsto g(x)$ ist eine Stammfunktion von f.

   Für eine Funktion $h: \mathbb{R} \to \mathbb{R}, x \mapsto h(x)$ und $c \in \mathbb{R} \setminus \{0\}$ gilt: $h(x) = g(x) + c$.

   Geben Sie an, ob h ebenfalls eine Stammfunktion von f ist, und begründen Sie Ihre Entscheidung!

10) [1_773] Zu Beginn eines dreiwöchigen Beobachtungszeitraums ist eine bestimme Pflanze 15cm hoch. Die momentane Änderungsrate der Höhe dieser Pflanze wird durch die Funktion v in Abhängigkeit von der Zeit t beschrieben.

    Dabei gilt: $v(t) = 3 - 0{,}3 \cdot t^2$ mit $t \in [0; 3]$ in Wochen und $v(t)$ in cm/Woche.

    Die Funktion h ordnet jedem Zeitpunkt $t \in [0; 3]$ die Höhe $h(t)$ der Pflanze zu (t in Wochen, $h(t)$ in cm).

    Geben Sie $h(t)$ an!

Kapitel 34
Flächenintegral

Integrale werden geometrisch als Flächeninhalte interpretiert:

$$\int_{x_1}^{x_2} f(x)\,dx$$

entspricht dem „Flächen<u>unterschied</u>" zwischen positiven und negativen Flächenteilen im Intervall $[x_1; x_2]$

Grenzen (x_1 und x_2) werden auf der x-Achse von links nach rechts abgelesen
wird die „Richtung" vertauscht, ändert sich das Vorzeichen des Integrals!

Beispiel: Für die rechts gezeichnete Funktion f entspricht
$\int_0^5 f(x)\,dx$ dem „Flächenunterschied" zwischen grüner und roter
Fläche; also Integral = grüne Fläche – rote Fläche

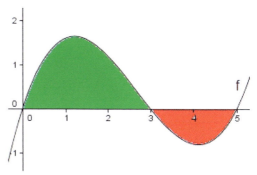

**Liegt die gesamte Fläche oberhalb der x-Achse, dann
gilt:** $\int_{x_1}^{x_2} f(x)\,dx$ = Flächeninhalt zwischen f und x-Achse.
(Aber nur, wenn die gesamte Fläche oberhalb der x-Achse liegt!)

Beispiel: Im Intervall [0; 3] entspricht $\int_0^3 f(x)\,dx$ dem Inhalt der grünen Fläche.

Vorsicht Falle:
Negative Flächen gelten nicht als „Flächeninhalt"!!!
$\int_3^5 f(x)\,dx$ entspricht **<u>NICHT</u>** dem Inhalt der roten Fläche!!!

Um den Flächeninhalt zu berechnen, muss man bei den negativen Flächenteilen „das Minus entfernen":
Vorzeichen weglassen → Betrag bilden
$\left|\int_3^5 f(x)\,dx\right|$ entspricht der roten Fläche
Vorzeichen ändern → Minus vor das Integral schreiben oder
                Grenzen vertauschen
$-\int_3^5 f(x)\,dx$ oder $\int_5^3 f(x)\,dx$ entsprechen der roten Fläche

Um die Gesamtfläche zu berechnen, muss man die beiden Flächenteile getrennt integrieren (und beim negativen Teil das „Minus entfernen"):
     mögliche Terme für den gesamten Flächeninhalt (rote + grüne Fläche) sind:

$\int_0^3 f(x)\,dx \;+\; \left|\int_3^5 f(x)\,dx\right|$

$\int_0^3 f(x)\,dx \;-\; \int_3^5 f(x)\,dx$

$\int_0^3 f(x)\,dx \;+\; \int_5^3 f(x)\,dx$

Man kann die Betragsstriche auch direkt zu f(x) schreiben, dann kann man auch „über Nullstellen hinweg integrieren": $\int_0^5 |f(x)|\,dx$ entpricht ebenfalls dem gesamten Flächeninhalt
Berechnen lässt sich dieser Ausdruck allerdings nur mit Technologie; „händisch" muss man immer getrennte Integrale bilden.

Soll das Integral „mithilfe der Flächeninhalte" dargestellt werden, muss vor die „negativen Flächenteilen" ein Minus schreiben:

im Beispiel (Vorderseite): $\int_0^5 f(x)dx = A_{grün} - A_{rot}$

Achtung:
Betragstriche können auch „überflüssigerweise" bei einer positiven Fläche stehen, weil sie nur ein Minus entfernen, aber ein Plus nicht in ein Minus ändern: $|\int_0^3 f(x)\,dx\,| + \,|\int_3^5 f(x)\,dx\,|$ wäre auch richtig

Aber positive und negative Flächenteile „in einem Schritt" berechnen geht nur, wenn die Betragstriche direkt bei f(x) stehen!

Berechnung:

Funktion nach den „normalen Regeln" integrieren (ohne Integrationskonstante);
dann die Grenzen einsetzen: „obere Grenze eingesetzt – (untere Grenze eingesetzt)"

Beispiel: $\int_{-1}^{4} 5x^2 + 1\;dx = \frac{5x^3}{3} + x\,|_{-1}^{4} = \overbrace{\frac{5 \cdot 4^3}{3} + 4}^{obere\;Grenze} - \left(\overbrace{\frac{5 \cdot (-1)^3}{3} + (-1)}^{untere\;Grenze} \right) = \frac{340}{3}$

Berechnung mit Geogebra (CAS)[1]: Integral(Funktion, Variable, untere Grenze, obere Grenze)
im Beispiel: Integral(5x²+1,x,-1,4)

abstrakte Schreibeweise mit Stammfunktionen: $\int_{x_1}^{x_2} f(x)\;dx\;=\;F(x_2) - F(x_1)$

ist die Funktionsgleichung nicht bekannt, kann man sie auch nicht integrieren
→ man schreibt dann abstrakt „großes F" als „Integral von kleinem f"

Beispiel: $\int_5^8 f(x)dx = F(8) - F(5)$

Prüfungstipp: kennt man (zB aus Tabellen oder weil der Graf von F zur Verfügung steht) die Funktionswerte von F, kann man auf diese Weise auch das Integral von f berechnen, ohne f zu kennen!
(siehe dazu die Aufgaben 5 und 9)

Fläche zwischen zwei Funktionen: $\int_{x_1}^{x_2} obere\;Funktion - (untere\;Funktion)\;dx$

geht auch mit 2 Integralen: $\int obere\;Funktion\;dx - \int untere\;Funktion\;dx$

$\int untere\;Funktion - (obere\;Funktion)dx$ ergibt negative Fläche → Vorzeichen ändern wie oben!

Prüfungstipp:
Die Fläche „zwischen zwei Funktionen" darf nicht mit der Situation verwechselt werden, dass zwei Flächen, die von verschiedenen Funktionen begrenzt werden, „nebeneinander" liegen → in diesem Fall benötigt man zwei getrennte Integrale!
Beispiel siehe Aufgabe 1 ☺

---

[1] die Variable kann man auch weglassen, wenn sowieso nur ein Buchstabe vorkommt

Typische Aufgabenstellungen ([...] sind die Aufgabennummern aus www.aufgabenpool.at)

1) Schreiben Sie einen mathematischen Ausdruck an, mit dem die Größe A der schraffierten Fläche berechnet werden kann!

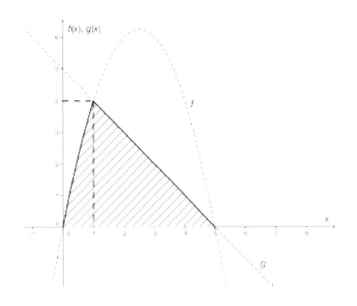

2) [1_333] Gegeben sind die beiden Funktionen f und g mit den Gleichungen $f(x) = x^2$ und $g(x) = -x^2 + 8$.
Im nebenstehenden Koordinatensystem sind die Graphen der beiden Funktionen f und g dargestellt. Schraffieren Sie jene Fläche, deren Größe A mit $A = \int_0^1 g(x)dx - \int_0^1 f(x)dx$ berechnet werden kann!

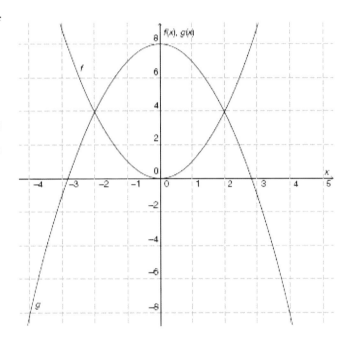

3) [1_404] Die nachstehende Abbildung zeigt den Graphen einer Polynomfunktion f. Alle Nullstellen sind ganzzahlig. Die Fläche, die vom Graphen der Funktion f und der x-Achse begrenzt wird, ist schraffiert dargestellt. A bezeichnet die Summe der beiden schraffierten Flächeninhalte.
Geben Sie einen korrekten Ausdruck für A mithilfe der Integralschreibweise an!

A =

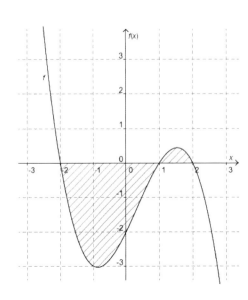

4) Von einer Polynomfunktion f 3. Grades sind die Funktionsgleichung $f(x) = -x^3 + 4x^2 + 7x - 10$ sowie der Funktionsgraf (siehe rechts) bekannt. Die ganzzahligen Nullstellen der Funktion f können der Grafik entnommen werden.
Berechne die Größe der schraffierten Fläche!

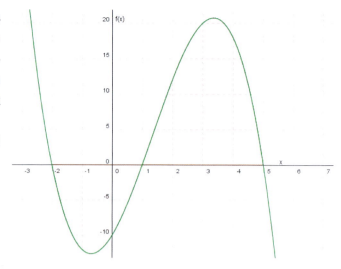

5) [1_631] Von einer reellen Funktion f ist der Graph einer Stammfunktion F abgebildet.
Geben Sie den Wert des bestimmten Integrals $I = \int_0^a f(x)dx$ an!

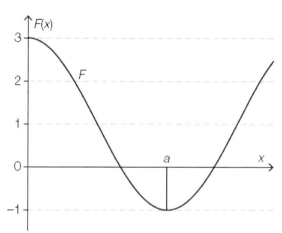

6) [1_525] Abgebildet ist ein Ausschnitt des Graphen der Polynomfunktion f mit $f(x) = -\frac{x^3}{8} + 2 \cdot x$. Die Fläche zwischen dem Graphen der Funktion f und der x-Achse im Intervall [-2; 2] ist grau markiert.
Berechnen Sie den Inhalt der grau markierten Fläche!

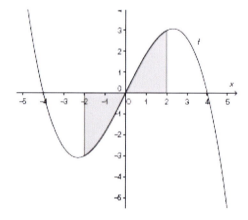

7) [1_476] Gegeben ist die Potenzfunktion f mit $f(x) = x^3$.
Geben Sie eine Bedingung für die Integrationsgrenzen b und c ($b \neq c$) so an, dass $\int_b^c f(x)dx = 0$ gilt!

8) [1_583] In der Abbildung sind die Graphen der Polynomfunktionen f und g dargestellt. Diese schneiden einander an den Stellen -3, 0 und 3 und begrenzen die beiden grau markierten Flächenstücke. Welche der nachstehenden Gleichungen geben den Inhalt A der (gesamten) grau markierten Fläche an? Kreuzen Sie die beiden zutreffenden Gleichungen an!

○ $A = \left|\int_{-3}^{3}(f(x) - g(x))dx\right|$

○ $A = 2 \cdot \int_{0}^{3}(g(x) - f(x))dx$

○ $A = \int_{-3}^{0}(f(x) - g(x))dx + \int_{0}^{3}(g(x) - f(x))dx$

○ $A = \left|\int_{-3}^{0}(f(x) - g(x))dx\right| + \int_{0}^{3}(f(x) - g(x))dx$

○ $A = \int_{-3}^{0}(f(x) - g(x))dx + \left|\int_{0}^{3}(f(x) - g(x))dx\right|$

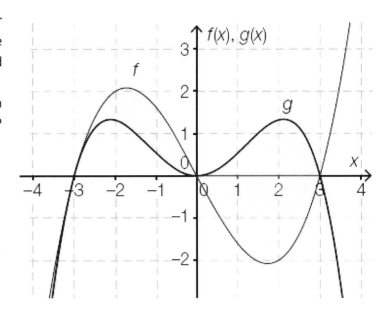

9) In der Abbildung sind der Graph einer Polynomfunktion f dritten Grades und der Graph einer ihrer Stammfunktionen F dargestellt.
Der Graph von f und die positive x-Achse begrenzen im Intervall [0; 4] ein endliches Flächenstück. Ermitteln Sie den Flächeninhalt dieses Flächenstücks!

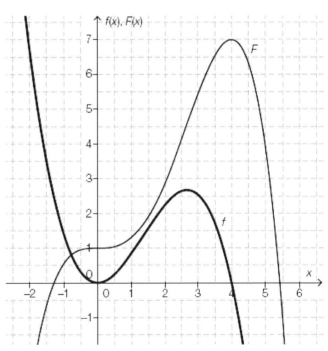

10) [1_606] Der Graph einer Funktion f schneidet die x-Achse in einem gewissen Bereich an den Stellen a, b, c, d und e.

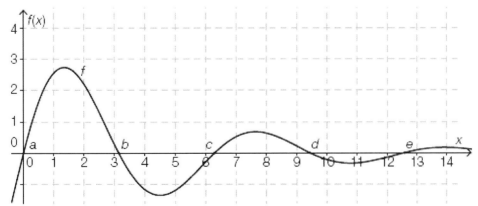

Welche der nachstehend angeführten Integrale haben einen Wert, der größer als 0 ist? Kreuzen Sie die beiden zutreffenden bestimmten Integrale an!

☐ $\int_{a}^{c} f(x)\,dx$ ☐ $\int_{b}^{c} f(x)\,dx$ ☐ $\int_{b}^{d} f(x)\,dx$ ☐ $\int_{a}^{b} f(x)\,dx$ ☐ $\int_{d}^{e} f(x)\,dx$

11) [1_654] In der Abbildung ist der Graph einer abschnittsweise linearen Funktion f dargestellt. Die Koordinaten A, B und C des Graphen der Funktion sind ganzzahlig.

Ermitteln Sie den Wert des Integrals $\int_0^7 f(x)dx$!

Tipp: Das Integral entspricht geometrisch dem Flächeninhalt. Wenn der Flächeninhalt „nur" aus Rechtecken und „halben Rechtecken" besteht, lässt sich der Flächeninhalt aus der Grafik nach der Formel Fläche Rechteck = Länge · Breite berechnen.
Dabei muss man natürlich trotzdem das Vorzeichen beachten (positive Flächen über der x-Achse, negative Flächen unter der x-Achse)!

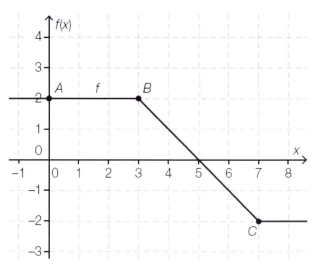

12) [1_679] In der Abbildung ist der Graph einer Funktion $f: \mathbb{R} \to \mathbb{R}$ dargestellt. Zusätzlich sind zwei Flächen gekennzeichnet.

Die Fläche A_1 wird vom Graphen der Funktion f und der x-Achse im Intervall [0; 4] begrenzt und hat einen Flächeninhalt von $\frac{16}{3}$ Flächeneinheiten.

Die Fläche A_2 wird vom Graphen der Funktion f und der x-Achse im Intervall [4; 6] begrenzt und hat einen Flächeninhalt von $\frac{7}{3}$ Flächeneinheiten.

Geben Sie den Wert des Integrals $\int_0^6 f(x)\, dx$ an!

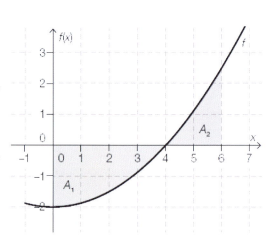

13) [1_703] Die Abbildung zeigt den Graphen der Funktion $f: \mathbb{R} \to \mathbb{R}$ und zwei markierte Flächenstücke. Der Graph der Funktion f, die x-Achse und die Gerade g mit der Gleichung $x = a$ schließen das Flächenstück *I* mit dem Inhalt A_1 ein. Der Graph der Funktion f, die x-Achse und die Gerade h mit der Gleichung $x = b$ schließen das Flächenstück *II* mit dem Inhalt A_2 ein.

Geben Sie das bestimmte Integral $\int_a^b f(x)\, dx$ mithilfe der Flächeninhalte A_1 und A_2 an!

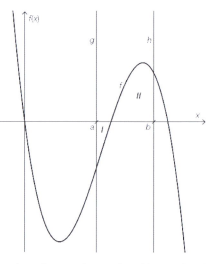

14) Es sei $f: \mathbb{R} \to \mathbb{R}$ eine Polynomfunktion. Zwei der folgenden Aussagen über die Funktion f treffen auf jeden Fall zu.

Kreuzen Sie die beiden zutreffenden Aussagen an!

☐ Die Funktion f hat genau eine Stammfunktion F.
☐ Die Funktion f hat genau eine Ableitungsfunktion f'.
☐ Ist F eine Stammfunktion von f, so gilt: $f' = F$.
☐ Ist F eine Stammfunktion von f, so gilt: $F'' = f'$.
☐ Ist F eine Stammfunktion von f, so gilt: $\int_0^1 F(x)\, dx = f(1) - f(0)$

15) [1_751] Dargestellt ist der Graph einer Polynomfunktion f mit den Nullstellen $x_1 = -1, x_2 = 0, x_3 = 2$ und $x_4 = 4$. Für die mit A_1, A_2 und A_3 gekennzeichneten Flächeninhalte gilt:
$A_1 = 0{,}4; A_2 = 1{,}5$ und $A_3 = 3{,}2$.
Kreuzen Sie die beiden Gleichungen an, die wahre Aussagen sind!

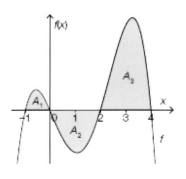

❏ $\int_{-1}^{2} f(x)dx = 1{,}9$

❏ $\int_{0}^{4} f(x)dx = 1{,}7$

❏ $\int_{-1}^{4} f(x)dx = 5{,}1$

❏ $\int_{0}^{2} f(x)dx = 1{,}5$

❏ $\int_{2}^{4} f(x)dx = 3{,}2$

16) [1_775] Gegeben sind fünf Abbildungen mit Graphen von Polynomfunktionen.
Kreuzen Sie die beiden Abbildungen an, für die gilt: $\int_{-5}^{-1} f(x)dx > \int_{-5}^{+1} f(x)dx$!

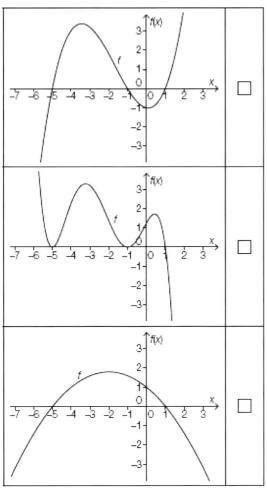

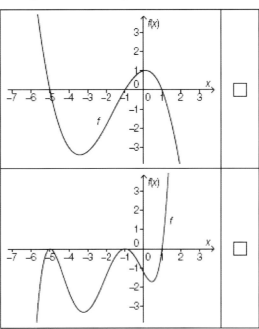

Integrationsgrenzen (oder andere Parameter) bestimmen

Beispiel: Das Volumen einer Vase bis zu einer Höhe von h Metern wird durch das Integral $\int_0^a 3h^2 + 5 \, dh$ beschrieben (h in dm).
In die Vase werden 10 Liter Wasser eingefüllt. Berechne, wie hoch das Wasser in dieser Vase steht!
Lösung: $\int_0^a 3h^2 + 5 \, dh = 10$ (beachte: Liter = dm³)

$$\frac{3h^3}{3} + 5h \Big|_0^a = 10$$
$$a^3 + 5a = 10$$
$$a^3 + 5a - 10 = 0$$

Lösung mit Technologie-Einsatz: $a = 1{,}42 \, dm$

Alternativ kann man auch direkt die „Ausgangsgleichung" mit Technologie lösen:

Geogebra (CAS): Integral(3h² + 5, h, 0, a) = 10, a |x =|

Hier sind das h im Integral und das a hinten wichtig, damit Geogebra weiß, dass es a ausrechnen soll ☺

Typische Aufgabenstellungen

17) Die Fläche, welche der Graf der Funktion f(x) = x² + 1 im Intervall [0; b] mit der x-Achse einschließt, wird durch das Integral $\int_0^b f(x) \, dx$ beschrieben.
Bestimme die rechte Intervallgrenze so, dass der Flächeninhalt 100 FE (Flächeneinheiten) beträgt!

18) [1_500] Gegeben ist die reelle Funktion *f* mit *f(x) = x²*. Berechnen Sie die Stelle *b* so, dass die Fläche zwischen der x-Achse und dem Grafen der Funktion *f* im Intervall [2; 4] in zwei gleich große Fläche A_1 und A_2 geteilt wird (siehe Abbildung)!

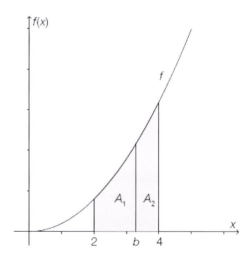

19) [1_726] Gegeben ist die Funktion $f: \mathbb{R} \to \mathbb{R}$ mit $f(x) = a \cdot x^2 + 2$ mit $a \in \mathbb{R}$.
Geben Sie den Wert des Koeffizienten *a* so an, dass die Gleichung $\int_0^1 f(x) \, dx = 1$ erfüllt ist!

Kapitel 35
Ober- und Untersumme / Flächenintegral

Fläche zwischen Funktion und x-Achse wird durch Integral beschrieben:

$$A = \int_{linke\ Grenze}^{rechte\ Grenze} Funktion\ dx$$

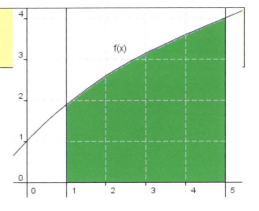

Grenzen werden auf der x-Achse abgelesen

Beispiel: die grün markierte Fläche wird durch $\int_1^5 f(x)dx$ berechnet.

Näherungsweise Berechnung durch Rechtecke

x-Achse in Intervalle unterteilen → Intervall-Länge dx = Breite des Rechtecks

Funktionswert (an einer Stelle im Intervall) wählen → Funktionswert f(x) = Länge des Rechtecks

Fläche = Länge · Breite → f(x)·dx = Fläche der Rechtecke

Die Summe aller Rechtecke entspricht ungefähr der Fläche zwischen f(x) und der x-Achse.

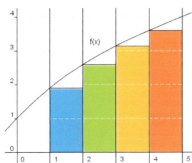

Beispiel:

die Breite aller Rechtecke ist dx = 1

Die Summe aller Rechtecke ist gleich
f(1) · 1 + f(2) · 1 + f(3) · 1 + f(4) · 1 =
f(1) + f(2) + f(3) + f(4)

Obersumme und Untersumme

in jedem Intervall den größten Funktionswert suchen
 → Obersumme (blaue Rechtecke)

in jedem Intervall den kleinsten Funktionswert suchen
 → Untersumme (rote Rechtecke)

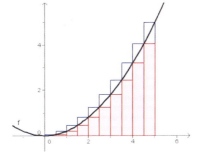

Typische Aufgabenstellungen ([...] sind die Aufgabennummern aus www.aufgabenpool.at)

1) Die Abbildung zeigt den Graphen einer Funktion f und eine aus fünf Rechtecksstreifen bestehende Fläche. Der Inhalt dieser Fläche wird mit A bezeichnet. Kreuzen Sie die beiden zutreffenden Aussagen an!
   ○ $A = f(1) + f(2) + f(3) + f(4) + f(5)$
   ○ $A = f(0) + f(1) + f(2) + f(3) + f(4)$
   ○ $\int_0^5 f(x)dx = A$
   ○ $\int_0^5 f(x)dx < A$
   ○ $\int_0^5 f(x)dx > A$

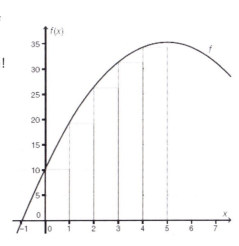

2) In der nachstehenden Abbildung sind der Graph einer Polynomfunktion f sowie ein aus 10 gleich breiten Rechtecken bestehendes, grau gefärbtes Flächenstück dargestellt. Der Flächeninhalt dieses Flächenstücks wird mit A bezeichnet.

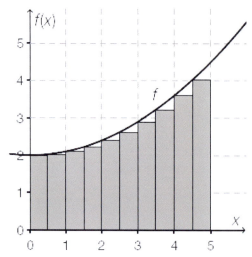

Kreuzen Sie die beiden für die gegebene Abbildung zutreffenden Aussagen an!

○ $\int_0^{2,5} f(x)dx > \frac{A}{2}$ ○ $\int_0^4 f(x)dx > A$ ○ $\int_4^5 f(x)dx > \frac{A}{5}$

○ $\int_0^5 f(x)dx > 2 \cdot A$ ○ $\int_0^5 f(x)dx > A$

3) [1_678] In den Abbildungen sind jeweils der Graph einer Funktion f sowie eine Untersumme U (=Summe der Flächeninhalte der dunkel markierten, gleich breiten Rechtecke) und eine Obersumme O (=Summe der Flächeninhalte der dunkel und hell markierten, gleich breiten Rechtecke) im Intervall [-a; a] dargestellt.

Für zwei Funktionen, deren Graph nachstehend abgebildet ist, gilt bei konstanter Rechteckbreite im Intervall [-a; a] die Beziehung $\int_{-a}^{a} f(x)\,dx = \frac{O+U}{2}$. Kreuzen Sie die beiden Abbildungen an, bei denen die gegebene Beziehung erfüllt ist!

Tipp: Es muss jeweils pro „Streifen" der helle Teil, der bei der Untersumme „fehlt", bei einer Obersumme (eventuell in einem anderen Streifen) dabei sein, damit sich die „Fehler" ausgleichen.

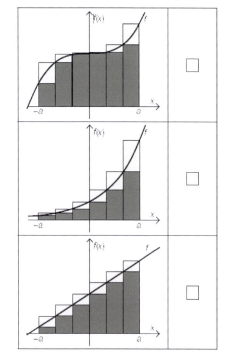
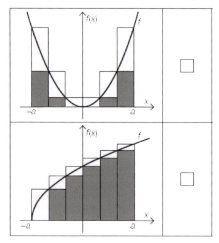

Kapitel 36
Anwendungen der Integralrechnung

Erinnerung: Integral berechnet die Fläche zwischen dem Grafen von f(x) und der x-Achse

Was bedeutet dieser Flächeninhalt (Interpretation)?

> Integral = „Gesamteffekt" im Intervall $[x_1; x_2]$

x-Achse	y-Achse	Bedeutung der Fläche
Zeit	Geschwindigkeit	**Weg** (zurückgelegte Strecke)
Zeit	Beschleunigung	**Geschwindigkeit** (gesamte Geschwindigkeitsänderung)
Zeit	Leistung	**Arbeit** („Verbrauch"; zB Stromverbrauch in kWh)
Weg	Kraft	**Arbeit** (Arbeit ist Kraft mal Weg)
Stückzahl/ Mengeneinheit	Kosten pro Stück (pro Mengeneinheit)	**Gesamtkosten** (für die Ausweitung der Produktion von x_1 Mengeneinheiten auf x_2 Mengeneinheiten)
Zeit	Durchflussmenge (Autos pro Stunde, Wasser (m³) pro Sekunde usw.)	**Gesamtzahl bzw. Gesamtmenge** (der Autos, des Wassers usw.), **die in diesem Intervall dazu oder weg gekommen ist**
Zeit	(momentane) Änderungsrate (zB Neuansteckungen pro Tag)	**Gesamtzahl** (zB Anzahl der in diesem Zeitraum insgesamt Erkrankten)
Höhe / Länge (eines Körpers)	Querschnittsfläche (in Höhe / bei Länge x)	Volumen des Körpers

Beispiel: Im Zuge einer Verkehrszählung wurde die Frequenz (in Autos/Stunde) bei einem Tunnelportal ermittelt. Für die Zeit zwischen 07:00 Uhr (t=0) und 12:00 Uhr (t=5) wurde die Frequenz mittels der Funktion f(t) modelliert (siehe Grafik).
Gib einen Term an, mit dem die Gesamtzahl der Autos während dieser Zeit ermittelt werden kann!

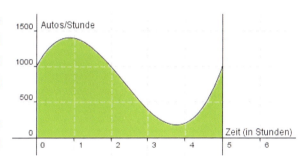

Lösung: $\int_0^5 f(t)\,dt$

Bei Interpretationen immer auch das Intervall hinschreiben: „die Gesamtzahl der Autos, die durch den Tunnel gefahren sind" ist zu wenig; es muss heißen „die Gesamtzahl der Autos, die im Zeitintervall [0; 5] (oder zwischen 07:00 Uhr und 12:00 Uhr) durch den Tunnel gefahren sind"

Einheit des Integrals ist die yEinheit → Integral ist immer ohne „pro"

Beispiel: Die Wachstumsgeschwindigkeit eines Baums (in cm/Jahr) wird durch eine Funktion v(t) modelliert (t in Jahren). Interpretiere das Ergebnis der Berechnung $\int_{10}^{30} v(t)\,dt = 235$ im diesem Kontext!

Lösung: *Der Baum ist im Intervall [10 Jahre; 30 Jahre] um insgesamt 235cm [nicht cm/Jahr] gewachsen.*

 Das Integral gibt die gesamt Zunahme oder Abnahme an, nicht den Endwert!
„Der Baum ist nach 30 Jahren 235cm hoch" wäre falsch; das würde nur gelten, wenn er am Anfang 0cm hoch war.

Tipp zur Berechnung der Flächeninhalte:
Besteht die Fläche nur aus Rechtecken und Dreiecken, kann man einfach mit den Formeln „Länge mal Breite" bzw. „Länge mal Breite durch 2" rechnen! Länge und Breite lassen sich einfach durch Abzählen der Kästchen ermitteln. (siehe dazu Aufgabe 1 oder Aufgabe 6)

Typische Aufgabenstellungen ([...] sind die Aufgabennummern aus www.aufgabenpool.at)

1) [1_332] Die Abbildung beschreibt näherungsweise das Wachstum einer schnellwüchsigen Pflanze. Sie zeigt die Wachstumsgeschwindigkeit v in Abhängigkeit von der Zeit t während eines Zeitraums von 60 Tagen.

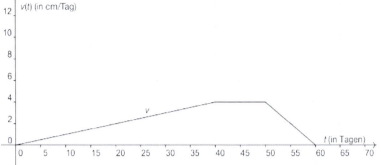

Geben Sie an, um wie viel cm die Pflanze in diesem Zeitraum insgesamt gewachsen ist!

2) Die Wassermenge (in m³/min), welche aus einem Stausee abfließt, wird für den Zeitraum einer Stunde durch eine Funktion f(t) beschrieben (t in Minuten).
Geben Sie einen Term an, mit dem die Gesamtmenge des abgeflossenen Wassers in einer Stunde berechnet werden kann!

3) Eine Joggerin mit einer Körpermasse von 60kg joggt bergauf. Dabei bleibt der Energieverbrauch pro Minute nicht konstant und kann näherungsweise durch die folgende quadratische Funktionsgleichung beschrieben werden: $f(t) = -0{,}05t^2 + 3t + 66$ mit $0 \leq t \leq 30$; t = Zeit in Minuten (min), f(t) = Energieverbrauch in Kilojoule pro Minute (kJ/min) zum Zeitpunkt t.
Der Gesamtenergieverbrauch E während des Trainings lässt sich über diejenige Fläche berechnen, die der Graph der Funktion f mit der Zeitachse im Intervall [0 min; t min] einschließt. Schreiben Sie eine Formel für den Gesamtenergieverbrauch im Intervall [0 min; t min] an!

4) [1_428] In einem Wasserrohr wird durch einen Sensor die Durchflussrate (=Durchflussmenge pro Zeiteinheit) gemessen. Die Funktion D ordnet jedem Zeitpunkt t die Durchflussrate D(t) zu. Dabei wird t in Minuten und D(t) in Litern pro Minute angegeben.
Geben Sie die Bedeutung der Zahl $\int_{60}^{120} D(t)\,dt$ im vorliegenden Kontext an!

5) [1_452] Wasser fließt durch eine Wasserleitung, wobei v(t) die Geschwindigkeit des Wassers zum Zeitpunkt t ist. Die Geschwindigkeit v(t) wird in m/s, die Zeit t in s gemessen, der Inhalt der Querschnittsfläche Q des Rohres wird in m² gemessen. Im nebenstehenden Diagramm ist die Abhängigkeit der Geschwindigkeit v(t) von der Zeit t dargestellt.

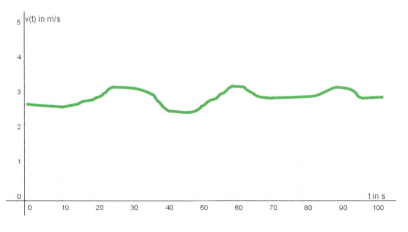

Geben Sie an, welche Größe durch den Ausdruck $Q \cdot \int_{10}^{40} v(t)\,dt$ in diesem Zusammenhang berechnet werden kann!

6) [1_477] Ein Massestück wird durch die Einwirkung einer Kraft geradlinig bewegt. Die dazu erforderliche Kraftkomponente in Wegrichtung ist als Funktion des zurückgelegten Weges in der nachstehenden Abbildung dargestellt. Der Weg s wird in Metern (m), die Kraft F(s) in Newton (N) gemessen.

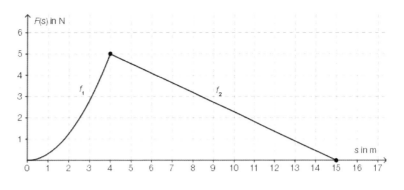

Im ersten Wegabschnitt wird F(s) durch f_1 mit $f_1(s) = \frac{5}{16} \cdot s^2$ beschrieben. Im zweiten Abschnitt (f_2) nimmt sie linear auf den Wert null ab.

Die Koordinaten der hervorgehobenen Punkte des Graphen der Funktion sind ganzzahlig.

Ermitteln Sie die Arbeit W in Joule (J), die diese Kraft an dem Massestück verrichtet, wenn es von s = 0m bis zu s = 15m bewegt wird!

7) [1_607] An einem Wintertag wird der Schadstoffausstoß eines Kamins gemessen. Die Funktion $A: \mathbb{R}^+ \to \mathbb{R}^+$ beschreibt in Abhängigkeit von der Zeit t den momentanen Schadstoffausstoß A(t), wobei A(t) in Gramm pro Stunde und t in Stunden ($t=0$ entspricht 0 Uhr) gemessen wird.

Deuten Sie den Ausdruck $\int_7^{15} A(t)\, dt$ im gegebenen Kontext!

Kapitel 37

Weg – Geschwindigkeit – Beschleunigung

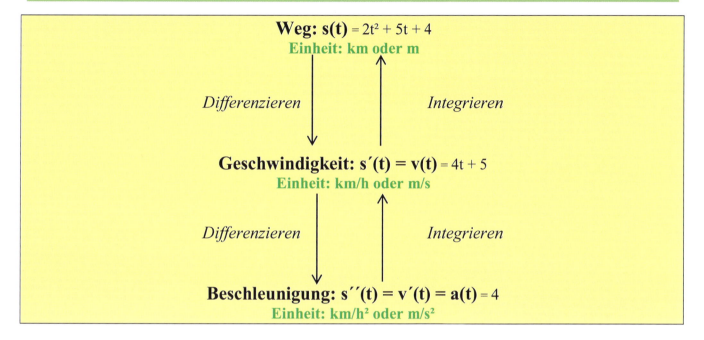

Geschwindigkeit = momentane Änderungsrate des Wegs
Beschleunigung = momentane Änderungsrate der Geschwindigkeit

Interpretationsregeln
folgende 4 Punkte müssen in einer Interpretation vorkommen, damit sie (sicher) vollständig ist
- die korrekte Bezeichnung (als zurückgelegte Strecke, als momentane Geschwindigkeit, als momentane Beschleunigung)
- „Kontextbezug": die Wiederholung des Funktionswerts aus der Angabe (Geschwindigkeit des Autos, Beschleunigung der Kanonenkugel)
- den Zeitpunkt (bei Ableitung) bzw. das Zeitintervall (bei Integral), auf das sich die Interpretation bezieht[1]
- die richtige Einheit des Ergebnisses (siehe oben)

 Bestimmte Integrale beschreiben jeweils die Änderung (der Geschwindigkeit, der Höhe) im Intervall; das ist nicht unbedingt gleich dem Wert (der Geschwindigkeit, der Höhe) am Ende des Intervalls!

Beispiel: $\int_0^{10} a(t)dt = 30$ ($a(t)$… Beschleunigung in m/s²; t… Zeit in s) besagt, dass das Fahrzeug nach 10s um 30m/s schneller ist; aber nicht, dass die Geschwindigkeit nach 10s 30m/s beträgt. (Das würde nur gelten, wenn „aus dem Stand" beschleunigt wird.)

Bedeutung des Vorzeichens:
negative Geschwindigkeit: Rückwärtsbewegung bzw. Abwärtsbewegung
negative Beschleunigung: langsamer werden

---

[1] zu dieser Frage gibt es sogar eine Gerichtsentscheidung: BVwG 08.09.2016, W203 2132862-1
Auch wenn das Gericht in dieser Entscheidung der Schülerin Recht gab (nämlich dass man nicht etwas in der Antwort wiederholen muss, was ohnehin in der Angabe steht), kann man daraus lernen, dass es jedenfalls die Prüfungskommissionen anders sehen ☺

Spezialfälle

Dauer des Wurfs → löse die Gleichung Höhe („Weg") = 0; also h(x) = 0
größte Wurfhöhe → löse die Gleichung Geschwindigkeit = 0; also h´(t) = 0
größte Geschwindigkeit („am schnellsten")
→ löse die Gleichung Beschleunigung = 0; also s´´(t) = 0

Wichtige Umrechnungsformel:
m/s => km/h: · 3,6   Beispiel: 8m/s · 3,6 = 28,8km/h
km/h => m/s: /3,6   Beispiel: 72km/h / 3,6 = 20m/s

Typische Aufgabenstellungen ([…] sind die Aufgabennummern aus www.aufgabenpool.at)

1) Eine Kugel rollt entlang einer geneigten Ebenen nach unten und legt in t Sekunden den Weg s(t) = 2,5t² + 1,5t (in Metern) zurück.
   a) Berechne die mittlere Geschwindigkeit zwischen t=3 und t=5!
      Erinnerung: „mittlere Geschwindigkeit" entspricht dem Differenzenquotienten
   b) Berechne die Momentangeschwindigkeit nach 3 Sekunden!

2) Der Weg, den ein Massepunkt nach t Sekunden zurückgelegt hat, wird durch die Funktion s(t) beschrieben. Ergänze die Lücken durch Ankreuzen der jeweils fehlenden Satzteile so, dass eine mathematisch korrekte Aussage entsteht!
   Falls zu einem bestimmten Zeitpunkt _____①_____ gilt, so _____②_____ .

①	
s(t) > 0	☐
s'(t) > 0	☐
s''(t) > 0	☐

②	
bewegt sich der Massepunkt rückwärts	☐
steht der Massepunkt still	☐
wird der Massepunkt schneller	☐

3) Von einer Terrasse werden Softbälle nach unten fallen gelassen. Die Funktion $h(t) = -5 \cdot t^2 + 20$ berechnet die Höhe des Balles in Metern über dem Boden nach einer Fallzeit von t Sekunden.
   a) Erstellen Sie einen mathematischen Ansatz zur Ermittlung der Beschleunigungs-Zeit-Funktion und berechnen Sie diese Funktion!
   b) Interpretieren Sie den konstanten Summanden in der Weg-Zeit-Funktion im Sachzusammenhang!
   c) Erklären Sie, warum die Beschleunigungs-Zeit-Funktion eine konstante Funktion sein muss und interpretieren Sie diese Tatsache im Sachzusammenhang!
   d) Paul möchte die Geschwindigkeit des Balles beim Aufschlag auf den Boden berechnen. Ermitteln Sie den Zeitpunkt t_0, an dem der Ball auf den Boden aufschlägt, und berechnen Sie die Aufschlaggeschwindigkeit!

4) Ein Körper wird senkrecht nach oben geschossen. Für seine Höhe h (in Metern) nach t Sekunden gilt $h(t) = h_0 + v_o t - \frac{g}{2} t^2$.
   a) Interpretieren Sie die Terme $\frac{\Delta h}{\Delta t}$, $h'(t)$ und $h''(t)$ in diesem Kontext!
   b) Lösen Sie allgemein die Gleichung $h'(t^*) = 0$ und interpretieren Sie den Term $h(t^*)$ in diesem Kontext!
   c) Erläutern Sie, unter welcher Voraussetzung $\frac{\Delta h}{\Delta t} \approx h'(t)$ gilt!

5) Ein PKW fährt am Beschleunigungsstreifen einer Autobahn. Seine Geschwindigkeit nach t Sekunden kann während diesem Vorgang durch eine Funktion v(t) beschrieben werden (Geschwindigkeit in m/s). Interpretieren Sie den Term $\int_0^7 v(t)dt = 450$ in diesem Kontext!

6) [1_524] Mithilfe eines Tachographen kann die Geschwindigkeit eines Fahrzeugs in Abhängigkeit von der Zeit aufgezeichnet werden. Es sei *v(t)* die Geschwindigkeit zum Zeitpunkt *t*. Die Zeit wird in Stunden (h) angegeben, die Geschwindigkeit in Kilometern pro Stunde (km/h). Ein Fahrzeug startet zum Zeitpunkt *t=0*.

   Geben Sie die Bedeutung der Gleichung $\int_0^{0,5} v(t)dt = 40$ unter Verwendung der korrekten Einheiten im gegebenen Kontext an!

7) [1_582] Die geradlinige Bewegung eines Autos wird mithilfe der Zeit-Weg-Funktion *s* beschrieben. Innerhalb des Beobachtungszeitraums ist die Funktion *s* streng monoton wachsend und rechtsgekrümmt.
   Kreuzen Sie die beiden für diesen Beobachtungszeitraum zutreffenden Aussagen an!
   ❑ Die Geschwindigkeit des Autos wird immer größer.
   ❑ Die Funktionswerte von s´ sind negativ.
   ❑ Die Funktionswerte von s´´ sind negativ.
   ❑ Der Wert des Differenzenquotienten von *s* im Beobachtungszeitraum ist negativ.
   ❑ Der Wert des Differenzialquotienten von *s* wird immer kleiner.

8) [1_655] Die Funktion *a* beschreibt die Beschleunigung eines sich in Bewegung befindlichen Objekts in Abhängigkeit von der Zeit *t* im Zeitintervall $[t_1; t_1 + 4]$. Die Beschleunigung *a(t)* wird in m/s², die Zeit *t* in s angegeben.
   Es gilt: $\int_{t_1}^{t_1+4} a(t)\, dt = 2$. Eine der nachstehenden Aussagen interpretiert das angegebene bestimmte Integral korrekt. Kreuzen Sie die zutreffende Aussage an!
   ❑ Das Objekt legt im gegebenen Zeitintervall 2m zurück.
   ❑ Die Geschwindigkeit des Objekts am Ende des gegebenen Intervalls beträgt 2 m/s.
   ❑ Die Beschleunigung des Objekts ist am Ende des gegebenen Zeitintervalls um 2 m/s² größer als am Anfang des Intervalls.
   ❑ Die Geschwindigkeit des Objekts hat in diesem Zeitintervall um 2 m/s zugenommen.
   ❑ Im Mittel erhöht sich die Geschwindigkeit des Objekts im gegebenen Zeitintervall pro Sekunde um 2 m/s.
   ❑ Im gegebenen Zeitintervall erhöht sich die Beschleuniguung des Objekts pro Sekunde um $\frac{2}{4}$ m/s².

9) [1_727] Ein Körper wird aus einer Höhe von 1m über dem Erdboden senkrecht nach oben geworfen. Die Geschwindigkeit des Körpers nach *t* Sekunden wird modellhaft durch die Funktion *v* mit $v(t) = 15 - 10 \cdot t$ beschrieben (*v(t)* in Metern pro Sekunde, *t* in Sekunden).
   Geben Sie diejenige Höhe (in Metern) über dem Erdboden an, in der sich der Körper nach 2s befindet!

10) [1_799] Die Funktion v mit $v(t) = 0{,}5 \cdot t + 2$ ordnet für einen Körper jedem Zeitpunkt t die Geschwindigkeit $v(t)$ zu (t in s, $v(t)$ in m/s).
Folgende Berechnung wird durchgeführt:
$$\int_1^5 (0{,}5 \cdot t + 2)\,dt = 14$$
Formulieren Sie mit Bezug auf die Bewegung des Körpers eine Fragestellung, die mit der durchgeführten Berechnung beantwortet werden kann!

11) [1_747] Ein Körper startet seine geradlinige Bewegung zum Zeitpunkt $t = 0$.
Die Funktion v ordnet jedem Zeitpunkt t die Geschwindigkeit $v(t)$ des Körpers zum Zeitpunkt t zu (t in s, $v(t)$ in m/s).
Interpretieren Sie die Gleichung $v'(3) = 1$ im gegebenen Kontext unter Verwendung der entsprechenden Einheit!

Kapitel 38
Weg, Geschwindigkeit und Beschleunigung in Diagrammen

Grundformel (gleichförmige Bewegung)

> **Weg = Geschwindigkeit · Zeit**
> **s = v · t**

Wegfunktion: x-Achse = Zeit; y-Achse = zurückgelegter Weg

Geschwindigkeit = Steigung des Grafen [1. Ableitung = s´(t)]

- waagrechter Graf → Geschwindigkeit 0
- geradliniger Graf → Geschwindigkeit = $\frac{\Delta y}{\Delta x}$ (senkrechter Abstand / waagrechter Abstand) ist konstant
- allgemeine Funktionskurve → Geschwindigkeit = 1. Ableitung (Geschwindigkeit nicht konstant)

Einheit der Geschwindigkeit: y-Einheit pro x-Einheit (zB km/h oder m/s)

Anmerkung: negative Geschwindigkeit entspricht einer Rückwärts-(Abwärts-)Bewegung

Beschleunigung = Krümmung des Grafen [2. Ableitung = s´´(t)]

- positive Krümmung (Drehung nach oben) → positive Beschleunigung, Bewegung wird schneller
- negative Krümmung (Drehung nach unten) → negative Beschleunigung, Bewegung wird langsamer
- geradliniger Graf (keine Krümmung) → Beschleunigung = 0

Einheit der Beschleunigung: y-Einheit pro x-Einheit² (zB km/h² oder m/s²)

Beispiel:

Geschwindigkeit im Intervall [0; 4] = 2/4 = 0,5 m/s
Geschwindigkeit im Intervall [4; 5] = 0/1 = 0 m/s
Geschwindigkeit im Intervall [5; 7] = 2/2 = 1 m/s

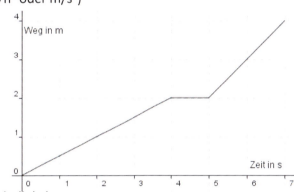

Geschwindigkeitsfunktion: x-Achse = Zeit; y-Achse = Geschwindigkeit

Weg = Fläche zwischen Geschwindigkeitsgraf und x-Achse

- waagrechter Graf → Rechteck = Länge · Breite (gleichförmige Bewegung)
- geradliniger Graf → Dreieck = (Länge · Breite) / 2 (gleichmäßig beschleunigte Bewegung)
- allgemeine Funktionskurve → Weg = Integral

Einheit des Wegs: y-Einheit (zB km oder m)

Beschleunigung = Steigung des Grafen

- waagrechter Graf → Beschleunigung = 0
- geradliniger Graf → Beschleunigung konstant (Beschleunigung = Steigung des Grafen)
- allgemeine Funktionskurve → Beschleunigung = Ableitung der Geschwindigkeitsfunktion

Einheit der Beschleunigung: y-Einheit/xEinheit² (zB km/h² oder m/2²)

Beispiel:

Weg im Intervall [0; 2] = 2·2 = 4km
Weg im Intervall [2; 5] = 3·1 + (3·1)/2 = 4,5km

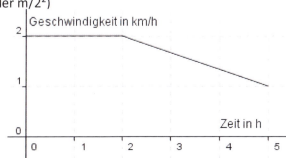

Prüfungstipp:

konstante Geschwindigkeit entspricht einem waagrechten Geschwindigkeitsgrafen → diese waagrechte Gerade sollte auch in der richtigen Höhe (=Steigung der Wegfunktion) eingezeichnet werden! (gleiches gilt für konstante Beschleunigung)

Interpretationsregeln: es gilt das, was in Kapitel 37 steht ☺

Typische Aufgabenstellungen ([…] sind die Aufgabennummern aus www.aufgabenpool.at)

1) Das rechts stehende Zeit-Weg-Diagramm stellt eine Bewegung dar. Der Weg wird in Metern (m), die Zeit in Sekunden (s) gemessen. Zur Beschreibung dieser Bewegung sind zudem verschiedene Geschwindigkeiten (v_x) gegeben.
Ordnen Sie jeweils jedem Zeitintervall jene Geschwindigkeit zu, die der Bewegung in diesem Intervall entspricht!

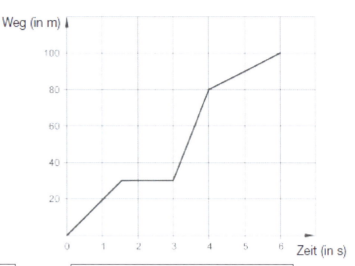

Geschwindigkeit	
$v_A = 0$ m/s	A
$v_B = 5$ m/s	B
$v_C = 10$ m/s	C
$v_D = 20$ m/s	D
$v_E = 25$ m/s	E
$v_F = 50$ m/s	F

Zeitintervall
[0; 1,5]
[1,5; 3]
[3; 4]
[4; 6]

2) Das Diagramm zeigt die Geschwindigkeit, mit welcher auf einer automatisierten Fertigungsstraße Bauteile hergestellt werden, in Stück / Minute.
Geben Sie an, wie viele Bauteile im Verlauf einer Stunde erzeugt wurden!

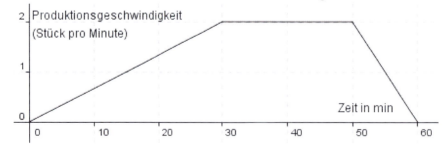

3) In der nachstehenden Abbildung ist der Graph einer Geschwindigkeitsfunktion *v* im Zeitintervall [0; 10] dargestellt (*v(t)* in m/s, *t* in s).

   Geben Sie an, was die Aussage $\int_0^2 v(t)dt < \int_2^{10} v(t)dt$ im vorliegenden Kontext bedeutet!

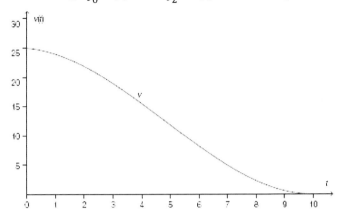

4) Die Funktion *v* beschreibt die Geschwindigkeit eines Objekts im Zeitintervall [0; 8] ($v(t)$ in m/s, t in s). Beschreiben und interpretieren Sie den Verlauf des Graphen der Ableitungsfunktion v' im gegebenen Zusammenhang!

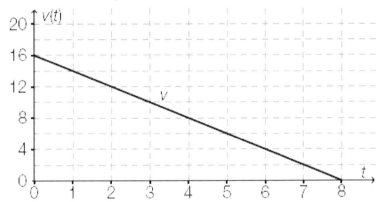

5) Die Funktion *h*, deren Graph in der Abbildung dargestellt ist, beschreibt näherungsweise die Höhe *h(t)* eines senkrecht nach oben geschossenen Körpers in Abhängigkeit von der Zeit *t* (*t* in Sekunden, *h(t)* in Metern).

   Bestimmen Sie anhand des Graphen die mittlere Geschwindigkeit des Körpers in Metern pro Sekunde im Zeitintervall [2s; 4s]!

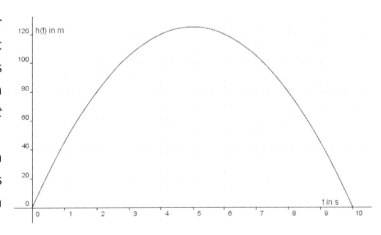

6) Zwei Radfahrer A und B fahren mit Elektrofahrrädern vom gleichen Startpunkt aus mit jeweils konstanter Geschwindigkeit auf einer geradlinigen Straße in dieselbe Richtung.

In der Abbildung sind die Graphen der Funktionen s_A und s_B dargestellt, die den von den Radfahrern zurückgelegten Weg in Abhängigkeit von der Fahrzeit beschreiben. Die markierten Punkte haben die Koordinaten (0|0), (2|0) bzw. (8|2400).

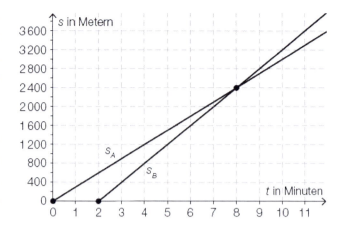

Kreuzen Sie die beiden Aussagen an, die der Abbildung entnommen werden können!

❏ Der Radfahrer B startet zwei Minuten später als der Radfahrer A.
❏ Die Geschwindigkeit des Radfahrers A beträgt 200 Meter pro Minute.
❏ Der Radfahrer B holt den Radfahrer A nach einer Fahrstrecke von 2,4 Kilometern ein.
❏ Acht Minuten nach dem Start von Radfahrer B sind die beiden Radfahrer gleich weit vom Startpunkt entfernt.
❏ Vier Minuten nach der Abfahrt des Radfahrers A sind die beiden Radfahrer 200 Meter voneinander entfernt.

7) [1_439] Ein Körper wird entlang einer Geraden bewegt. Die Entfernungen des Körpers (in Metern) vom Ausgangspunkt seiner Bewegung nach t Sekunden sind in der Tabelle angeführt.

Der Bewegungsablauf des Körpers weist folgende Eigenschaften auf:

Zeit (in Sekunden)	zurückgelegter Weg (in Metern)
0	0
3	20
6	50
10	70

• (positive) Beschleunigung im Zeitintervall [0; 3) aus dem Stillstand bei $t = 0$
• konstante Geschwindigkeit im Zeitintervall [3; 6]
• Bremsen (negative Beschleunigung) im Zeitintervall (6; 10] bis zum Stillstand bei $t = 10$

Zeichnen Sie den Graphen einer möglichen Zeit-Weg-Funktion s, die den beschriebenen Sachverhalt modelliert, in das Koordinatensystem!

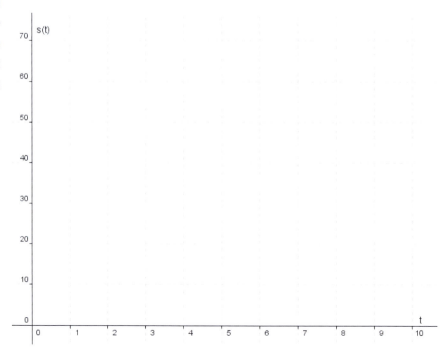

8) [1_511] Ein Motorradfahrer fährt dieselbe Strecke (560km) wie ein Autofahrer. Die beiden Bewegungen werden im Zeit-Weg-Diagramm modellhaft als geradlinig angenommen. Die hervorgehobenen Punkte haben ganzzahlige Koordinaten.

Kreuzen Sie die beiden Aussagen an, die eine korrekte Interpretation des Diagramms darstellen!

❑ Der Motorradfahrer fährt drei Stunden nach der Abfahrt des Autofahrers los.
❑ Das Motorrad hat eine Durchschnittsgeschwindigkeit von 100km/h.
❑ Wenn der Autofahrer sein Ziel erreicht, ist das Motorrad noch 120km davon entfernt.
❑ Die Durchschnittsgeschwindigkeit des Autos ist um 40km/h niedriger als jene des Motorrads.
❑ Die Gesamtfahrzeit des Motorradfahrers ist für diese Strecke größer als jene des Autofahrers.

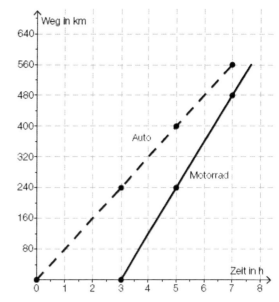

9) [1_724] Die nachstehenden Abbildungen zeigen die Graphen von vier Beschleunigungsfunktionen (a_1, a_2, a_3, a_4) und von sechs Geschwindigkeitsfunktionen ($v_1, v_2, v_3, v_4, v_5, v_6$) in Abhängigkeit von der Zeit t.
Ordnen Sie den vier Graphen von a_1 bis a_4 jeweils den zugehörigen Graphen von v_1 bis v_6 (aus A bis F) zu!

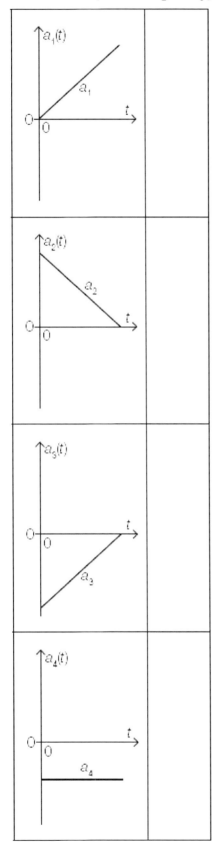
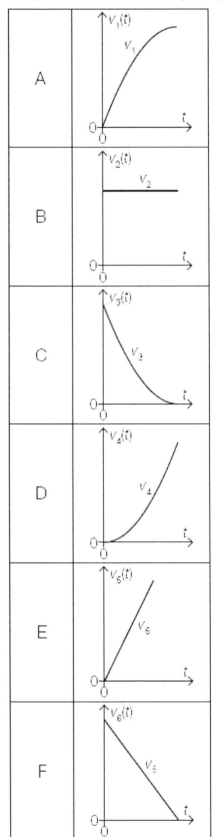

Kapitel 39
Weitere Rechenregeln zum Differenzieren und Integrieren

Ableitungs- und Integralregeln für „Sonderfunktionen"

Differenzieren
$$f(x) = \sin(x) \rightarrow f'(x) = \cos(x)$$
$$f(x) = \cos(x) \rightarrow f'(x) = -\sin(x)$$
$$f(x) = e^x \rightarrow f'(x) = e^x$$
$$f(x) = \ln(x) \rightarrow f'(x) = \frac{1}{x}$$

Zahl steht vor sin/cos/e/ln : bleibt einfach dort stehen:
$$f(x) = 3 \cdot \sin(x) \rightarrow f'(x) = 3 \cdot \cos(x)$$

Zahl steht vor x: Ableitung wird zusätzlich mit dieser Zahl multipliziert
$$f(x) = 2 \cdot e^{5x} \rightarrow f'(x) = 2 \cdot e^{5x} \cdot 5 = 10 \cdot e^{5x}$$

Minus vor Hochzahl statt Divison: x^{-2} statt $\frac{1}{x^2}$, x^{-3} statt $\frac{1}{x^3}$ usw.

Ableitung nach „normalen" Regeln: Zahl vor x mit Hochzahl multiplizieren, Hochzahl minus 1
$$f(x) = \frac{2}{x^3} \rightarrow f(x) = 2x^{-3} \rightarrow f'(x) = -6x^{-4} \quad \text{(Achtung: -3 -1 = -4!)}$$

Typische Aufgabenstellung ([…] sind die Aufgabennummern aus www.aufgabenpool.at)

1) Bilde die 1. Ableitung folgender Funktionen:
   a) $f(x) = \sin(x) + 3\cos(x)$
   b) $f(x) = 4\sin(x) - 3\cos(x)$
   c) $f(x) = 2\sin(3x) - 5\cos(x)$
   d) $f(x) = 2e^{5x} + 1$
   e) $f(x) = 3\ln(4x)$

2) [1_432] Eine Gleichung einer Funktion f lautet $f(x) = 5 \cdot \cos(x) + \sin(3 \cdot x)$. Geben Sie eine Gleichung der Ableitungsfunktion f' der Funktion f an!

3) [1_580] Gegeben sind die Funktionen f mit $f(x) = \sin(a \cdot x)$ und g mit $g(x) = a \cdot \cos(a \cdot x)$ mit $a \in \mathbb{R}$. Welche Beziehung besteht zwischen den Funktionen f und g und deren Ableitungsfunktionen? Kreuzen Sie diejenige Gleichung an, die für alle $a \in \mathbb{R}$ gilt!
   ○ $a \cdot f'(x) = g(x)$ ○ $g'(x) = f(x)$ ○ $a \cdot g(x) = f'(x)$
   ○ $f(x) = a \cdot g'(x)$ ○ $f'(x) = g(x)$ ○ $g'(x) = a \cdot f(x)$

Prüfungstipp: man kann das auch einfach mit Taschenrechner oder Geogebra „nachrechnen"!

4) [1_581] Gegeben ist eine Funktion f mit $f(x) = e^{\lambda \cdot x}$ mit $\lambda \in \mathbb{R}$. Die Abbildung zeigt die Graphen der Funktion f und ihrer Ableitungsfunktion f'.
Geben Sie den Wert des Parameters λ an!

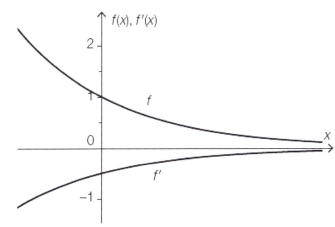

5) [1_603] Gegeben sind sechs Funktionsgleichungen mit einem Parameter k, wobei $k \in \mathbb{Z}$ und $k \neq 0$. Für welche der gegebenen Funktionsgleichungen gilt der Zusammenhang $f'(x) = k \cdot f(x)$ für alle $x \in \mathbb{R}$? Kreuzen Sie die zutreffende Funktionsgleichung an!

❏ $f(x) = k$ ❏ $f(x) = \frac{k}{x}$ ❏ $f(x) = k \cdot x$ ❏ $f(x) = x^k$ ❏ $f(x) = e^{k \cdot x}$ ❏ $f(x) = \sin(k \cdot x)$

Prüfungstipp: für k und x zwei beliebige Zahl wählen (zum Beispiel k = 5 und x = 2.4) und dann mithilfe von Geogebra oder Taschenrechner für alle Funktion f'(2.4) bzw. 5·f(2.4) ausrechnen → wenn das Gleiche rauskommt, hat man die richtige Antwort gefunden. (Man muss ja nicht begründen, warum man das Kreuzchen dorthin gemacht hat ☺.)

6) [1_504] Über zwei Polynomfunktionen f und g ist bekannt, dass für alle $x \in \mathbb{R}$ gilt: $g(x) = 3 \cdot f(x) - 2$. Welche der nachstehenden Aussagen ist jedenfalls für alle $x \in \mathbb{R}$ wahr? Kreuzen Sie die zutreffende Aussage an!

Tipp: eine „typische", nicht allzu komplizierte Polynomfunktion ausdenken, für x eine beliebige Zahl wählen (nicht 0, nicht 1) und nachrechnen

❏ $g'(x) = f'(x)$ ❏ $g'(x) = f'(x) - 2$ ❏ $g'(x) = 3 \cdot f'(x)$ ❏ $g'(x) = 3 \cdot f'(x) - 2$
❏ $g'(x) = 3 \cdot f'(x) - 2 \cdot x$ ❏ $g'(x) = -2 \cdot f'(x)$

7) [1_700] Gegeben ist die Funktion $f: \mathbb{R} \to \mathbb{R}$ mit $f(x) = 3 \cdot e^x$. Die nachstehenden Aussagen beziehen sich auf Eigenschaften der Funktion f bzw. deren Ableitungsfunktion f'. Kreuzen Sie die beiden zutreffenden Aussagen an!

❏ Es gibt eine Stelle $x \in \mathbb{R}$ mit $f'(x) = 2$.
❏ Für alle $x \in \mathbb{R}$ gilt: $f'(x) > f'(x+1)$.
❏ Für alle $x \in \mathbb{R}$ gilt: $f'(x) = 3 \cdot f(x)$.
❏ Es gibt eine Stelle $x \in \mathbb{R}$ mit $f'(x) = 0$.
❏ Für alle $x \in \mathbb{R}$ gilt: $f'(x) \geq 0$.

Integrieren (=Suchen einer Stammfunktion)
$f(x) = \sin(x)$ → $F(x) = -\cos(x) + c$
$f(x) = \cos(x)$ → $F(x) = \sin(x) + c$
$f(x) = e^x$ → $F(x) = e^x + c$
$f(x) = \frac{1}{x}$ → $F(x) = \ln(x) + c$

Zahl steht vor sin/cos/e/$\frac{1}{x}$: bleibt einfach dort stehen

$f(x) = 4 \cdot \frac{1}{x}$ oder $f(x) = \frac{4}{x}$ → $F(x) = 4 \ln(x) + c$

Zahl steht vor x: Stammfunktion wird durch diese Zahl dividiert

$f(x) = 2 \sin(3x)$ → $F(x) = -\frac{2 \cos(3x)}{3} + c$

Bestimmen der Integrationskonstante: x und y=F(x) in Stammfunktion einsetzen
Erinnerung: x = Zahl in Klammer; y steht „rechts vom ="

$f(x) = e^{2x}; F(1) = 5$ → $F(x) = \frac{e^{2x}}{2} + c$

$5 = \frac{e^{2 \cdot 1}}{2} + c$ ⇒ $5 = 3{,}69 + c$ ⇒ $1{,}31 = c$

Prüfungstipp: aufpassen bei x = 0; es kommt nicht „automatisch = Startwert" [wie bei den Polynomfunktionen]

$f(x) = 3 \sin(x); F(0) = 4$ → $F(x) = 3 \cos(x) + c$

$4 = 3 \cdot \underbrace{\cos(0)}_{=1} + c$ ⇒ $1 = c$

Typische Aufgabenstellung ([...] sind die Aufgabennummern aus www.aufgabenpool.at)

8) Gib die Gleichung jener Stammfunktion von f an, welche die angegebene Bedingung erfüllt:
   a) $f(x) = 2e^x$; $F(0) = 4$
   b) $f(x) = \sin(5x)$; $F(0) = 1$
   c) $f(x) = e^{2x}$; $F(0) = 1$
   d) $f(x) = 3 \cdot e^x$; $F(0) = 7$

9) [1_453] Gegeben ist eine Funktion f mit der Funktionsgleichung $f(x) = e^{2 \cdot x}$. Welche von den unten durch ihre Funktionsgleichungen angegebenen Funktionen F ist Stammfunktion von f und verläuft durch den Punkt P = (0|1)? Kreuzen Sie die zutreffende Antwort an!

○ $F(x) = e^{2 \cdot x} + \frac{1}{2}$ ○ $F(x) = 2 \cdot e^{2 \cdot x} - 1$ ○ $F(x) = 2 \cdot e^{2 \cdot x}$

○ $F(x) = \frac{e^{2 \cdot x}}{2} + \frac{1}{2}$ ○ $F(x) = e^{2 \cdot x}$ ○ $F(x) = \frac{e^{2 \cdot x}}{2}$

10) Gegeben ist die Funktion f mit $f(x) = 2 \cdot \cos(3 \cdot x)$. Geben Sie eine Stammfunktion F der Funktion f an!

Abstrakte Rechenregeln

bei + oder − können die einzelnen Teile getrennt differenziert oder integriert werden

$\int f(x) + g(x)\, dx = \int f(x)\,dx + \int g(x)\, dx$

$(f(x) - 3x)' = f'(x) - 3$ (weil die Ableitung von -3x eben -3 ergibt)

Zahlen, die mit „mal" vor einem Ausdruck stehen, können vor das Integral bzw. vor die zu differenzierende Klammer geschrieben werden

$\int 5 \cdot f(x)\,dx = 5 \cdot \int f(x)\, dx$

$\int 2 \cdot (5x - 4)\,dx = 2 \cdot \int 5x - 4\, dx$

$\left(5 \cdot g(x)\right)' = 5 \cdot g'(x)$

für bestimmte Integrale gilt: $\int_{x_1}^{x_2} f(x)\, dx = F(x_2) - F(x_1)$ (wobei F Stammfunktion von f ist)

Alles andere, was als Auswahlantwort vorkommt, ist eben eine falsche Regel ☺

Prüfungstipp: Wenn man nicht die Regeln „abstrakt" lernen will, einfach die Integrale (ggf. mit geeigneten „Testzahlen") mit Taschenrechner oder Geogebra berechnen und schauen, was stimmt

Typische Aufgabenstellung ([...] sind die Aufgabennummern aus www.aufgabenpool.at)

11) [1_429] Zwei der nachstehend angeführten Gleichungen sind für alle Polynomfunktionen f und bei beliebiger Wahl der Integrationsgrenzen a und b (mit a<b) richtig.
Kreuzen Sie die beiden zutreffenden Gleichungen an!

○ $\int_a^b (f(x) + x)dx = \int_a^b f(x)dx + \int_a^b x\, dx$

○ $\int_a^b f(2 \cdot x)dx = \frac{1}{2} \cdot \int_a^b f(x)dx$

○ $\int_a^b (1 - f(x)dx = x - \int_a^b f(x)dx$

○ $\int_a^b (f(x) + 2)dx = \int_a^b f(x)dx + 2$

○ $\int_a^b (3 \cdot f(x))dx = 3 \cdot \int_a^b f(x)dx$

12) [1_501] Gegeben ist das bestimme Integral $I = \int_0^a (25 \cdot x^2 + 3)dx$ mit $a \in \mathbb{R}^+$. Kreuzen Sie die beiden Ausdrücke an, die für alle $a > 0$ denselben Wert wie I haben!

❏ $25 \cdot \int_0^a x^2 dx + \int_0^a 3 dx$ ❏ $\int_0^a 25 dx \cdot \int_0^a x^2 dx + \int_0^a 3 dx$ ❏ $\int_0^a 25 \cdot x^2 dx + 3$

❏ $\frac{25 \cdot a^3}{3} + 3 \cdot a$ ❏ $50 \cdot a$

13) [1_676] Die Funktionen g und h sind unterschiedliche Stammfunktionen einer Polynomfunktion f vom Grad $n \geq 1$. Kreuzen Sie die beiden zutreffenden Aussagen an!

❏ $g'(x) = h'(x)$
❏ $g(x) + h(x) = c, c \in \mathbb{R} \setminus \{0\}$
❏ $\int_0^2 g(x)\,dx = f(2) - f(0)$
❏ $\int_0^2 f(x)\,dx = h(2) - h(0)$
❏ $g(x) = c \cdot h(x),\ c \in \mathbb{R} \setminus \{1\}$

Kapitel 40
Grundlagen der Wahrscheinlichkeitsrechnung

$$\text{Wahrscheinlichkeit} = \frac{\text{Anzahl günstige Fälle}}{\text{Anzahl mögliche Fälle}}$$

Diese Regel umschreibt entweder das Laplace-Prinzip (alle möglichen Fälle sind bekannt, zB 20 von 100 Losen sind Gewinnlose) oder das statistische Prinzip (30 von 100 Versuchen waren erfolgreich).

Schreibweise:

P(X=k) bedeutet: Wahrscheinlichkeit, dass X den Wert k hat

Beispiele: P(mit einem Würfel einen 6er würfeln) = 1/6

P(aus einer Urne mit 10 roten und 20 grünen Kugeln eine rote Kugel ziehen) = 10/30

von 220 Automatenspielen wurden 78 gewonnen → P(Gewinn) = 78/220

 Auch wenn man zB mehrere Packungen durchsucht, um eine Wahrscheinlichkeit zu ermitteln, muss man einfach <u>alle</u> günstigen bzw. möglichen Fälle zusammenzählen.

Beispiel: Albert A. überprüft 5 Bierkisten (mit je 20 Flaschen) auf der Suche nach „goldenen Kronkorken". In Kiste 3 findet er einen solchen Korken, in Kiste 5 sogar 2; in den anderen Kisten gar keinen. Gib einen Schätzwert für die Wahrscheinlichkeit an, einen goldenen Kronkorken zu finden!

Lösung: insgesamt gibt es 3 goldene Korken bei insgesamt 100 Flaschen => $\frac{3}{100} = 0{,}03$

Rechenregeln

zwei Ereignisse hintereinander oder gleichzeitig (UND-Regel):

Wahrscheinlichkeiten multiplizieren

Beispiele: P(zwei 6er hintereinander würfeln) = 1/6 · 1/6

P(mit einer Münze vier Mal hintereinander Zahl werfen) = $(1/2)^4$

Das Risiko für einen Einbruch liegt in einem Gewerbegebiet bei 2%. Eine Alarmanlage schützt zu 90% vor Einbruchsversuchen. → P(es wird trotzdem in diesem Betrieb eingebrochen) = 0,02·0,10

mehrere Alternativen (höchstens 1 → 0 oder 1) bzw. mehrere Reihenfolgen möglich (ODER-Regel):

Wahrscheinlichkeiten addieren

Beispiel: Ein fairer Würfel wird vier Mal geworfen. Wie groß ist die Wahrscheinlichkeit, dass höchstens ein Sechser geworfen wird?

Lösung: 6̶ 6̶ 6̶ 6̶   ODER   6 6̶ 6̶ 6̶   ODER   6̶ 6 6̶ 6̶   ODER   6̶ 6̶ 6 6̶   ODER   6̶ 6̶ 6̶ 6

$(5/6)^4$ + $1/6 \cdot (5/6)^3$ + $5/6 \cdot 1/6 \cdot (5/6)^2$ + $(5/6)^2 \cdot 1/6 \cdot 5/6$ + $(5/6)^3 \cdot 1/6$

wenn nur die Reihenfolgen unterschiedlich sind:

Wahrscheinlichkeit (für eine Reihenfolge) · Anzahl der Reihenfolgen

im Beispiel: $(5/6)^4 + 1/6 \cdot (5/6)^3 \cdot 4$ *(bei den hinteren vier Alternativen ist nur die Reihenfolge verschieden)*

 Verschiedene Reihenfolgen bilden immer verschiedene „Ereignismuster"!

Beispiel: In einem Wald sind 70% der Bäume Laubbäume und 30% Nadelbäume. Hund Bello markiert 2 dieser Bäume. Mit welcher Wahrscheinlichkeit wählt er dafür genau einen Laubbaum?

Lösung: Laubbaum UND Nadelbaum   ODER   Nadelbaum UND Laubbaum

0,7   ·   0,3   +   0,3   ·   0,7   = 0,42

Bei „ohne Zurücklegen" ändert sich die Anzahl der möglichen (und günstigen) Fälle innerhalb eines Ereignismusters. Im Zweifel ist immer von „ohne Zurücklegen" auszugehen: „zwei Personen auswählen" heißt im Zweifel, zwei verschiedene Personen auswählen.

Beispiel: In einer Straßenbahn mit 28 Fahrgästen haben 4 Personen kein Ticket. Es werden 3 Personen überprüft. Mit welcher Wahrscheinlichkeit erwischt man dabei genau einen Schwarzfahrer?

Man könnte nun argumentieren, es ist nicht gänzlich außerhalb der allgemeinen Lebenserfahrung, dass der „durchschnittliche Kontrolleur" auch zweimal hintereinander dieselbe Person kontrolliert. „Im Zweifel" muss man bei solchen Aufgaben aber immer davon ausgehen, dass 3 verschiedene Personen kontrolliert werden!

Lösung: ✗ ... Schwarzfahrer (kein Ticket)
✓ ... Fahrgast mit Ticket

mögliche Ereignismuster: ✗ ✓ ✓ ODER ✓ ✗ ✓ ODER ✓ ✓ ✗

$$\frac{4}{28} \cdot \frac{24}{27} \cdot \frac{23}{26} + \frac{24}{28} \cdot \frac{4}{27} \cdot \frac{23}{26} + \frac{24}{28} \cdot \frac{23}{27} \cdot \frac{4}{26} = 0{,}3370$$

Aufgaben nach diesem Muster tauchen häufig bei Prüfungen auf! (vgl Aufgaben 7, 12, 15, 17)

Man beachte den Unterschied bei folgender Formulierung:
Mit welcher Wahrscheinlichkeit ist die dritte kontrollierte Person der erste Schwarzfahrer?
jetzt gibt es nur noch ein Ereignismuster: ✓ ✓ ✗

$$\frac{24}{28} \cdot \frac{23}{27} \cdot \frac{4}{26} = 0{,}1123$$

Noch „gefährlicher" ist folgende Fragestellung:
Mit welcher Wahrscheinlichkeit ist die dritte kontrollierte Person Schwarzfahrer?
hier gibt es überhaupt kein „Ereignismuster" mehr, es geht nur um diese eine Person

=> die Wahrscheinlichkeit, dass eine Person Schwarzfahrer ist, ist $\frac{4}{28} = 0{,}1429$

Es ist eben völlig egal, ob diese eine Person als dritte kontrolliert wird, als erste kontrolliert wird, oder überhaupt nur diese eine Person kontrolliert wird.

Anderes Beispiel zur Veranschaulichung: Wenn ich beim Lotto darauf wette, dass die erste gezogene Zahl die 15 ist, habe ich genau die gleiche Chance, wie wenn ich darauf wette, dass die sechste gezogene Zahl die 15 ist. Wenn dann schon zwei Personen kontrolliert wurden, und man hat noch keinen Schwarzfahrer erwischt, dann steigt natürlich die Wahrscheinlichkeit, dass die dritte Person Schwarzfahrer ist => dieses zusätzliche Wissen ändert dann die Wahrscheinlichkeit. Aber bevor die Kontrolle beginnt, hat man dieses Wissen ja noch; da sind die Wahrscheinlichkeiten für alle gleich.

Im Lotto-Beispiel: wenn die 15 als vierte Zahl gezogen wurde, dann weiß ich natürlich schon, dass ich verloren habe, bevor die sechste Zahl gezogen wird. Aber vor der Ziehung ist die Wahrscheinlichkeit an jeder Stelle gleich. Wenn man darauf wettet, dass die 15 als sechste Zahl gezogen wird (statt als erste), erhöht sich die Spannung während der Ziehung. Die Gewinnwahrscheinlichkeit ändert es nicht.

Das alles würde ich hier nicht so ausführen, wenn nicht genau dieses Problem immer wieder bei der Matura vorkommen würde ☺ (vgl. Aufgabe 22, 27 und 28).

Gegenwahrscheinlichkeit:

P(A tritt ein) = 1 – P(A tritt nicht ein)

Leitfrage bei Gegenwahrscheinlichkeit: „Was soll nicht passieren?"
dann rechnet man 1 – P(A tritt nicht ein)

Spezialfall „mindestens einmal Wahrscheinlichkeit" bei konstanter (!) Erfolgswahrscheinlichkeit:

1 – Wkeit was nicht passieren soll$^{\text{Anzahl Versuche}}$

Beispiel: Ein Fußballspieler hat beim Elfmeterschießen eine „Trefferquote" von 95%. Wie groß ist die Wahrscheinlichkeit, dass er bei 20 Elfmetern mindestens einmal verschießt?
Lösung: P(bei 20 Elfern mindestens einer daneben) = 1 – P(alle Schüsse im Tor) = 1 – $0{,}95^{20}$

Prüfungstipps

- aufpassen, ob Wahrscheinlichkeit (Dezimalzahl) oder Prozentzahl gesucht ist!!!
  (keine Punkte verschenken)
- immer das zur Rechnung passende „Ereignismuster" überlegen;
  wenn man dieses Muster hat, sind die Rechenregeln relativ leicht anwendbar

Typische Beispiele ([...] sind die Aufgabennummern aus www.aufgabenpool.at)

1) [1_498] Im Jahr 2014 wurden in Österreich 42162 Buben und 39 560 Mädchen geboren. Geben Sie anhand dieser Daten einen Schätzwert für die Wahrscheinlichkeit an, dass ein in Österreich geborenes Kind ein Mädchen ist!

2) [1_499] Jugendliche sind laut Jugendschutzgesetz 1988 (Fassung vom 23.3.1016) Personen, die das 14. Lebensjahr, aber noch nicht das 18. Lebensjahr vollendet haben[1]. Die Grafik zeigt für den Zeitraum von 1950 bis 2010 sowohl die absolute Anzahl der Verurteilungen Jugendlicher als auch die Anzahl der Verurteilungen Jugendlicher bezogen auf 100 000 Jugendliche.

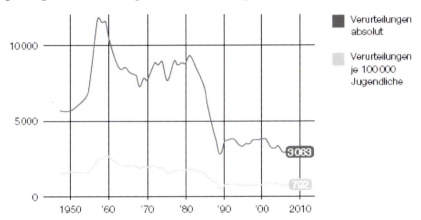

Wie viele Jugendliche insgesamt gab es in Österreich in etwa im Jahr 2010? Kreuzen Sie die zutreffende Anzahl an!
❏ 792 000   ❏ 3 063 000   ❏ 3 863 000   ❏ 387 000   ❏ 258 000   ❏ 2 580 000

3) Würfe eines Laplace-Würfels
Die Seitenflächen eines Laplace-Würfels sind mit den Zahlen von 1 bis 6 beschriftet. Der Würfel wird bei einem Zufallsversuch dreimal geworfen. Die Zufallsvariable X bezeichnet die Anzahl der Würfe, bei denen die Zahl 6 als Ergebnis eintritt. Sie kann die Werte 0, 1, 2 oder 3 annehmen.
Geben Sie die Wahrscheinlichkeit an, dass bei diesem Zufallsversuch mindestens einmal die Zahl 6 geworfen wird! Runden Sie das Ergebnis auf zwei Dezimalstellen!

---

[1] Eine solche Norm gibt es in Österreich nicht. Jugendschutz ist Landessache, es gibt nicht „das" Jugendschutzgesetz für ganz Österreich, sondern 9 verschiedene Landesgesetze; zum Beispiel das oberösterreichische Jugendschutzgesetz 1988. Richtig ist allenfalls, dass diese Definition in allen 9 Gesetzen gleich geregelt ist; so gesehen kann man sagen, dass dieses Detail hier mehr oder weniger egal ist. Wenn man jedoch bedenkt, auf welche Spitzfindigkeiten bei der Bewertung von Schülerantworten geachtet wird, sollte man die gleiche Präzision und Exaktheit auch von den Aufgabenstellern erwarten können ☺

4) Ein fairer Würfel wird 10 Mal geworfen. Erkläre, was mit dem Term $1 - \left(\frac{1}{6}\right)^{10}$ berechnet wird!

5) [1_586] Um beim Spiel *Mensch ärgere Dich nicht* zu Beginn des Spiels eine Figur auf das Spielfeld setzen zu dürfen, muss mit einem fairen Spielwürfel ein Sechser geworfen werden. (Ein Würfel ist „fair", wenn die Wahrscheinlichkeit, nach einem Wurf nach oben zu zeigen, für alle sechs Seitenflächen gleich groß ist.) Die Anzahl der Versuche, einen Sechser zu werfen, ist laut Spielanleitung auf drei Versuche beschränkt, bevor die nächste Spielerin / der nächste Spieler an die Reihe kommt.
Berechnen Sie die Wahrscheinlichkeit, mit der eine Spielfigur nach maximal drei Versuchen, einen Sechser zu werfen, auf das Spielfeld gesetzt werden darf!

6) [1_585] In einer Fabrik wird mithilfe einer Maschine ein Produkt erzeugt, von dem jeweils 100 Stück in eine Packung kommen. Im Anschluss an eine Neueinstellung der Maschine werden drei Packungen erzeugt. Diese Packungen werden kontrolliert und es wird die jeweilige Anzahl darin enthaltener defekter Stücke ermittelt. Die Ergebnisse dieser Kontrollen sind nachstehend zusammengefasst:

    in der ersten Packung.................................6 defekte Stücke
    in der zweiten Packung..............................3 defekte Stücke
    in der dritten Packung................................4 defekte Stücke

Die Fabriksleitung benötigt einen auf dem vorliegenden Datenmaterial basierenden Schätzwert für die Wahrscheinlichkeit p, dass ein von der neu eingestellten Maschine erzeugtes Stück fehlerhaft ist. Geben Sie einen möglichst zuverlässigen Schätzwert für die Wahrscheinlichkeit p an, dass ein von der neu eingestellten Maschine erzeugtes Stück fehlerhaft ist![2]

7) [1_328] Eine Lehrerin wählt am Beginn der Mathematikstunde nach dem Zufallsprinzip 3 Schüler/innen aus, die an der Tafel die Lösungsansätze der Hausübungsaufgaben erklären müssen. Es sind 18 Burschen und 8 Mädchen anwesend.
Berechnen Sie die Wahrscheinlichkeit, dass für das Erklären der Lösungsansätze 2 Burschen und 1 Mädchen ausgewählt werden!

8) Infizierte Zecken können durch einen Stich das FSME-Virus (Frühsommer-Meningoenzephalitis) auf den Menschen übertragen. In einem Risiko-Gebiet sind etwa 3% der Zecken FSME-infiziert. Die FSME-Schutzimpfung schützt mit einer Wahrscheinlichkeit von 98% vor einer FSME-Erkrankung.
Aufgabe: Eine geimpfte Person wird in diesem Risikogebiet von einer Zecke gestochen. Berechnen Sie die Wahrscheinlichkeit, dass diese Person durch den Zeckenstich[3] an FSME erkrankt!

9) Eine Studie, die die Pünktlichkeit von Schülerinnen und Schülern untersuchte, hat ergeben, dass 6% der Oberstufenschüler/innen einmal pro Tag zu spät in den Unterricht kommen.
a) In einer Klasse sind 28 Schüler/innen. Berechnen Sie die Wahrscheinlichkeit, dass mindestens eine Schülerin / ein Schüler dieser Klasse an einem bestimmten Tag zu spät in den Unterricht kommt!
b) Der Unterricht findet in einer Gruppe mit neun Schülerinnen/Schülern an fünf Tagen pro Woche statt. Berechnen Sie die Wahrscheinlichkeit, dass im Laufe einer Woche keine Schülerin / kein Schüler dieser Gruppe zu spät in den Unterricht kommt!

---

[2] Man hätte auch einfach schreiben können: Mit welcher Wahrscheinlichkeit ist ein Stück defekt?
[3] auch wenn man in der Regel vom „Zecken<u>biss</u>" spricht, handelt es sich dabei eigentlich um einen Stich ☺

10) [1_422] Ein italienischer Süßwarenhersteller stellt Überraschungseier her. Das Ei besteht aus Schokolade. Im Inneren des Eies befindet sich in einer gelben Kapsel ein Spielzeug oder eine Sammelfigur. Der Hersteller wirbt für die Star-Wars-Sammelfiguren mit dem Slogan „Wir sind jetzt mit dabei, in jedem 7. Ei!".
Peter kauft in einem Geschäft zehn Überraschungseier aus dieser Serie. Berechnen Sie die Wahrscheinlichkeit, dass Peter mindestens eine Star-Wars-Sammelfigur erhält!

11) [1_144] Ein idealer sechsseitiger Würfel mit den Augenzahlen 1 bis 6 wird einmal geworfen. Ordnen Sie den Fragestellungen der linken Spalte die passenden Wahrscheinlichkeiten in der rechten Spalte zu!

Fragestellung	
Wie groß ist die Wahrscheinlichkeit, dass eine gerade Zahl gewürfelt wird?	
Wie groß ist die Wahrscheinlichkeit, dass eine Zahl größer als 4 gewürfelt wird?	
Wie groß ist die Wahrscheinlichkeit, dass eine Zahl kleiner als 2 gewürfelt wird?	
Wie groß ist die Wahrscheinlichkeit, dass eine Zahl größer als 1 und kleiner als 6 gewürfelt wird?	

	Wahrscheinlichkeit
A	$\frac{1}{3}$
B	$\frac{1}{6}$
C	$\frac{1}{2}$
D	1
E	$\frac{5}{6}$
F	$\frac{2}{3}$

12) Bei einer Schularbeit im Fach Deutsch wählten neun von 24 Schüler/innen Thema A, alle anderen Schüler/innen Thema B. Die Lehrerin wählt bei der Korrektur drei Hefte zufällig aus.
Berechnen Sie die Wahrscheinlichkeit dafür, dass in zwei der drei ausgewählten Hefte Thema A behandelt wurde!

13) Eine Druckerei weiß aus langjähriger Erfahrung, dass jedes produzierte Stück mit einer Wahrscheinlichkeit von 3% unbrauchbar ist. Täglich werden 80 Stück hergestellt.
Interpretieren Sie, welche Wahrscheinlichkeit mit dem Ansatz $P = 1 - 0{,}97^{80}$ berechnet wird!

14) Beim Test von Leuchtmitteln beträgt die Wahrscheinlichkeit, dass in einer Stichprobe 5 fehlerhafte Leuchtmittel gefunden werden, 18%. Berechnen Sie die Wahrscheinlichkeit, dass in 2 unabhängigen Stichproben gleichen Umfangs jeweils 5 fehlerhafte Leuchtmittel gefunden werden!

15) [1_401] In einer Unterrichtsstunde sind 15 Schülerinnen und 10 Schüler anwesend. Die Lehrperson wählt für Überprüfungen nacheinander zufällig drei verschiedene Personen aus dieser Schulklasse aus. Jeder Prüfling wird nur einmal befragt. Kreuzen Sie die beiden zutreffenden Aussagen an!
- o Die Wahrscheinlichkeit, dass die Lehrperson drei Schülerinnen auswählt, kann mittels $\frac{15}{25} \cdot \frac{14}{25} \cdot \frac{13}{25}$ berechnet werden.
- o Die Wahrscheinlichkeit, dass die Lehrperson als erste Person einen Schüler auswählt, ist $\frac{10}{25}$.
- o Die Wahrscheinlichkeit, dass die Lehrperson bei der Wahl von drei Prüflingen als zweite Person eine Schülerin auswählt, ist $\frac{24}{25}$.
- o Die Wahrscheinlichkeit, dass die Lehrperson drei Schüler auswählt, kann mittels $\frac{10}{25} \cdot \frac{9}{24} \cdot \frac{8}{23}$ berechnet werden.
- o Die Wahrscheinlichkeit, dass sich unter den von der Lehrperson ausgewählten Personen genau zwei Schülerinnen befinden, kann mittels $\frac{15}{25} \cdot \frac{14}{24} \cdot \frac{23}{23}$ berechnet werden.

Zusatzaufgabe: Berechne die korrekten Wahrscheinlichkeiten für alle fünf Fälle!

16) [1_448] Bei einem Maturaball werden zwei verschiedene Glücksspiele angeboten: ein Glücksrad und eine Tombola, bei der 1000 Lose verkauft werden. Das Glücksrad ist in 10 gleich große Sektoren unterteilt, die alle mit der gleichen Wahrscheinlichkeit auftreten können. Man gewinnt, wenn der Zeiger nach Stillstand des Rades auf das Feld der „1" oder der „6" zeigt.
Max hat das Glücksrad einmal gedreht und als Erster ein Los der Tombola gekauft. In beiden Fällen hat er gewonnen. Die Maturazeitung berichtet darüber: „Die Wahrscheinlichkeit für dieses Ereignis beträgt 3%."
Berechnen Sie die Anzahl der Gewinn-Lose!

17) [1_473] Eine Gruppe von zehn Personen überquert eine Grenze zwischen zwei Staaten. Zwei Personen führen Schmuggelware mit sich. Beim Grenzübertritt werden drei Personen vom Zoll zufällig ausgewählt und kontrolliert.
Berechnen Sie die Wahrscheinlichkeit, dass unter den drei kontrollierten Personen die beiden Schmuggler der Gruppe sind!

18) [1_588] Die Wahrscheinlichkeit, dass ein neuer Autoreifen einer bestimmten Marke innerhalb der ersten 10 000 km Fahrt durch einen Materialfehler defekt wird, liegt bei p%. Eine Zufallsstichprobe von 80 neuen Reifen dieser Marke wird getestet.
Geben Sie einen Ausdruck an, mit dem man die Wahrscheinlichkeit, dass mindestens einer dieser Reifen innerhalb der ersten 10 000 km Fahrt durch einen Materialfehler defekt wird, berechnen kann!

19) [1_471] Auf einem Tisch steht eine Schachtel mit drei roten und zwölf schwarzen Kugeln. Nach dem Zufallsprinzip werden nacheinander drei Kugeln aus der Schachtel gezogen, wobei die gezogene Kugel jeweils wieder zurückgelegt wird.
Gegeben ist der folgende Ausdruck: $3 \cdot 0{,}8^2 \cdot 0{,}2$
Kreuzen Sie dasjenige Ereignis an, dessen Wahrscheinlichkeit durch diesen Ausdruck berechnet wird!
❍ Es wird höchstens eine schwarze Kugel gezogen.
❍ Es werden genau zwei schwarze Kugeln gezogen.
❍ Es werden zwei rote und eine schwarze Kugel gezogen.
❍ Es werden nur rote Kugeln gezogen.
❍ Es wird mindestens eine rote Kugel gezogen.
❍ Es wird keine rote Kugel gezogen.

20) [1_497] Beim Einlass zu einer Sportveranstaltung führt eine Person P einen unerlaubten Gegenstand mit sich. Bei einer Sicherheitskontrolle wird ein unerlaubter Gegenstand mit einer Wahrscheinlichkeit von 0,9 entdeckt. Da es sich bei dieser Sportveranstaltung um eine Veranstaltung mit besonders hohem Risiko handelt, muss jede Person zwei derartige voneinander unabhängige Sicherheitskontrollen durchlaufen.
Berechnen Sie die Wahrscheinlichkeit, dass bei der Person P im Zuge der beiden Sicherheitskontrollen der unerlaubte Gegenstand entdeckt wird!

21) [1_521] Ein Mann spielt über einen längeren Zeitraum regelmäßig dasselbe Online-Glücksspiel mit konstanter Gewinnwahrscheinlichkeit. Von 768 Spielen gewinnt er 162.
Mit welcher ungefähren Wahrscheinlichkeit wird er das nächste Spiel gewinnen? Kreuzen Sie den zutreffenden Schätzwert für diese Wahrscheinlichkeit an!
❑ 0,162% ❑ 4,74% ❑ 16,2% ❑ 21,1% ❑ 7,68% ❑ 76,6%

22) [1_520] Beim Frühstücksbuffet eines Hotels befinden sich in einem Körbchen zehn äußerlich nicht unterscheidbare Eier. Bei der Vorbereitung wurde versehentlich ein hart gekochtes Ei zu neun weich gekochten Eiern gelegt.
Eine Dame entnimmt aus dem noch vollen Körbchen ein Ei, das sie zufällig auswählt. Geben Sie die Wahrscheinlichkeit an, dass der nächste Gast bei zufälliger Wahl eines Eies das harte Ei entnimmt!

23) [1_546] Eine bestimmte Alarmanlage löst jeweils mit der Wahrscheinlichkeit 0,9 im Einbruchsfall Alarm aus. Eine Familie lässt zwei dieser Anlagen in ihr Haus so einbauen, dass sie unabhängig voneinander Alarm auslösen.
Berechnen Sie die Wahrscheinlichkeit, dass im Einbruchsfall mindestens eine der beiden Anlagen Alarm auslöst!

24) [1_634] In einer Packung befinden sich 50 Gummibären. Von diesen sind 20 rot, 16 weiß und 14 grün. Ein Kind entnimmt mit einem Griff drei Gummibären, ohne dabei auf die Farbe zu achten.
Geben Sie unter der Voraussetzung, dass jeder Gummibär mit der gleichen Wahrscheinlichkeit entnommen wird, die Wahrscheinlichkeit an, dass mindestens einer der drei entnommen Gummibären rot ist!

25) [1_658] Eine der bekanntesten Fehlsichtigkeiten ist die Rot-Grün-Sehschwäche. Wenn jemand davon betroffen ist, dann ist diese Fehlsichtigkeit immer angeboren und verstärkt oder vermindert sich nicht im Laufe der Zeit. Von ihr sind weltweit etwa 9% aller Männer und etwa 0,8% aller Frauen betroffen. Der Anteil von Frauen an der Weltbevölkerung liegt bei 50,5%.
Geben Sie die Wahrscheinlichkeit an, dass eine nach dem Zufallsprinzip ausgewählte Person eine Rot-Grün-Sehschwäche hat!

26) [1_682] In zwei Schachteln befindet sich Spielgeld.
In Schachtel I sind fünf 2-Euro-Jetons und zwei 1-Euro-Jetons.
In Schachtel II sind vier 2-Euro-Jetons und fünf 1-Euro-Jetons.
Aus jeder der beiden Schachteln wird unabhängig voneinander je ein Jeton entnommen. Dabei hat pro Schachtel jeder Jeton die gleiche Wahrscheinlichkeit, entnommen zu werden.
Berechnen Sie die Wahrscheinlichkeit, dass nach der Entnahme der beiden Jetons in beiden Schachteln der gleiche Geldbetrag vorhanden ist!

27) [1_706] Bei einem Spiel kommt ein Würfel mit den Augenzahlen 1, 2, 3, 4, 5 und 6 zum Einsatz. Der Würfel wird dreimal geworfen. Für jeden Wurf gilt: Jede der Augenzahlen tritt mit der gleichen Wahrscheinlichkeit auf wie jede der anderen Augenzahlen.
Geben Sie die Wahrscheinlichkeit p dafür an, dass man beim dritten Wurf eine durch 3 teilbare Augenzahl würfelt!

28) [1_730] In einem Behälter befinden sich fünf Kugeln. Zwei Kugeln werden nacheinander ohne Zurücklegen gezogen (dabei wird angenommen, dass jede Ziehung von zwei Kugeln die gleiche Wahrscheinlichkeit hat). Zwei der fünf Kugeln im Behälter sind blau, die anderen Kugeln sind rot. Mit p wird die Wahrscheinlichkeit bezeichnet, beim zweiten Zug eine blaue Kugel zu ziehen.
Geben Sie die Wahrscheinlichkeit p an!

29) [1_707] Pharmaunternehmen sind verpflichtet, alle bekannt gewordenen Nebenwirkungen eines Medikaments im Beipackzettel anzugeben. Die Häufigkeitsangaben zu Nebenwirkungen basieren auf folgenden Kategorien:

Häufigkeitsangabe	Auftreten von Nebenwirkungen
sehr häufig	Nebenwirkungen treten bei mehr als 1 von 10 Behandelten auf
häufig	Nebenwirkungen treten bei 1 bis 10 Behandelten von 100 auf
gelegentlich	Nebenwirkungen treten bei 1 bis 10 Behandelten von 1 000 auf
selten	Nebenwirkungen treten bei 1 bis 10 Behandelten von 10 000 auf
sehr selten	Nebenwirkungen treten bei weniger als 1 von 10 000 Behandelten auf
nicht bekannt	Die Häufigkeit von Nebenwirkungen ist auf Grundlage der verfügbaren Daten nicht abschätzbar.

Eine bestimmte Nebenwirkung ist im Beipackzettel eines Medikaments mit der Häufigkeitsangabe „selten" kategorisiert. Es werden 50 000 Personen unabhängig voneinander mit diesem Medikament behandelt. Bei einer gewissen Anzahl dieser Personen tritt diese Nebenwirkung auf.

Verwenden Sie die obigen Häufigkeitsangaben als Wahrscheinlichkeiten und bestimmten Sie unter dieser Voraussetzung, wie groß die erwartete Anzahl an von dieser Nebenwirkung betroffenen Personen mindestens ist!

30) [1_754] Die Medizinische Universität Wien hat die Daten einer Grippe-Virusinfektion für eine bestimmte Woche veröffentlicht. Dazu wurden Blutproben von Personen, die in dieser Woche an Grippe erkrankt waren, untersucht. Von den 1954 untersuchten Blutproben waren 547 Blutproben mit dem Virus *A(H1N1)*, 117 Blutproben mit dem Virus *A(H3N2)* und die restlichen Blutproben mit dem Virus *Influenza B* infiziert.

Verwenden sie die obigen Häufigkeitsangaben als Wahrscheinlichkeiten und bestimmen Sie unter dieser Voraussetzung die Wahrscheinlichkeit dafür, dass eine zufällig ausgewählte an Grippe erkrankte Person mit dem Virus *Influenza B* infiziert ist!

31) [1_755] Martin und Sebastian werfen beim Basketball nacheinander je einmal in Richtung des Korbes. Martin trifft mit der Wahrscheinlichkeit 0,7 in den Korb und Sebastian trifft mir der Wahrscheinlichkeit 0,8 (unabhängig davon, ob Martin getroffen hat) in den Korb.

Berechnen Sie die Wahrscheinlichkeit dafür, dass dabei genau einer der beiden Spieler in den Korb trifft!

32) [1_778] Alle Schulkinder der 1. und der 2. Klassen einer Schule wurden nach ihrem Lieblingsfach befragt. Bei dieser Befragung war genau ein Lieblingsfach anzugeben. Die Tabelle fasst die erhobenen Daten zusammen.

	Lieblingsfach Mathematik	anderes Lieblingsfach
Schulkinder der 1. Klassen	47	241
Schulkinder der 2. Klassen	33	287
gesamt	80	528

Ein Schulkind der 1. Klassen wird zufällig ausgewählt. (Dabei haben alle Schulkinder der 1. Klassen die gleiche Wahrscheinlichkeit, ausgewählt zu werden.)

Berechnen Sie die Wahrscheinlichkeit, dass dieses Schulkind Mathematik als Lieblingsfach angegeben hat!

33) [1_801] Bei einem Würfel mit den Augenzahlen 1, 2, 3, 4, 5 und 6 ist eine Ecke beschädigt. Deswegen wird angenommen, dass die Wahrscheinlichkeit, eine bestimmte Augenzahl zu werfen, nicht für alle Augenzahlen gleich hoch ist.

Jemand hat mit dem Würfel zwei Wurfserien mit jeweils 50 Würfen durchgeführt und die absoluten Häufigkeiten der auftretenden Augenzahlen aufgezeichnet. In der nachstehenden Tabelle sind die Aufzeichnungen zusammengefasst.

Augenzahl	1	2	3	4	5	6
Häufigkeit in Wurfserie 1	7	8	7	10	8	10
Häufigkeit in Wurfserie 2	6	9	7	9	10	9

Geben Sie anhand der Ergebnisse der beiden Wurfserien einen Schätzwert für die Wahrscheinlichkeit p (in %) an, mit diesem Würfel die Augenzahl 6 zu werfen!

34) [1_802] Für eine internationale Vergleichsstudie wird eine große Anzahl an Testaufgaben erstellt. Erfahrungsgemäß werden in einem ersten Begutachtungsverfahren aus formalen Gründen 20% der Aufgaben verworfen. Die restlichen Aufgaben durchlaufen ein zweites Begutachtungsverfahren. Erfahrungsgemäß werden dabei aus inhaltlichen Gründen 10% der Aufgaben verworfen.

Berechnen Sie die Wahrscheinlichkeit, dass eine erstellte Aufgabe verworfen wird!

Kapitel 41
Baumdiagramme, Ereignisräume und Wahrscheinlichkeitsverteilung

Wahrscheinlichkeiten werden mit Baumdiagrammen illustriert:
- Linien werden mit den Wahrscheinlichkeiten beschriftet
- entlang der Linien multiplizieren
- mehrere mögliche Pfade addieren

Beispiel: Eine faire Münze wird 2 Mal geworfen (Baumdiagramm siehe rechts). Die Wahrscheinlichkeit, dass zwei Mal Kopf geworfen wird, beträgt $\frac{1}{2} \cdot \frac{1}{2} = 0{,}25$ (grün markierter Pfad).

Ereignisraum (Grundraum; Symbol G oder Ω)
- alle Ereignisse „die passieren können" (verschiedene Reihenfolgen sind verschiedene Ereignisse!)
- Notation in Mengenklammern: G = {…}

Beispiel: wird eine Münze zwei Mal geworfen, so gilt G = {(K, K); (K, Z); (Z, K); (Z, Z)}

Ereignis: jede Teilmenge des Grundraums (eines oder mehrere Elemente des Grundraums)
wird eine Münze zwei Mal geworfen, muss ein Ereignis eine Kombination aus 2 Ergebnissen sein; „Kopf" alleine ist in diesem Fall kann Ereignis, sondern zB (K, K)

Wahrscheinlichkeitsverteilung (Dichtefunktion)
- für jedes Ereignis wird die entsprechende Wahrscheinlichkeit angegeben

Beispiel: In einer Urne befinden sich 5 rote, 20 gelbe und 25 grüne Kugeln. „Wahrscheinlichkeitsverteilung bestimmen" bedeutet alle Wahrscheinlichkeiten angeben → P(rot) = $\frac{5}{50}$; P(gelb) = $\frac{20}{50}$; P(grün) = $\frac{25}{50}$

- die einzelnen Wahrscheinlichkeiten einer Dichtefunktionen können addiert werden
  (falls eine Ereignis mehrere Werte umfasst => zB ist die Wahrscheinlichkeit für „höchstens 1" gleich P(0) + P(1)

- diese Wahrscheinlichkeiten können auch grafisch dargestellt werden (Stab- oder Säulendiagramme)

- **die Summe aller Wahrscheinlichkeiten muss immer 1 ergeben** *wichtig für Prüfungsfragen!!!*

Beispiel: Laut Obstbauer beträgt die Wkeit, in einer Kiste Marillen keine Frucht mit fauligen Stellen zu finden, 80%. Die Wkeit, eine einzige solche Frucht zu finden, beträgt lediglich 12%. → Die Wkeit, mehr als eine faulige Marille zu kaufen, ist dann 1 − 0,8 − 0,12 = 0,08 (=8%).

Typische Aufgabenstellungen ([…] sind die Aufgabennummern aus www.aufgabenpool.at)

1) Aus einer Urne mit 3 roten, 4 grünen und 5 schwarzen Kugeln werden nacheinander (ohne Zurücklegen) zwei Kugeln gezogen. Modellieren Sie dieses Zufallsexperiment mit Hilfe eines Baumdiagramms und berechnen Sie die Wahrscheinlichkeit, dass eine rote und eine grüne Kugel gezogen werden!

2) Beim Abschlussball eines Maturajahrgangs sind in einer Urne die Vornamen von 6 männlichen und 10 weiblichen Personen einer der Abschlussklassen auf kleine Karten gedruckt. Bei einem Gewinnspiel zieht man hintereinander drei Karten ohne Zurücklegen. Hat man die Reihenfolge Männername – Frauenname – Männername gezogen, gewinnt man einen Preis.
a) Erstellen Sie ein passendes Baumdiagramm (mit Wahrscheinlichkeiten) für dieses Gewinnspiel!
b) Berechnen Sie die Wahrscheinlichkeit dafür, bei diesem Spiel einen Preis zu gewinnen!

3) Bei einem Würfel wurden 4 Flächen mit „1" beschriftet, 2 Flächen wurden mit „2" beschriftet. Dieser Würfel wird 2 Mal hintereinander geworfen. Die dabei erhaltenen Zahlen werden mit x_1 bzw. x_2 bezeichnet. Die Zufallsvariable X bezeichnet das Produkt der beiden gewürfelten Zahlen: $X = x_1 \cdot x_2$.
a) Geben Sie den Grundraum der Zufallsvariable X an!
b) Ermitteln Sie die Wahrscheinlichkeitsverteilung der Zufallsvariable X!
c) Der Würfel wird in einem anderen Versuch 5 Mal hintereinander geworfen. Die Zufallsvariable Y bezeichnet die Anzahl der dabei gewürfelten 1er. Berechnen Sie die Wahrscheinlichkeit P(Y=2)!

4) [1_425] In einem Behälter befinden sich 15 rote Kugeln und 18 blaue Kugeln. Die Kugeln sind bis auf ihre Farbe nicht unterscheidbar. Es sollen nun in einem Zufallsexperiment zwei Kugeln nacheinander gezogen werden, wobei die erste Kugel nach dem Ziehen nicht zurückgelegt wird und es auf die Reihenfolge der Ziehung ankommt. Die Buchstaben r und b haben folgende Bedeutung: r…das Ziehen einer roten Kugel, b…das Ziehen einer blauen Kugel.
Ergänzen Sie die Textlücken im folgenden Satz durch Ankreuzen der jeweils richtigen Satzteile so, dass eine korrekte Aussage entsteht!

Ein Grundraum G für dieses Zufallsexperiment lautet ___①___ , und ___②___ ist ein Ereignis.

①	
G = {r, b}	☐
G = {(r, r), (r, b), (b, b)}	☐
G = {(r, r), (r, b), (b, r), (b, b)}	☐

②	
die Wahrscheinlichkeit, dass genau eine blaue Kugel gezogen wird	☐
jede Teilmenge des Grundraums	☐
b	☐

5) Zwei unterscheidbare, faire Würfel mit den Augenzahlen 1, 2, 3, 4, 5, 6 werden gleichzeitig geworfen und die Augensumme wird ermittelt. Das Ereignis, dass die Augensumme durch 5 teilbar ist, wird mit E bezeichnet. (Ein Würfel ist „fair", wenn die Wahrscheinlichkeit, nach einem Wurf nach oben zu zeigen, für alle sechs Seitenflächen gleich groß ist.)
Berechnen Sie die Wahrscheinlichkeit des Ereignisses E!

6) [1_449] Zwei unterscheidbare, faire Spielwürfel mit den Augenzahlen 1, 2, 3, 4, 5, 6 werden geworfen und die Augensumme wird ermittelt. (Ein Würfel ist „fair", wenn die Wahrscheinlichkeit, nach einem Wurf nach oben zu zeigen, für alle sechs Seitenflächen gleich groß ist.)
Jemand behauptet, dass die Ereignisse „Augensumme 5" und „Augensumme 9" gleich wahrscheinlich sind. Geben Sie an, ob es sich hierbei um eine wahre oder eine falsche Aussage handelt, und begründen Sie Ihre Entscheidung!

7) In einer großen Fabrik werden die fertigen Produkte von zwei Maschinen A und B für die Auslieferung verpackt. Dabei muss je nach Maschine ein bestimmter Anteil aufgrund von Verpackungsfehlern aussortiert werden.
Insgesamt beträgt der Anteil der aussortierten Produkte 1,8%. Berechnen Sie mit Hilfe des Baumdiagramms, wie viel Prozent der Produkte auf Maschine A verpackt werden!

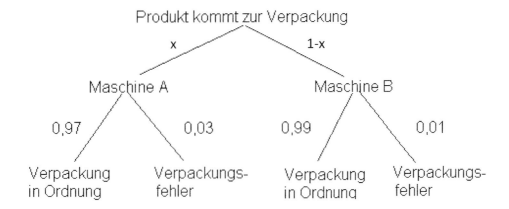

8) Zwei unterscheidbare Würfel, deren Seitenflächen jeweils mit 1 bis 6 Punkten bedruckt sind, werden gleichzeitig geworfen. Die Augenzahlen der beiden Würfel werden nach jedem Wurf notiert. Das Werfen der beiden Würfel ist ein Zufallsexperiment, der Grundraum dieses Zufallsexperiments ist die Menge aller möglichen geordneten Augenzahlenpaare.
Für das Ereignis E_1 gilt:
E_1 = {(1,2),(1,3),(1,4),(1,5),(1,6),
(2,1),(2,3),(2,4),(2,5),(2,6),
(3,1),(3,2),(3,4),(3,5),(3,6),
(4,1),(4,2),(4,3),(4,5),(4,6),
(5,1),(5,2),(5,3),(5,4),(5,6),
(6,1),(6,2),(6,3),(6,4),(6,5)}

Das Ereignis E_2 enthält diejenigen Elemente des Grundraums, die nicht Element von E_1 sind. Geben Sie die Elemente des Ereignisses E_2 an!

E_2 = { _____ }

9) [1_472] Der Wertebereich einer Zufallsvariablen X besteht aus den Werten x_1, x_2, x_3. Man kennt die Wahrscheinlichkeit $P(X=x_1)$ = 0,4. Außerdem weiß man, dass x_3 doppelt so wahrscheinlich wie x_2 ist.
Berechnen Sie $P(X=x_2)$ und $P(X=x_3)$!

10) [1_496] Nachstehend sind die sechs Seitenflächen eines fairen Spielwürfels abgebildet. Auf jeder Seitenfläche sind drei Symbole dargestellt. (Ein Würfel ist „fair", wenn die Wahrscheinlichkeit, nach einem Wurf nach oben zu zeigen, für alle sechs Seitenflächen gleich groß ist.)

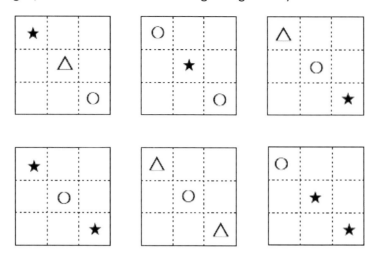

Bei einem Zufallsversuch wird der Würfel einmal geworfen. Die Zufallsvariable X beschreibt die Anzahl der Sterne auf der nach oben zeigenden Seitenfläche. Geben Sie die Wahrscheinlichkeitsverteilung von X an, d.h. die möglichen Werte von X samt zugehörigen Wahrscheinlichkeiten!

11) [1_522] Bei einem Zufallsversuch wird eine Münze, die auf einer Seite eine Zahl und auf der anderen Seite ein Wappen zeigt, zweimal geworfen.
Geben Sie alle möglichen Ausfälle (Ausgänge) dieses Zufallsversuchs an! *Wappen* kann dabei mit *W*, *Zahl* mit *Z* abgekürzt werden.

12) [1_611] Die Zufallsvariable X hat den Wertebereich {0, 1, ..., 9, 10}. Gegeben sind die beiden Wahrscheinlichkeiten P(X=0) = 0,35 und P(X=1) = 0,38.
Berechnen Sie die Wahrscheinlichkeit P(X≥2)!

13) Die nebenstehende Abbildung zeigt die Wahrscheinlichkeitsverteilung einer diskreten Zufallsvariablen X.
Welcher der folgenden Ausdrücke beschreibt die Wahrscheinlichkeit, die dem Inhalt der schraffierten Fläche entspricht?
Kreuzen Sie den zutreffenden Ausdruck an!

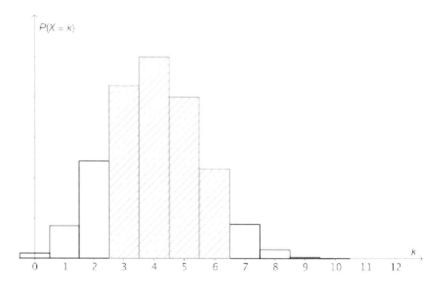

○ $1 - P(X \leq 2)$ ○ $P(X \leq 6) - P(X \leq 3)$ ○ $P(X \geq 3) + P(X \leq 6)$
○ $P(3 \leq X \leq 6)$ ○ $P(X \leq 6) - P(X < 2)$ ○ $P(3 < X < 6)$

14) [1_587] Die Abbildung zeigt die Wahrscheinlichkeitsverteilung einer Zufallsvariablen X.
Geben Sie mithilfe dieser Abbildung näherungsweise die Wahrscheinlichkeit $P(4 \leq X < 7)$ an!

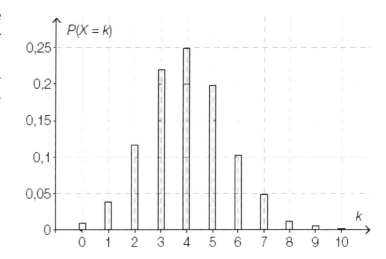

15) [1_610] Um ein Stipendium für einen Auslandsaufenthalt zu erhalten, mussten Studierende entweder in Spanisch oder in Englisch eine Prüfung ablegen.

Im nachstehenden Baumdiagramm sind die Anteile der Studierenden, die sich dieser Prüfung in der jeweiligen Sprache unterzogen haben, angeführt. Zudem gibt das Baumdiagramm Auskunft über die Anteile der positiven bzw. negativen Prüfungsergebnisse.

Der Prüfungsakt einer/eines Studierenden wird zufällig ausgewählt. Deuten Sie den Ausdruck $0{,}7 \cdot 0{,}9 + (1 - 0{,}7) \cdot 0{,}8$ im gegebenen Kontext!

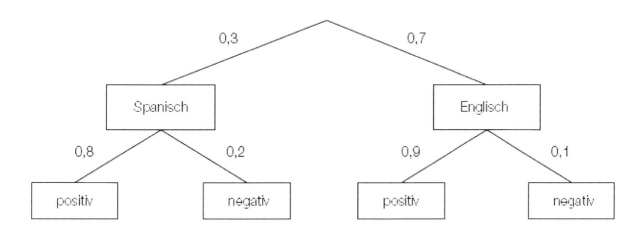

16) [1_779] In einer Urne befinden sich ausschließlich weiße und schwarze Kugeln. Drei Kugeln werden ohne Zurücklegen gezogen. Die Zufallsvariable X gibt die Anzahl der gezogenen weißen Kugeln an. Durch die Tabelle ist die Wahrscheinlichkeitsverteilung der Zufallsvariablen X gegeben.

x	1	2	3
P(X = x)	0,3	0,6	0,1

Kreuzen Sie die beiden zutreffenden Aussagen an!
☐ Die Wahrscheinlichkeit, höchstens zwei weiße Kugeln zu ziehen, ist 0,9.
☐ Die Wahrscheinlichkeit, mindestens eine weiße Kugel zu ziehen, ist 0,3.
☐ Die Wahrscheinlichkeit, mehr als eine weiße Kugel zu ziehen, ist 0,6.
☐ Die Wahrscheinlichkeit, genau zwei schwarze Kugeln und eine weiße Kugel zu ziehen, ist 0,1.
☐ Die Wahrscheinlichkeit, mindestens eine schwarze Kugel zu ziehen, ist 0,9.

17) Wirft man einen Kegel, kann dieser entweder auf der Mantelfläche oder auf der Grundfläche zu liegen kommen.

Die Wahrscheinlichkeit dafür, dass dieser Kegel auf der Grundfläche zu liegen kommt, beträgt bei jedem Wurf unabhängig von den anderen Würfen 30%.

Der Kegel wird im Zuge eines Zufallsexperiments dreimal geworfen. Die Zufallsvariable X beschreibt, wie oft der Kegel dabei auf der Grundfläche zu liegen kommt.

Die unten stehende Tabelle soll die Wahrscheinlichkeitsverteilung der Zufallsvariablen X angeben.

Ergänzen Sie die fehlenden Werte!

X	Wahrscheinlichkeit (gerundet)
0	0,343
1	0,441
2	
3	

Kapitel 42
Erwartungswert und Varianz von Zufallsvariablen

Erwartungswert = Summe aus Wert · Wahrscheinlichkeit
Beispiel: Das rechts abgebildete Glücksrad wird einmal gedreht. Berechne den Erwartungswert der dabei „erdrehten" Zahl!
Lösung: Wahrscheinlichkeit = günstige Fälle / mögliche Fälle
  WK für 1 = 1/10; Wkeit für 2 = 2/10; Wkeit für 3 = 3/10; Wkeit für 4 = 4/10
  Erwartungswert: $1 \cdot \frac{1}{10} + 2 \cdot \frac{2}{10} + 3 \cdot \frac{3}{10} + 4 \cdot \frac{4}{10} = 3$

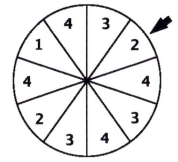

Zufallsvariable X:
Variable, die zufällig (mit einer bestimmten Wahrscheinlichkeit) einen Wert annimmt (wichtigstes Beispiel: Gewinn beim Glücksspiel)
P(X=5) bedeutet „Wahrscheinlichkeit, dass X den Wert 5 hat"

Erwartungswert für Zufallsvariable

Beispiel: Bei einer Lotterie werden 100 Lose verkauft. 50 Lose sind Nieten. Es gibt einen Hauptpreis im Wert von 50€, 9 „Erste Preise" im Wert von 10€ und 40 Trostpreise im Wert von 0,50€. Ein Los kostet 2€. Ermittle den Erwartungswert des Gewinns aus Sicht des Spielers!
→ *Für den Wert der Zufallsvariable „Gewinn des Spielers" muss man den Einsatz vom „Preis" abziehen!*

Ereignis	Wahrscheinlichkeit	Wert des Ereignisses	Wkeit · Wert
Hauptpreis	1/100 = 0,01	48€	0,48€
Erster Preis	9/100 = 0,09	8€	0,72€
Trostpreis	40/100 = 0,4	-1,50€	-0,60€
Niete	50/100 = 0,5	-2€	-1,00€
Erwartungswert = Summe der letzten Spalte			**-0,40€**

Empirisches Gesetz der großen Zahlen:
Bei einer großen Anzahl von Versuchen (Loskäufen) nähert sich der durchschnittliche Gewinn/Verlust immer mehr dem Erwartungswert an.

Varianz und Standardabweichung („durchschnittliche Abweichung")

Ereignis	Wahrscheinlichkeit	(Wert des Ereignisses)²	Wkeit · Wert²
Hauptpreis	1/100 = 0,01	2304€	23,04€
Erster Preis	9/100 = 0,09	64€	5,76€
Trostpreis	40/100 = 0,4	2,25€	0,90€
Niete	50/100 = 0,5	4€	2,00€
Summe der letzten Spalte			**31,70€**
minus Erwartungswert²			- (-0,40)²
Varianz:			31,54€
Wurzel ziehen			√
Standardabweichung:			5,62€

Interpretation der Kennzahlen

Erwartungswert = durchschnittlicher Gewinn / durchschnittlicher Wert bei vielen Versuchen
Standardabweichung = durchschnittliche Abweichung vom Erwartungswert bei vielen Versuchen

grafisch (Wahrscheinlichkeitsverteilung): je näher die Säulen beim Erwartungswert liegen, umso kleiner ist die Standardabweichung

Typische Aufgabenstellungen ([...] sind die Aufgabennummern aus www.aufgabenpool.at)

1) [1_399] Bei einem Gewinnspiel gibt es 100 Lose. Der Lospreis beträgt 5€. Für den Haupttreffer werden 100€ ausgezahlt, für zwei weitere Treffer werden je 50€ ausgezahlt und für fünf weitere Treffer werden je 20€ ausgezahlt. Für alle weiteren Lose wird nichts ausgezahlt.
Unter *Gewinn* versteht man *Auszahlung minus Lospreis*.
Berechnen Sie den Erwartungswert des Gewinns aus der Sicht einer Person, die ein Los kauft!

2) In einem Casino kann um Geld gewürfelt werden. Bei einem Einsatz von 5€ dürfen zwei Würfel gleichzeitig geworfen werden. Bei zwei Sechsern gewinnt man 50€. Erreicht man die Augenzahl 11, gewinnt man 10€. Bei einer Augenzahl von 10 hat man einen Freiwurf.
Berechne den Erwartungswert der Zufallsvariable X = Gewinn des Spielers!
Hinweis: Hier muss die Wahrscheinlichkeiten für die Augenzahlen nach den Regeln der allgemeinen Wahrscheinlichkeitsrechnung bestimmen!

3) In der nachstehenden Tabelle ist die Wahrscheinlichkeitsverteilung einer diskreten Zufallsvariablen X dargestellt. Bestimmen Sie den Erwartungswert E(X) der Zufallsvariablen X!

a_i mit $i \in \{1,2,3,4\}$	1	2	3	4
$P(X = a_i)$	0,1	0,3	0,5	0,1

4) [1_447] Die nachstehende Abbildung zeigt die Wahrscheinlichkeitsverteilung einer Zufallsvariablen X, die die Werte k = 1, 2, 3, 4, 5 annehmen kann. Ermitteln Sie den Erwartungswert E(X)!

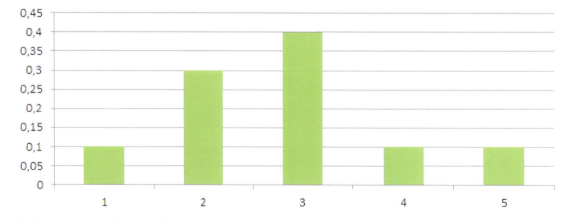

5) [1_423] Das abgebildete Glücksrad ist in acht gleich große Sektoren unterteilt, die mit gleicher Wahrscheinlichkeit auftreten. Für einmaliges Drehen des Glücksrads muss ein Einsatz von 5€ gezahlt werden. Die Gewinne, die ausbezahlt werden, wenn das Glücksrad im entsprechenden Sektor stehen bleibt, sind auf dem Glücksrad abgebildet.
Das Glücksrad wird einmal gedreht. Berechnen Sie den entsprechenden Erwartungswert des Reingewinns G (in Euro) aus der Sicht des Betreibers des Glücksrads! Der Reingewinn ist die Differenz aus Einsatz und Auszahlungsbetrag.

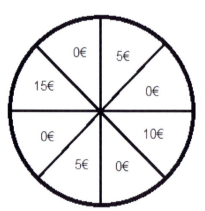

6) [1_635] In den nachstehenden Diagrammen sind die Wahrscheinlichkeitsverteilungen zweier Zufallsvariablen X und Y dargestellt. Die Erwartungswerte der Zufallsvariablen werden mit $E(X)$ und $E(Y)$, die Standardabweichungen mit $\sigma(X)$ und $\sigma(Y)$ bezeichnet.

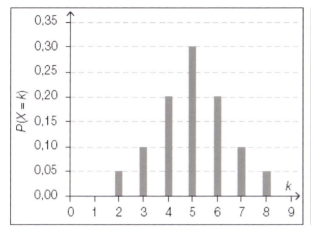 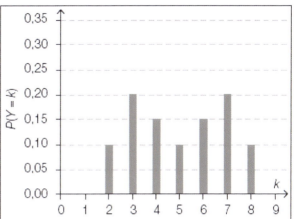

Kreuzen Sie die beiden zutreffenden Aussagen an!
- ☐ $E(X) = E(Y)$
- ☐ $\sigma(X) > \sigma(Y)$
- ☐ $P(X \leq 3) < P(Y \leq 3)$
- ☐ $P(3 \leq X \leq 7) = P(3 \leq Y \leq 7)$
- ☐ $P(X \leq 5) = 0{,}3$

7) [1_544] Die Zufallsvariable X kann nur die Werte 10, 20 und 30 annehmen. Die Tabelle gibt die Wahrscheinlichkeitsverteilung von X an, wobei a und b positive reelle Zahlen sind.

Kreuzen Sie die beiden zutreffenden Aussagen an!
- ☐ Der Erwartungswert von X ist 20.
- ☐ Die Standardabweichung von X ist 20.
- ☐ a + b = 1
- ☐ $P(10 \leq X \leq 30) = 1$
- ☐ $P(X \leq 10) = P(X \geq 10)$

k	10	20	30
P(X=k)	a	b	a

Tipp: Zahlen aussuchen und nachrechnen → hier muss man besonders aufpassen, welche Zahlen man für a und b wählt: Wahrscheinlichkeiten müssen zwischen 0 und 1 liegen; und die Summe aller Wahrscheinlichkeiten (also der drei Wahrscheinlichkeiten in der Tabelle) muss 1 ergeben!

8) [1_731] Fünf Spielkarten (drei Könige und zwei Damen) werden gemischt und verdeckt auf einen Tisch gelegt. Laura dreht während eines Spieldurchgangs nacheinander die Karten einzeln um und lässt sie aufgedeckt liegen, bis die erste Dame aufgedeckt ist.
Die Zufallsvariable X gibt die Anzahl der am Ende eines Spieldurchgangs aufgedeckten Spielkarten an.
Berechnen Sie den Erwartungswert der Zufallsvariablen X!

Kapitel 43
Binomialverteilung

- **n = Anzahl der Versuche**
  bei jedem Versuch werden <u>nur zwei mögliche Ausgänge</u>/Ergebnisse unterschieden
  (es kann mehr Ergebnisse geben, aber man unterscheidet nur 2 Fälle; zB „Gewinn" und „Niete", obwohl es verschieden hohe Gewinne gibt)
- **p = (Erfolgs-)Wahrscheinlichkeit** („wie wahrscheinlich es ist, dass etwas eintritt")
  bei jedem Versuch hat man <u>dieselbe Wahrscheinlichkeit</u> (Unabhängigkeit der Ereignisse)
  (zB nicht erfüllt bei „Ziehen ohne Zurücklegen" → die Anzahlen ändern sich ständig)
- **k = Anzahl der Erfolge** („wie oft etwas eintritt")

Beispiel: Berta B. kauft 13 Brieflose. Die Lotterie wirbt mit dem Slogan „jedes fünfte Los gewinnt". Wie groß ist die Wahrscheinlichkeit, dass Frau Berta mindestens 2 Gewinne erzielt?

höchstens => k von 0 bis …

mindestens => k von … bis Ende

Lösung: Frau Berta kauft 13 Lose => n = 13
eines von 5 Losen („jedes fünfte") gewinnt => p = 1/5
mindestens 2 Gewinne => k von 2 bis 13

Berechnung mit Technologie (Geogebra bzw. Taschenrechner haben entsprechende Befehle):
man muss „nur" n, p und k von … bis … ausfüllen ☺

falls nach „genau 5" gefragt ist, geht k eben von 5 bis 5
Ergebnis im Beispiel: 0,7664

Binomialverteilung liegt vor, wenn es
1. **nur zwei mögliche Ausgänge gibt und**
2. **die Erfolgswahrscheinlichkeit für jeden Versuch gleich ist (unabhängige Ereignisse)**

berechnet wird die Wahrscheinlichkeit, dass bei n Versuchen genau k Erfolge eintreten (Reihenfolge egal):

$$P(X = k) = \binom{n}{k} \cdot p^k \cdot (1-p)^{n-k}$$

Tipp: Die Formel ist wichtig, weil man erkennen muss, was mit einem solchen Ausdruck berechnet wird

Beispiel 1:
Eine Maschine produziert Bauteile mit einer Fehlerquote von 3%. Wie groß ist die Wahrscheinlichkeit, dass von 20 Bauteilen genau 3 fehlerhaft sind?
Bemerkung: hier gilt n = 20 Versuche; p = 0,03 für Fehler; k = 3 Fehler

Lösung (Formel): $\binom{20}{3} \cdot 0{,}03^3 \cdot 0{,}97^{17} = 0{,}0183 = 1{,}83\%$

Beispiel 2:
An einer Tunneleinfahrt sind laut polizeilicher Statistik 15% der Fahrzeuge mit überhöhter Geschwindigkeit unterwegs. Interpretieren Sie, was durch den Ausdruck $\binom{5}{2} \cdot 0{,}15^2 \cdot (1 - 0{,}15)^3$ berechnet wird!

Lösung: Der Ausdruck berechnet die Wahrscheinlichkeit, dass bei einer Kontrolle von 5 Fahrzeugen genau zwei mit überhöhter Geschwindigkeit unterwegs sind.

Erwartungswert und Standardabweichung: $\mu = n \cdot p \qquad \sigma = \sqrt{n \cdot p \cdot (1-p)}$

Prüfungstipp: an Gegenwahrscheinlichkeit denken: P(X≥5) = 1 − P(X≤4)

Typische Aufgaben ([...] sind die Aufgabennummern aus www.aufgabenpool.at)

1) Histogramm einer Binomialverteilung
   Das abgebildete Histogramm veranschaulicht die Wahrscheinlichkeitsverteilung einer binomialverteilten Zufallsvariablen X mit den Parametern n = 5 und p = 0,4.
   Welche der folgenden Ausdrücke werden durch den im Histogramm grau gekennzeichneten Bereich veranschaulicht?
   Kreuzen Sie die beiden zutreffenden Aussagen an!

   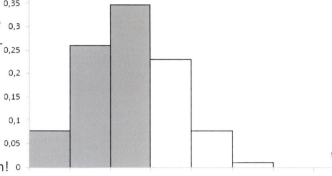

   ○ P(X≤2)   ○ 1 – P(X≤3)   ○ 1 – P(X=3)   ○ P(X=2)   ⊙ 1 – P(X>2)

2) Die Fehlerquote bei der maschinellen Herstellung von Elektronik-Komponenten beträgt 5%. Im Rahmen einer Qualitätskontrolle werden 6 Bauteile überprüft.
   Erkläre, was mit folgenden Ausdrücken berechnet wird:
   a) $\binom{6}{2} \cdot 0{,}05^2 \cdot (1-0{,}05)^4$
   b) $1 - \left[\binom{6}{0} \cdot 0{,}05^0 \cdot (1-0{,}05)^6 + \binom{6}{1} \cdot 0{,}05^1 \cdot (1-0{,}05)^5\right]$

3) Einige der angeführten Situationen können mit einer Binomialverteilung modelliert werden. Kreuzen Sie diejenige(n) Situation(en) an, bei der/denen die Zufallsvariable X binomialverteilt ist!
   ○ Aus einer Urne mit vier blauen, zwei grünen und drei weißen Kugeln werden drei Kugeln mit Zurücklegen gezogen. (X = Anzahl der grünen Kugeln)
   ○ In einer Gruppe mit 25 Kindern sind sieben Linkshänder. Es werden drei Kinder zufällig ausgewählt. (X = Anzahl der Linkshänder)
   ○ In einem U-Bahn-Waggon sitzen 35 Personen. Vier haben keinen Fahrschein. Drei werden kontrolliert. (X = Anzahl der Personen ohne Fahrschein)
   ○ Bei einem Multiple-Choice-Test sind pro Aufgabe drei von fünf Wahlmöglichkeiten richtig. Die Antworten werden nach dem Zufallsprinzip angekreuzt. Sieben Aufgaben werden gestellt. (X = Anzahl der richtig gelösten Aufgaben)
   ○ Die Wahrscheinlichkeit für die Geburt eines Mädchens liegt bei 52%. Eine Familie hat drei Kinder. (X = Anzahl der Mädchen)

4) Bei einer elektronischen Nachrichtenübertragung wird jeder Buchstabe eines Wortes einzeln übertragen. Die Wahrscheinlichkeit, dass ein einzelner Buchstabe falsch übertragen wird, beträgt 1,3%. Dabei beeinflusst ein gemachter Fehler die Richtigkeit bzw. Falschheit der Übertragung bei den anderen Buchstaben nicht.
   Aufgabe: Berechnen Sie die Wahrscheinlichkeit, dass bei einem Wort mit sechs Buchstaben weniger als zwei Buchstaben falsch übertragen werden! Geben Sie das Ergebnis in Prozentschreibweise auf zwei Dezimalstellen genau an!

5) [1_398] Stefan und Helmut spielen im Training 5 Sätze Tennis. Stefan hat eine konstante Gewinnwahrscheinlichkeit von 60% für jeden gespielten Satz. Es wird folgender Wert berechnet: $\binom{5}{3} \cdot 0{,}4^3 \cdot 0{,}6^2 = 0{,}2304$. Geben Sie an, was dieser Wert im Zusammenhang mit der Angabe aussagt!
   Vorsicht Falle: die „Gewinnwahrscheinlichkeit" im Text entspricht nicht dem p in der Formel!

6) In einem Betrieb werden Leuchtmittel erzeugt. Untersuchungen haben ergeben, dass 5% der erzeugten Leuchtmittel fehlerhaft sind. Die übrigen Leuchtmittel funktionieren einwandfrei. Es wird eine Stichprobe vom Umfang n=100 untersucht.
   a) Erklären Sie, warum die Binomialverteilung hier als Modell zur Berechnung von Wahrscheinlichkeiten verwendet werden kann!
   b) Berechnen Sie die Wahrscheinlichkeit, dass 6 oder 7 fehlerhafte Leuchtmittel in der Stichprobe zu finden sind!
   c) Beschreiben Sie, welche Wahrscheinlichkeit durch den Ausdruck $0{,}05^4 \cdot 0{,}95^{96} \cdot \binom{100}{4}$ berechnet wird!

7) Der nachstehenden Aufgabenstellung liegt eine Modellierung mithilfe der Binomialverteilung zugrunde. Dabei bezeichnet die Zufallsvariable X die Anzahl der Personen mit Blutgruppe A. Langjährige Untersuchungen zeigen, dass ca. 40% aller Österreicher/innen die Blutgruppe A haben.
   Bei einer Blutspendeaktion werden jeweils drei Personen aufgerufen und auf ihre Blutgruppe untersucht. Mit welchen der nachstehenden Ausdrücke kann die Wahrscheinlichkeit berechnet werden, dass mindestens eine von diesen drei Personen die Blutgruppe A hat? Kreuzen Sie die beiden zutreffenden Ausdrücke an!

   Prüfungstipp: Zuerst selber die entsprechende Wahrscheinlichkeit ausrechnen, <u>dann erst</u> die Zeilen ankreuzen, wo dasselbe Ergebnis rauskommt.[1]

   ◯ $1 - 0{,}6^3$
   ◯ $1 - (3 \cdot 0{,}4 \cdot 0{,}6^2 + 0{,}6^3)$
   ◯ $3 \cdot 0{,}6 \cdot 0{,}4^2 + 3 \cdot 0{,}6^2 \cdot 0{,}4$
   ◯ $3 \cdot 0{,}4 \cdot 0{,}6^2 + 3 \cdot 0{,}4^2 \cdot 0{,}6 + 0{,}4^3$
   ◯ $\binom{3}{1} \cdot 0{,}4 \cdot 0{,}6^2$

8) Unter 40 produzierten Taschenrechnern befinden sich fünf defekte Geräte. Es werden nacheinander vier Taschenrechner zufällig ausgewählt und es wird ihre Funktionsfähigkeit überprüft. Überprüfte Geräte werden sortiert beiseitegelegt. Die Zufallsvariable X gibt an, wie viele von den vier ausgewählten Taschenrechnern fehlerfrei funktionieren.
   Geben Sie an, ob die Zufallsvariable X binomialverteilt ist und begründen Sie Ihre Antwort!

9) In einem Teich ist die Wahrscheinlichkeit, dass ein dort gefangener Fisch den geforderten Qualitätskriterien der Haubengastronomie entspricht, etwa 78%.
   a) Interpretieren Sie, was durch den Term $1 - 0{,}22^n$ in diesem Sachzusammenhang berechnet wird!
   b) Berechnen Sie die Wahrscheinlichkeit, dass von 10 in diesem Teich gefangenen Fischen mindestens 8 den Kriterien entsprechen!

10) Die Wahrscheinlichkeit, dass ein Brotlaib in einer bestimmten Bäckerei während des Tages verkauft wird, liegt bei 87%.
    a) Bestimmen Sie die Wahrscheinlichkeit, dass von 200 Broten genau 180 verkauft werden!
    b) Interpretieren Sie, welche Wahrscheinlichkeit durch den Term $1 - \binom{10}{0} \cdot 0{,}87^0 \cdot 0{,}13^{10}$ berechnet wird!

---

[1] Bei dieser konkreten Aufgabe ginge es sogar noch „einfacher": man kreuzt einfach die beiden Zeilen an, wo dasselbe Ergebnis rauskommt („die beiden richtigen")

11) In einer Urne befinden sich 3 rote, 3 grüne und 2 blaue. Es werden 4 Kugeln ohne Zurücklegen nacheinander gezogen. Die Zufallsvariable X entspricht der Anzahl der dabei gezogenen roten Kugeln.
   a) Begründen Sie, warum man für die Zufallsvariable X nicht Binomialverteilung verwenden kann!
   b) Warum wäre bei 3000 roten, 3000 grünen und 2000 blauen Kugeln eine Berechnung mittels Binomialverteilung eine sinnvolle Näherungslösung?

12) Bei einem Maturaball wird ein Glücksrad aufgestellt, das in fünf gleich große Sektoren mit den Noten „Sehr gut" bis „Nicht genügend" eingeteilt ist. Trifft man beim Drehen den Sektor „Sehr gut", gewinnt man.
   Interpretieren Sie, welche Wahrscheinlichkeiten durch folgende Rechenausdrücke im Sachzusammenhang „Spiel gewinnen" berechnet werden:
   $$P_1 = \binom{4}{1} \cdot 0{,}2 \cdot 0{,}8^3 \qquad P_2 = 0{,}2^3$$

13) [1_495] Ein Zufallsexperiment wird durch eine binomialverteilte Zufallsvariable X beschrieben. Diese hat die Erfolgswahrscheinlichkeit p = 0,36 und die Standardabweichung σ = 7,2.
   Berechnen Sie den zugehörigen Parameter *n* (Anzahl der Versuche)!
   Tipp: die bekannten Zahlen in die Formel für σ einsetzen und nach n umformen (oder mit Taschenrechner / Computer) lösen → man muss hier eigentlich nichts über Wahrscheinlichkeitsrechnung wissen; außer dass man diese Formel unter der Überschrift „Binomialverteilung" findet

14) [1_519] Bei einem Zufallsexperiment, das 25-mal wiederholt wird, gibt es die Ausgänge „günstig" und „ungünstig". Die Zufallsvariable X beschreibt, wie oft dabei das Ergebnis „günstig" eingetreten ist. X ist binomialverteilt mit dem Erwartungswert 10.
   Zwei der nachstehenden Aussagen lassen sich aus diesen Informationen ableiten. Kreuzen Sie die beiden zutreffenden Aussagen an!
   ❏ P(X=25) = 10
   ❏ Wenn man das Zufallsexperiment 25-mal durchführt, werden mit Sicherheit genau 10 Ergebnisse „günstig" sein.
   ❏ Die Wahrscheinlichkeit, dass ein einzelnes Zufallsexperiment „günstig" ausgeht, ist 40%.
   ❏ Wenn man das Zufallsexperiment 50-mal durchführt, dann ist der Erwartungswert für die Anzahl der „günstigen" Ergebnisse 20.
   ❏ P(X>10) > P(X>8)

15) [1_326] Bei einer schriftlichen Prüfung werden der Kandidatin/dem Kandidaten fünf Fragen mit je vier Antwortmöglichkeiten vorgelegt. Genau eine der Antworten ist jeweils richtig.
   Berechnen Sie die Wahrscheinlichkeit, dass die Kandidatin/der Kandidat bei zufälligem Ankreuzen mindestens viermal die richtige Antwort kennzeichnet!

16) [1_612] Ein bestimmter Prozentsatz der Stöcke einer Rosensorte bringt gelbe Blüten hervor.
   In einem Beet wird eine gewisse Anzahl an Rosenstöcken dieser Sorte gepflanzt. Die Zufallsvariable X ist binomialverteilt und gibt die Anzahl der gelbblühenden Rosenstöcke an. Dabei beträgt der Erwartungswert für die Anzahl X der gelbblühenden Rosenstöcke 32, und die Standardabweichung hat den Wert 4.
   Es wird folgender Vergleich angestellt: „Die Wahrscheinlichkeit, dass sich in diesem Beet mindestens 28 und höchstens 36 gelbblühende Rosenstöcke befinden, ist größer als die Wahrscheinlichkeit, dass mehr als 32 gelbblühende Rosenstöcke vorhanden sind."
   Geben Sie an, ob dieser Vergleich zutrifft, und begründen Sie Ihre Entscheidung!
   Tipp: aus μ und σ kann man n und p berechnen (zum Gleichung lösen Technologie verwenden!); und damit lassen sich dann die Wahrscheinlichkeiten berechnen

17) [1_636] Bei der Massenproduktion eines bestimmten Produkts werden Packungen zu 100 Stück erzeugt. In einer solchen Packung ist jedes einzelne Stück (unabhängig von den anderen) mit einer Wahrscheinlichkeit von 6% mangelhaft.
Ermitteln Sie, mit welcher Wahrscheinlichkeit in dieser Packung höchstens zwei mangelhafte Stücke zu finden sind!

18) [1_660] Der relative Anteil der österreichischen Bevölkerung mit der Blutgruppe „AB Rhesusfaktor negativ" (AB-) ist bekannt und wird mit p bezeichnet. In einer Zufallsstichprobe von 100 Personen soll ermittelt werden, wie viele dieser ausgewählten Personen die genannte Blutgruppe haben.
Ordnen Sie den vier angeführten Ereignissen jeweils denjenigen Term (aus A bis F) zu, der die diesem Ereignis entsprechende Wahrscheinlichkeit angibt!

Genau eine Person hat die Blutgruppe AB-.	
Mindestens eine Person hat die Blutgruppe AB-.	
Höchstens eine Person hat die Blutgruppe AB-.	
Keine Person hat die Blutgruppe AB-.	

A	$1 - p^{100}$
B	$p \cdot (1-p)^{99}$
C	$1 - (1-p)^{100}$
D	$(1-p)^{100}$
E	$p \cdot (1-p)^{99} \cdot 100$
F	$(1-p)^{100} + p \cdot (1-p)^{99} \cdot 100$

19) [1_683] Ein Unternehmen stellt Computerchips her. Jeder produzierte Computerchip ist unabhängig von den anderen mit einer Wahrscheinlichkeit von 97% funktionsfähig.
Das Unternehmen produziert an einem bestimmten Tag 500 Computerchips.
Berechnen Sie den Erwartungswert und die Standardabweichung für die Anzahl der funktionsfähigen Computerchips, die an diesem bestimmten Tag produziert werden!

20) [1_708] Bei einem Training wirft eine Basketballspielerin einen Ball sechsmal hintereinander zum Korb. Fällt der Ball in den Korb, spricht man von einem Treffer. Die Trefferwahrscheinlichkeit dieser Spielerin beträgt bei jedem Wurf 0,85 (unabhängig von den anderen Würfen).
Ordnen Sie den vier Ereignissen jeweils denjenigen Term (aus A bis F) zu, der die Wahrscheinlichkeit des Eintretens dieses Ereignisses beschreibt!

Die Spielerin trifft genau einmal.	
Die Spielerin trifft höchstens einmal.	
Die Spielerin trifft mindestens einmal.	
Die Spielerin trifft genau zweimal.	

A	$1 - 0,85^6$
B	$0,15^6 + \binom{6}{1} \cdot 0,85^1 \cdot 0,15^5$
C	$1 - 0,15^6$
D	$0,85^6 + \binom{6}{1} \cdot 0,85^5 \cdot 0,15^1$
E	$6 \cdot 0,85 \cdot 0,15^5$
F	$\binom{6}{2} \cdot 0,85^2 \cdot 0,15^4$

21) [1_732] Bei einem Spiel werden in jeder Spielrunde zwei Würfel geworfen. Zeigen nach einem Wurf beide Würfel die gleiche Augenzahl, spricht man von einem *Pasch*. Die Wahrscheinlichkeit, einen *Pasch* zu werfen, beträgt $\frac{1}{6}$.
Es werden acht Runden (unabhängig voneinander) gespielt. Die Zufallsvariable X bezeichnet dabei die Anzahl der geworfenen Pasche.
Berechnen Sie die Wahrscheinlichkeit für den Fall, dass die Anzahl X der geworfenen Pasche unter dem Erwartungswert E(X) liegt!

22) [1_780] Ein Hotelmanager geht aufgrund langjähriger Erfahrung davon aus, dass jede Zimmerbuchung, die unabhängig von anderen Zimmerbuchungen erfolgte, mit 10%iger Wahrscheinlichkeit storniert wird. Er nimmt für einen bestimmten Termin 40 voneinander unabhängige Zimmerbuchungen an.

Berechnen Sie die Wahrscheinlichkeit dafür, dass an diesem Termin von den 40 Zimmerbuchungen höchstens 5% storniert werden,

Achtung: *5% ist hier keine Wahrscheinlichkeit, sondern sagt nur, dass von den 40 Zimmerbuchungen höchstens 5 ausfallen => 5% von 40 = 40·0,05 = 8 [siehe dazu Kapitel Prozentrechnung ☺]*

23) [1_804] Eine Münze zeigt nach einem Wurf entweder *Kopf* oder *Zahl*. Die Wahrscheinlichkeit, dass die Münze *Kopf* zeigt, ist bei jedem Wurf genauso groß wie die Wahrscheinlichkeit, dass sie *Zahl* zeigt. Die Ergebnisse der Würfe sind voneinander unabhängig. Die Münze wird 20-mal geworfen.

Berechnen Sie die Wahrscheinlichkeit, dass bei diesen 20 Würfen die Münze genau 12-mal *Kopf* zeigt!

Kapitel 44
Binomialkoeffizient

„n über k": $\binom{n}{k}$ = n nCr k (am Taschenrechner)

$\binom{n}{k}$ **gibt die Anzahl der möglichen Auswahlen ODER die Anzahl der möglichen Reihenfolgen an**

(es hängt vom konkreten Beispiel ab, welche Interpretation „sinnvoll" ist)

Beispiel 1: Aus einer Abteilung mit 20 Beschäftigten wird ein Fußballteam aus 11 Personen zusammengestellt. Dann gibt es $\binom{20}{11} = 20\,nCr\,11 = 167\,960$ verschiedene Teams.

Beispiel 2: Aus 5 roten und 8 blauen Kugeln wird eine Kette gebildet. Dann gibt es $\binom{13}{8}$ mögliche „Farbmuster" (also mögliche Reihenfolgen aus roten und blauen Kugeln).

Das gleiche Ergebnis erhält man, wenn man $\binom{13}{5}$ berechnet, weil es egal ist, ob man die 8 Plätze für die blauen Kugeln „auswählt" oder die 5 Plätze für die roten Kugeln.

Ein Binomialkoeffizient liegt nur vor, wenn:

- es keine Reihenfolge bzw. Ordnung in der Auswahl gibt
  Beispiel: Angelverein wählt Vorstand aus Obmann, Kassier und Schriftführer => da gibt es auch noch eine „Ordnung" in der Auswahl, die Anzahl der möglichen Vorstände ist <u>kein</u> Binomialkoeffizient
  Beispiel: es werden 3 Gemälde für eine Preisverleihung ausgewählt => das ist nur dann ein Binomialkoeffizient, wenn es lauter gleiche Preise sind; werden verschiedene Preise vergeben, gibt es eine „Ordnung" in der Auswahl
- kein Objekt mehrfach ausgewählt werden kann
  Beispiel: jemand bestellt einen Eisbecher mit vier Kugeln => der kann auch zweimal Vanille und zweimal Schoko bestellen, die Anzahl der möglichen Eisbecher ist <u>kein</u> Binomialkoeffizient

Wichtige Eigenschaften:

- k = 0 oder k = n: Binomialkoeffizient = 1
  Beispiele: $\binom{27}{0} = 1$; $\binom{77}{77} = 1$
- k = 1: Binomialkoeffizient = n
  Beispiel: $\binom{37}{1} = 37$
- $\binom{n}{k} = \binom{n}{n-k}$ => Gleichheit gilt, wenn die unteren beiden Zahlen zusammen die Gesamtzahl ergeben
  (vgl zu dieser Regel Beispiel 2 bzw. Aufgabe 6)
  Beispiel: $\binom{20}{7} = \binom{20}{13}$

Typische Aufgabenstellungen ([...] sind die Aufgabennummern aus www.aufgabenpool.at)

1) In einer Klasse mit 14 Schüler/innen wird ein Theaterstück aufgeführt. Im Stück sind 6 Rollen zu besetzen. Interpretieren Sie den Ausdruck $\binom{14}{6}$ im Sachzusammenhang!

2) Aus einer Urne mit 12 roten und 8 schwarzen Kugeln werden 5 Kugeln (ohne Zurücklegen) gezogen. Von den 5 gezogenen Kugeln sind 3 rot.
   a) Interpretieren Sie den Ausdruck $\binom{5}{3}$ im Sachzusammenhang!
   b) Begründen Sie, warum $\binom{5}{3} = \binom{5}{2}$ gelten muss!

3) [1_400] In einer Fußballmannschaft stehen elf Spieler als Elfmeterschützen zur Verfügung. Deuten Sie den Ausdruck $\binom{11}{5}$ im gegebenen Kontext!

4) Betrachtet wird der Binomialkoeffizient $\binom{20}{x}$ mit $x \in \mathbb{N}$. Geben Sie alle Werte für $x \in \mathbb{N}$ an, für die der gegebene Binomialkoeffizient den Wert 1 annimmt!

5) [1_545] Eine Jugendgruppe besteht aus 21 Jugendlichen. Für ein Spiel sollen Teams gebildet werden. Ergänzen Sie die Textlücken im folgenden Satz durch Ankreuzen der jeweils richtigen Satzteile so, dass eine korrekte Aussage entsteht!

   Der Binomialkoeffizient $\binom{21}{3}$ gibt an, _____①_____; sein Wert beträgt _____②_____ .

①		②	
wie viele der 21 Jugendlichen in einem Team sind, wenn man drei gleich große Teams bildet	☐	7	☐
wie viele verschiedene Möglichkeiten es gibt, aus den 21 Jugendlichen ein Dreierteam auszuwählen	☐	1 330	☐
auf wie viele Arten drei unterschiedliche Aufgaben auf drei Mitglieder der Jugendgruppe aufgeteilt werden können	☐	7 980	☐

6) [1_659] Eine Mannschaft besteht aus n Spielerinnen. Aus diesen wählt die Trainerin an einem Tag sechs Spielerinnen, an einem anderen Tag acht Spielerinnen aus, wobei es auf die Reihenfolge der Auswahl der Spielerinnen jeweils nicht ankommt. In beiden Fällen ist die Anzahl der Möglichkeiten, die Auswahl zu treffen, gleich groß.
   Geben Sie n (die Anzahl der Spielerinnen dieser Mannschaft) an!

7) [1_803] Eine Gruppe besteht aus 12 Schülerinnen.
   Ergänzen Sie die Textlücken im folgenden Satz durch Ankreuzen der jeweils richtigen Satzteile so, dass eine korrekte Aussage entsteht!
   Der Binomialkoeffizient $\binom{12}{2}$ hat den Wert _____①_____; er kann dazu verwendet werden, die Anzahl der verschiedenen Möglichkeiten, _____②_____, zu berechnen.

①		②	
24	☐	2 Schülerinnen dieser Gruppe auszuwählen, die gemeinsam ein Referat halten sollen	☐
66	☐	2 Schülerinnen dieser Gruppe 2 unterschiedliche Preise zu verleihen	☐
144	☐	die Schülerinnen in 2 Gruppen zu je 6 Schülerinnen einzuteilen	☐

Kapitel 44
Normalverteilung und Konfidenzintervalle

Kennzahlen der Normalverteilung
μ = Mittelwert (Durchschnittswert)   σ = Standardabweichung (σ² = Varianz)

Beispiel: Es werden Reispackungen mit einem Mittelwert von μ=1000g bei einer Standardabweichung von σ=15g befüllt.

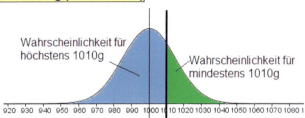

grafische Darstellung
Verteilung in Form der „Glockenkurve"
höchster Punkt über Mittelwert; Abstand zu den Wendepunkten gibt die Standardabweichung an
Fläche unter Kurve = Wahrscheinlichkeit, dass Wert in diesem Bereich liegt
(„mindestens" => von ... bis ∞; „höchstens" => von −∞ bis ...; „zwischen" diesem und jenem Wert)

Berechnung von Wahrscheinlichkeiten
Beispiel: Wie groß ist die Wahrscheinlichkeit, dass eine Reispackung mindestens 1010g enthält?

Berechnung mit Technologie

TI-Inspire: Fläche (Wahrscheinlichkeit) = **normalcdf**(linke Grenze, rechte Grenze, μ, σ)
  wenn es keine rechte Grenze gibt, eine „unendlich große" („sehr große") Zahl verwenden
  im Beispiel: normalcdf(1010, 100000, 1000, 15) = 0.2525

Geogebra: Wahrscheinlichkeitsrechner → μ und σ ausfüllen; P(linke Grenze ≤ X ≤ rechte Grenze)

Berechnung von Intervallen (von Intervallgrenzen)
Beispiel: In welchem zu μ symmetrischen Intervall („Schätzbereich") liegt die Füllmenge von 92% aller Reispackungen?

  Lösung: „links" von x_1 liegen 4% → Fläche links von x_1 = 0,04;
       „links" von x_2 liegen 96% → Fläche links von x_2 = 0,96

Berechnung mit Technologie

TI-Inspire: Grenze = **invnorm**(Fläche links von der Grenze, μ, σ)
  im Beispiel: invnorm(0.04, 1000, 15) = 973,75;   invnorm(0.04, 1000, 15) = 1026,25
       Intervall: [973,75g; 1026,25g]

Geogebra: Button [--] klicken; P(☐ ≤ X) = Fläche links von Grenze → Lösung wird im Kästchen angezeigt

Annäherung der Binomialverteilung
$$\mu = n \cdot p \qquad \sigma = \sqrt{n \cdot p \cdot (1-p)}$$ (zur Bedeutung von n und p siehe Binomialverteilung)
Normalverteilung erlaubt, wenn σ ≥ 3 („Faustregel")[1]

Beispiel: Auf einem Jahrmarkt bietet ein Standler Dosenschießen als Geschicklichkeitsspiel an. Er weiß aus Erfahrung, dass es lediglich 5% seiner Kunden gelingt, mit 3 Würfen alle Dosen vom Brett zu schießen. Wie groß ist die Wahrscheinlichkeit, dass es bei 750 Kunden am Tag höchstens 30 Personen gelingt, alle Dosen „abzuräumen"?

Lösung: n = 750; p = 0,05 → $\mu = 750 \cdot 0{,}05 = 38$; $\sigma = \sqrt{750 \cdot 0{,}05 \cdot (1-0{,}05)} = 5{,}93$
  linke Grenze = 0, rechte Grenze = 30 → normalcdf(0,30,38,5.93) = 0,0887

---

[1] das betrifft nur den Fall, dass μ und σ mit diesen Formeln berechnet werden; sind μ und σ von vornherein gegeben, ist es egal, ob σ größer oder kleiner 3 ist!

Prüfungstipp: Aus der Glockenkurve kann man μ ablesen (siehe oben) → aufgrund der Formel $\mu = n \cdot p$ kann man daraus dann auch n oder p berechnen (vgl Aufgabe 13).

Normalverteilung für relative Anteile (Wahrscheinlichkeiten)[2]

$$\mu = p \qquad \sigma = \sqrt{\frac{p \cdot (1-p)}{n}}$$ Diese Formeln sind wichtig für die Berechnung von Konfidenzintervallen!

Konfidenzintervalle (das ist die typische Prüfungsfrage zur Normalverteilung!)
Bereich „um μ herum" (→ „zu μ symmetrisches Intervall"),
welcher den Wert mit einer bestimmten Wahrscheinlichkeit (→ statistische Sicherheit) enthält

Beispiel: Eine Befragung von 1000 Personen zeigte, dass 60% den Sommer als „liebste Jahreszeit" bezeichnen. Geben Sie ein 90%-Konfidenzintervall für den relativen Anteil der Personen an, welche den Sommer den anderen Jahreszeiten vorziehen!

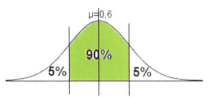

Lösung: μ = 0,6 $\qquad \sigma = \sqrt{\frac{0{,}6 \cdot (1-0{,}6)}{1000}} = 0{,}01549$

linke Grenze = invnorm(0.05,0.6,0.01549) = 0.5745
rechte Grenze = invnorm(0.95,0.6,0.01549) = 0.6254

Eigenschaften von Konfidenzintervallen

- Konfidenzintervall enthält den Wert mit einer bestimmten Wahrscheinlichkeit (statistischen Sicherheit), aber nicht „sicher" (dh der Wert kann auch außerhalb liegen)
  „frequentistische Interpretation": wenn man viele Stichproben macht, liegt der Stichprobenanteil mit eine Wahrscheinlichkeit von … (je nach statistischer Sicherheit) in diesem Intervall[3]
- will man eine höhere statistische Sicherheit, wird das Konfidenzintervall (der Bereich, wo der Wert wahrscheinlich liegt), größer
  kleineres Konfidenzintervall bedeutet geringere statistische Sicherheit
  bei einer 100%igen statistischen Sicherheit bekommt man eine no-na-Aussage à la „der Anteil liegt zwischen 0% und 100%"
- Konfidenzintervall wird kleiner, wenn man die Stichprobe (Anzahl n) vergrößert
  Konfidenzintervall wird größer, wenn man die Stichprobe (Anzahl n) verrringert
  $\sqrt{n}$ **–Gesetz:** wird die Stichprobe mit dem Faktor k multipliziert (zB verdoppelt => k = 2), so wird die Länge des Konfidenzintervalls durch $\sqrt{k}$ dividiert (im Beispiel wird dann die Länge durch $\sqrt{2}$ dividiert) => doppelter Stichprobenumfang führt also nicht zur halben Intervalllänge; nur der vierfache Stichprobenumfang führt zur Halbierung des Intervalls (weil $\sqrt{4}$=2 gilt)
- eine Konfidenzintervall ist umso größer, je mehr der Erwartungswert (=relative Anteil p) in der Nähe von 50% = 0,5 liegt (allerdings kann man das nicht beeinflussen; das ist also keine „Maßnahme", um das Konfidenzintervall größer/kleiner zu machen!)

---

[2] statt dem Buchstaben p (für Wahrscheinlichkeit) steht in Formelsammlungen oft auch h (für relativen Anteil)
[3] eigentlich will man ja gar nicht wissen, wo die Stichprobenanteile liegen, sondern wo der richtige Wert liegt => genau darüber sagt ein Konfidenzintervall aber eigentlich gar nichts aus (liegen die Stichproben systematisch daneben, bekommt man trotz Konfidenzintervall keine „richtige" Schätzung ☺)

Typische Aufgabenstellungen ([...] sind die Aufgabennummern aus www.aufgabenpool.at)

1) Landwirt Ludwig L betreibt einen Bio-Bauernhof, an dem die produzierte Milch direkt in Mehrwegflaschen abgefüllt wird. Die Maschine ist auf einem Mittelwert von 750ml eingestellt und arbeitet mit einer Standardabweichung von 2,3ml.
   a) Wie groß ist die Wahrscheinlichkeit, dass eine Flasche höchstens 755ml enthält?
   b) In welchem zu µ symmetrischen Bereich liegt mit 90%iger Wahrscheinlichkeit die Füllmenge einer Flasche?

2) Im Rahmen einer Qualitätskontrolle wurden 500 Mikrochips hinsichtlich ihrer Leistungsfähigkeit getestet. Aus früheren Untersuchungen ist bekannt, dass 4% der Mikrochips die gestellten Anforderungen nicht erfüllen können.
   Berechnen Sie mit Hilfe der Normalverteilung eine Näherungslösung für die Wahrscheinlichkeit, dass mindestens 475 Mikrochips den Test bestehen!

3) Bei einer Umfrage im Vorfeld einer Wahl gaben von 500 Befragten 120 Personen an, für Partei XYZ stimmen zu wollen. Bestimmen Sie ein 95%-Konfidenzintervall für den Wähleranteil der Partei XYZ bei diesem Urnengang!

4) [1_494] Bei einer repräsentativen Umfrage in Österreich geht es um die in Diskussion stehende Abschaffung der 500-Euro-Scheine. Es sprechen sich 234 von 1000 Befragten für eine Abschaffung aus.
   Geben Sie ein symmetrisches 95%-Konfidenzintervall für den relativen Anteil der Österreicherinnen und Österreicher, die eine Abschaffung der 500-Euro-Scheine in Österreich befürworten, an!

5) Weinbauer Wilhelm W bezieht die Korken für seine Weinflaschen in Packungen zu 1000 Stück. Der Hersteller der Korken garantiert ein 90%-Konfidenzintervall für die Anzahl der mängelfreien Korken, und zwar das Intervall [975; 990].
   Kreuzen Sie die beiden zutreffenden Aussagen an!
   O Die Anzahl der mängelfreien Korken kann nicht über 990 liegen.
   O Wenn Herr W viele solche Packungen kauft, wird bei 90% der Packungen die Anzahl der mängelfreien Korken zwischen 975 und 990 liegen.
   O Die Wahrscheinlichkeit, dass weniger als 975 Korken verwendbar sind, beträgt 10%.
   O Die Weinflaschen, welche mit den Korken verschlossen werden, enthalten mit 90%iger Wahrscheinlichkeit zwischen 975ml und 990ml Wein.
   O Will der Hersteller eine größere statistische Sicherheit garantieren, so wird das Konfidenzintervall größer.

6) Das Gewicht eines Brotlaibes in einer Bäckerei ist annähernd normalverteilt mit µ=500g und σ=25g.
   a) Bestimmen Sie die Wahrscheinlichkeit, dass ein Brotlaib zwischen 510g und 535g wiegt!
   b) Geben Sie ein symmetrisches Intervall („Schätzbereich") um den Erwartungswert an, in dem das Gewicht von 80% der Brote liegt!

7) Laut einer Statistik sind 9% aller männlichen Bundesbürger rot-grün-farbenblind. Zur Überprüfung dieser Aussage wird eine Stichprobe von 1200 männlichen Probanden untersucht. Die Zufallsvariable X bezeichnet die Anzahl der rot-grün-farbenblinden Männer in dieser Stichprobe.
   Berechnen Sie für die Wahrscheinlichkeiten $P(X \geq 200)$ und $P(X \leq 100)$ jeweils eine Näherungslösung mittels Normalverteilung!

8) [1_589] Für eine Wahlprognose wird aus allen Wahlberechtigten eine Zufallsstichprobe ausgewählt. Von 400 befragten Personen geben 80 an, die Partei Y zu wählen.
Geben Sie ein symmetrisches 95%-Konfidenzintervall für den Stimmenanteil der Partei Y in der Grundgesamtheit an!

9) Bei einem Maturaball wurde ein Schätzspiel veranstaltet. Es musste erraten werden, wie viele Paar Schuhe alle Maturantinnen gemeinsam besitzen. Die Schätzwerte waren annähernd normalverteilt mit einem Erwartungswert von 730 Paaren und einer Standardabweichung von 82 Paaren.
   a) Bestimmen Sie jenes symmetrische Intervall um den Erwartungswert, in welchem 95% der abgegebenen Schätzungen lagen!
   b) Interpretieren Sie die in der Grafik markierte Fläche im Sachzusammenhang!

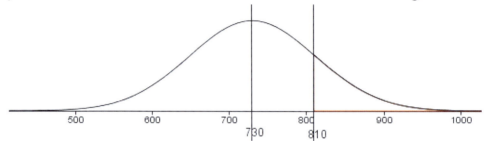

10) [1_446] Bei einer Meinungsbefragung wurden 500 zufällig ausgewählte Bewohner/innen einer Stadt zu ihrer Meinung bezüglich der Einrichtung einer Fußgängerzone im Stadtzentrum befragt. Es sprachen sich 60% der Befragten für die Einrichtung einer solchen Fußgängerzone aus, 40% sprachen sich dagegen aus.
Als 95%-Konfidenzintervall für den Anteil der Bewohner/innen dieser Stadt, die die Einrichtung einer Fußgängerzone im Stadtzentrum befürworten, erhält man mit Normalapproximation das Intervall [55,7%; 64,3%].
Kreuzen Sie die beiden zutreffenden Aussagen an!
   ○ Das Konfidenzintervall wäre breiter, wenn man einen größeren Stichprobenumfang gewählt hätte und der relative Anteil der Befürworter/innen gleich groß geblieben wäre.
   ○ Das Konfidenzintervall wäre breiter, wenn man ein höheres Konfidenzniveau (eine höhere Sicherheit) gewählt hätte.
   ○ Das Konfidenzintervall wäre breiter, wenn man die Befragung in einer größeren Stadt durchgeführt hätte.
   ○ Das Konfidenzintervall wäre breiter, wenn der Anteil der Befürworter/innen in der Stichprobe größer gewesen wäre.
   ○ Das Konfidenzintervall wäre breiter, wenn der Anteil der Befürworter/innen und der Anteil der Gegner/innen in der Stichprobe gleich groß gewesen wären.

11) [1_613] Die Abfüllanlagen eines Betriebs müssen in bestimmten Zeitabständen überprüft und eventuell neu eingestellt werden.
Nach der Einstellung einer Abfüllanlage sind von 1000 überprüften Packungen 30 nicht ordnungsgemäß befüllt. Für den unbekannten relativen Anteil p der nicht ordnungsgemäß befüllten Packungen wird vom Betrieb das symmetrische Konfidenzintervall [0,02; 0,04] angegeben.
Ermitteln Sie unter Verwendung einer die Binomialverteilung approximierenden Normalverteilung die Sicherheit dieses Konfidenzintervalls!
Tipp: der Mittelwert µ (entspricht dem Anteil p!) liegt immer in der Mitte des Konfidenzintervalls!

12) [1_470] Auf der Grundlage einer Zufallsstichprobe der Größe n_1 gibt ein Meinungsforschungsinstitut für den aktuellen Stimmenanteil einer politischen Partei das Konfidenzintervall [0,23; 0,29] an. Das zugehörige Konfidenzniveau (die zugehörige Sicherheit) beträgt γ_1.

Eine anderes Institut befragt n_2 zufällig ausgewählte Wahlberechtigte und gibt als entsprechendes Konfidenzintervall mit dem Konfidenzniveau (der zugehörigen Sicherheit) γ_2 das Intervall [0,24; 0,28] an. Dabei verwenden beide Institute dieselbe Berechnungsmethode.

Ergänzen Sie die Textlücken im folgenden Satz durch Ankreuzen der jeweils richtigen Satzteile so, dass eine korrekte Aussage entsteht!

Unter der Annahme von $n_1 = n_2$ kann man aus den Angaben ____①____ folgern;

unter der Annahme von $\gamma_1 = \gamma_2$ kann man aus den Angaben ____②____ folgern.

①	
$\gamma_1 < \gamma_2$	☐
$\gamma_1 = \gamma_2$	☐
$\gamma_1 > \gamma_2$	☐

②	
$n_1 < n_2$	☐
$n_1 = n_2$	☐
$n_1 > n_2$	☐

13) [1_518] In Europa beträgt die Wahrscheinlichkeit, mit der Blutgruppe B geboren zu werden, ca. 0,14. Für eine Untersuchung wurden n in Europa geborene Personen zufällig ausgewählt. Die Zufallsvariable X beschreibt die Anzahl der Personen mit Blutgruppe B. Die Verteilung von X kann durch eine Normalverteilung approximiert werden, deren Dichtefunktion in der Abbildung dargestellt ist.

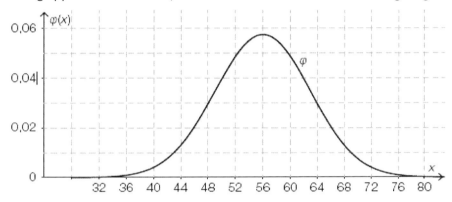

Schätzen Sie anhand der Abbildung den Stichprobenumfang n dieser Untersuchung!

14) [1_543] In nachstehender Abbildung ist die Dichtefunktion f der approximierenden Normalverteilung einer binomialverteilten Zufallsvariablen X dargestellt.

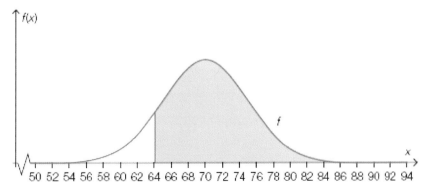

Deuten Sie den Flächeninhalt der grau markierten Fläche im Hinblick auf die Berechnung einer Wahrscheinlichkeit!

15) **[1_542]** Um den Stimmenanteil einer bestimmten Partei A in der Grundgesamtheit zu schätzen, wird eine zufällig aus allen Wahlberechtigten ausgewählte Personengruppe befragt. Die Umfrage ergibt für den Stimmenanteil ein 95%-Konfidenzintervall von [9,8%; 12,2%].
Welche der folgenden Aussagen sind in diesem Zusammenhang auf jeden Fall korrekt? Kreuzen Sie die beiden zutreffenden Aussagen an!

○ Die Wahrscheinlichkeit, dass eine zufällig ausgewählt wahlberechtigte Person die Partei A wählt, liegt sicher zwischen 9,8% und 12,2%.

○ Ein anhand der erhobenen Daten ermitteltes 90%-Konfidenzintervall hätte eine geringere Intervallbreite.

○ Unter der Voraussetzung, dass der Anteil der Partei-A-Wähler/innen in der Stichprobe gleich bleibt, würde eine Vergrößerung der Stichprobe zu einer Verkleinerung des 95%-Konfidenzintervalls führen.

○ 95 von 100 Personen geben an, die Partei A mit einer Wahrscheinlichkeit von 11% zu wählen.

○ Die Wahrscheinlichkeit, dass die Partei A einen Stimmenanteil von mehr als 12,2% erhält, beträgt 5%.

Zusatzfrage: Können die falschen Aussagen richtig gestellt werden? Wenn ja, wie?

16) **[1_637]** Vier Konfidenzintervalle (A, B, C und D) für einen unbekannten Anteil werden auf dieselbe Art und Weise ausschließlich unter Verwendung des Stichprobenumfangs n, des Konfidenzniveaus γ und des relativen Anteils berechnet, wobei der relative Anteil für alle vier Konfidenzintervalle derselbe ist. Die Konfidenzintervalle liegen symmetrisch um den relativen Anteil.

Konfidenz-intervall	Stichproben-umfang n	Konfidenz-niveau γ
A	500	90%
B	500	95%
C	2000	90%
D	2000	95%

Vergleichen Sie diese vier Konfidenzintervalle bezüglich ihrer Intervallbreite und geben Sie das Konfidenzintervall mit der kleinsten und jenes mit der größten Intervallbreite an!

Konfidenzintervall mit der kleinsten Intervallbreite: _____

Konfidenzintervall mit der größten Intervallbreite: _____

17) **[1_661]** Ein Spielzeuge produzierendes Unternehmen führt in einer Gemeinde in 500 zufällig ausgewählten Haushalten eine Befragung durch und erhält ein 95%-Konfidenzintervall für den unbekannten Anteil aller Haushalte dieser Gemeinde, die die Spielzeuge dieses Unternehmens kennen.
Bei einer anderen Befragung von n zufällig ausgewählten Haushalten ergab sich derselbe Wert für die relative Häufigkeit. Das aus dieser Befragung mit derselben Berechnungsmethode ermittelte symmetrische 95%-Konfidenzintervall hatte aber eine geringere Breite als jenes aus der ersten Befragung.
Geben Sie alle $n \in \mathbb{N}$ an, für die dieser Fall unter der angegebenen Bedingung eintritt!

18) **[1_684]** Die Rücklaufquote von Pfandflaschen einer bestimmten Sorte Mineralwasser beträgt 92%. In einem Monat werden 15 000 Pfandflaschen dieser Sorte Mineralwasser verkauft. Die Zufallsvariable X gibt die Anzahl derjenigen Pfandflaschen an, die nicht mehr zurückgegeben werden. Die Zufallsvariable X kann durch eine Normalverteilung approximiert werden.
Die Abbildung (nächste Seite) stellt den Graphen der Dichtefunktion f dieser Normalverteilung dar. Der Flächeninhalt der markierten Fläche beträgt ca. 0,27.

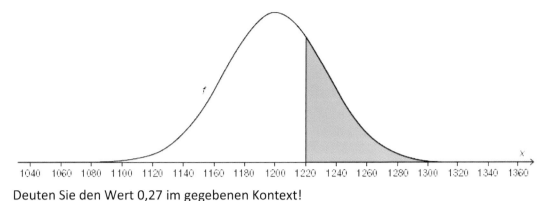

Deuten Sie den Wert 0,27 im gegebenen Kontext!

19) [1_685] Bei einer repräsentativen Telefonumfrage mit 400 zufällig ausgewählten Personen erhält man für den relativen Anteil der Befürworter/innen von kürzeren Sommerferien den Wert 20%.
Zeigen Sie durch eine Rechnung, dass das Intervall [16,0%; 24,0%] ein symmetrisches 95%-Konfidenzintervall für den relativen Anteil p der Befürworter/innen in der gesamten Bevölkerung sein kann (wobei die Intervallgrenzen des Konfidenzintervalls gerundete Werte sind)!

20) [1_709] Jemand möchte den unbekannten Anteil p derjenigen Wählerinnen und Wähler ermitteln, die bei einer Wahl für den Kandidaten A stimmen werden, und beauftragt ein Meinungsforschungsinstitut damit, diesen Anteil p zu schätzen. Im Zuge dieser Schätzung werden 200 Stichproben mit jeweils gleichem Umfang ermittelt. Für jede dieser Stichproben wird das entsprechende 95%-Konfidenzintervall berechnet.
Berechnen Sie die erwartete Anzahl derjenigen Intervalle, die den unbekannten Anteil p enthalten!

21) [1_733] *Sonntagsfrage* nennt man in der Meinungsforschung die Frage „Welche Partei würden Sie wählen, wenn am kommenden Sonntag Wahlen wären?". Bei einer solchen Sonntagsfrage, bei der die Parteien A und B zur Auswahl standen, gaben 234 von 1000 befragten Personen an, Partei A zu wählen. Bei der darauffolgenden Wahl lag der tatsächliche Anteil der Personen, die die Partei A gewählt haben, bei 29,5%.
Ermitteln Sie auf Basis dieses Umfrageergebnisses ein symmetrisches 95%-Konfidenzintervall für den (unbekannten) Stimmenanteil der Partei A und geben Sie an, ob der tatsächliche Anteil in diesem Intervall enthalten ist!

22) [1_757] Im Rahmen einer Studie gaben 252 von 450 Jugendlichen eines Bundeslandes an, dass sie immer frühstücken, bevor sie in die Schule gehen. Der Anteil dieser Jugendlichen wird mit h bezeichnet.
Der Anteil aller Jugendlichen dieses Bundeslandes, die immer frühstücken, bevor sie in die Schule gehen, wird mit p bezeichnet.
Geben Sie auf Basis dieser Studie für p ein um h symmetrisches 95%-Konfidenzintervall an!

23) [1_781] Bei einem Konditionierungsexperiment lernen Schäferhunde die Bedienung eines Mechanismus, um Futter zu erhalten. Nach einer Trainingsphase, an der 50 Schäferhunde teilnehmen, können 40 von ihnen den Mechanismus bedienen.
Der relative Anteil dieser Schäferhunde, die nach der Trainingsphase den Mechanismus bedienen können, wird mit h bezeichnet.
Aus diesen Daten wird ein um h symmetrisches Konfidenzintervall [a; 0,91] mit $a \in \mathbb{R}$ für den unbekannten Anteil p aller Schäferhunde ermittelt, die nach einer solchen Trainingsphase den Mechanismus bedienen können.
Ermitteln Sie die untere Grenze a des Konfidenzintervalls!

24) [1_805] Anhand der relativen Stichprobenhäufigkeit h bei einer repräsentativen Befragung von 500 Personen wurde für den unbekannten relativen Anteil der Befürworter/innen einer Umfahrungsstraße das 95%-Konfidenzintervall [h − 0,04; h + 0,04] ermittelt.

Eine zweite repräsentative Befragung von 2000 Personen ergibt die gleiche relative Stichprobenhäufigkeit h.

Geben Sie für diese zweite Befragung das um h symmetrische 95%-Konfidenzintervall für den unbekannten relativen Anteil der Befürworter/innen der Umfahrungsstraße an!

Kapitel 46
Statistik 1: Mittelwert, Varianz, Standardabweichung

Absolute und Relative Häufigkeit

> absolute Häufigkeit: „wie oft etwas vorkommt"   relative Häufigkeit: $\frac{\text{absolute Häufigkeit}}{\text{Gesamtzahl}}$

Mittelwert („arithmetisches Mittel"): Abkürzung µ oder $\bar{x}$

> Mittelwert = $\frac{\text{Summe aller Werte}}{\text{Anzahl}}$ bzw. Mittelwert = Summe aus Wert · relative Häufigkeit

Mittelwert ändert sich, sobald man einen Wert ändert!
  (Ausnahme: man fügt mehrere Werte ein, die wieder den gleichen Mittelwert ergeben.)

nachträglich Werte ergänzen:

  alter Mittelwert · alte Anzahl; neue Werte addieren; $\frac{\text{neue Summe}}{\text{neue Anzahl}}$ **wichtig für viele Prüfungsfragen ☺!**

Varianz („durchschnittliche quadratische Abweichung"): Abkürzung V oder s^2

> Varianz = $\frac{\text{Summe aller Werte}^2}{\text{Anzahl}}$ − Mittelwert²   bzw.   Varianz = (Summe aus Wert² · relative Häufigkeit) − Mittelwert²

Standardabweichung: $s = \sqrt{\text{Varianz}}$

Varianz ändert sich, sobald man einen Wert ändert!
  Werte innerhalb der Standardabweichung einfügen → Varianz wird kleiner
  Werte außerhalb der Standardabweichung einfügen → Varianz wird größer
Ausnahme: alle Werte um den gleichen Betrag ändern → Varianz bleibt gleich
  ABER: alle Werte um 5% erhöhen → Varianz ändert sich!!!

Verhalten bei Änderung der Daten
alle Werte um den gleichen Wert ändern (zB überall +2) → Mittelwert + 2; Varianz bleibt gleich
alle Werte prozentuell erhöhen (zB +5%) → Mittelwert und Varianz ändern sich
            (Mittelwert +5%; Standardabweichung +5%; Varianz erhöht sich um mehr als 5%)

Typische Aufgabenstellungen ([…] sind die Aufgabennummern aus www.aufgabenpool.at)

1) Berechne Mittelwert und Varianz für folgende Werte: 3; 4; 6; 6; 7

2) Berechne Mittelwert und Varianz für folgenden Datensatz:

Wert	1	2	3	4
relative Häufigkeit	0,15	0,40	0,30	0,15

3) Für eine soziologische Studie wurden 50 zufällig vorbeikommende Passanten an einer Straßenbahn-Haltestelle befragt, wie viele Handies sie besitzen. Die Ergebnisse der Umfrage sind in der untenstehenden Tabelle festgehalten. Berechne das arithmetische Mittel der Anzahl der Handies bei dieser Umfrage!

Anzahl der Handies	0	1	2	3
Anzahl Personen	5	26	17	2

Hinweis: Bestimme zunächst die relativen Häufigkeiten für die jeweiligen Handy-Anzahlen!

4) [1_329] Neun Athleten eines Sportvereins absolvieren einen Test. Der arithmetische Mittewert der neun Testergebnisse $x_1, x_2, ..., x_9$ ist $\bar{x} = 8$. Ein zehnter Sportler war während der ersten Testdurchführung abwesend. Er holt den Test nach, sein Testergebnis ist $x_{10} = 4$.
Berechnen Sie das arithmetische Mittel der ergänzten Liste $x_1, x_2, ..., x_{10}$!

5) Für das arithmetische Mittel einer Datenreihe $x_1, x_2, ..., x_{24}$ gilt: $\bar{x} = 115$.
Die Standardabweichung der Datenreihe ist $s_x = 12$. Die Werte einer 2. Datenreihe $y_1, y_2, ..., y_{24}$ entstehen, indem man zu den Werten der 1. Datenreihe jeweils 8 addiert, also $y_1 = x_1 + 8$, $y_2 = x_2 + 8$ usw.
Geben Sie den Mittelwert $\bar{y}$ und die Standardabweichung s_y der 2. Datenreihe an!

6) [1_402] Im Jahr 2012 gab es in Österreich unter den etwas mehr als 4 Millionen unselbständig Erwerbstätigen (ohne Lehrlinge) 40% Arbeiterinnen und Arbeiter, 47% Angestellte, 8% Vertragsbedienstete und 5% Beamtinnen und Beamte (Prozentzahlen gerundet).

	arithmetisches Mittel der Nettojahreseinkommen 2012 (in Euro)
Arbeiterinnen und Arbeiter	14 062
Angestellte	24 141
Vertragsbedienstete	22 853
Beamtinnen und Beamte	35 708

Die Tabelle zeigt deren durchschnittliches Nettojahreseinkommen (arithmetisches Mittel). Ermitteln Sie das durchschnittliche Nettojahreseinkommen (arithmetisches Mittel) aller in Österreich unselbständig Erwerbstätigen (ohne Lehrlinge)!

7) [1_523] In einer Schule gibt es vier Sportklassen: S1, S2, S3 und S4. Die Tabelle gibt eine Übersicht über die Anzahl der Schüler/innen pro Klasse sowie das jeweilige arithmetische Mittel der während des ersten Semesters eines Schuljahres versäumten Unterrichtsstunden.

Klasse	Anzahl der Schüler/innen	arithmetisches Mittel der versäumten Stunden
S1	18	45,5
S2	20	63,2
S3	16	70,5
S4	15	54,6

Berechnen Sie das arithmetische Mittel $\bar{x}_{ges}$ der versäumten Unterrichtsstunden aller Schüler/innen der vier Sportklassen für den angegebenen Zeitraum!

8) [1_609] In einer Klasse sind 25 Schüler/innen, von denen eine Schülerin als außerordentliche Schülerin geführt wird. Bei einem Test beträgt das arithmetische Mittel der von allen 25 Schülerinnen und Schülern erreichten Punkte 21,6. Das arithmetische Mittel der von den nicht als außerordentlich geführten Schülerinnen und Schülern erreichten Punkte beträgt 12,5.
Berechnen Sie, wie viele Punkte die als außerordentlich geführte Schülerin bei diesem Test erreicht hat!

9) [1_657] Gegeben ist eine Datenliste $x_1, x_2, ..., x_n$ mit n Werten und dem arithmetischen Mittel a. Diese Datenliste wird um zwei Werte x_{n+1} und x_{n+2} ergänzt, wobei das arithmetische Mittel der neuen Datenliste $x_1, x_2, ..., x_n, x_{n+1}, x_{n+2}$ ebenfalls a ist.
Geben Sie für diesen Fall einen Zusammenhang zwischen x_{n+1}, x_{n+2} und a mithilfe einer Formel an!

10) [1_729] Gegeben ist eine geordnete Datenliste: 1; 2; 3; 5; k; 8; 8; 8; 9; 10 mit $k \in \mathbb{R}$.
Geben Sie den Wert k so an, dass das arithmetische Mittel der gesamten Datenliste den Wert 6 annimmt!

Kapitel 47
Statistik 2: Median, Quartile, Boxplot

Angabe: Liste von Daten

            3; 4; 5; 5; 7; 8; 13   1;3;4;5;8;9

Schritt 0: Liste ordnen (falls erforderlich)

Schritt 1: Median (m) = mittlere Zahl bzw. Durchschnitt der beiden mittleren Zahlen

            3; 4; 5; **5**; 7; 8; 13   1;3;**4;5**;8;9

                m = 5   m = (4+5)/2 = 4,5

Schritt 2: Quartile (q_1 bzw. q_3) = mittlere Zahl der beiden Teillisten

    (mittlere Zahl herausstreichen bzw. zwischen den beiden mittleren Zahlen teilen)

       3; **4**; 5   7; **8**; 13   1; **3**; 4   5;**8**;9

       q_1=4 q_3=8 q_1 = 3 q_3 = 8

Schritt 3: Boxplot zeichnen

- waagrechte Achse mit passender Skalierung (x-Achsen-Beschriftung)
- ein Rechteck zwischen q_1 und q_3 einzeichnen; senkrechter Strich beim Median
- Rechteck links und rechts mit waagrechtem Strich bis zum ersten bzw. letzten Wert der Liste verlängern
- Abstand vom ersten bis zum letzten Wert ist die **Spannweite**;
  Abstand zwischen q_1 und q_3 („Länge des Rechtecks") ist der **Quartilsabstand**

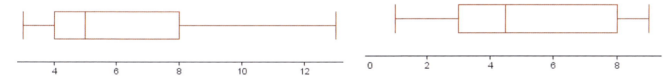

Interpretation von Boxplot-Diagrammen

    jeder „Abschnitt" des Boxplots enthält (mindestens) 25% bzw. ¼ der Daten; egal wie lang er ist

Prüfungstipps

- aufpassen, ob von Prozent oder von Anzahlen die Rede ist (25% entspricht Gesamtzahl durch 4)
- aus einem Boxplot kann man immer nur (Prozent-)Anteile herauslesen, niemals konkrete Anzahlen!

Typische Aufgabenstellungen ([...] sind die Aufgabennummern aus www.aufgabenpool.at)

1) Im Jahr 2011 nahmen 460 Schülerinnen und Schüler der 12. Schulstufe an einem Mathematikwettbewerb teil. Die maximal erreichbare Punktezahl betrug 150. Die 460 Wettbewerbsergebnisse wurden der Punktezahl entsprechend gereiht und das Ergebnis dieser Reihung wurde in einem Kastenschaubild dargestellt.

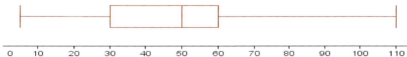

Kreuzen Sie die beiden Aussagen an, die aus dem Kastenschaubild eindeutig abgeleitet werden können!

○ Mindestens 75% der Schülerinnen und Schüler erreichten 30 Punkte oder mehr als 30 Punkte.
○ Ungefähr 230 Schülerinnen und Schüler haben genau 50 Punkte erreicht.
○ Weniger als 115 Schülerinnen und Schüler haben zwischen 30 und 60 Punkte erreicht.
○ Mindestens eine Schülerin oder ein Schüler hat 110 Punkte erreicht.
○ 115 Schülerinnen und Schüler haben genau 30 Punkte erreicht.

2) Die Nettogehälter von 44 Angestellten einer Firmenabteilung werden durch folgendes Kastenschaubild (Boxplot) dargestellt:

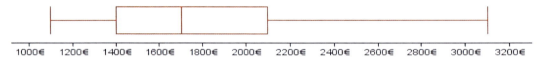

Kreuzen Sie die beiden zutreffenden Antworten an!
○ 22 Angestellte verdienen mehr als € 2.400.
○ Drei Viertel der Angestellten verdienen € 2.100 oder mehr.
○ Ein Viertel aller Angestellten verdient € 1.400 oder weniger.
○ Es gibt Angestellte, die mehr als € 3.300 verdienen.
○ Das Nettogehalt der Hälfte der Angestellten liegt im Bereich [€ 1.400; € 2.100].

3) Bei einem Test werden 20 Prüfungsaufgaben gestellt, die jeweils mit 0 Punkten oder 1 Punkt bewertet werden. Die folgende Liste gibt einen Überblick über die von den einzelnen Schülerinnen und Schülern beim Test erreichten Gesamtpunktezahlen:

7, 7, 7, 9, 9, 11, 11, 11, 12, 12, 12, 12, 13, 16, 16, 16, 17, 18, 20, 20

Kreuzen Sie denjenigen Boxplot (Kastenschaubild) an, der die Verteilung der erreichten Punktewerte korrekt darstellt!

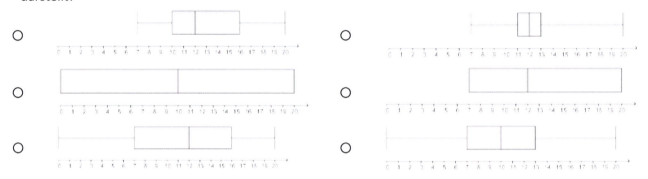

4) In einer Bäckerei wurden über einen Zeitraum von 36 Wochen Aufzeichnungen über den Tagesbedarf einer Brotsorte an einem bestimmten Wochentag gemacht und in einer geordneten Liste festgehalten:

232, 234, 235, 237, 237, 237, 239, 242, 242, 242, 243, 244, 244, 244, 244, 245, 245, 245,
245, 245, 246, 246, 246, 246, 247, 247, 248, 248, 249, 250, 250, 251, 253, 255, 258, 258

Stellen Sie diese Daten in einem Boxplot dar!

5) [1_330] Alle Mädchen und Burschen einer Schulklasse wurden über die Länge ihres Schulweges befragt. Die beiden Kastenschaubilder (Boxplots) geben Auskunft über ihre Antworten.

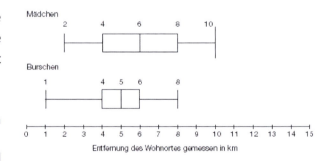

Kreuzen Sie die beiden zutreffenden Aussagen an!
○ Mehr als 60% der befragten Mädchen haben einen Schulweg von mindestens 4km.
○ Der Median der erhobenen Daten ist bei Burschen und Mädchen gleich.
○ Mindestens 50% der Mädchen und mindestens 75% der Burschen haben einen Schulweg kleiner oder gleich 6km.
○ Höchstens 40% der befragten Burschen haben einen Schulweg zwischen 4km und 8km.
○ Die Spannweite ist bei den Umfragedaten der Burschen genauso groß wie bei den Umfragedaten der Mädchen.

6) [1_403] Die Nutzung einer bestimmten Internetplattform durch Jugendliche wird für Mädchen und Burschen getrennt untersucht. Dabei wird erfasst, wie oft die befragten Jugendlichen diese Plattform pro Woche besuchen. Die nachstehenden Kastenschaubilder (Boxplots) zeigen das Ergebnis der Untersuchung.

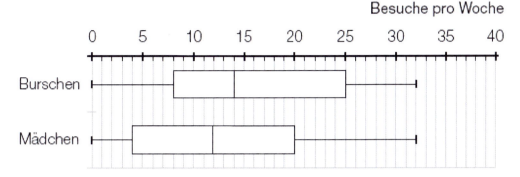

Kreuzen Sie die beiden zutreffenden Aussagen an!
- o Der Median der Anzahl von Besuchen pro Woche ist bei den Burschen etwas höher als bei den Mädchen.
- o Die Spannweite der wöchentlichen Nutzung der Plattform ist bei den Burschen größer als bei den Mädchen.
- o Aus der Grafik kann man ablesen, dass genauso viele Mädchen wie Burschen die Plattform wöchentlich besuchen.
- o Der Anteil der Burschen, die mehr als 20-mal pro Woche die Plattform nützen, ist zumindest gleich groß oder größer als jener der Mädchen.
- o Ca. 80% der Mädchen und ca. 75% der Burschen nützen die Plattform genau 25-mal pro Woche.

7) [1_451] Die Körpergrößen der 450 Schüler/innen einer Gemeinde wurden in Zentimetern gemessen und deren Verteilung wurde in einem Kastenschaubild (Boxplot) grafisch dargestellt:

Zur Interpretation dieses Kastenschaubilds werden verschiedene Aussagen getätigt. Kreuzen Sie die beiden zutreffenden Aussagen an!
- o 60% der Schüler/innen sind genau 172cm groß.
- o Mindestens eine Schülerin bzw. ein Schüler ist genau 185cm groß.
- o Höchstens 50% der Schüler/innen sind kleiner als 170cm.
- o Mindestens 75% der Schüler/innen sind größer als 178cm.
- o Höchstens 50% der Schüler/innen sind mindestens 164cm und höchstens 178cm groß.

Hinweis: Beim Boxplot fehlt links der waagrechte Strich → im linken Teil des Rechtecks „versammeln" sich dadurch 25% + 25% = 50%[1]

---

[1] Damit so ein Fall praktisch eintritt, müssen mehr als ein Viertel der Schüler/innen exakt die kleinste Körpergröße haben, alle anderen verteilen sich dann auf die anderen Körpergrößen. Das ist nicht sehr naheliegend und doch ein ziemlicher Spezialfall → hier ging es offensichtlich darum, einen mathematischen Ausnahmefall zu erzeugen, ohne Rücksicht auf die Realitätsnähe der Daten… ☺

8) [1_800] Die nachstehenden Boxplots (Kastenschaubilder) stellen für zwei Klassen (4A und 4B) die Verteilung der Körpergröße der Schulkinder der jeweiligen Klasse dar. Beide Klassen werden von gleich vielen Schulkindern besucht.

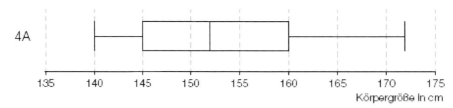

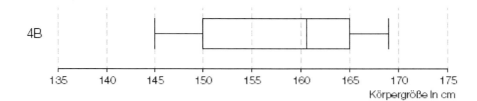

Kreuzen Sie die beiden Aussagen an, die auf jeden Fall zutreffen!
❑ In der 4A ist mehr als die Hälfte der Schulkinder kleiner als 150cm.
❑ In der 4B sind mehr Schulkinder größer als 160cm als in der 4A.
❑ Die Spannweiter der Körpergröße ist in der 4A größer als in der 4B.
❑ Das größte Schulkind der beiden Klassen besucht die 4B.
❑ In der 4A ist 160cm die häufigste Körpergröße.

Kapitel 48
Statistik 3: Eigenschaften und Interpretation der Kennzahlen

Modus (Modalwert): häufigster Wert

es kann mehr als einen Modalwert geben: 5; 5; 5; 5; 5; 6; 7; 7; 7; 8; 8; 8; 8; 8; 9; 9; 10

Zentralmaße (definieren einen „Durchschnittswert")

- **arithmetisches Mittel: (Summe aller Werte) / (Anzahl der Werte)**
    - reagiert auf „Ausreißer" (ändert sich, sobald ein Wert geändert wird)
    - werden alle Werte um c erhöht, erhöht sich der Mittelwert auch um c
    - werden alle Werte um p% erhöht, erhöht sich der Mittelwert auch um p%
    - Änderung eines Werts verändert auch den Mittelwert
    - neue Werte ändern den Mittelwert, außer sie haben denselben Mittelwert
      Bsp: Mittelwert ist 5; fügt man 9 und 1 zur Liste hinzu, ändert sich der Mittelwert nicht
    - der Mittelwert muss keinem Wert der Liste entsprechen
- **Median: „mittlere Zahl" einer Datenreihe (50%-Grenze)**
    - reagiert nicht auf „Ausreißer" (welche Zahlen am Rand stehen, ist egal)
        - einzelne Messfehler (extrem falsche Werte) wirken sich nicht aus
    - Verwendung des Medians „versteckt" die Randwerte
      Beispiel Mitarbeitergehälter:
      1200€; 1250€; 1250€; 1250€; 5000€
        Median ist 1250€ → jeder verdient vergleichsweise gut
        Mittelwert ist 1990€ → fast alle verdienen unterdurchschnittlich
    - werden Werte „mit Respektabstand" zum Median geändert, ändert sich der Median nicht
    - neue Werte ändern den Median, außer man fügt genau den Median zur Liste hinzu
    - der Median muss keinem Wert der Liste entsprechen

Abstandsmaße (durchschnittliche Abweichung)

- **Varianz: (Summe aller quadrierten Werte) / Anzahl - Mittelwert^2**
    - ist die „durchschnittliche quadratische Abweichung" vom Mittelwert
    - je größer der Abstand vom Mittelwert, umso stärker wirkt sich ein Wert auf die Varianz aus
    - werden alle Werte um c erhöht, ändert sich die Varianz nicht
    - werden alle Werte um p% erhöht, wird die Varianz größer
- **Standardabweichung: Wurzel aus der Varianz**
    - ca. 2/3 aller Werte liegen innerhalb der Standardabweichung
    - werden alle Werte um c erhöht, ändert sich die Standardabweichung nicht
    - werden alle Werte um p% erhöht, erhöht sich die Standardabweichung um p%
    - neue Werte innerhalb der Standardabweichung machen diese kleiner, neue Werte außerhalb der Standardabweichung machen diese größer
      Beispiel: Für einen Datensatz gilt $\bar{x} = 30$ und $\sigma = 5$. Ergänzen Sie diesen Datensatz um zwei zusätzliche Werte, sodass der Mittelwert gleich bleibt und die Standardabweichung kleiner wird!
      Lösung: wähle zwei Werte, die den Mittelwert 30 haben und weniger als 5 von 30 entfernt sind → zum Beispiel 28 und 32

Typische Aufgabenstellungen ([...] sind die Aufgabennummern aus www.aufgabenpool.at)

1) [1_162] 9 Kinder wurden dahingehend befragt, wie viele Stunden sie am Wochenende fernsehen. Die nachstehende Tabelle gibt ihre Antworten wieder.

Kind	Fritz	Susi	Michael	Martin	Angelika	Paula	Max	Hubert	Lisa
Stunden	2	2	3	3	4	5	5	5	8

Kreuzen Sie die beiden zutreffenden Aussagen an!
- Der Median würde sich erhöhen, wenn Fritz um eine Stunde mehr fernsehen würde.
- Der Median ist kleiner als das arithmetische Mittel der Fernsehstunden.
- Die Spannweite der Fernsehstunden beträgt 3.
- Das arithmetische Mittel würde sich erhöhen, wenn Lisa anstelle von 8 Stunden 10 Stunden fernsehen würde.
- Der Modus ist 8.

2) In einer Firma werden an ihre elf Angestellten folgende monatliche Bruttogehälter bezahlt:
€1.400, €1.500, €1.500, €1.500, €1.600, €1.650, €1.700, €1.750, €1.800, €2.500, €2.800.
Die beiden Angestellten mit den höchsten Gehältern erhalten eine Gehaltserhöhung um 5%.
Welche der folgenden statistischen Kennzahlen ändert/ändern sich in Bezug auf die Bruttogehälter aller Angestellten der Firma durch die Gehaltserhöhung?
Kreuzen Sie die zutreffende(n) Antwort(en) an!
- arithmetisches Mittel
- Median
- Modus
- Spannweite
- empirische Standardabweichung

3) Der Median und der arithmetische Mittelwert sind statistische Kenngrößen. Erklären Sie allgemein den Unterschied zwischen dem Median und dem arithmetischen Mittelwert im Hinblick auf die Art der Berechnung und auf den Einfluss von Ausreißerwerten!

4) In einer Leichtathletikgruppe wurden die Sprungweiten beim Weitsprung statistisch ausgearbeitet. Die empirische Standardabweichung der Frauen dieser Leichtathletikgruppe beträgt bei einem Probedurchgang 0,70 Meter, bei den Männern 0,49m.
Erklären Sie, was die beiden Werte im Vergleich über die Leistungen der beiden Gruppen aussagen!

5) [1_140] Gegeben ist das arithmetische Mittel $\bar{x}$ von Messwerten. Welche der folgenden Eigenschaften treffen für das arithmetische Mittel zu? Kreuzen Sie die beiden zutreffenden Antworten an!
- Das arithmetische Mittel teilt die geordnete Liste der Messwerte immer in eine untere und eine obere Teilliste mit jeweils gleich vielen Messwerten.
- Das arithmetische Mittel kann durch Ausreißer stark beeinflusst werden.
- Das arithmetische Mittel kann für alle Arten von Daten sinnvoll berechnet werden.
- Das arithmetische Mittel ist immer gleich einem der Messwerte.
- Multipliziert man das arithmetische Mittel mit der Anzahl der Messwerte, so erhält man immer die Summe aller Messwerte.

6) Der arithmetische Mittelwert $\bar{x}$ der Datenreihe $x_1, x_2, \ldots, x_{10}$ ist $\bar{x} = 20$. Die Standardabweichung σ der Datenreihe ist $\sigma = 5$.

Die Datenreihe wird um die beiden Werte $x_{11} = 19$ und $x_{12} = 21$ ergänzt. Kreuzen Sie die beiden zutreffenden Aussagen an!

Prüfungstipp: Immer vorsichtig sein bei Aussagen wie „sicher", „immer", „stets" usw. ☺

Das Maximum der neuen Datenreihe $x_1, \ldots, x_{12}$ ist größer als das Maximum der ursprünglichen Datenreihe $x_1, \ldots, x_{10}$.	☐
Die Spannweite der neuen Datenreihe $x_1, \ldots, x_{12}$ ist um 2 größer als die Spannweite der ursprünglichen Datenreihe $x_1, \ldots, x_{10}$.	☐
Der Median der neuen Datenreihe $x_1, \ldots, x_{12}$ stimmt immer mit dem Median der ursprünglichen Datenreihe $x_1, \ldots, x_{10}$ überein.	☐
Die Standardabweichung der neuen Datenreihe $x_1, \ldots, x_{12}$ ist kleiner als die Standardabweichung der ursprünglichen Datenreihe $x_1, \ldots, x_{10}$.	☐
Der arithmetische Mittelwert der neuen Datenreihe $x_1, \ldots, x_{12}$ stimmt mit dem arithmetischen Mittelwert der ursprünglichen Datenreihe $x_1, \ldots, x_{10}$ überein.	☐

7) [1_450] Gegeben ist eine ungeordnete Liste von 19 natürlichen Zahlen:
5; 15; 14; 2; 5; 13; 11; 9; 7; 16; 15; 9; 10; 14; 3; 14; 5; 15; 14
Geben Sie den Median und den Modus dieser Liste an!

8) [1_426] Gegeben ist eine Liste mit n natürlichen Zahlen $a_1, a_2, \ldots, a_n$. Welche statistischen Kennzahlen der Liste bleiben gleich, wenn jeder Wert der Liste um 1 erhöht wird? Kreuzen Sie die beiden zutreffenden Aussagen an!
☐ arithmetisches Mittel ☐ Standardabweichung ☐ Spannweite ☐ Median ☐ Modus

9) [1_474] In der österreichischen Eishockeyliga werden die Ergebnisse aller Spiele statistisch ausgewertet. In der Saison 2012/13 wurde über einen bestimmten Zeitraum erfasst, in wie vielen Spielen jeweils eine bestimmte Anzahl an Toren erzielt wurde. Das nachstehende Säulendiagramm stellt das Ergebnis dieser Auswertung dar.

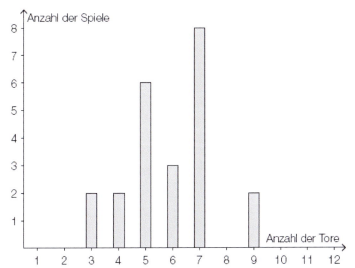

Bestimmen Sie den Median der Datenliste, die dem Säulendiagramm zugrunde liegt!

10) [1_633] Für einen guten Zweck spenden 20 Personen Geld, wobei jede Person einen anderen Betrag spendet. Dieser 20 Geldbeträgt (in Euro) bilden den Datensatz $x_1, x_2, \ldots, x_{20}$. Von diesem Datensatz ermittelt man Minimum, Maximum, arithmetisches Mittel, Median sowie unteres (erstes) und oberes (drittes) Quartil. Frau Müller ist eine dieser 20 Personen und spendet 50 Euro.

Jede der vier Fragen in der linken Tabelle kann unter Kenntnis einer der statistischen Kennzahlen aus der rechten Tabelle korrekt beantwortet werden. Ordnen Sie den vier Fragen jeweils die entsprechende statistische Kennzahl (aus A bis F) zu!

Ist die Spende von Frau Müller eine der fünf größten Spenden?	
Ist die Spende von Frau Müller eine der zehn größten Spenden?	
Ist die Spende von Frau Müller die kleinste Spende?	
Wie viel Euro spenden die 20 Personen insgesamt?	

A	Minimum
B	Maximum
C	arithmetisches Mittel
D	Median
E	unteres Quartil
F	oberes Quartil

11) [1_681] In einem Gymnasium wurden in den 24 Unterstufenklassen folgende Klassenschülerzahlen erhoben:

Klassenschülerzahl	20	21	22	23	24	25	26	27	28
Anzahl Klassen	1	2	1	2	3	2	4	6	3

Ermitteln Sie den Median der Klassenschülerzahlen in der Unterstufe dieses Gymnasiums!

12) [1_704] Es wurden 400 Jugendliche zu ihrem Freizeitverhalten befragt. Von alle Befragten gaben 330 an, Mitglied in einem Sportverein zu sein. 146 gaben an, ein Instrument zu spielen, und 98 gaben an, sowohl Mitglied in einem Sportverein zu sein als auch ein Instrument zu spielen.

Das Ergebnis dieser Befragung ist in der nachstehenden Tabelle eingetragen.

	spielt Instrument	spielt kein Instrument	gesamt
Mitglied in Sportverein	98		330
kein Mitglied in Sportverein			
gesamt	146		400

Geben Sie die relative Häufigkeit h der befragten Jugendlichen an, die weder Mitglied in einem Sportverein sind noch ein Instrument spielen!

13) [1_705] In den Wintermonaten wird täglich vom Lawinenwarndienst der sogenannte Lawinenlagebericht veröffentlicht. Dieser enthält unter anderem eine Einschätzung der Lawinengefahr entsprechend den fünf Gefahrenstufen.

In einer bestimmten Region wurden im Winter 2013/14 Aufzeichnungen über die Gefahrenstufen geführt. Die Aufzeichnungen listen in einer Datenliste alle Tage auf, an denen eine der Gefahrenstufen 1 bis 4 galt. (Für die Gefahrenstufe 5 gibt es in dieser Datenliste keinen Eintrag, da diese Gefahrenstufe im betrachteten Zeitraum nicht auftrat.) Die Abbildung zeigt den relativen Anteil der Tage mit einer entsprechenden Gefahrenstufe.

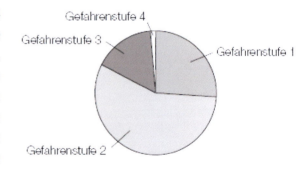

Begründen Sie, warum die Gefahrenstufe 2 der Median der Datenliste (die der Abbildung zugrunde liegt) sein muss!

14) [1_753] Eine Datenliste wird um genau einen Datenwert ergänzt, der größer als alle bisher erfassten Datenwerte ist. Zwei der unten stehenden statistischen Kennzahlen werden dadurch jedenfalls größer. Kreuzen Sie die beiden zutreffenden statistischen Kennzahlen an!
- ❏ Spannweite
- ❏ Modus
- ❏ Median
- ❏ 3. Quartil
- ❏ arithmetisches Mittel

15) [1_777] Gegeben ist eine Liste der Zahlen $x_1, x_2, x_3, \ldots, x_{40}$ für die $x_1 < x_2 < x_3 < \ldots < x_{40}$ gilt. Kreuzen Sie diejenige Zahl an, die zu obiger Liste jedenfalls hinzugefügt werden kann, ohne dass sich der Median der Liste ändert!

❏ $\frac{x_1+x_{20}}{2}$ ❏ $\frac{x_1+x_{40}}{2}$ ❏ $\frac{x_{20}+x_{21}}{2}$ ❏ $\frac{x_{20}+x_{40}}{2}$ ❏ x_{20} ❏ x_{21}

Kapitel 49
Statistik 4: Diagramme interpretieren und manipulieren

Änderungsmaße (vgl. auch Thema Prozentrechnen)

absolute Änderung: $neuer\ Wert - alter\ Wert$

relative Änderung: $\dfrac{neuer\ Wert - alter\ Wert}{alter\ Wert}$

prozentuelle Änderung: $\dfrac{neuer\ Wert - alter\ Wert}{alter\ Wert} \cdot 100$

durchschnittliche Änderung: $\dfrac{neuer\ Wert - alter\ Wert}{Zeitdauer}$

Änderung kann positiv (bei Zunahme) oder negativ (bei Abnahme) sein.

relative und prozentuelle Anteile

relativer Anteil: $\dfrac{Anzahl\ der\ Teilmenge}{Gesamtanzahl}$

prozentueller Anteil: $\dfrac{Anzahl\ der\ Teilmenge}{Gesamtanzahl} \cdot 100$

Prüfungstipp: Meistens geht es um Aussagen der folgenden Art: *„Wenn in einer Siedlung mit 10 Häusern in 5 eingebrochen wird, ist das relativ gesehen mehr, als wenn in einer Siedlung mit 1000 Häusern in 50 eingebrochen wird (50% Einbruchswahrscheinlichkeit vs. 5%)."*

Grafische Darstellung

- **Säulendiagramme:** Säule in Höhe der (relativen oder absoluten) Häufigkeit für jeden Wert
- **Kreisdiagramme:** Anteil an Kreisfläche entspricht der relativen (prozentuellen) Häufigkeit
- **Histogramm**[1]: für mehrere Werte eine „Gemeinschaftssäule"

    Höhe der Säule entspricht der „durchschnittlichen Säulenhöhe"

    Höhe der Säule: $\dfrac{Summe\ alle\ Werte\ (Gesamtzahl)}{Anzahl\ Werte\ (Spaltenbreite)}$

    Achtung: bei Histogrammen darf es keine Abstände zwischen den Säulen geben

    Flächeninhalt der Säule = Anteil (relativ oder absolut je nach Beispiel) für dieses Intervall
- **Stängel-Blatt-Diagramm:** für mehrere Zahlen wird die erste Ziffer jeweils nur einmal angegeben, dahinter dann die jeweils folgenden Ziffern pro Zahl

    Beispiel: 4 | 0, 0, 5, 6 entspricht den Zahlen 40, 40, 45, 46

    (manchmal auch 4,0; 4,0; 4,5; 4,6 → auf Angabe achten ☺)

Manipulative Darstellungen von Statistiken

- absolute Anzahlen bei verschieden großen Grundmenge vergleichen

    Beispiel: 50 Einbrüche ist natürlich mehr als 5 Einbrüche, aber das „Einbruchsrisiko" ist bei 50 von 1000 geringer als bei 5 von 10.
- y-Achse „abschneiden", um Unterschiede zu betonen

    Beispiel: Unternehmen A hat 951 Kunden, Unternehmen B hat 954 Kunden → zeichnet man die Säulen von 0 bis 951 bzw. 954 sind sie fast gleich hoch; zeichnet man sie von 900 bis 951 bzw. 954 ist Säule B deutlich größer
- „Sprünge" auf der x-Achse, um Zuwächse/Rückgänge zu verdeutlichen

    Beispiel: stellt man die Daten für 2008, 2009 und 2010 dar und „springt" dann zu 2015, erhält man besonders steile Zuwächse/Rückgänge

---

[1] Nach der Matura 2016, bei der diese Darstellungsform erstmals auftrat, sprach ein Zeitungskommentar zu Recht von einer „künstlichen Schwierigkeit durch die Verwendung einer weltfremden Darstellungsform" ☺.

Typische Aufgabenstellungen ([...] sind die Aufgabennummern aus www.aufgabenpool.at)

1) [1_331] Das nachstehende Diagramm stellt für das Schuljahr 2009/10 folgende Daten dar:
   - die Anzahl der Schüler/innen <u>nur</u> aus der AHS-Unterstufe;
   - die Gesamtanzahl der Schüler/innen der 1.-4. Klasse (Hauptschule <u>und</u> AHS-Unterstufe)

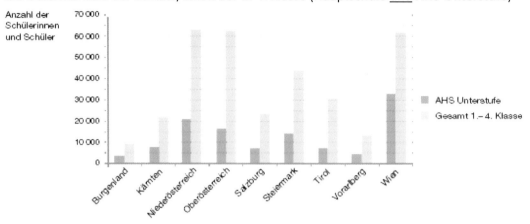

   Kreuzen Sie jene beiden Aussagen an, die aus dem Diagramm gefolgert werden können!
   O In Kärnten ist der Anteil an AHS-Schülerinnen und –Schülern größer als in Tirol.
   O In Wien gibt es die meisten Schüler/innen in den 1.-4. Klassen.
   O Der Anteil an AHS-Schülerinnen und –Schülern ist in Wien höher als in allen anderen Bundesländern.
   O Es gehen in Salzburg mehr Schüler/innen in die AHS als im Burgenland in die 1.-4. Klasse insgesamt.
   O In Niederösterreich gehen ca. 3-mal so viele Schüler/innen in die Hauptschule wie in die AHS.

2) [1_547] Die Differenz aus der Anzahl der in einem bestimmten Zeitraum in ein Land zugewanderten Personen und der Anzahl der in diesem Zeitraum aus diesem Land abgewanderten Personen bezeichnet man als *Wanderungsbilanz*. In der Grafik ist die jährliche Wanderungsbilanz für Österreich in den Jahren von 1961 bis 2012 dargestellt.

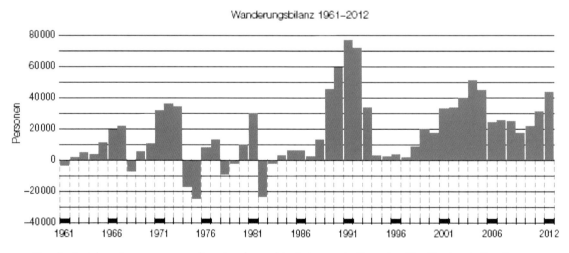

   Kreuzen Sie die beiden Aussagen an, die eine korrekte Interpretation der Grafik darstellen!
   o Aus dem angegebenen Wert für das Jahr 2003 kann man ablesen, dass in diesem Jahr um ca. 40 000 Personen mehr zugewandert als abgewandert sind.
   o Der Zuwachs der Wanderungsbilanz vom Jahr 2003 auf das Jahr 2004 beträgt ca. 50%.
   o Im Zeitraum 1961 bis 2012 gibt es acht Jahre, in denen die Anzahl der Zuwanderungen geringer als die Anzahl der Abwanderungen war.
   o Im Zeitraum 1961 bis 2012 gibt es drei Jahre, in denen die Anzahl der Zuwanderungen gleich der Anzahl der Abwanderungen war.
   o Die Wanderungsbilanz des Jahres 1981 ist annähernd doppelt so groß wie die des Jahres 1970.

3) Die in der Abbildung dargestellte Lorenz-Kurve kann als Graph einer Funktion *f* verstanden werden, die gewissen Bevölkerungsanteilen deren jeweiligen Anteil am Gesamteinkommen zuordnet. Dieser Lorenz-Kurve kann man z.B. entnehmen, dass die einkommensschwächsten 80% der Bevölkerung über ca. 43% des Gesamteinkommens verfügen. Das bedeutet zugleich, dass die einkommensstärksten 20% der Bevölkerung über ca. 57% des Gesamteinkommens verfügen.
Kreuzen Sie die beiden für die dargestellte Lorenz-Kurve zutreffenden Aussagen an!

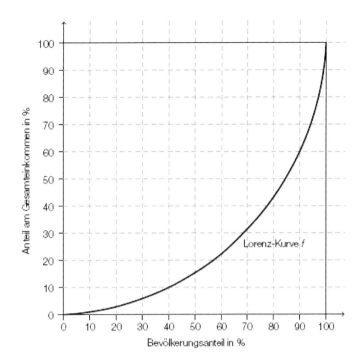

- o Die einkommensstärksten 10% der Bevölkerung verfügen über ca. 60% des Gesamteinkommens.
- o Die einkommensstärksten 40% der Bevölkerung verfügen über ca. 90% des Gesamteinkommens.
- o Die einkommensschwächsten 40% der Bevölkerung verfügen über ca. 10% des Gesamteinkommens.
- o Die einkommensstärksten 60% der Bevölkerung verfügen über ca. 90% des Gesamteinkommens.
- o Die einkommensstärksten 90% der Bevölkerung verfügen über ca. 60% des Gesamteinkommens.

4) [1_427] Entwicklung der Landwirtschaft in Österreich:
Der Website der Statistik Austria kann man folgende Tabelle über die Entwicklung der Argrarstruktur in Österreich entnehmen:

Jahr	1995	1999	2010
Anzahl der land- und forstwirtschaftlichen Betriebe insgesamt	239 099	217 508	173317
durchschnittliche Betriebsgröße in Hektar	31,5	34,6	42,4

Kreuzen Sie die beiden zutreffenden Aussagen an!

- o Die Anzahl der land- und forstwirtschaftlichen Betriebe ist im Zeitraum von 1995 bis 2010 in jedem Jahr um die gleiche Zahl gesunken.
- o Die durchschnittliche Betriebsgröße hat von 1995 bis 1999 im Jahresdurchschnitt um mehr Hektar zugenommen als von 1999 bis 2010.
- o Die durchschnittliche Betriebsgröße hat von 1995 bis 1999 um durchschnittlich 0,5ha pro Jahr abgenommen.
- o Die Gesamtgröße der land- und forstwirtschaftlich genutzten Fläche hat von 1995 bis 2010 abgenommen.
- o Die Anzahl der land- und forstwirtschaftlichen Betriebe ist im Zeitraum von 1995 bis 2010 um mehr als ein Drittel gesunken.

5) [1_475] Bei einer Verkehrskontrolle wurde die Beladung von LKW überprüft. 140 der überprüften LKW waren überladen. Details der Kontrolle sind in der nachstehenden Tabelle zusammengefasst:

Überladung Ü in Tonnen	Ü < 1t	1t ≤ Ü < 3t	3t ≤ Ü < 6t
Anzahl der LKW	30	50	60

Stellen Sie die Daten der obigen Tabelle durch ein Histogramm dar! Dabei sollen die absoluten Häufigkeiten als Flächeninhalte von Rechtecken abgebildet werden.

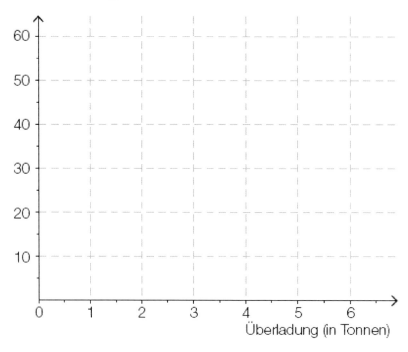

6) [1_584] Die nachstehenden Stängel-Blatt-Diagramme zeigen die Anzahl der Kinobesucher/innen je Vorstellung der Filme A und B im Lauf einer Woche. In diesen Diagrammen ist die Einheit des Stängels 10, die des Blattes 1. ....

Film A	
2	0, 3, 8
3	6, 7
4	1, 1, 5, 6
5	2, 6, 8, 9
6	1, 8

Film B	
2	1
3	1, 4, 5
4	4, 5, 8
5	0, 5, 7, 7
6	1, 2
7	0

Kreuzen Sie diejneige(n) Aussage(n) an, die bezogen auf die dargestellten Stängel-Blatt-Diagramme mit Sicherheit zutrifft/zutreffen! ....
- ○ Es gab in dieser Woche mehr Vorstellungen des Films A als des Films B.
- ○ Der Median der Anzahl der Besucher/innen ist bei Film A größer als bei Film B.
- ○ Die Spannweite der Anzahl der Besucher/innen ist bei Film A kleiner als bei Film B.
- ○ Die Gesamtzahl der Besucher/innen in dieser Woche war bei Film A größer als bei Film B.
- ○ In einer Vorstellung des Films B waren mehr Besucher/innen als in jeder einzelnen Vorstellung des Films A. ....

7) [1_608] Bei einer meteorologischen Messstelle wurden die Tageshöchsttemperaturen für den Zeitraum von einem Momat in einem sehr heißen Sommer aufgezeichnet. Die Messwerte in Grad Celsius können dem nebenstehenden Stängel-Blatt-Diagramm entnommen werden.
Stellen Sie die aufgezeichneten Tageshöchsttemperaturen in einem Kastenschaubild (Boxplot) dar!

1	9
2	2 2 3 3 3
2	5 6 6 6 6 7 7 7 7 7 7
3	1 1 1 2 3 3 3 4 4 4
3	8
4	0 0

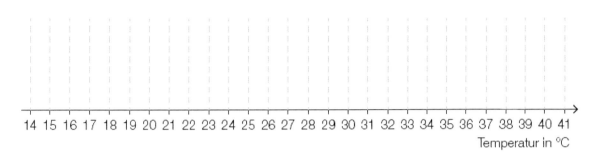

8) [1_680] Die nachstehende Grafik zeigt der Anzahl der im Jahr 2012 in Österreich Erwerbstätigen in drei Bereichen. Die Grafik weist die Daten nach Bundesländern getrennt aus.

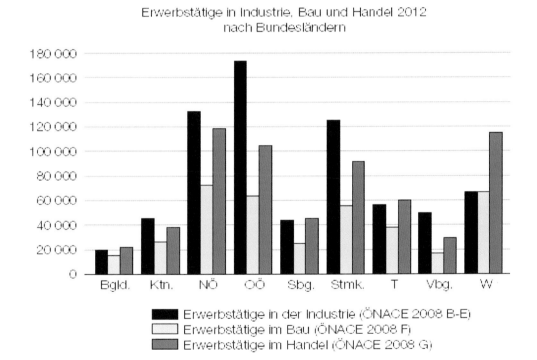

Quelle: STATISTIK AUSTRIA, Mikrozensus-Arbeitskräfteerhebung 2012. Erstellt am 22.05.2013.

Welche der folgenden Aussagen lässt/lassen sich aus der Grafik für das Jahr 2012 ableiten? Kreuzen Sie die zutreffende(n) Aussage(n) an!
❏ In jedem Bundesland gab es mehr Erwerbstätige im Handel als im Bau.
❏ In der Industrie hatte Oberösterreich (OÖ) mehr Erwerbstätige als jedes andere Bundesland.
❏ Wien (W) hatte mehr Erwerbstätige im Handel als in Industrie und Bau zusammen.
❏ Vorarlberg (Vgb.) hatte in allen drei Bereichen zusammen weniger Erwerbstätige als die Steiermark (Stmk.) alleine in der Industrie.
❏ Im Handel hatte Burgenland (Bgld.) weniger Erwerbstätige als jedes andere Bundesland.

9) [1_632] In einer Klasse, in der ausschließlich Mädchen sind, waren bis zu einer Schularbeit 15 Hausübungen abzugeben. Bei der Schularbeit waren maximal 48 Punkte zu erreichen.

Im nachstehenden Punktwolkendiagramm werden für jede der insgesamt 20 Schülerinnen dieser Klasse die Anzahl der abgegebenen Hausübungen und die Anzahl der bei der Schularbeit erreichten Punkte dargestellt.[2]

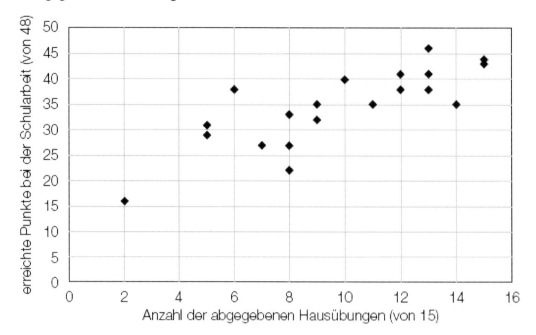

Zwei der nachstehenden fünf Aussagen interpretieren das dargestellte Punktwolkendiagramm korrekt. Kreuzen Sie die beiden zutreffenden Aussagen an!

❏ Nur Schülerinnen, die mehr als 10 Hausübungen abgegeben haben, konnten mehr als 35 Punkte bei der Schularbeit erzielen.

❏ Die Schülerin mit der geringsten Punkteanzahl bei der Schularbeit hat die wenigsten Hausübungen abgegeben.

❏ Die Schülerin mit den meisten Punkten bei der Schularbeit hat alle Hausübungen abgegeben.

❏ Schülerinnen mit mindestens 10 abgegeben Hausübungen haben bei der Schularbeit im Durchschnitt mehr Punkte erzielt als jene mit weniger als 10 abgegebene Hausübungen.

❏ Aus der Anzahl der bei der Schularbeit erreichten Punkte kann man eindeutig auf die Anzahl der abgegebenen Hausübungen schließen.

---

[2] Das ist übrigens auch ein klassisches Beispiel einer Scheinkorrelation: natürlich bewirkt die Anzahl der abgegebenen (und zuvor schnell abgeschriebenen ☺) Hausübungen nicht automatisch eine hohe Punktzahl bei der Schularbeit. Aber Schülerinnen, die sich um die Abgabe der Hausübung kümmern, sind in der Regel auch solche, die sich dann auch entsprechend effizient auf eine Schularbeit vorbereiten. Denn das Abgeben einer Arbeit Wochen vor der Prüfung wird kaum einen Punkt bringen – das hat man bis dahin längst wieder vergessen...

10) [1_728] In 32 europäischen Ländern wurde die Anzahl der Personenkraftwagen (PKWs) pro 1000 Einwohner/innen erhoben. Aus diesen Daten ist das abgebildete Histogramm erstellt worden. Dabei sind die absoluten Häufigkeiten der Länder als Flächeninhalte von Rechtecken dargestellt.

Geben Sie an, in wie vielen Ländern die Anzahl der PKWs pro 1000 Einwohner/innen zwischen 500 und 700 PKWs liegt!

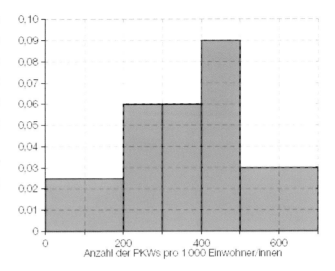

11) [1_752] Ein Betrieb hat insgesamt 200 Beschäftigte. In der Tabelle sind die Stundenlöhne dieser Beschäftigten in Klassen zusammengefasst.

Der Flächeninhalt eines Rechtecks im unten stehenden Histogramm ist der relative Anteil der Beschäftigten in der jeweiligen Klasse.

Ergänzen Sie im nachstehenden Histogramm die fehlende Säule so, dass die obigen Daten richtig dargestellt sind!

Stundenlohn x in Euro	Anzahl der Beschäftigten
$6 \leq x < 10$	20
$10 \leq x < 15$	80
$15 \leq x < 20$	60
$20 \leq x \leq 30$	40

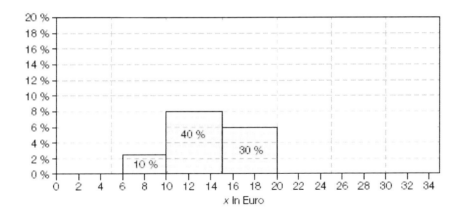

Kapitel 50
Dynamische Prozesse / Differenzengleichungen

Es geht immer um eine Folge von Zahlen:

Frage: wie kommt man von einem Wert zum nächsten?
Beispiele: „immer drei dazuzählen" → $x_{n+1} = x_n + 3$
„immer verdoppeln" → $x_{n+1} = x_n \cdot 2$
Den Startwert muss man zusätzlich („extra") angeben!

Wichtige Spezialfälle:

lineare Prozesse: es wird immer die gleiche Zahl dazu- oder weggezählt
(immer gleiche absolute Änderung (=konstante Steigung))
$x_{n+1} = x_n + \text{eine Zahl}$ oder $x_{n+1} = x_n - \text{eine Zahl}$

exponentielle Prozesse: es wird immer mit derselben Zahl multipliziert (oder dividiert)
(immer gleiche prozentuelle (relative) Änderung)
$x_{n+1} = x_n \cdot \text{eine Zahl}$

Die Zahl, mit der multipliziert wird, lässt sich häufig als Prozentfaktor interpretieren!
Beispiel: $x_{n+1} = x_n \cdot 1{,}23$ → der Wert erhöht sich jeweils um 23%

Kombination aus linear und exponentiell:
die vorhandene Menge wird jeweils um eine fixen Prozentsatz erhöht/verringert;
zusätzlich kommt eine fixe Menge dazu oder weg
$x_{n+1} = x_n \cdot Prozentfaktor + \text{eine Zahl}$ oder $x_{n+1} = x_n \cdot Prozentfaktor - \text{eine Zahl}$

Beispiele:
In einem Waldgebiet wächst die Holzmenge jährlich um 3%; jedes Jahr werden 1000fm (fm = Festmeter) Holz geschlagen → Berechnung der Holzmenge: $x_{n+1} = x_n \cdot 1{,}03 - 1000$
Bei einem Ratenkauf werden monatlich 0,5% Zinsen verrechnet, die monatliche Rate beträgt 50€
→ Berechnung der Restschuld: $x_{n+1} = x_n \cdot 1{,}005 - 50$

⚠️ Manchmal werden Differenzengleichungen in der Form
$$x_{n+1} - x_n = \ldots$$
angegeben. Rechts steht dann also die <u>Änderung</u>, nicht mehr der (neue) Endwert!
in den Beispielen von oben: $x_{n+1} - x_n = 0{,}03 \cdot x_n - 1000$
$x_{n+1} - x_n = 0{,}005 \cdot x_n - 50$
rechts steht dann Änderung <u>um</u> 3% bzw. 0,5% statt Änderung <u>auf</u> 103% bzw. 100,5%

In den Prüfungen kommen beide Variante vor; man sollte also zumindest beide Varianten entsprechend interpretieren können

bei prozentueller Abnahme nähern sich die Werte einem „Endwert" (Fixpunkt, Gleichgewicht) an
Beispiel: $x_{n+1} = 0{,}3 \cdot x_n + 50$; Startwert $x_1 = 100mg$
von der vorhandenen Menge werden stets 70% abgebaut; 50mg kommen neu dazu
Berechnung des Fixpunkts: statt x_{n+1} und x_n einfach x schreiben:
x = 0,3x + 50 | -0,3x
0,7x = 50 | :0,7
x = 71,43mg

Typische Aufgabenstellungen ([…] sind die Aufgabennummern aus www.aufgabenpool.at)

1) Im Zuge einer medikamentösen Behandlung erhält ein Patient eine Anfangsdosis von x_1=150mg des Wirkstoffs. In weiterer Folge werden stündlich 40mg verabreicht.
   Es ist bekannt, dass vom Körper binnen einer Stunde 10% der Substanz abgebaut werden.
   a) Geben Sie die entsprechende Differenzengleichung an!
   b) Berechnen Sie für einen Zeitraum von 3 Stunden, wie viel mg des Wirkstoffs sich jeweils unmittelbar nach Verabreichung des Wirkstoffs im Körper befinden!

2) Die Belastung eines Fließgewässers mit einem bestimmten Schadstoff wurde bei einer erstmaligen Messung mit x_1 = 25 μg/Liter ermittelt.
   Eine Modellrechnung hat ergeben, dass die Belastung in den Folgejahren näherungsweise der Formel $x_{n+1} = 0{,}9 x_n + 3$ folgen wird.
   Kreuzen Sie die beiden für dieses Modell zutreffenden Aussagen an!
   ○ Die Belastung wird langfristig auf 0 sinken.
   ○ Die Belastung steigt linear an.
   ○ Das Gewässer wird jährlich zusätzlich mit 3μg/Liter belastet.
   ○ Langfristig wird die Belastung auf 90% des Anfangswerts sinken.
   ○ Jährlich werden 10% der aktuell vorhandenen Belastung abgebaut.

3) [1_335] Die Nikotinmenge x (in mg) im Blut eines bestimmten Rauchers kann modellhaft durch die Differenzengleichung $x_{n+1} = 0{,}98 \cdot x_n + 0{,}03$ (n in Tagen) beschrieben werden.
   Geben Sie an, wie viel Milligramm Nikotin täglich zugeführt werden und wie viel Prozent der im Körper vorhandenen Nikotinmenge täglich abgebaut werden!

4) [1_407] Ein langfristiger Kredit soll mit folgenden Bedingungen getilgt werden: Der offene Betrag wird am Ende eines jeden Jahres mit 5% verzinst, danach wird jeweils eine Jahresrate von €20.000 zurückgezahlt.
   y_2 stellt die Restschuld nach Bezahlung der zweiten Rate zwei Jahre nach Kreditaufnahme dar, y_3 die Restschuld nach Bezahlung der dritten Rate ein Jahr später.
   Stellen Sie y_3 in Abhängigkeit von y_2 dar! y_3 = _____

5) [1_480] Frau Fröhlich hat ein Kapitalsparbuch, auf welches sie jährlich am ersten Banköffnungstag des Jahres den gleichen Geldbetrag in Euro einzahlt. An diesem Tag werden in der Bank auch die Zinserträge des Vorjahres gutgeschrieben. Danach wird der neue Gesamtkontostand ausgedruckt.
   Zwischen dem Kontostand K_{i-1} des Vorjahres und dem Kontostand K_i des aktuellen Jahres besteht folgender Zusammenhang: $K_i = 1{,}03 \cdot K_{i-1} + 5000$.
   Welche der folgenden Aussagen sind in diesem Zusammenhang korrekt?
   Kreuzen Sie die beiden zutreffenden Aussagen an!
   ○ Frau Fröhlich zahlt jährlich € 5.000 auf ihr Kapitalsparbuch ein.
   ○ Das Kapital auf dem Kapitalsparbuch wächst jährlich um € 5.000.
   ○ Der relative jährliche Zuwachs des am Ausdruck ausgewiesenen Kapitals ist größer als 3%.
   ○ Die Differenz des Kapitals zweier aufeinanderfolgender Jahre ist immer dieselbe.
   ○ Das Kapital auf dem Kapitalsparbuch wächst linear an.

6) [1_628] Jemand hat bei einer Bank einen Wohnbaukredit zur Finanzierung einer Eigentumswohnung aufgenommen. Am Ende eines jeden Monats erhöht sich der Schuldenstand aufgrund der Kreditzinsen um 0,4% und anschließend wird die monatliche Rate von € 450 zurückgezahlt. Der Schuldenstand am Ende von t Monaten wird durch S(t) beschrieben.
   Geben Sie eine Differenzengleichung an, mit deren Hilfe man bei Kenntnis des Schuldenstands am Ende eines Monats den Schuldenstand am Ende des darauffolgenden Monats berechnen kann!

7) [1_699] Ein Kapital von € 100.000 wird mit einem fixen jährlichen Zinssatz angelegt. Die abgebildete Tabelle gibt Auskunft über den Verlauf des Kapitals in den ersten drei Jahren. Dabei beschreibt x_n das Kapital nach n Jahren ($n \in \mathbb{N}$). Stellen Sie eine Gleichung zur Bestimmung des Kapitals x_{n+1} aus dem Kapital x_n auf!

n in Jahren	x_n in Euro
0	100 000
1	103 000
2	106 090
3	109 272,7

8) [1_748] Einer Patientin wird täglich um 8:00 Uhr ein Arzneistoff intravenös verabreicht. Die Konzentration des Arzneistoffs im Blut der Patientin am Tag t unmittelbar vor der Verabreichung des Arzneistoffs wird mit c_t bezeichnet (c_t in Milligramm/Liter).
Für $t \in \mathbb{N}$ gilt: $c_{t+1} = 0{,}3 \cdot (c_t + 4)$
Interpretieren Sie den in der Gleichung auftretenden Zahlenwert 4 im gegebenen Kontext unter Verwendung der entsprechenden Einheit!

9) [1_772] Die Anzahl der Rehe in einem Wald am Ende eines Jahres i ($i = 1, 2, 3$) wird mit R_i bezeichnet. Am Ende des ersten Jahres gibt es 60 Rehe in diesem Wald.
Die nachstehende Gleichung beschreibt die Entwicklung der Population der Rehe.
$R_{i+1} = 1{,}2 \cdot R_i - 2$ für $i = 1, 2$
Bestimmen Sie die Anzahl der Rehe in diesem Wald am Ende des dritten Jahres!

10) [1_796] Es wird die Anzahl der Bakterien in einer Bakterienkultur in Abhängigkeit von der Zeit t untersucht. Die Anzahl der Bakterien in der Bakterienkultur nimmt jede Minute um den gleichen Prozentsatz zu.
In den unten stehenden Gleichungen ist $N(t)$ die Anzahl der Bakterien in dieser Bakterienkultur zum Zeitpunkt t (in Minuten) und $k \in (0; 1)$ eine reelle Zahl.
Kreuzen Sie die beiden zutreffenden Gleichungen an!
❑ $N(t+1) - N(t) = -k \cdot N(t)$
❑ $N(t+1) - N(t) = k$
❑ $N(t+1) - N(t) = k \cdot N(t)$
❑ $N(t+1) = k \cdot N(t)$
❑ $N(t+1) = N(t) \cdot (1 + k)$

Kompetenzcheck 3

1) Zahlen werden in verschiedene Zahlenmengen unterteilt. Kreuze von den folgenden Aussagen die beiden korrekten an!

   ○ Jede rationale Zahl lässt sich in der Form $\frac{a}{b}$ mit $a \in \mathbb{Z}, b \in \mathbb{N} \setminus \{0\}$ darstellen.
   ○ Für jede reelle Zahl x gilt $\sqrt{x} \in \mathbb{R}$.
   ○ Die Zahl $\frac{6}{2}$ liegt in $\mathbb{Q}$, aber nicht in $\mathbb{Z}$.
   ○ Jede natürliche Zahl ist eine ganze Zahl.
   ○ Jede reelle Zahl ist eine ganze Zahl.

   /1

2) In einem großen Unternehmen soll der Fuhrpark erneuert werden. Dazu wird zunächst eine Statistik über die derzeit im Betrieb vorhandenen Fahrzeuge erstellt.
   Dabei gelten folgende Bezeichnungen:
   x…Anzahl der Fahrzeuge mit Benzinmotor
   y…Anzahl der Fahrzeuge mit Dieselmotor
   Aufgrund dieser Erhebung stellt man fest, dass das Unternehmen insgesamt über 150 Fahrzeuge verfügt. Die Anzahl der Fahrzeuge mit Benzinmotor ist nur halb so groß wie die Anzahl der Fahrzeuge mit Dieselmotor.
   Ergänze die fehlenden Satzteile im nachfolgenden Satz durch Ankreuzen der jeweils richtigen Satzteile so, dass eine korrekte Aussage entsteht!

   Der Term _____①_____ beschreibt die Gesamtzahl der im Betrieb vorhandenen Fahrzeuge und die Gleichung _____②_____ beschreibt das Verhältnis zwischen Benzin- und Dieselfahrzeugen.

①	
$\frac{x}{2} + y$	☐
$2x + y$	☐
$x + y$	☐

②	
$\frac{x}{2} = 150 - y$	☐
$x = 2y$	☐
$y = 2x$	☐

   /1

3) Quadratische Gleichungen können höchstens zwei reelle Lösungen haben.
   Bestimme für die nachfolgende quadratische Gleichung den Parameter k so, dass die Gleichung genau eine reelle Lösung $x \in \mathbb{R}$ besitzt!

   $$2x^2 - 5x + (k - 3) = 0$$

   /1

4) Gegeben ist der Graf einer Geraden g. Die Koordinaten der Punkte A und B sind ganzzahlig. Gib die Gleichung einer zweiten Geraden h in der Form ax + by = c an ($a, b, c \in \mathbb{R}$), welche zur Geraden g parallel ist!

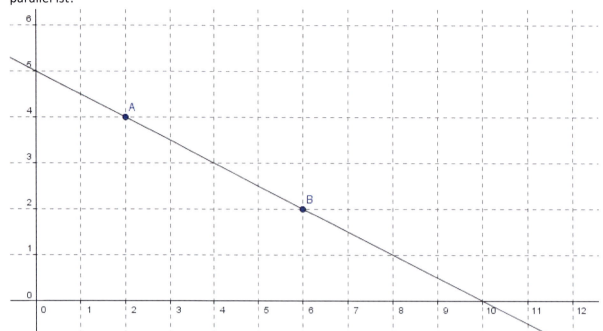

/ 1

5) Gegeben ist ein Rechteck mit den Eckpunkte P, Q, R und S (siehe Grafik).

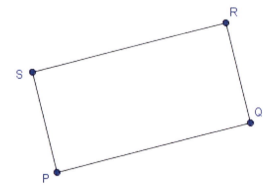

Kreuze die beiden zutreffenden Aussagen an!

○ $\overrightarrow{PQ} = \overrightarrow{RS}$
○ $\overrightarrow{PQ} \cdot \overrightarrow{PS} = 0$
○ $\overrightarrow{PS} + \overrightarrow{SR} = \overrightarrow{PR}$
○ $R = P + \overrightarrow{PS}$
○ $\overrightarrow{QS} + \overrightarrow{SR} = \overrightarrow{RQ}$

/ 1

6) Geraden im $\mathbb{R}^3$ können allgemein durch eine Parameterdarstellung der Form $X = P + t \cdot \vec{v}$ angegeben werden.

Eine Gerade g besitzt die Parameterdarstellung $X = \begin{pmatrix} -4 \\ 2 \\ 5 \end{pmatrix} + t \cdot \begin{pmatrix} 3 \\ 4 \\ -1 \end{pmatrix}$.

Zwei der nachfolgenden Parameterdarstellungen beschreibe dieselbe Gerade g. Kreuze diese beiden Darstellungen an!

◯ $X = \begin{pmatrix} -8 \\ 4 \\ 10 \end{pmatrix} + t \cdot \begin{pmatrix} 3 \\ 7 \\ 2 \end{pmatrix}$

◯ $X = \begin{pmatrix} 4 \\ -2 \\ 1 \end{pmatrix} + t \cdot \begin{pmatrix} 6 \\ 8 \\ -2 \end{pmatrix}$

◯ $X = \begin{pmatrix} -4 \\ 2 \\ 5 \end{pmatrix} + t \cdot \begin{pmatrix} -3 \\ -4 \\ 1 \end{pmatrix}$

◯ $X = \begin{pmatrix} 0 \\ 0 \\ 0 \end{pmatrix} + t \cdot \begin{pmatrix} 3 \\ 4 \\ -1 \end{pmatrix}$

◯ $X = \begin{pmatrix} -1 \\ 6 \\ 4 \end{pmatrix} + t \cdot \begin{pmatrix} 6 \\ 8 \\ -2 \end{pmatrix}$

/ 1

7) Ein Autobahnteilstück verläuft zwischen den Punkten A und B geradlinig. Zwischen den Punkten A und B wird eine Strecke von x Metern zurückgelegt. Dabei überwindet man einen Höhenunterschied von y Metern.

Erstelle eine Formel, mit welcher der Steigungswinkel α dieses Autobahnteilstücks berechnet werden kann!

α = _____

/ 1

8) Eine Funktion der Form $f(x) = c \cdot a^x$, $a, c \in \mathbb{R}$, wird als Exponentialfunktion bezeichnet. Kreuze die beiden für diesen Funktionstyp zutreffenden Aussagen an!

◯ $f(x+1) = a \cdot f(x)$
◯ $f(x+1) = f(x) + a$
◯ $f'(x) = f(x)$
◯ Die x-Achse ist waagrechte Asymptote der Funktion f(x).
◯ Die y-Achse ist senkrechte Asymptote der Funktion f(x).

/ 1

9) In der Medizin werden strahlende Teilchen zur Behandlung etwa von Schilddrüsentumoren eingesetzt. Die Bestrahlung wird dabei mit sogenannten Isotopen oder Nukliden durchgeführt. Diese nimmt der Patient in den Körper auf, wo sie nur kurze Zeit strahlen und dann zerfallen.

Die Behandlung erfolgt dabei mit radioaktivem Jod.

Für die nach t Tagen noch vorhandene Menge N(t) an radioaktivem Jod gilt das Zerfallsgesetz $N(t) = N_0 \cdot 0{,}9172^t$.

Berechne die Halbwertszeit dieses Elements in Tagen!

/ 1

10) Wird eine Feder aus der Ruhelage ausgedehnt, so entsteht dabei eine potentielle Energie $E_{pot}(x) = \frac{1}{2}kx^2$ (E_{pot} in Joule). Dabei bezeichnen x die Auslenkung der Feder aus der Ruhelage (x in Meter) und k die Federkonstante (k in $N \cdot m^{-1}$).
Berechne die durchschnittliche Zunahme der potentiellen Energie bei einer Erhöhung der Auslenkung von 0,1m auf 0,5m für eine Feder mit Federkonstante k = 1!

/ 1

11) Von einer Polynomfunktion ist die Funktionsgleichung $f(x) = \frac{2}{5}x^3 - 2x$ bekannt.
Gib einen Term für die Ableitungsfunktion $f'(x)$ an!

$f'(x) = $ _____

/ 1

12) Charakteristische Stellen von Polynomfunktionen können oftmals durch Funktionsterme bzw. Terme unter Verwendung der Ableitungsfunktionen beschrieben werden.
Ordne jeweils den verbal formulierten Eigenschaften der linken Spalte die entsprechenden Terme der rechten Spalte korrekt zu!

Die Funktion f besitzt an der Stelle 5 ein lokales Extremum.		A	$f(2) = 5$
Die Funktion f besitzt an der Stelle 5 einen Wendepunkt.		B	$f''(5) = 0$
An der Stelle 2 ist der Anstieg der Tangente gleich 5.		C	$f(5) = 2$
Der Funktionswert an der Stelle 5 ist gleich 2.		D	$f'(5) = 0$
		E	$f''(2) = 5$
		F	$f'(2) = 5$

/ 1

13) Gegeben sind die Grafen zweier Polynomfunktionen f und g.
Kennzeichne in der Grafik jene Fläche, welche durch den Term $\int_{-1}^{4} f(x) - g(x)\, dx$ beschrieben wird!

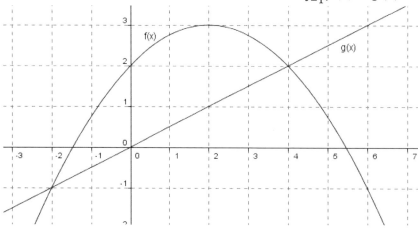

/ 1

14) Ein Flugzeug beschleunigt auf der Rollbahn bis zum Abheben. Diese Beschleunigungsphase dauert insgesamt 25 Sekunden. Die Beschleunigung nach t Sekunden wird durch eine Funktion $a(t)$ beschrieben ($a(t)$ in m/s²).

Interpretiere den Term $\int_0^{25} a(t)dt = 90$ in diesem Kontext!

/ 1

15) Der internationale Passagierflugverkehr von und nach Deutschland trägt nicht unerheblich zur Emission von Treibhausgasen bei. Die Grafik zeigt die Entwicklung des internationalen Flugverkehrs von und nach Deutschland zwischen 1995 und 2005.

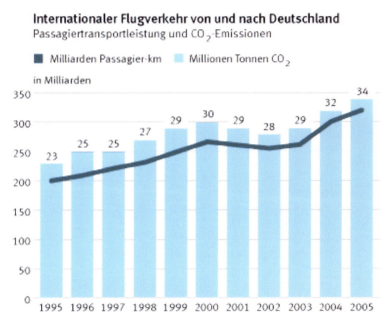

Auf Basis dieser Grafik führt das Statistische Bundesamt folgende Berechnung durch:
$$\frac{34 - 28}{28} \approx 0{,}2143$$
Interpretiere dieses Ergebnis im Sachzusammenhang!

/ 1

16) In einem Betrieb wurde der Kaffee-Konsum (Tassen pro Mitarbeiter) während einer Arbeitswoche statistisch erfasst. Folgendes Diagramm zeigt einen Vergleich zwischen zwei Abteilungen A und B:

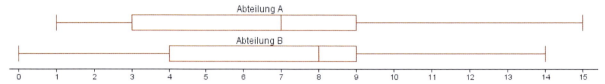

Kreuze die beiden sicher zutreffenden Aussagen an!
○ Die Spannweite ist in beiden Abteilungen gleich hoch.
○ 75% der Mitarbeiter in Abteilung B haben höchstens 9 Tassen konsumiert.
○ In Abteilung A gibt es mehr Mitarbeiter, die mindestens 9 Tassen trinken, als in Abteilung B.
○ Der Median liegt in Abteilung A höher als in Abteilung B.
○ In Abteilung A gibt es zumindest einen Mitarbeiter, welcher gar keinen Kaffee trinkt.   / 1

17) Auf einem Jahrmarkt ist ein Glücksrad aufgestellt:

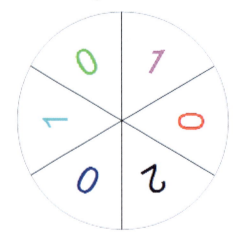

Für ein Mal Drehen ist ein Einsatz zwischen 1€ und 10€ nach Wahl des Spielers zu erbringen. Der Einsatz wird mit der „erdrehten" Zahl multipliziert. Der so berechnete Betrag ergibt den Gewinn des Spielers.
Berechne den Erwartungswert der Zufallsvariable X = Gewinn bei ein Mal Drehen für einen Spieler, der einen Einsatz von 5€ bringt!

/ 1

18) Die Verkehrsbetriebe in Ahausen gehen aufgrund bisheriger Erfahrungen davon aus, dass 6% aller Passagiere in den Straßenbahnen ohne gültigen Fahrschein unterwegs sind.
Ein Kontrolleur kann zwischen zwei Stationen 8 Personen überprüfen. Berechne die Wahrscheinlichkeit, dass er dabei mindestens einen Passagier ohne gültigen Fahrschein erwischt!

/ 1

gesamt: / 18

Kompetenzcheck 4

1) Eine quadratische Gleichung der Form $ax^2 + bx + c = 0$ kann in Abhängigkeit von den Koeffizienten a, b und c zwei, eine oder keine Lösungen in der Menge der reellen Zahlen haben.
Bestimmen Sie für die quadratische Gleichung $2x^2 - 4x + c = 0$ den Parameter c so, dass diese Gleichung genau eine Lösung $x \in \mathbb{R}$ hat!

/ 1

2) Eine Teilmenge der Lösungsmenge einer linearen Gleichung wird durch die nachstehende Abbildung dargestellt. Die durch die Gleichung beschriebene Gerade g verläuft durch die Punkte P_1 und P_2, deren Koordinaten jeweils ganzzahlig sind.

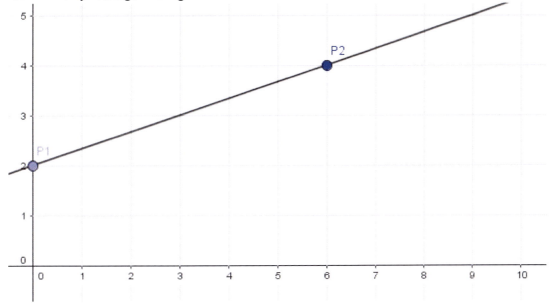

Die lineare Gleichung und eine zweite lineare Gleichung bilden ein lineares Gleichungssystem. Ergänzen Sie die Textlücken im folgenden Satz durch Ankreuzen der jeweils richtigen Satzteile so, dass eine korrekte Aussage entsteht!

Hat die zweite Gleichung die Form _____①_____, so_____②_____ .

①	
-x + 3y = 8	☐
x + 2y = 4	☐
y = 4	☐

②	
ist die Lösungsmenge des Gleichungssystems L = {(1|2)}	☐
hat das Gleichungssystem keine Lösung	☐
hat das Gleichungssystem unendlich viele Lösungen	☐

/ 1

3) In der unten stehenden Abbildung sind die Vektoren $\vec{a}, \vec{b}$ und $\vec{c}$ als Pfeile dargestellt.
Stellen Sie den Vektor $\vec{d} = 2 \cdot \vec{a} - \vec{b} + \vec{c}$ als Pfeil dar!

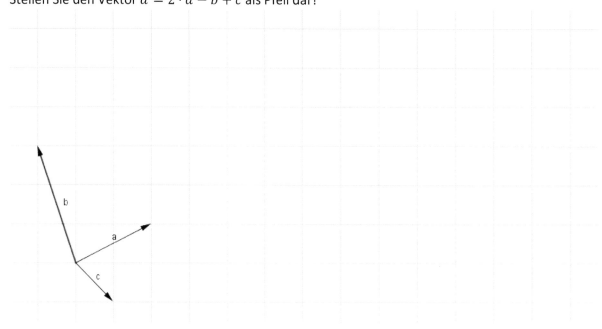

/ 1

4) Gegeben sind die beiden Punkte A=(5|-4|1) und B=(-3|1|7).
Geben Sie die Gleichung der Geraden durch diese beiden Punkte in Parameterdarstellung an!

/ 1

5) Gegeben ist die Gleichung einer Geraden g: 2x – 3y = 5.
Geben Sie die Gleichung einer zu g normalen Geraden h an, welche durch den Punkt (0|0) verläuft!

/ 1

6) Unter der Sonnenhöhe φ versteht man denjenigen spitzen Winkel, den die einfallenden Sonnenstrahlen mit einer horizontalen Ebene einschließen. Die Schattenlänge s eines Gebäudes der Höhe h hängt von der Sonnenhöhe φ ab (s, h in Metern).
Geben Sie eine Formel an, mit der die Schattenlänge s eines Gebäudes der Höhe h mit Hilfe der Sonnenhöhe φ berechnet werden kann!

s = _____

/ 1

7) Ein Körper wird entlang einer Geraden bewegt. Die Entfernungen des Körpers (in Metern) vom Ausgangspunkt seiner Bewegung nach *t* Sekunden sind in der nachstehenden Tabelle angeführt:

Zeit (in Sekunden)	zurückgelegter Weg (in Metern)
0	0
3	20
6	50
10	70

Der Bewegungsablauf des Körpers weist folgende Eigenschaften auf:
- (positive) Beschleunigung im Zeitintervall [0; 3) aus dem Stillstand bei t = 0
- konstante Geschwindigkeit im Zeitintervall [3; 6]
- Bremsen (negative Beschleunigung) im Zeitintervall (6; 10] bis zum Stillstand bei t = 10

Zeichnen Sie den Grafen einer möglichen Zeit-Weg-Funktion *s*, die den beschriebenen Sachverhalt modelliert, in das nachstehende Koordinatensystem!

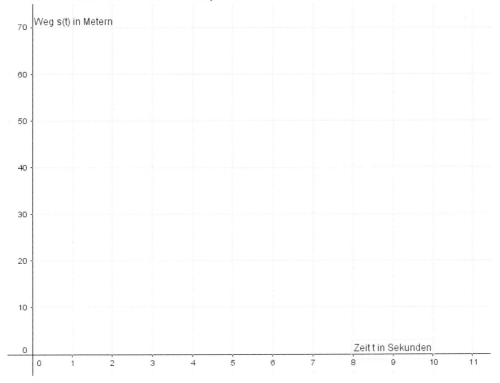

/ 1

8) Eine lineare Funktion *f* wird allgemein durch eine Funktionsgleichung $f(x) = k \cdot x + d$ mit den Parametern $k \in \mathbb{R}$ und $d \in \mathbb{R}$ dargestellt.

Folgende Situation wurde durch eine lineare Funktion modelliert:

Ein zinsenloses Wohnbaudarlehen wird 40 Jahre lang mit gleichbleibenden Jahresraten zurückgezahlt. Die Funktion f(x) = -6000x + 240 000 beschreibt die Restschuld f(x) in Abhängigkeit von der Anzahl x der vergangenen Jahre.

Interpretieren Sie die Bedeutung der hierbei auftretenden Parameter -6000 bzw. 240000 in diesem Kontext!

/ 1

9) Der elektrische Widerstand R einer Drahtleitung mit kreisförmigem Querschnitt wird mithilfe folgender Formel beschrieben: $R = \rho \cdot \frac{l}{r^2 \cdot \pi}$. Dabei gilt:

R…Widerstand in Ohm (Ω)

l…Drahtlänge in Metern (m)

r…Radius des Drahtquerschnitts in Millimetern (mm)

ρ…spezifischer Widerstand (Materialkonstante) in Ohm mal Quadratmillimeter durch Meter ($\frac{\Omega \cdot mm^2}{m}$)

Argumentieren Sie, wie sich eine Verdopplung des Radius r auf den elektrischen Widerstand R auswirkt!

/ 1

10) Eine reelle Funktion f mit $f(x) = ax^3 + bx^2 + cx + d$ (mit $a, b, c, d \in \mathbb{R}$ und $a \neq 0$) heißt Polynomfunktion dritten Grades.

Kreuzen Sie die beiden zutreffenden Aussagen an!

○ Jede Polynomfunktion dritten Grades hat immer mindestens eine Nullstelle.
○ Jede Polynomfunktion dritten Grades hat genau ein lokales Maximum (Hochpunkt).
○ Jede Polynomfunktion dritten Grades hat mehr Nullstellen als Wendestellen.
○ Jede Polynomfunktion dritten Grades hat stets einen Sattelpunkt.
○ Jede Polynomfunktion dritten Grades hat höchstens zwei lokale Extremstellen.

/ 1

11) Gegeben ist der Graf einer quadratischen Funktion f mit $f(x) = ax^2 + c$ mit $a, b \in \mathbb{R}$. Geben Sie eine Funktionsgleichung der dargestellten quadratischen Funktion f an!

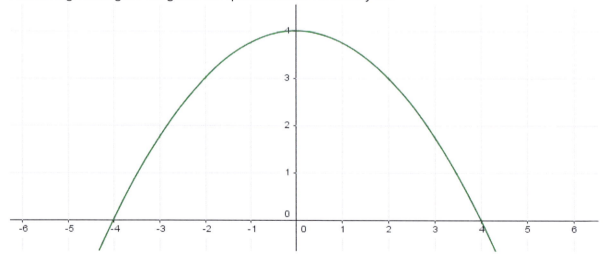

/ 1

12) Gegeben ist der Funktionsgraf einer Funktion $f(x) = a \cdot \sin(b \cdot x), a, b \in \mathbb{R}$.
   Lesen Sie die Werte der Parameter a und b aus dem Funktionsgrafen ab!

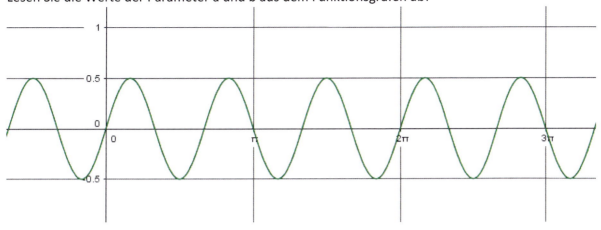

a = _____   b = _____   / 1

13) Die kinetische Energie eines Körpers in Abhängigkeit von der Geschwindigkeit v (in m/s) wird durch die Funktion $E_{kin}(v) = \frac{1}{2} \cdot m \cdot v^2$ beschrieben. Dabei bezeichnet m die Masse des Körpers in kg.
   Berechnen Sie für einen Körper mit einer Masse von m = 1kg den Differenzenquotienten der Funktion E_{kin} im Intervall [0m/s; 10m/s]!

                                                                                                   / 1

14) Ein Unternehmer möchte den Erlös beim Verkauf eines Produkts in Abhängigkeit von der Stückzahl modellieren. Der zugehörige Funktionsterm lautet $E(x) = 1{,}5 \cdot x$. Kreuzen Sie die zwei richtigen Aussagen an!
   ○ Pro Stück erhöht sich der Erlös um den gleichen Betrag.
   ○ Mit dem Ausdruck $\frac{E(8)-E(4)}{8-4}$ kann der Erlös pro Stück berechnet werden.
   ○ Je mehr Stück verkauft werden, umso schneller wächst der Erlös.
   ○ Die Steigung des Erlöses im Intervall [0; 5] ist kleiner als im Intervall [5; 10].
   ○ Die durchschnittliche Steigung des Erlöses wird immer mehr, je mehr Stück verkauft werden.
                                                                                                   / 1

15) Gegeben ist eine Polynomfunktion f: $f(x) = 3x^3 - 2x$.
   Berechnen Sie den Anstieg der Tangente an die Funktion f an der Stelle x = 2!

                                                                                                   / 1

16) Gegeben ist die Polynomfunktion f(x) = 2x² - 3x.
Bestimmen Sie jene Stammfunktion F(x) der Funktion f(x), welche durch den Punkt P=(0|-5) verläuft!

/ 1

17) Die Geschwindigkeit, welche eine U-Bahn im Zeitintervall [0s; 150s] zwischen zwei Stationen erreicht, wird durch die Funktion v(t), v(t)…Geschwindigkeit in m/s beschrieben.
Geben Sie einen Term für den Weg an, welchen die U-Bahn in den ersten 30 Fahrtsekunden zurücklegt!

/ 1

18) Gegeben ist der Graf einer Funktion f: $\mathbb{R} \to \mathbb{R}; x \mapsto f(x)$.
Kreuzen Sie alle für diese Funktion zutreffenden Terme an!

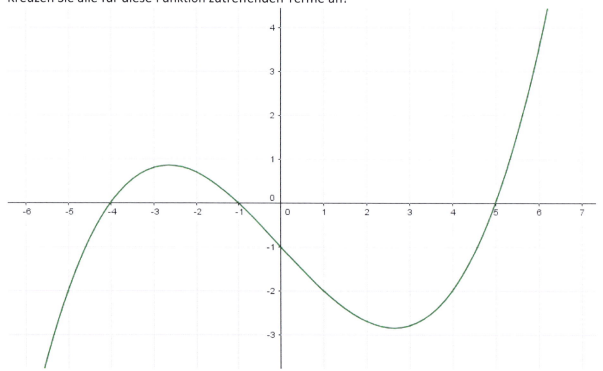

○ $\int_{-4}^{5} f(x)dx > 0$
○ $\int_{-3}^{-2} f(x)dx > \int_{2}^{3} f(x)$
○ $\int_{-1}^{0} f(x)dx > 0$
○ $\int_{-4}^{-1} f(x)dx > 0$
○ $-\int_{1}^{4} f(x)dx > 6$

/ 1

19) Auf einer Betriebsfeier wurde ein Darts-Turnier veranstaltet. In einem Durchgang wurden insgesamt 100 Pfeile geworfen. Die nachfolgende Tabelle zeigt die absoluten Häufigkeiten der Punkte, welche mit diesen 100 Pfeilen erzielt wurden.

Punkte	0	1	2	4	7	10
Anzahl der Pfeile (absolute Häufigkeit)	10	25	25	15	20	5

Berechnen Sie das arithmetische Mittel der erzielten Punkte!

/ 1

20) Folgende Tabelle zeigt die Gehälter von 7 Mitarbeitern einer Abteilung eines großen Unternehmens:

Meier	Schmidt	Berger	Müller	Novak	Brunner	Huber
800 €	1.200 €	1.200 €	1.500 €	1.800 €	2.700 €	5.000 €

Welche der folgenden statistischen Kennzahlen ändern sich, wenn der Mitarbeiter Huber statt 5.000€ aufgrund einer Vertragsänderung 6.000€ verdient?
Kreuzen Sie die beiden zutreffenden Kennzahlen an!
○ Median
○ arithmetisches Mittel
○ Spannweite
○ Quartilsabstand
○ Modus

/ 1

21) Für eine wissenschaftliche Studie wurden 1000 Schüler/innen gebeten, einen Lesetest zu absolvieren. Bei diesem Test waren maximal 100 Punkte zu erreichen.
Die von den Schüler/innen erzielten Punktezahlen wurden in folgendem Boxplot grafisch aufbereitet:

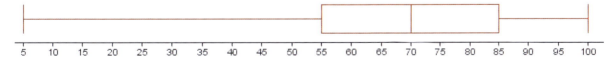

Kreuzen Sie die beiden Aussagen an, die aufgrund des Boxplot sicher zutreffen!
○ Mindestens eine/e Schüler/in hat alle Punkte erreicht.
○ Das arithmetische Mittel der erzielten Punkte beträgt 70.
○ Die Spannweite der erzielten Punkte ist gleich 100.
○ Mindestens 750 Schüler/innen haben 55 oder mehr Punkte erreicht.
○ Nur ein Viertel der Schüler/innen hat mindestens 55 Punkte erreicht.

/ 1

22) Auf einem Jahrmarkt hat ein Schausteller ein Glücksrad aufgestellt. Das Glücksrad ist in 10 gleiche große Felder unterteilt. Die Wahrscheinlichkeit, dass das Glücksrad bei einem der 10 Felder hält, ist für jedes Feld gleich groß.
Nur eines der 10 Felder bringt dem Spieler einen Hauptpreis. Berechnen Sie die Wahrscheinlichkeit, dass bei 50 Spielen mindestens einmal der Hauptpreis erdreht wird!

/ 1

23) Bei einem Verfahren zur elektronischen Übertragung von Nachrichten werden immer Blöcke zu je zehn Zeichen übertragen. Bei dieser Übertragung wird ein fehlerkorrigierender Code angewendet: wird eines der 10 Zeichen fehlerhaft übertragen, kann trotzdem der gesamte Block aus 10 Zeichen beim Empfänger der Nachricht korrekt dargestellt werden.
Die Wahrscheinlichkeit, dass ein Zeichen fehlerhaft übertragen wird, beträgt bei diesem Verfahren 2,5%.
Berechnen Sie die Wahrscheinlichkeit, dass ein Block aus 10 Zeichen erfolgreich übertagen wird!
(Erfolgreich übertragen bedeutet, dass er beim Empfänger vollständig korrekt dargestellt werden kann.)

/ 1

24) Im Vorfeld einer Wahl wurde eine Umfrage unter 1000 Personen in Auftrag gegeben. Diese ergab für den Stimmenanteil des Kandidaten X ein 90%-iges Konfidenzintervall, und zwar das Intervall [33,5%; 38,5%].
Geben Sie eine Möglichkeit an, wie die Umfrage verändert werden müsste, damit das Konfidenzintervall schmäler wird!

/ 1

gesamt: / 24

Lösungen

Kapitel 0
1) Aussagen Nr. 2 und 5
2) Tabelle 1: dritte Zeile; Tabelle 2: zweite Zeile
3) Ausdruck Nr. 2 und 4
4) Aussagen Nr. 1 und 4
5) Aussagen Nr. 2 und 4

Kapitel 1
1) richtig sind die zweite und dritte Zahl
2) richtig sind die erste, dritte und fünfte Zahl
3) $\in; \notin; \notin; \notin$
4) $\notin; \in; \in; \notin$
5) richtig sind Aussagen Nr. 2 und 5
6) richtig sind die Aussagen Nr. 2 und 4
7) Aussagen Nr. 2 (wegen 5 = 5/1) und 3 (wegen 4/3 * 6/2 = 4)
8) Aussagen Nr. 2, 3, 4
9) Aussagen Nr. 2 und 3
10) Aussagen Nr. 3 und 4
11) Aussagen Nr. 1 und 5
12) Ausdruck Nr. 1 und 4
13) Aussagen Nr. 2 und 5
14) Aussagen Nr. 1 und 4
15) Gleichungen Nr. 1, 2 und 4
16) Gleichungen Nr. 2, 4 und 5
17) x = 0 ist eine Lösung der Gleichung $x^2 - 5x = 0$. Die Division durch x ist nicht zulässig, da man nicht durch 0 dividieren darf. Die Gleichung x – 5 = 0 hat als Lösung nur noch x = 5, dh bei Division durch x ändert sich im konkreten Fall die Lösungsmenge.
18) Gleichungen Nr. 3 und 4

Kapitel 2
1) {0, 1, 2, 3}
2a) [3; ∞) b) (-∞; 2) c) (-∞; -20]
3) $y \geq 6{,}5$
4) Tabelle 1: Zeile 1; Tabelle 2: Zeile 2
5) Ungleichungen Nr. 1 und 2
6a) {12, 14, 16, 18, ...}   b) {-3, -2, -1, 0, 1}
7) (-12; -8)

Kapitel 3
1) richtig sind Aussage 3 und 5   2) 5,40€   3) 43,75%   4) 15,38%   5) ca. 10 435   6) 16,81%   7) 1096,50€   8) 41,43€
9) $E = \dfrac{I}{\left(r \cdot \frac{100+a}{100}\right)^2}$ 10) *Hinweis: Wie viele Schüler/innen sind 50% von 480 bzw. 33,3% von 48? Wie viele bleiben dann übrig?*
11) 1672kcal; 1496 kcal; Abnahme um 10,5%
12) man müsste die Prozentfaktoren multiplizieren und daraus die fünfte Wurzel ziehen:
$\sqrt[5]{1{,}032 \cdot 1{,}023 \cdot 1{,}021 \cdot 1{,}019 \cdot 1{,}011} = 1{,}021177 \rightarrow +2{,}1177\%/\text{Jahr}$
13) durchschnittlich +0,22% / Jahr; Abnahme um 1,1%
14) Man darf prozentuelle Änderungen nicht „einfach so" addieren bzw. subtrahieren, da sie sich auf verschiedene Ausgangswerte beziehen. Korrekt müsste man $0{,}8 \cdot 1{,}2 = 0{,}96$ berechnen; Herr W zahlt also jetzt immer noch 4% weniger.
15) $66 \cdot 1{,}035^{10} = 93{,}1 \: Mio \: €$ 16) y = x : 1,19 · 1,07   17) 36,99%   18) $\dfrac{37133}{92258} \cdot 100 = 40{,}25\%$
19) nein, da man nicht weiß, ob es in beiden Jahren gleich viele Einwohner waren (dh ob sich die Prozentzahlen auf die gleiche Gesamtmenge [den gleichen Grundwert] beziehen)
20) von oben nach unten: A – D – C – F
21) 255 Milligramm $(30 \cdot 85 \cdot 0{,}1)$
22) 9,64275 Milliarden Euro $(385{,}71 \cdot 0{,}025)$

Kapitel 4
1) richtig sind die zweite und die fünfte Gleichung
2) richtig sind die dritte und die vierte Gleichung
3) $E = e_1 \cdot p + k_1 \cdot \frac{p}{2} + e_2 \cdot p \cdot 0{,}4 + k_2 \cdot \frac{p}{2} \cdot 0{,}4$
4a) 18x + 153·2x = 486 b) 1,5m²
5) x...Schlagobers, y...Joghurt; 2x = y; x + y = 3/4·V
6) zB 5B + 7Mio = A
7) das durchschnittliche Taschengeld pro Woche
8 a) die Gesamteinnahmen in diesem Monat   b) die durchschnittlichen Einnahmen pro Person
  c) den relativen Anteil in Prozent (wegen ·100) der Einnahmen, der mit dem Verkauf der ermäßigten Tickets erzielt wurde
9) $K = a \cdot x \cdot \frac{y}{100}$
10) Der Term beschreibt die Gesamtsumme der <u>Zinsen</u>, welche innerhalb der 5 Jahre gezahlt wurden (nämlich Endkapital – Anfangskapital)

11) a + b = 100 (weil es insgesamt 100kg sein müssen); 0,14a + 0,35b = 0,18·100 (weil die Gesamtmenge Protein 18% von 100 sein muss)

12a) x…Preis Zweigelt, y…Preis Veltliner; 12x + 6y = 47,40; 24y + 6x = 72   b) y = 2,80€

13) $A \cdot \frac{a}{100} + B \cdot \frac{b}{100} + C \cdot \frac{c}{100}$

14) Zeile 1, Gleichung 2   15) 100t + 150(t-0,5) = 124; t = 0,8h   16) Gleichung Nr. 5

17) Der Term gibt die gesamten Kosten in Euro an, welche die Gemeinde für die Förderung der Solaranlagen ausgibt.

18) Aussagen Nr. 2 und 4

19) $x + 1,5 \cdot x + 1,5 \cdot x \cdot 0,8 = 10000$ (Spielerin C erhält 20% weniger als B, also 80% von B, also 80% von 1,5·x)

Kapitel 5

1) Spalte 1: zweite Grafik von oben und Spalte 2: zweite Grafik von oben

2) richtig sind die zweite und dritte Zeile

3) Funktionen sind der erste, zweite und vierte Term (Term 3: Wurzel nicht auf ganz R definiert; Term 5: für x=3 nicht definiert)

4) [4,2; 6,8]; [15,3; 19,6] (Werte sind ungefähre Angaben; kleine Abweichungen gelten natürlich trotzdem als richtig)

5) *von oben nach unten:* C; F; D; A

6a) f(-x) = 4(-x)⁶ + 2(-x)² = 4x⁶ + 2x² = f(x) → symmetrisch zur y-Achse

  b) f(-x) = 2(-x)²-5(-x)+7 = 2x² + 5x + 7 → keine Symmetrie

  c) f(-x) = 5(-x)³ -(-x) = -5x³ + x = -f(-x) → symmetrisch zum Ursprung

7) y = -20 bzw. x = 4

8) g(x) = f(x) – 3;   h(x) = f(x+4);   s(x) = f(x+1) + 1

Kapitel 6

1) erste Zeile, zweite Gleichung von links

2) von links nach rechts: E – F – B – C

3) a = 1, b = 2

Kapitel 7

1) V wird 8-mal so groß (V wird mit 2³ = 8 multipliziert)

2) P(5)=17,5

3) F wird mit Faktor 16 multipliziert (2 ·2 ·4)

4) E ist indirekt proportional zu r², wenn r verdoppelt wird (also r · 2), muss man daher E durch 2² = 4 dividieren
    → die Beleuchtungsstärke sinkt auf ein Viertel

5a) F ist direkt proportional zu q1 und q2;
    halbieren von q1 bzw. q2 bewirkt halbieren von F
    F ist indirekt proportional zu r²;
    halbieren von r bewirkt eine <u>Multiplikation</u> von F mit 2²
    insgesamt also $F \cdot \frac{2^2}{2 \cdot 2} = F \cdot 1$ → F bleibt unverändert

b)

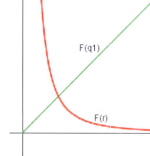

6) l muss halbiert werden
    (indirekt proportional => Rechenoperation ändert sich von : auf ·; Hochzahlen sind
    keine dabei)

7) x = 8 (r verdoppeln bewirkt wegen dem ² ein ·4; Höhe verdoppeln ergibt ein · 2; insgesamt daher ·8)

8) V(p) = 200 / p; Graf macht einen „Bogen nach unten"
    (vgl. „indirekt proportional"; ev. Punkte für p=1, 2, 3, 4 berechnen)

9a) $p(V) = \frac{200\,000}{V}$

10) d(x) = 1500 / x   (1500 Liter Heizöl ist der „Gesamtvorrat", also die Proportionalitätskonstante, die man dann durch x dividiert)

11) $f(n) = \frac{48}{n}$ (48 entsteht aus 6 · 8 → Zahlen nebeneinander multiplizieren (vgl. Schema im Text oben))

12) richtig ist die zweite Grafik von links'

13) Q hat die Koordinaten (6|9) *(man muss die xKoordinate mit 3 und die yKoordinate mit 3² multiplizieren)*

14) richtig ist die Grafik rechts oben (nicht rechts unten, da der Graf im Ursprung beginnen muss!)

15) Aussage Nr. 3 *(evtl mit konkreten Zahlen einfach ausprobieren!)*

16) Aussagen Nr. 3 und 5

Kapitel 8

1) y = -2x – 1

2) die Steigung der Funktion ist k = 4 („Zahl vor x")
   wähle x_1 = 3 (oder irgendeine andere Zahl ☺); damit ist x_2 = 3 + 1 = 4
   berechne $f(x_1)$ = 4·3-2=10 und $f(x_2)$ = 4·4-2=14
   also gilt $f(x_2)-f(x_1)$ = 14 - 10 = 4

3)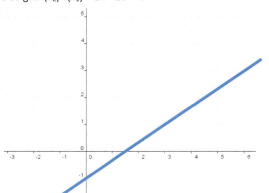

4)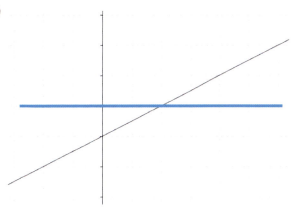

(Gerade kann auch höher oder tiefer liegen; aber der „Startpunkt"
auf der y-Achse muss unterhalb der x-Achse liegen)

5) f(x) = 2x – 1

6) richtig sind die erste und fünfte Zeile (Zeile 2: k = 3; Zeile 3: k = 2; Zeile 4: k = 1)

7) f(x) = -2x + 12

8) a = 3

9) k = 2/5 = 0,4;   d = 2

10) $\frac{2000-1500}{1483-1199} = 1{,}76; \frac{2500-2000}{1749-1483} = 1{,}88$ => Steigung nicht konstant, daher nicht linear

11) f(x) = 2x + 1 [der erste Satz besagt Δx = 2 und Δy = 4 → daraus kann man die Steigung k berechnen]

12) $k = \frac{y_2-y_1}{x_2-x_1} = \frac{-3b-b}{5a-a} = \frac{-4b}{4a} = -\frac{b}{a}$ (statt umformen kann man auch Geogebra oder Taschenrechner verwenden ☺)

13) Zuordnungen Nr. 2 und 4

14) a = 1; b = 2 (Gerade schneidet y-Achse bei d = 4 => somit muss b = 2 gelten;
    Gerade hat Nullstelle für x = 2 (wegen -2·2 + 4 = 0) => somit muss a = 1 gelten)
    Oder einfach die Gerade mit Technologie nachzeichnen und so einstellen, dass genau diese „Stricherl" auf den Achsen zu sehen sind

15) Steigung -0,4 = $-\frac{2}{5}$ → 5 nach rechts, 2 nach unten
    „Startpunkt" für die Zeichen ist der Punkt (2 | 1)
    Alternative: die Funktionsgleichung ermitteln und dann mit Technologie zeichnen
    f(x) := k·x + d
    k = -0.4
    f(2) = 1
    (dieses Gleichungssystem kann man dann mit Technologie lösen)

16) k = -3/5 = -0,6 (umformen auf y = -3/5x + 3)

Kapitel 9

1) richtig sind die Zeilen 1 und 4

2) K = 12x + 3 (täglicher Verbrauch von x kWh → für den monatlichen Verbrauch mal 30)

3) 2000 Stück

4) 25 entspricht den variablen Kosten pro Stück (=Kosten, die jedes weitere Stück zusätzlich verursacht)
   12 000 entspricht den Fixkosten, die unabhängig von der produzierten Mengen anfallen (Kosten für 0 Stück)

5) T_F = 9/5 ·T_C + 32 bzw. T_F = 1,8 ·T_C + 32   oder T_C = 5/9 ·T_F – 160/9   6) B(t) = 500t + 25743

7) richtig sind die Zeilen 2 und 5 (Zeile 3 ist deswegen falsch, weil es nicht Fixkosten pro Kilogramm sind!)

8) Wird um ein Auspuffrohr mehr produziert, so steigen die Gesamtkosten um den konstanten Wert k = 12,50€.

9a) h1(t) = 8 – t; h2(t) = 10 – 2t   b) S=(2|6); nach zwei Stunden sind beide Kerzen gleich hoch, und zwar 6cm hoch

10) x entspricht der Zeit in Sekunden, nach welcher der Körper die Strecke von 100m zurückgelegt hat

11) Zeile 2, Gleichung 2

12) k gibt die Abnahme des Werts des Gegenstands pro Jahr in Euro an. d gibt den Wert des Gegenstands zum Zeitpunkt der Anschaffung in Euro an.

13) richtig sind die Aufgabenstellungen 1, 4 und 5

14) 0,19 *Hinweis:* $k = \frac{41,3-35,6}{30-0}$

15) x > 15000; bei einem Verbrauch von mehr als 15000 kWh pro Jahr ist Anbieter B günstiger

16) Funktionen Nr. 1, 2 und 3

17) Zusammenhang Nr. 3 und 4

18) der Ballon steigt pro Sekunde um 2m nach oben (2 ist die Steigung = Zunahme der Höhe pro Zeiteinheit)

19) k = -5; d = 40 (40 cm laufen in 8 min ab => pro Minute sind das 40 / 8 = 5cm weniger => Steigung k = 5)

20) a muss negativ sein (Höhe nimmt ab); b muss positiv sein (Höhe zu Beginn größer 0)

21) a > 0 [Geschwindigkeit wird größer, also positive Beschleunigung]; b > 0 [Anfangsgeschwindigkeit vorwärts, also positiv]

Kapitel 10

1) zB 7x + 3y = 36   (links „irgendetwas" schreiben; für x = 3 und y = 5 einsetzen → Ergebnis für die rechte Seite)

2) zB a = 10; b = -6; c = 9   (links jeweils mal 2; rechts nicht mal 2) *Hinweis: auf die Vorzeichen aufpassen!!!*

3) y = -0,5x + 4;   y = 0,75x – 1

4) richtig ist die dritte von links: L = {(4|1)}

5) a kann eine beliebige Zahl sein, nur nicht -6; formal: $a \in \mathbb{R} \setminus \{-6\}$

Begründung: die zweite Zeile darf links kein Vielfaches der ersten sein; da für die Koeffizienten vor y gilt: -2 · -2 = 4, darf der Koeffizient vor x nicht ebenfalls mit -2 multipliziert werden → a = 3 · -2 = -6 ist nicht erlaubt

6) Tabelle 1: zweite Zeile; Tabelle 2: dritte Zeile

Hinweis: die drei Geraden aus Tabelle 1 wie beim grafischen Lösungsverfahren beschrieben in das Koordinatensystem einzeichnen; daraus erkennt man relativ rasch die richtige Antwort

7) b = 4,5; c = 10,5   (jeweils mit 1,5 multiplizieren)

8) a = 2; c = -16   (jeweils mit 2 multiplizieren)

9) a = -1; b = -3   [löse (a, 1, -2) = k * (3, b, 6) mit entsprechenden technischen Hilfsmitteln!]

10) a = 14; b = 8

Kapitel 11

1)

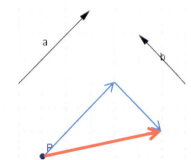

Hinweis: a – b = ((3,3) – (-2, 2) = (5, 1)

3)

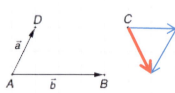

Hinweis: 1/2b – a = ½(4,0) – (1,2) = (2,0)-(1,2) = (1,-2)

2) Zeile 1: erste Aussage; Zeile 2: zweite Aussage

3) siehe

4) Antworten 1, 4 und 5

5) Zeile 1: zweite Aussage; Zeile 2: erste Aussage

6) Vektoren Nummer 3 und 4

7) $b_1 = 6$

8) Man berechnet zunächst $\overrightarrow{BC} = C - B = \binom{7}{4} - \binom{5}{b_2} = \binom{2}{4-b_2}$.

Weil $\overrightarrow{AD} = \overrightarrow{BC}$ gilt, ergibt sich daraus $D = A + \overrightarrow{BC} = \binom{-3}{-2} + \binom{2}{4-b_2} = \binom{-1}{2-b_2}$

9)

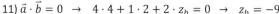

10) $\overrightarrow{AB} = \binom{5}{-2}$ → Normalvektoren sind (zB) $\binom{2}{5}$ oder $\binom{-2}{-5}$

11) $\vec{a} \cdot \vec{b} = 0$ → $4 \cdot 4 + 1 \cdot 2 + 2 \cdot z_b = 0$ → $z_b = -9$

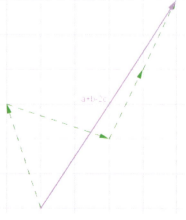

12) $\vec{n} = \begin{pmatrix} 3 \\ -5 \end{pmatrix}$ oder $\vec{n} = \begin{pmatrix} -3 \\ 5 \end{pmatrix}$

13) *Hinweis: konstruiere den Vektor $v_2 = v - v_1$*

14) B ist Halbierungspunkt von A und C → B = (A+C)/2 = (5|4,5)

der Vektor $\overrightarrow{CD}$ entspricht dem Vektor $\overrightarrow{AB} = B - A = \begin{pmatrix} 2 \\ 3,5 \end{pmatrix}$ → $D = C + \overrightarrow{AB} = \begin{pmatrix} 9 \\ 11,5 \end{pmatrix}$

15) $T = A + 3/5 \cdot \overrightarrow{AB}$

16) y = -1 *Hinweis: AB=(8|4), CD=(6|2-y) → 6·k = 8, also k = 8/6 → (2-y)·k = 4, also 2-y=4 / (8/6), also y = -1*

17) B – H = (5|5|) – (0|0|10) = (5|5|-10)

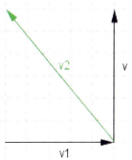

18)

19)

20) x = -4 *Hinweis: löse die Gleichung $\begin{pmatrix} 2-x \\ 3 \end{pmatrix} \cdot \begin{pmatrix} 1 \\ -2 \end{pmatrix}$ [ggf Technologie verwenden ☺]*

21) $n = 26 \cdot m$ *Hinweis: löse die Gleichung $\begin{pmatrix} 13 \\ 5 \end{pmatrix} \cdot \begin{pmatrix} 10 \cdot m \\ n \end{pmatrix}$ mithilfe von Technologie nach der Variable n*

22)

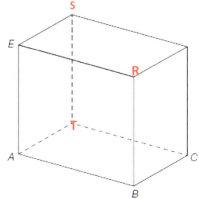

23) E – A – C – F *(von oben nach unten)*

24) $\vec{v} = \begin{pmatrix} a \\ a \end{pmatrix}$ [nach rechts und oben statt nach links und oben]

25) $T = A + \frac{3}{5} \cdot \overrightarrow{AB}$

Kapitel 12

1) Das skalare Produkt gibt die gesamte Wegstrecke an, die bis zum Urlaubsziel zurückgelegt wurde.

2) Die Gehälter aller Angestellten werden um 4% erhöht.

3) Das Skalarprodukt gibt die Summe der Gehälter für alle 8 Mitarbeiter/innen an.

4) Der Ausdruck gibt an, wie viel Stück jeder Komponente in allen drei Lagerstätten zusammen vorhanden sind.

5) $A \cdot (B - C) = \begin{pmatrix} 24 \\ 14 \\ 11 \\ 19 \\ 18 \end{pmatrix} \cdot \left(\begin{pmatrix} 2,70 \\ 3,00 \\ 2,80 \\ 3,20 \\ 3,20 \end{pmatrix} - \begin{pmatrix} 0,90 \\ 1,20 \\ 1,00 \\ 1,40 \\ 1,20 \end{pmatrix} \right) = 158,40$ (Ergebnis ausrechnen ist Fleißaufgabe; wichtig ist der „Ausdruck" ☺)

6) C – E – B – D (von oben nach unten)

Kapitel 13

1) g: $X = \begin{pmatrix} 3 \\ 7 \end{pmatrix} + t \cdot \begin{pmatrix} 2 \\ -4 \end{pmatrix}$; g: 4x + 2y = 26

2) x + 4y = 19 *oder* -x – 4y = -19

3) g: $X = \begin{pmatrix} 4 \\ 0 \end{pmatrix} + t \cdot \begin{pmatrix} 4 \\ 3 \end{pmatrix}$ („vorne" kann irgendein Punkt auf g stehen; vgl. Theorieteil)

4) 5x + 9y = -22

5) 8x + 3y = 0

6) g: $X = \begin{pmatrix} 1 \\ 4 \end{pmatrix} + t \cdot \begin{pmatrix} 6 \\ -3 \end{pmatrix}$ oder $X = \begin{pmatrix} 1 \\ 4 \end{pmatrix} + t \cdot \begin{pmatrix} 2 \\ -1 \end{pmatrix}$

7) S=(1,714… | 0) **Hinweis:** *Schnittpunkt mit x-Achse → y = 0, also 2. Zeile = 0 → -5 + 7t = 0 → t = 5/7 → 1. Zeile: x = 1 + 5/7·1 = 12/7*

8) 3x + y = 8 **Hinweis:** $\overrightarrow{PQ} = \begin{pmatrix} 3 \\ 1 \end{pmatrix}$ *ist Normalvektor der Geraden h*

9) Tabelle 1: dritte Zeile; Tabelle 2: erste Zeile

10) a = 3; b = -5 oder a = -3; b = 5   (oder Vielfache dieser Zahlen)

11) -3x + 2y = 0 oder 3x − 2y = 0

12) zB $\vec{a} = \begin{pmatrix} 5 \\ 0 \end{pmatrix}$ **Hinweis:** *parallel zur x-Achse → die yKoord darf sich nicht ändern, Zahl oben egal*

13) Aussagen Nr. 3 und 5

14) a = -4 (Punkt auf g mit yKoord 3); b = -2 (geht man 3 nach rechts, muss man 2 nach unten, um wieder auf g zu sein)

15) t = -5 (bei Start in A braucht man 5 $\vec{v}$-Pfeile um bis nach B zu kommen; Minus wegen der „Gegenrichtung")

16) 9x − 6y = 27 oder 3x − 2y = 9 oder -9x + 6y = -27 oder -3x + 2y = -9 (gibt noch mehr, das sind die „naheliegenden" Lösungen ☺)

17) Zeile 1: Bedingung 2; Zeile 2: Bedingung 1

18) h: $X = \begin{pmatrix} 3 \\ -1 \end{pmatrix} + t \cdot \begin{pmatrix} 3 \\ 2 \end{pmatrix}$

Kapitel 14

1) Skalarprodukt der Richtungsvektoren muss 0 sein: $\begin{pmatrix} 3 \\ 1 \\ 2 \end{pmatrix} \cdot \begin{pmatrix} 4 \\ 2 \\ -7 \end{pmatrix} = 3 \cdot 4 + 1 \cdot 2 + 2 \cdot (-7) = 12 + 2 − 14 = 0$

2) Zeile 1: dritte Gleichung; Zeile 2: erste Gleichung

3) erste Zeile (x-Koord): 9 = 11 − 2t → t = 1;   zweite Zeile (yKoord): -4 = -1 + 3t → t = -1   →   Widerspruch, also $P \notin g$

4) Tabelle 1: erste Zeile; Tabelle 2: zweite Zeile

5) g: $X = \begin{pmatrix} -1 \\ -6 \\ 2 \end{pmatrix} + t \cdot \begin{pmatrix} 6 \\ 3 \\ -5 \end{pmatrix}$

6) S = (11|-7|6)

   5 + 3t = 14 + 1s |·5
   -3 − 2t = -22 − 5s |·1

   25 + 15t = 70 + 5s   5+3·2 = 14 + s |-14   3. Zeile: 2 + 2·2 = 15 -3·3
   −3 − 2t = -22 − 5s   5+6-14 = s   6   =   6 → wahre Aussage
   22 + 13t = 48 |-22   -3 = s
       13t = 26 |:13 $S = \begin{pmatrix} 5 \\ -3 \\ 2 \end{pmatrix} + 2 \cdot \begin{pmatrix} 3 \\ -2 \\ 2 \end{pmatrix}$
         t = 2

7) h_y = 1·(-2) = -2; h_z = 2·(-2) = -4

Kapitel 15

1) L = {-3, 5}

2) Tabelle 1: erste Zeile; Tabelle 2: dritte Zeile   3) Tabelle 2 von oben nach unten: D; E; C; F

4) k = 0 oder k = -4 **Hinweis:** *die Bedingung b²-4ac = 0 ist in diesem Fall auch wieder eine quadratische Gleichung: k² - 4·1·(-k) = 0*

5) d = -2 **Hinweis:** *umformen auf 4x² - d − 2 = 0   → a = 4, b = 0, c = -d-2 →   0² - 4·4·(-d-2) = 0   →   16d + 32 = 0*

6) man darf beim Lösen einer Gleichung nicht durch x dividieren; die korrekte Lösungsmenge ist L={0; -1} (x herausheben)

7) p = -4 **Hinweis:** *x = 6 (oder x = -2) in Gleichung einsetzen → 6² + 6x − 12 = 0 → 6x + 24 = 0 → x = -4*

8) a = 100 **Hinweis:** *löse 100² - 4·a·25 = 0*

9) Tabelle 1: Zeile 2, Tabelle 2: Zeile 1   *beachte: haben a und c verschiedene Vorzeichen, gibt es immer 2 Lösungen*

10) Tabelle 1: Zeile 3, Tabelle 2: Zeile 2

11) Die Diskriminante hat in diesem Fall die Form $s^2 − 4 \cdot r \cdot t$. s^2 ist als Quadratzahl in jedem Fall positiv. Wenn r und t verschiedene Vorzeichen haben, ist das Produkt $r \cdot t$ in jedem Fall negativ (plus mal minus ergibt minus; minus mal plus ergibt minus). Der Ausdruck $-4 \cdot r \cdot t$ ist dann nach der Regel minus mal minus ergibt plus in jedem Fall positiv. Da beide Teile der Diskriminante positiv sind, ist die Diskriminante als Ganzes positiv. Eine positive Diskriminante bedeutet, dass die Gleichung zwei (verschiedene) reelle Lösungen besitzt. (**Tipp**: besser so ausführlich schreiben, dass kein Prüfer den ganzen Text so genau lesen will, als aufgrund der Bemerkung „zu ungenau" keinen Punkt zu bekommen → „weil die Diskriminante positiv ist" ist jedenfalls zu wenig, weil dann völlig unklar bleibt, aufgrund welcher Tatsachen in der Angabe und aufgrund welcher mathematischen Regeln die Diskriminante positiv ist)

12) von oben nach unten: F; A; E; D

13) v = 37,2 km/h **Hinweis:** *löse die Gleichung $25 = \frac{v}{10} \cdot 3 + \left(\frac{v}{10}\right)^2$ mit Technologie*

14) von oben nach unten: E; D; F; C

15) $a = -\frac{6}{7}$ *Hinweis: setze* $x = \frac{6}{7}$ *in die Gleichung ein und berechne daraus a (mit Technologie)*

Kapitel 16

1) $f(x) = (x-5)(x+7) = x^2 + 2x - 35$
2) Nullstellen sind $x = 4$ und $x = -1$
3) Tabelle 1: dritte Zeile; Tabelle 2: zweite Zeile
4) richtig sind die Graphen 2 und 3 (die Graphen 4 und 5 sind nämlich keine <u>quadratischen</u> Funktionen!)
5) a = -0,2; b = 5   6) a = 0,25; b = 2
7a) [30 Stück; 90 Stück]   b) 900€   c) 300€ (weil es der Funktionsgraf sonst „nicht mehr über die x-Achse schafft")
8a) 320; das bedeutet, dass der Körpers aus einer Höhe von 320m nach unten fällt   b) D = [0s; 8s]   [Nullstellen bestimmen!]
9a) Schnittpunkte liegen ca. bei (10|110) und (90|900);
    beim linken Schnittpunkt beginnt der Gewinnbereich, beim
    rechten Schnittpunkt endet der Gewinnbereich
[der Gewinn entspricht dem senkrechten Abstand zwischen den beiden
Funktionsgrafen; in den Schnittpunkten beträgt der Gewinn jeweils 0, weil dann
Kosten und Einnahmen genau gleich hoch sind]

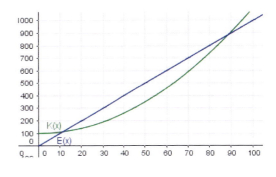

10) a = -5; b = 4 *Hinweis: die Gleichung* $x^2 - 4x - 2 = x - 6$ *auf ...=0 umformen*
    => $x^2 - 5x + 4 = 0$
11) $a_3 < a_1 < a_2$; $b_3 < b_2 < b_1$
Hinweis: f_3 *nach unten =>* a_3 *negativ, daher am kleinsten*
 f_1 *flacher als* f_2 *=>* a_1 *kleiner als* a_2
b_i *entlang der y-Achse „von unten nach oben"*
12) *Hinweis: f hat die Funktionsgleichung* $f(x) = x^2$ *(c = 0 [Schnittpunkt mit y-Achse];*
b = 0 [wegen Symmetrie zur y-Achse]; a = 1 [vom Scheitelpunkt 1 nach rechts => 1 nach
oben zum nächsten Punkt])
Gleichung umformen: $x^2 = -x + 2$ *=> damit steht g(x) = -x + 2 auf der rechten Seite [wie*
man den Grafen einen linearen Funktion einzeichnet vgl. Kapitel 08)
Alternative: die Gleichung lösen (mit Technologie) und die zu diesen beiden xKoord
gehörenden Punkte am Grafen von f(x) verbinden => dann muss man aber hoffen, dass
g wirklich eine lineare Funktion ist, denn aus der Angabe ergibt sich das nicht!

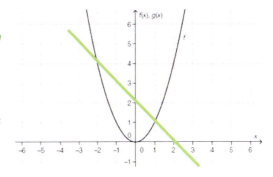

13) Tabelle 1: Zeile 2; Tabelle 2: Zeile 1
14) von oben nach unten: C – B – A – F

Kapitel 17

1) richtig sind die Aussagen 3 und 5 (vgl. die Zeichnungen im Theorieteil → was kann vorkommen, was kommt sicher nicht vor?)
2) Zeile 1: Graph Nr. 1 und 3; Zeile 2: Graph Nr. 1
3) richtig sind die Aussagen Nr. 2 und 5
4) richtig sind die Aussagen Nr. 1 und 5
5) richtig sind die Aussagen Nr. 2 und 3
6) Die dargestellte Polynomfunktion hat 3 Extremstellen. Somit muss die Ableitungsfunktion f´ drei Nullstellen haben. Da die Ableitungsfunktion einer Polynomfunktion dritten Grades quadratisch ist, kann diese nur 2 Nullstellen haben. Somit kann es sich bei der Funktion f nicht um eine Polynomfunktion dritten Grades handeln.
Alternative: Eine Polynomfunktion dritten Grades kann (aus denselben Gründen) nur einen Wendepunkt haben, f hat zwei.
Alternative: Eine Polynomfunktion dritten Grades hat stets genau zwei Krümmungsbereiche (zwei „Bögen"), f hat drei.
Alternative: Eine Polynomfunktion dritten Grades muss von -∞ nach ∞ verlaufen (oder umkehrt); f verläuft jedoch von ∞ nach ∞.
(Diese Argumentation ist aber riskant, weil man aufgrund der Angabe nicht sicher weiß, ob der Graf nicht vielleicht nochmal einen Bogen nach unten macht...)

7) Aussagen Nr. 1, 2 und 4
8) im Wesentlichen gibt es zwei verschiedene Möglichkeiten

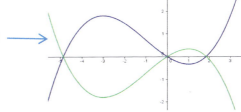

Kapitel 18

1) richtig sind die Aussagen 3 und 4
2) linke Tabelle von oben nach unten: F; A; D; B
3) von links nach rechts: A; C; D
4) von links nach rechts: 3; 3; 4; 2
5) Tabelle 1: Zeile 3; Tabelle 2: Tabelle 2: Zeile 2 [Sattelpunkte sind Wendepunkte!]
6) wichtig: ein Extremwert muss genau auf der x-Achse liegen;
   ansonsten viele verschiedene Varianten möglich
7)

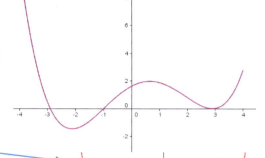

Kapitel 19

1) h = 12,2m
2) Zeile 1: erste Gleichung; Zeile 2: erste Gleichung
3) $\alpha = \tan^{-1}\left(\frac{a}{c}\right)$
4) 30,96°
5) richtig sind die Gleichungen 1 und 5
6a) Steigungsdreieck zeichnen: 100m nach rechts (waagrecht); 63m nach oben (senkrecht)
   b): $\tan(\alpha) = \frac{63}{100} \Rightarrow \alpha = \tan^{-1}(0,63) = 32,21°$
7) $g = 2 \cdot r \cdot \tan\left(\frac{\alpha}{2}\right)$
8) $h = l \cdot \sin(\alpha)$
9) $s = \frac{h}{\tan(\varphi)}$
10) 19,15°; 34,72%
11) 29,12° [Achtung: Wegstrecke ist die Hypotenuse → **sin**(α) = 96,6 / 198,5]
12) $x = v \cdot \sin(\alpha)$
13) h = 2,02m [Strecke BD – Strecke BC = 6·tan(38) - 6·tan(24)]
14) 82,9m [berechne im rechtwinkligen Dreieck die Ankathete zu φ/2 → 6370·cos(0,5846/2) = 6369,9171km; Aufwölbung = 6370-6369,9171 = 0,0829km = 82,9m (Umwandlung in Meter nicht vergessen!)]
15) f = 2·a·cos(β/2)
16) φ = 213,69 *(die Koordinaten von P entsprechen AK und GK eines rechtwinkligen Dreiecks; dazu dann 180° addieren)*
17) $w = \frac{x}{\cos(\beta)}$ 18) φ zwischen der Seite c und der waagrechten (strichlierten) Linie beim Punkt C   19) $\frac{r}{t} = \cos(70°) = 0,3420$
20) $r = 6 \cdot \tan\left(\frac{32°}{2}\right) = 1,72 cm$ *Hinweis: Kegel im Querschnitt bildet ein gleichschenkliges Dreieck; das „halbe" Dreieck ist rechtwinklig mit Höhe h und dem „oberen" Winkel 32°/2*
21) $g = \frac{\frac{d}{2}}{\sin\left(\frac{\varepsilon}{2}\right)} = \frac{d}{2 \cdot \sin\left(\frac{\varepsilon}{2}\right)}$ 22) $\tan(\alpha) = \frac{30}{1000}$ bzw. $\alpha = \tan^{-1}(0,03)$ 23) 1,035m; 1,690m   24) $\alpha = \tan^{-1}\left(\frac{7}{100}\right)$

Kapitel 20

1) $\sin(\alpha) = \frac{3}{5} = 0,6$
2) 45° und 225°
3)

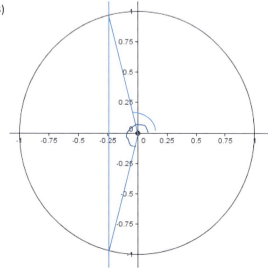

4)

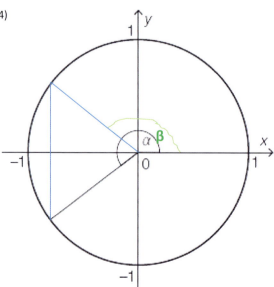

5) richtig sind die Aussagen 1 und 5
6) α = 156,42° [beachte, dass es zu sin(α) = 0,4 zwei mögliche Winkel gibt, aber nur einen mit cos(α) < 0!]
7)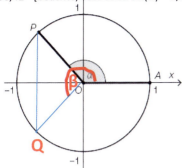
8) Aussage Nr. 2

Kapitel 21

1)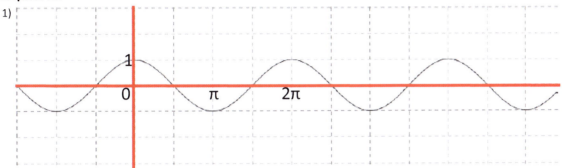

2) $r = 2; \omega = 2$
3) a = 2; b = 2
4) b = 3π/2
5) Tabelle 1: zweite Zeile; Tabelle 2: erste Zeile
6) a = 0,5; b = 3
7) Die Periodenlänge beträgt 0,5 Sekunden.
8) Aussage Nr. 5
9) a = 2π
10) 1. Zeile: links F, rechts C; 2. Zeile: links B, rechts D
11)
12) a = 3 [6 Differenz bedeutet von -3 bis +3 => Amplitude ist 3]; b = 2 [bei Periode π gehen sich 2 Schwingungen in [0, 2π] aus
13) $k = \frac{1}{2}$ **Hinweis:** $cos(...) = sin(...+\frac{\pi}{2})$ => $sin(a+\frac{\pi}{2}) = sin(b)$ => $a+\frac{\pi}{2} = b$ => $\frac{\pi}{2} = b - a$
14) Tabelle 1: Zeile 2; Tabelle 2: Zeile 2
15) $p = \frac{8}{3}$ $[p = \frac{2 \cdot \pi}{Zahl\ vor\ x} = \frac{2 \cdot \pi}{\frac{3 \cdot \pi}{4}} = \frac{8}{3}]$

16) a ist Amplitude =>
   auf der Höhe des Hochpunkts einzeichnen
   die „Zahl vor x" ist $\frac{\pi}{b}$
   Periodenlänge = $\frac{2\pi}{Zahl\ vor\ x}$
   $= \frac{2\pi}{\frac{\pi}{b}} = \frac{2\pi b}{\pi} = 2b$
   eine Periode ist also 2b lang;
   b daher nach einer halben Periode,
   also nach dem „Aufwärtsbogen"

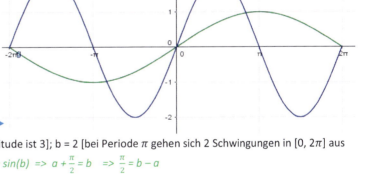

17) Radius = 4dm (Höhe des Hochpunkts)
   Umlaufzeit = 6s
   (bis zum Hochpunkt vergehen 1,5s;
   eine ganze Schwingung dauert 4 mal so lang)
18) Maximalwert: 2A; kleinste Periodenlänge: 0,02s

Kapitel 22

1) $N(t) = 500 \cdot 1{,}07^t$

2) $N(t) = N_0 \cdot 1{,}038523507^t$ *Hinweis: berechne a = $e^{0,0378}$; prozentueller Zuwachs = 3,85% pro Jahr*

3) Tabelle Nummer 1 (immer mal 3) und 3 (immer durch 2)

4) 69,2% *Hinweis: berechne $100 \cdot 1{,}054^{10}$*

5) f(2) = 900; f(3) = 1350 (immer mal 1,5)

6) ≈ 44,2% *Hinweis: berechne $100 \cdot e^{0,0732 \cdot 5}$*

7a) $N(t) = 41072 \cdot 1{,}027801668^t$ b) N(4) = 45 833,51; Abweichung vom tatsächlichen Wert = +5,82%

8) Zeile Nr. 6

9) ≈ 20h   *Hinweis: löse 50 = 100 · 0,9659^t*

10) 1,2cm *Hinweis: berechne a aus $50 = 100 \cdot a^{0,4}$; dann x aus $12{,}5 = 100 \cdot a^x$*

11) erste Zeile: Gleichung Nr. 1; zweite Zeile: Gleichung Nr. 2

12) 4 Jahre (von 2000 auf 4000 in 4 Jahren)

13) richtig sind die Aussagen 3 und 4

14) nach 12,02 Stunden

   Hinweis: Immer wenn 6,01 Stunden vorbei sind, hat sich die Menge halbiert; also von 100% auf 50% (=1/2)

   nach 6,01 Stunden, dann auf 25% (=1/4) nach 12,02 Stunden, dann auf 12,5% (=1/8) nach 18,03 Stunden usw.

15) ca. 5 874m

16) nach 6 Tagen (5,896 Tage)

17) 4,52%

18) 12,61%

19) 5,27 Jahre

20) F – E – A – B

21) $t_H = 9{,}64h$ [$75 = 100 \cdot a^4$ => a berechnen; $50 = 100 \cdot a^{t_H}$]

22) 44,89mm [$10 = 100 \cdot 0{,}95^x$]

23) 65,61% [$100 \cdot 0{,}9^4$]

24) 69,66 Jahre [löse $200 = 100 \cdot 1{,}01^t$ bzw. $2 = 1{,}01^t$]

25) 38,85 Jahre

26) 10mg [im Prinzip ist die Angabe der Halbwertszeit (4h) überflüssig; man muss einfach 80 dreimal halbieren ☺]

Kapitel 23

1) richtig sind die Aussagen 1, 4 und 5

2) a = 15; b = 3

3) $f(x) = 12 \cdot 2^x$

4) Gleichungen Nr. 3 und 5

5) richtig ist Aussage Nr. 3

6) richtig sind die Aussagen 2, 4 und 5

7) $f(x) = 25 \cdot 0{,}8^x$

8) $f(x) = 3 \cdot 2^x$; $g(x) = 6 \cdot 0{,}75^x$

   a = Schnittpunkt mit der y-Achse

   b > 1 bewirkt streng monoton steigenden Verlauf; b < 1 bewirkt streng monoton fallenden Verlauf

9) Tabelle 1: 3. Zeile; Tabelle 2: 1. Zeile (f startet weiter oben → c > d; g wächst schneller → b > a)

10) Zeile 1: Aussagen 2 und 3

11) $f(x) = 42 \cdot 3^x$ [die Zahl 42 vorne ist völlig beliebig; da kann irgendwas stehen ☺]

Kapitel 24

1) F – A – B – C

2) Funktionen Nr. 1 und 5

3) C – A – F – B

4) Tabelle 1: Zeile 2; Tabelle 2: Zeile 2

5) Aussagen Nr. 2 und 5

6) C – A – F – D

Kapitel 25

entspricht den variablen Kosten (Anstieg der Kosten, wenn ein Stück mehr produziert wird);

500 entspricht den Fixkosten (unabhängig von der Menge; Kosten bei Produktion von 0 Stück)

Einnahmen: E(x) = 15x; für Gewinngrenzen gilt E(x) = K(x)

löse $2x^2 + x + 10 = 15x$ → Gewinn im Bereich [0,81; 6,19]

4) x = Menge, bei der Kosten und Erlös gleich sind → Menge, ab der Gewinn erzielt wird

Kosten bzw. Erlös in €, der bei dieser Menge erzielt wird

Bei einer (produzierten und verkauften) Menge von x = 500ME betragen Kosten und Erlös jeweils 5000GE; dh ab dieser Menge kann Gewinn erzielt werden.

6) $\overline{K}(x) = 2x + 17 + \frac{250}{x}$

7) Start bei den negativen Fixkosten;
   Nullstelle unterhalb des Schnittpunkts von K und E

8)

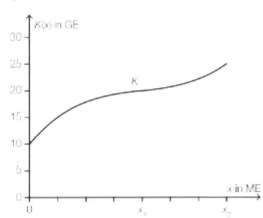

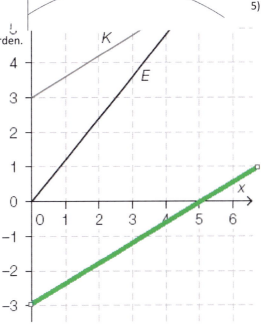

1) 3

2)
→
3)
y =
5)

Kompetenzcheck Nr. 1

1) richtig sind 1, 3 und 4
2) Für den Sondertarif wird der Normalpreis für eine Tageskarte um 30% gesenkt.
3) Der Term berechnet die durchschnittlichen Einnahmen (den durchschnittlichen Umsatz) pro Verkaufstag.
4) richtig sind 1 und 2
5) Bei einem Funktionsgrafen dürfen keine Punkte senkrecht übereinander liegen, da es eine eindeutige Zuordnung $x \mapsto y$ geben muss.
6)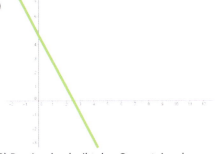
7) Tabelle 1: 3. Zeile; Tabelle 2: 3. Zeile
8) 24x − 32y = 48 *(ein Vielfaches der Gleichung I hinschreiben)*
9)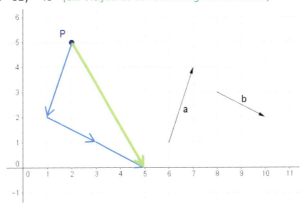
10) Der Ausdruck gibt den Gesamteinnahmen aus dem Schnapsverkauf an diesem Wochentag an.
11) $X = \binom{9}{1} + t \cdot \binom{2}{5}$
12) $X = \begin{pmatrix} -3 \\ 5 \\ 1 \end{pmatrix} + t \cdot \begin{pmatrix} 5 \\ -6 \\ -1 \end{pmatrix}$
13) Antwort Nr. 4 (r=9)
14) a = 2; b = -4
15) $\tan^{-1} 0{,}22 = 12{,}4°$
16) Aussagen Nr. 1 und 5

Kompetenzcheck Nr. 2

1) Aussagen Nr. 2 und 5
2) Lösung Nr. 3 ist richtig
3) von links nach rechts: E – B – D – A
4) zB 3x – 2y = -4; 5x + 3y = 25 (vgl Kapitel 09)
5) Aussagen Nr. 3, 4 und 5
6) S = (7 | 1)
7) 40%; 21,8°
8) α: 1. Quadrant oder 2. Quadrant; β: 2. Quadrant oder 3. Quadrant
9) Formeln Nr. 2 und 4
10) 2,3h
11) Nach 52min befinden sich noch 85 Liter Wasser in der Regentonne.
12) Das Integral beschreibt den Weg, den die U-Bahn während einer Fahrzeit von 150s zurücklegt, also die Entfernung zwischen den Stationen.
13) Aussagen Nr. 1 und 2
14) von oben nach unten: E – F – D – A
15) von oben nach unten: B – E – C – A
16) 97,72%

Kapitel 26

1) 1,33 V/s
2) richtig sind die Aussagen 3 und 4
3) 20 N/(m/s)
4) 5m/s; dies entspricht der durchschnittlichen Geschwindigkeit des Radfahrers während der 6 Sekunden langen Fahrt
5) 21
6) richtig sind die Antworten 4 und 5
7a) -1,098 °C/min   b) die beiden Punkte (0|25) und (20|≈3) markieren und die Abstände Δx und Δy bestimmen; Interpretation: gibt die durchschnittliche Temperaturabnahme pro Minute an
8) richtig sind die Aussagen Nr. 2 und 5
9) richtig sind die Aussagen Nr. 2 und 3
10) richtig sind die Aussagen Nr. 2 und 5
11) b = 5 [weil dann wieder f(x) = 10 ist, so wie bei -1]
12) f(3) = 6 *Hinweis:* löse $\frac{y_2-2}{3-(-1)} = 1$ *mittels Technologie (oder „vom Hinschaun"); y_2 entspricht hier f(3)*
13) Aussagen Nr. 2 und 4
14) Aussagen Nr. 3 und 5
15) Differenzenquotient = Differenzialquotient
    => Sekante (im Intervall) und Tangente (im Punkt) haben die gleiche Steigung
    Sekante zeichnen (einfach die Endpunkte verbinden)
    parallele Tangente zeichnen (also Gerade, die den Grafen „gerade noch so" berührt, aber nix „abschneidet"
    => dieser Berührpunkt ist dann der Punkt P

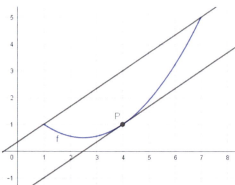

Kapitel 27

1) absolut: 144; durchschnittlich: 24; relativ: 36; prozentuell: 3600%
2) Dieser Ausdruck berechnet die relative Änderung; dh dass der Funktionswert f(10) um 4% größer ist als der Funktionswert f(5).
3) Tabelle 1: zweite Zeile; Tabelle 2: dritte Zeile
4) $\frac{D(30)-D(20)}{30-20} = \frac{D(30)-D(20)}{10}$
5) Der Term gibt den durchschnittlich Zuwachs an Bakterien pro Minuten im Zeitintervall $[t_1; t_2]$ an.
6) Es wurde die relative Änderung zwischen den Jahren 2009 und 2010 berechnet; das Ergebnis bedeutet, dass in diesem Zeitraum die Kriminalität um 9,4% gesunken ist.
7) Der Aktienkurs stieg innerhalb von 10 Tagen um durchschnittlich 2€/Tag.
8) erste Person B (absolut 4, relativ 26,7%); zweite Person A (absolut 3, relativ 60%)
9) Der Ausdruck beschreibt die durchschnittliche Zunahme der Finanzschulden Österreichs im Zeitraum 2000 bis 2010 in Milliarden Euro pro Jahr.

10) +62,5% (Hinweis: der Anstieg in 6 Jahren macht $6 \cdot 225 = 1350€$ aus.)

11) Im Zeitintervall [2h; 5h] steigt die Höhe des Wassers um durchschnittlich 4dm/h.

12) Ausdruck Nr. 4

13) 20 Minuten nach Start des Abkühlungsprozesses beträgt die momentane Abnahme der Temperatur der Flüssigkeit 0,97°C/min.

14) Der Ausdruck gibt die momentane Änderungsrate (momentane Änderungsgeschwindigkeit) des Wasserstands zum Zeitpunkt t = 6 (um 6 Uhr) in m/h an. (Hier darf man ausnahmsweise „Änderung" schreiben, weil man ja nicht weiß, ob der Wasserspiegel steigt oder sinkt.)

15) Die Anzahl der Nächtigungen in österreichischen Jugendherbergen stieg von 2012 auf 2013 um 1,2%.

16) $\frac{10391-9306}{9306} = 0,1166$; das entspricht einem Anstieg um 11,66% [es empfiehlt sich in solchen Fällen, die prozentuelle Änderung jedenfalls auch zusätzlich anzugeben!]

17) $R = \frac{A}{f(a)}$ [die absolute Änderung steht im Zähler der relativen Änderungsrate, man muss also „nur" f(b)-f(a) durch A ersetzen]

18) $\frac{92-77}{2} = 7,50\ Euro\ pro\ Barrel\ Rohöl\ pro\ Monat$ (die Werte können aus der Grafik natürlich nur ungefähr abgelesen werden)

Kapitel 28

1) Nach 3 Sekunden beträgt die Geschwindigkeit des Steins 0; das bedeutet er hat den höchsten Punkt erreicht.

2) $v(t) = 2t^2 - 5t$ (Ableitung bilden!)

3) $K'(2) = 5€/t$

4) $f'(4) = 16$

5) $f'(2) = 56$

6) $f'(x) = 1,5x^2 + 1,5$

7) $f'(x) = 12x^2 - 4x + 5$

8) $g(t) = 3t^2 + 12t + 12$

Kapitel 29

1) 43; 70; 7

2) 1; -8; 0

3) >; <; <; =

4) a) >; b) <; c) >; d) =

5) a) >; b) <; c) =; d) >

6) f(5) < f(3) < f(4) < f(2)

7) Aussagen Nr. 1, 3 und 5

8) f(1)>f(4); f′(3)=0; f′′(1)<0; f(-1)=0

9) Zeile 1; Eigenschaften 1 und 2

10) Zeile 1, Eigenschaften 1 und 2

11) f′(1) < f′(0) < f′(3) < f′(4)

12) 1. Zeile: Aussagen Nr. 2 und 3

13) Graphen Nr. 2 und 5

14) zutreffend sind die Aussagen 1 und 4

15) Aussagen Nr. 1 und 5

16) Zeile 1: Aussage 2; Zeile 2: Aussage 1

17) Aussagen Nr. 1 und 4

18) Graf links unten (geht immer nach oben, wird aber flacher)

19) von oben nach unten: F – E – A – B

20) E – D – B – F (*von oben nach unten*)

Wenn die Tangente „durch den Funktionsgrafen durchgeht" kann man daran eindeutig erkennen, dass dort ein Wendepunkt ist
→ daher gilt beim ersten und letzten Bild jedenfalls $f''(x_P) = 0$

Kapitel 30

1) Tabelle 1: zweite Zeile; Tabelle 2: erste Zeile
2) Tabelle 1: dritte Zeile; Tabelle 2: zweite Zeile
3) $x \in (-2; 3)$ *Hinweis: Nullstellen berechnen!*
4) richtig sind die Aussagen 2 und 5
5) Tabelle 1: dritte Zeile; Tabelle 2: zweite Zeile
6) Damit ein Wendepunkt vorliegt, muss f´´(x) = 0 gelten. Durch die Ableitung verringert sich der Grad einer Polynomfunktion jeweils um 1 (die Hochzahl bei x wird um 1 kleiner). Die zweite Ableitung einer Polynomfunktion dritten Grades ist daher eine lineare Funktion. Die lineare Gleichung f´´(x) = 0 hat stets genau eine Lösung, daher gibt es stets genau einen Wendepunkt.
7) an den Stellen x = 1 (Hochpunkt) und x = 3 (Tiefpunkt)
8) $p''(x) = 6x$; $p''(1) = 6 \cdot 1 = 6 > 0$; 2. Ableitung > 0 bedeutet Tiefpunkt   *Freihandskizze am Computer wird*
9) f´´(x) = 24x – 4; f´´(6) = 140 ≠ 0 → zweite Abgleichung ungleich 0, daher kein Wendepunkt   *einfach nicht besser* ☺
10) Aussagen Nr. 1 und 4 [bei x_1 ist Hochpunkt und bei x_2 Tiefpunkt => Hochpunkt höher als Tiefpunkt, dazwischen Wendepunkt]
11) Tabelle 1: Zeile 2; Tabelle 2: Zeile 1
12) Aussagen Nr. 4 und 5

Kapitel 30a

1)
2) Intervall Nr. 2
3) Sattelpunkt bei (4|2), überall monoton fallend

Kapitel 31

1) 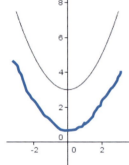   2)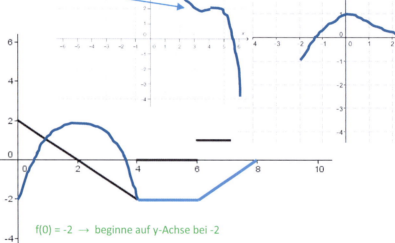

denselben Bogen wie in der Angabe
etwas höher oder tiefer zeichnen

3) Aussagen Nr. 2, 4, 5 und 6
4) Aussagen Nr. 1 und 3
5) Aussagen Nr. 3 und 4 *Hinweis zu 3: Steigung der Tangente = Funktionswert der Ableitungsfunktion, also f´(0) = 2*
6) von links nach rechts: B; A; F; D
7) Tabelle 1: zweite Zeile; Tabelle 2: zweite Zeile
8) Aussagen Nr. 1 und 5
9a)
   b) f hat 2 Wendestellen (Sattelpunkt und „normalen" Wendepunkt);
      daher muss die 2. Ableitung mindestens Grad 2 haben;
      daher muss die Funktion f mindestens Grad 4 haben;
      für den Sattelpunkt gilt f(0) = f´(0) = f´´(0) = 0;
      daraus folgt dass bei jeder Ableitung die „Koeffizienten ohne x"
      0 sein müssen
10)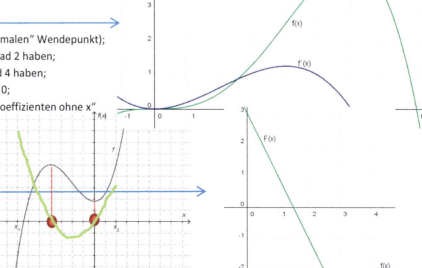
11) von oben nach unten: D; F; E; A
12) Aussagen Nr. 4 und 5
13)
14) richtig sind die Aussagen Nr. 1 und 4
15) Aussagen Nr. 1 und 5
16) Aussagen Nr. 1 und 2

17) Aussagen Nr. 1 und 3
18) von oben nach unten: E – A – F – D
19) Aussagen Nr. 2 und 4
20) D – C – F – A

Kapitel 32

1) Bedingungen Nr. 1 und 5
2) Aussagen Nr. 1, 3 und 4
3) Bedingungen 2 und 5
4) a = -3
5) von oben nach unten: D; F; C; A

Kapitel 33

1) erste Zeile: keine Funktion; zweite Zeile: erste Funktion
   Tipp: die Funktionen F(x) ableiten und schauen, ob f(x) rauskommt ☺
2) $f(x) = 2x^2 + 3x + 3$
3) $G(x) = 3x^2 - 4x + 7$ (einfach hinten eine andere Zahl hinschreiben)
4) $f(x) = x^3 - 2x^2 + 8$
5) $F(x) = \frac{0,5x^3}{3} - \frac{0,5ax^2}{2} + 1$ *Tipp: vor dem Integrieren Klammer auflösen*
6) richtig sind die Aussagen Nr. 3 und 4
7) Tabelle 1: Zeile 3; Tabelle 2: Zeile 2
8) a = 20 **Hinweis:** f(x) = F'(x) = 20x³; also gilt a = 20
9) ja; Begründung: g und h unterscheiden sich nur durch eine additive
   Konstante (nur durch +c)
   *Alternative: die Konstante c fällt bei der Ableitung weg; somit gilt h'(x) = g'(x)
   daher ist auch h eine Stammfunktion von f (weil eben h'(x) = g'(x) = f(x) gilt)*
10) $h(t) = 3t - 0,1t^3 + 15$

Kapitel 34

1) $A = \int_0^1 f(x)dx + \int_1^5 g(x)dx$
2)
3) $A = -\int_{-2}^1 f(x)dx + \int_1^2 f(x)dx$ oder $A = int_1^{-2} f(x)dx + \int_1^2 f(x)dx$
4) A = 78,08 FE (Flächeneinheiten)
5) I = F(a) – F(0) = -1 – 3 = -4
6) A = 7 FE (Flächeneinheiten)
7) b = -c *(weil sich dann die Flächen unterhalb und oberhalb der x-Achse
       gegenseitig aufheben)*
8) Gleichungen Nr. 3 und 5
9) F(4) – F(0) = 7 – 1 = 6
10) Integral Nr. 1 und 4 (von links)
11) 6 **Hinweis:** Rechteck im Intervall [0; 3] hat Fläche 3 · 2 = 6; die beiden Dreiecke heben sich gegenseitig auf
12) -3 **Hinweis:** $A_2 - A_1 = \frac{7}{3} - \frac{16}{3} = -\frac{9}{3} = -3$
13) $A_2 - A_1$
14) Aussagen Nr. 2 und 4
15) Gleichungen Nr. 2 und 5
16) Spalte 1 ganz oben und Spalte 2 ganz oben
       [dort ist nämlich von -5 bis -1 „weniger Minusfläche" als von -5 bis +1 => weniger Minus ist größer!]
17) x = 6,54
18) b = $\sqrt[3]{36}$ = 3,3019 *Tipp: zuerst die Fläche im Intervall [2; 4] berechnen!*
19) a = -3 **Hinweis:** *löse die Gleichung Integral(a· x²+2,x,0,1) = 1,a mit Geogebra*

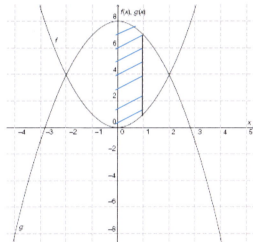

Kapitel 35

1) Aussagen Nr. 2 und 5

2) erste Zeile: Aussage 3; zweite Zeile: Aussage 2

3) linke Spalte, Graph Nr. 1 und Graph Nr. 3

Kapitel 36

1) 140cm

2) $\int_0^{60} f(t)dt$

3) $\int_0^t f(t)dt = \int_0^t -0{,}05t^2 + 3t + 66\,dt = -\frac{0{,}05t^3}{3} + \frac{3t^2}{2} + 66t$ (untere Grenze = 0 → kann man weglassen)

   bei dieser Fragestellung muss man das Integral nicht unbedingt ausrechnen

4) Es wird die Gesamtmenge an Wasser in Liter berechnet, welche in der Stunde zwischen den Zeitpunkten t = 60 und t = 120 durch das Wasserrohr am Sensor vorbeigeflossen ist.

5) Es wird die gesamte Menge an Wasser in m³ berechnet, welche in der halben Minute zwischen den Zeitpunkten t = 10 und t = 40 durch die Wasserleitung (durch das Rohr) geflossen ist.

   Es wurde auch folgende Antwort als richtig gewertet, die ich jedoch nicht empfehlen würde ☺: Berechnet wird der Weg, den die Querschnittfläche im Zeitintervall [10; 40] im Rohr zurückgelegt hat.

6) $\int_0^4 \frac{5}{16}s^2 ds + \frac{5 \cdot 11}{2} = 34{,}17 J$

7) Der Ausdruck beschreibt die gesamte vom Kamin ausgestoßene Schadstoffmenge zwischen 7 Uhr und 15 Uhr in Gramm.

Kapitel 37

1a) 21,5m/s b) 16,5m/s

2) Tabelle 1: dritte Zeile; Tabelle 2: dritte Zeile

3a) Beschleunigungsfunktion = 2. Ableitung der Weg-Zeit-Funktion, also $a(t) = h''(t); a(t) = -10$

 b) Die Softbälle werden aus einer Höhe von 20m fallen gelassen.

 c) Durch die Ableitung wird der Grad der Polynomfunktion jeweils um 1 kleiner; bei einer quadratischen Funktion muss daher die 2. Ableitung konstant sein. Eine Beschleunigung von 10m/s² bedeutet, dass die Softbälle mit jeder Sekunde im freien Fall um 10m/s schneller werden.

 d) löse h(t) = -5t² + 20 = 0 → t_0 = 2; h'(2) = -10·2 = -20m/s

4a) $\frac{\Delta h}{\Delta t}$ ist die durchschnittliche Geschwindigkeit in einem Zeitabschnitt Δt

   $h'(t)$ beschreibt die momentane Geschwindigkeit zum Zeitpunkt t

   $h''(t)$ beschreibt die momentane Beschleunigung zum Zeitpunkt t

 b) $h'(t^*) = v_0 - g \cdot t^* = 0$ → $t^* = \frac{v_0}{g}$; $h(t^*)$ ist die maximale Höhe, die der Körper erreicht

   die maximale Höhe ist nämlich erreicht, wenn die Geschwindigkeit h´(t) = 0 ist

 c) Die durchschnittliche Geschwindigkeit entspricht näherungsweise der momentanen Geschwindigkeit, wenn das Zeitintervall Δt sehr klein ist, also $\lim_{\Delta t \to 0} \frac{\Delta h}{\Delta t} = h'(t)$.

5) Der PKW beschleunigt 7 Sekunden lang und legt dabei eine Strecke von 450m zurück.

6) Das Fahrzeug legt in 0,5h eine Strecke von 40km zurück.

7) Aussage Nr. 3 (weil „rechtsgekrümmt", also 2. Ableitung kleiner 0)

   und Aussage Nr. 5 (weil Rechtskrümmung bedeutet Steigung wird kleiner, als Differenzialquotient wird kleiner)

8) Aussage Nr. 4

9) 11m *Hinweis: berechne $\int_0^2 15 - 10 \cdot t$; und dann den einen Meter Abwurfhöhe noch dazuzählen!*

10) Wie lang ist die Strecke (in Meter), welche der Körper im Zeitintervall [1s; 5s] zurücklegt?

11) Die momentane Beschleunigung des Körpers nach 3s beträgt 1m/s².

    evtl. reicht „die momentane Zunahme der Geschwindigkeit nach 3s beträgt 1m/s pro Sekunde"; ich würde diese Variante aber nicht empfehlen

Kapitel 38

1) von oben nach unten: D; A; F; C
2) 80 Stück
3) Der in den ersten 2 Sekunden zurücklegte Weg ist kleiner
   als der Weg im Zeitintervall [2; 10].
4) Die Ableitungsfunktion v´ entspricht einer waagrechten Gerade, das bedeutet
   die Beschleunigung des Objekts ist im Zeitintervall [0; 8] konstant
   (und zwar beträgt die Beschleunigung -2m/s²)
5) $\frac{\Delta y}{\Delta x} = \frac{120-80}{4-2} = \frac{40}{2} = 20 m/s$
6) Aussagen Nr. 1 und 3
7)
8) Aussagen Nr. 1 und 4
9) von oben nach unten: D – A – C – F

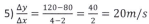

Kapitel 39

1a) f´(x) = cos(x)-3sin(x)   b) f´(x) = 4cos(x)+3sin(x)   c) f´(x) = 6cos(3x)+5sin(x)   d) f´(x) = 10e^{5x} e) f´(x) = 12/4x = 3/x
2) $f'(x) = -5 \cdot \sin(x) + 3 \cdot \cos(3 \cdot x)$
3) zweite Zeile, zweite Gleichung
4) λ = -0,5   (*Hinweis: für die Ableitung gilt* $f'(x) = \lambda \cdot e^{\lambda x}$; *gemäß* $f(x) = c \cdot e^{\lambda \cdot x}$ *ist λ Durchgangswert von f´ auf der y-Achse*)
5) Funktionsgleichung Nr. 5
6) Zeile 1, Aussage 3
7) Aussagen Nr. 1 und 5
8a) F(x) = 2e^x + 2   b) F(x) = -cos(5x) / 5 + 6/5   c) F(x) = e^{2x}/2 + 1/2   d) F(x) = 3e^x + 4
9) richtig ist Zeile 2, Funktionsgleichung 1
10) $F(x) = \frac{2 \cdot \sin(3 \cdot x)}{3} + c$ (c beliebig → kann man auch weglassen, also c = 0 wählen)
11) richtig sind die 1. und 5. Zeile
12) Zeile 1, Ausdruck 1 und Zeile 2, Ausdruck 1
13) Aussagen Nr. 1 und 4

Kapitel 40

1) 0,4841
2) Zahl Nr. 4 *Tipp: Wahrscheinlichkeit (nämlich 792 / 100000) = Anzahl günstige Fälle (nämlich 3023) / Anzahl mögliche Fälle*
3) 0,42
4) Es wird die Wahrscheinlichkeit berechnet, dass bei 10 Versuchen mindestens einmal keine 6 (oder eine bestimmte andere Zahl)
geworfen wird. (ganz allgemein: dass einmal von einer vorgegebenen Folge von Zahlen abgewichen wird)
5) 0,4213   (Hinweis: 6 ODER 6 UND 6 ODER 6 UND 6 UND 6 → 1/6 + 5/6 · 1/6 + 5/6 · 5/6 · 1/6; Variante für Spezialisten: 1 – (5/6)³)
6) (6+3+4)/300=0,0433   (Anzahl der defekten Stücke / Gesamtzahl der Stücke)
7) 0,4708
8) 0,0006 (Hinweis: es müssen zwei Ereignisse zusammen auftreten: Zecke infiziert UND Impfung wirkt nicht)
9a) 1 – 0,94^{28} = 0,8232
   b) WK, dass an einem Tag keiner zu spät kommt: 0,94^9 = 0,5730; WK, dass das 5 Tage hintereinander so ist: 0,5730^5 = 0,0618
10) 1 – (6/7)^{10} = 0,7859
11) von oben nach unten: C; A; B; F
12) 0,2668
13) die Wahrscheinlichkeit, dass mindestens eines der 80 Stück unbrauchbar ist
14) 0,0324 (Hinweis: in Stichprobe 1 sind 5 unbrauchbar UND in Stichprobe 2 sind 5 unbrauchbar)
15) Aussagen Nr. 2 und 4   **Zusatzaufgabe:** Aussage 1: $\frac{15}{25} \cdot \frac{14}{24} \cdot \frac{13}{23}$; Aussage 3: $\frac{10}{25} \cdot \frac{15}{24} + \frac{15}{25} \cdot \frac{14}{24} = \frac{15}{25}$; Aussage 5: $\frac{15}{25} \cdot \frac{14}{24} \cdot \frac{10}{23} \cdot 3$
16) 150 **Hinweis:** Gewinn Glücksrad UND Gewinn Tombola = 3% → $\frac{2}{10} \cdot \frac{x}{1000} = 0,03$
17) 0,0667 *Berechnung:* $\frac{2}{10} \cdot \frac{1}{9} \cdot \frac{8}{8} \cdot 3$
18) 1 – (1-p/100)^{80}
   Hinweis: „mindestens ein Reifen" → was soll nicht passieren?
      NICHT passieren soll, dass der Reifen hält → dafür ist die Wkeit 1 – p/100
         Wkeit für mindestens ein Reifen kaputt = 1 – Wkeit was NICHT passieren soll$^{Anzahl\ Reifen}$

19) richtig ist Ereignis Nr. 2 (von oben)

20) $1 - 0{,}1^2 = 0{,}99$

21) anzukreuzen ist Antwort Nr. 4

22) 1/10 **Hinweis:** Für jedes der 10 Eier ist die Wahrscheinlichkeit, hart gekocht zu sein, 1/10. Wo sich die anderen Eier befinden und wer sie wann wohin getragen hat, spielt überhaupt keine Rolle!

23) 0,99 *[1 – Wkeit „beide nicht" = 1 – 0,1²]*

24) $1 - \frac{30}{50} \cdot \frac{29}{49} \cdot \frac{28}{48} = 0{,}7929$ *(1 – Wkeit alle 3 NICHT rot; „mit einem Griff" ist rechentechnisch „Ziehen OHNE Zurücklegen!)*

25) 0,04859 *[0,09 · 0,495 + 0,008 · 0,505]*

26) 0,12698 *[2/7 * 4/9; weil die einzige Möglichkeit, dass nachher gleich viel Geld drinnen ist, ist dass in jeder Schachtel 11€ sind]*

27) 2/6 = 0,3333 *[2 von 6 Zahlen sind durch drei teilbar; egal ob beim ersten Wurf oder beim dritten oder bei 100. Wurf]*

28) 2/5 = 0,4 *[2 der 5 möglichen Kugeln sind blau; egal ob beim ersten, zweiten oder letzten Zug]*

29) 5 *[löse Gleichung p / 50000 = 1 / 10000; wegen „mindestens" nimmt man die kleinere der bei „selten" möglichen Zahlen]*

30) (1954-547-117) / 1954 = 0,6602

31) $0{,}7 \cdot 0{,}2 + 0{,}3 \cdot 0{,}8 = 0{,}38$

32) 47 / 241 = 0,1950

33) (10 + 9) / (50+50) = 19/100 = 0,19 = 19%

34) $0{,}2 \cdot 0{,}1 = 0{,}02$

Kapitel 41

1)

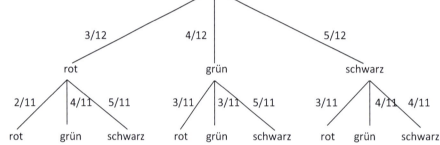

Berechnung: $\frac{3}{12} \cdot \frac{4}{11} + \frac{4}{12} \cdot \frac{3}{11} = 0{,}1818$

2a)

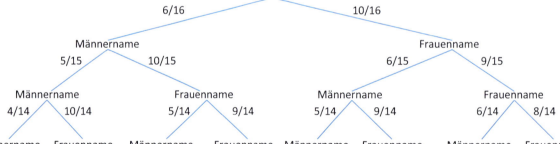

b) P(Männername – Frauenname – Männername) = 6/16·10/15·5/14 = 0,0893

3a) G = {1, 2, 4} (möglich ist 1·1, 1·2, 2·1, 2·2; 1·2 und 2·1 ergibt aber jeweils 2)

b) P(X=1) = P(1 UND 1) = 4/6·4/6 = 16/36; P(X=2) = P(1 UND 2 ODER 2 UND 1) = 4/6·2/6+2/6·4/6=16/36; P(X=4) = P(2 UND 2) = 2/6·2/6 = 4/36

c) $\left(\frac{4}{6}\right)^2 \cdot \left(\frac{2}{6}\right)^3 \cdot \frac{5!}{2! \cdot 3!} = 0{,}1646$

4) Tabelle 1: dritte Zeile; Tabelle 2: zweite Zeile

5) durch 5 teilbar → Summe 5 oder 10; also 1+4; 4+1; 2+3; 3+2; 4+6; 6+4; 5+5 → jede Zahlenkombination hat WK $\frac{1}{6} \cdot \frac{1}{6}$;

es gibt 7 Möglichkeiten → P(E) = $\frac{7}{36}$

6) Augensumme 5 entsteht bei 1+4; 4+1; 2+3; 3+2

Augensumme 9 entsteht bei 4+5; 5+4; 6+3; 3+6

→ es gibt jeweils vier mögliche Zahlenkombinationen, jede Zahlenkombination ist gleich wahrscheinlich (nämlich immer $\frac{1}{6} \cdot \frac{1}{6}$

→ somit sind beide Ereignisse gleich wahrscheinlich

7) Ansatz: $x \cdot 0{,}03 + (1 - x) \cdot 0{,}01 = 0{,}018$ → x = 0,4 = 40%

8) $E_2 = \{(1|1); (2|2); (3|3); (4|4); (5|5); (6|6)\}$

9) $P(X=x_2) = 0{,}4$; $P(X=x_3) = 0{,}2$ **Hinweis:** *Die Summe aller Wahrscheinlichkeiten muss 1 ergeben; für x_2 und x_3 bleibt also insgesamt noch eine Wahrscheinlichkeit von 0,6 „übrig". Wenn x_2 doppelt so wahrscheinlich wie x_3 ist, ergibt sich die Aufteilung 0,4 und 0,2.*

10) P(X=0) = 1/6; P(X=1) = 3/6; P(X=2) = 2/6

11) {(W, W); (W, Z); (Z, W); (Z, Z)}

12) 1 – 0,35 – 0,38 = 0,27

13) Zeile 2, Aussage 1

14) 0,55

15) Der Ausdruck gibt die Wahrscheinlichkeit an, dass der zufällig ausgewählte Studierende die Prüfung in der von ihm/ihr gewählten Sprache erfolgreich abgelegt hat.

16) Aussagen Nr. 1 und 5   [zu Aussage 5: mindestens eine schwarzen => NICHT 3 weiße, also 1 – 0,1]

17) 0,189; 0,027   [$0,3^2 \cdot 0,7^3$ bzw. $0,3^3$; zur Berechnung siehe Kapitel 40 oder auch Kapitel 43]

Kapitel 42

1) -2€

2) -2,6389€

3) 2,6   [0,1·1+0,3·2+0,5·3+0,1·4]

4) 2,8   [0,1·1+0,3·2+0,4·3+0,1·4+0,1·5]

5) 0,625€   [1/8·5+2/8·0+1/8·(-5)+1/8·(-10)]

6) Aussagen Nr. 1 und 3   7) Aussagen Nr. 1 und 4   8) E(X) = 2

Kapitel 43

1) Aussagen Nr. 1 und 5

2a) die Wahrscheinlichkeit, dass genau 2 Bauteile fehlerhaft sind

  b) die Wahrscheinlichkeit, dass mindestens 2 Bauteile fehlerhaft sind

3) Aussagen Nr. 1, 4 und 5

4) 99,76%

5) Die Wahrscheinlichkeit, dass Stefan drei der fünf Sätze <u>verliert</u> (in beliebiger Reihenfolge), beträgt 23,04%.

6a) 1. Bei der Binomialverteilung darf es nur zwei verschiedene Ausgänge geben. Im Beispiel kann ein Leuchtmittel einwandfrei funktionieren oder nicht einwandfrei funktionieren. Die Voraussetzung ist daher erfüllt.

  2. Bei der Binomialverteilung müssen die Ereignisse unabhängig sein. Im Beispiel beträgt die Wahrscheinlichkeit bei jedem Leuchtmittel konstant 5%. Die Voraussetzung ist daher erfüllt.

  b) 0,2506

  c) die Wahrscheinlichkeit, dass genau 4 Leuchtmittel fehlerhaft sind

7) Ausdrücke Nr. 1 und 4

8) Bei der Binomialverteilung müssen die Ereignisse unabhängig sein. Im Beispiel werden die überprüften Taschenrechner sortiert beiseite gelegt. Da sich also die Anzahl der noch vorhandenen Taschenrechner dadurch ständig ändert, sind die Ereignisse nicht unabhängig (die Wahrscheinlichkeiten ändern sich). Die Zufallsvariable X ist also nicht binomialverteilt.

9a) Der Term berechnet die Wahrscheinlichkeit, dass von n Fischen mindestens einer die Qualitätskriterien erfüllt.

  b) 0,6169

10a) 0,0398   b) die Wahrscheinlichkeit, dass von 10 Brotlaiben mindestens einer verkauft wird

11a) da sich die Anzahlen der Kugeln in der Urne nach jeder Ziehung ändern, ändert sich auch die Wahrscheinlichkeit dafür, dass beim nächsten Ziehen eine rote Kugel gezogen wird. Daher ist die Voraussetzung „unabhängige Ereignisse" (Wahrscheinlichkeit muss bei jeder Ziehung gleich bleiben) nicht erfüllt. (Dass es drei Farben in der Urne gibt, ist egal; man unterscheidet ja nur rot und nicht-rot → das kann man nicht als Grund anführen, dass Binomialverteilung nicht geht!)

  b) Weil es bei so großen Zahlen auf die Wahrscheinlichkeiten kaum einen Einfluss hat, wenn eine Kugel fehlt.

12) P_1=Wahrscheinlichkeit, bei 4 Mal Drehen 1 Mal zu gewinnen

  P_2=Wahrscheinlichkeit bei 3 Mal Drehen 3 Mal hintereinander zu gewinnen

13) n = 225

14) richtig sind die Aussagen Nr. 2 und 3

15) 0,4708

16) 32 = n·p; 4 = √(n·p·(1-p)) => n = 64; p = 0,5   => P(28≤X≤36) = 0,7396; P(X>32) = 0,4503   => Aussage korrekt

17) 0,0566   (n = 100; p = 0,06; k von 0 bis 2)

18) E – C – F – D   (von oben nach unten)

19) $\mu = 485; \sigma = 3,8144$ [$\mu = 500 \cdot 0,97; \sigma = \sqrt{500 \cdot 0,97 \cdot (1 - 0,97)}$]

20) E – B – C – F   (von oben nach unten)

21) 0,6047   [n = 8; p = 1/6; k von 0 bis 1 (da E(X) = 8*1/6 = 1,33 => darunter liegt 0 oder 1)]

22) 0,9845

23) 0,1201

Kapitel 44

1) Der Ausdruck gibt an, wie viele verschiedene Ensembles (=Gruppe von 6 Schauspielern) gebildet werden können

2a) Der Ausdruck gibt an, wie viele verschiedene Reihenfolgen („Muster" aus 3 roten und 2 schwarzen Kugeln) es gibt.
  b) mit 3 roten und 2 schwarzen Kugeln ergeben sich gleich viele Muster wie mit 2 roten und 3 schwarzen
    (es geht um die Anzahlen der verschiedenen Farben, nicht darum, ob es mehr rote oder mehr schwarze gibt)

3) Der Ausdruck gibt an, wie viele verschiedene Schützen-Teams (=Gruppe von Spielern, die beim Elfmeterschießen antreten) man bilden kann, wenn von den 11 Spielern 5 zum Elfmeter antreten.
  (NICHT die Anzahl der Reihenfolgen, in der die Spieler antreten!)

4) x = 0 oder x = 20

5) Tabelle 1: Zeile 2; Tabelle 2: Zeile 2

6) n = 14 [6+8; siehe Theorieteil: Gleichheit gilt, wenn die beiden unteren Zahlen zusammen die Gesamtzahl ergeben]

7) Tabelle 1: Zeile 2; Tabelle 2: Zeile 1

Kapitel 45

1a) 0,9850   b) [746,2ml; 753,8ml]

2) 0,87308

3) [0,2026; 0,2774]

4) [0,2078; 0,2602]

5) Aussagen Nr. 2 und 5

6a) 0,26382   b) [468g; 532g]

7) $P(X \geq 200)$= 8,5976E-21 = 0,0000000000000000000085976 ≈0; $P(X \leq 100)$= 0,2098

8) [0,1608; 0,2392]

9a) [569; 891]   b) Fläche entspricht der Wahrscheinlichkeit, dass eine Person 810 oder mehr (mindestens 810) Paare geschätzt hat

10) Aussagen Nr. 2 und 5

11) aus n = 1000 und μ = 0,03 ergibt sich $\sigma = \sqrt{\frac{0,03 \cdot (1-0,03)}{1000}} = 0,005394442$ => $P(0,02 \leq X \leq 0,04) = 0,936$

12) Tabelle 1: 3. Zeile: Tabelle 2: erste Zeile *(Intervall1 ist breiter → höhere Sicherheit oder weniger befragte Leute)*

13) n = 400 *(aus der Grafik kann man μ ausrechnen und damit aus der Formel μ = n·p den Wert für n berechnen)*

14) Die Fläche entspricht der Wahrscheinlichkeit, dass die Zufallsvariable X einen Wert von mindestens 64 annimmt.

15) richtig sind Aussagen Nr. 2 und 3
    Aussage 1: „mit 95%iger Wahrscheinlichkeit" statt „sicher"; Aussage 4 ist völliger Nonsens; Aussage 5: „… beträgt 2,5%"

16) große Stichprobe, wenig Sicherheit => kleinste Intervallbreite hat C
    kleine Stichprobe, hohe Sicherheit => größte Intervallbreite hat B

17) n > 500 [kleineres Intervall => mehr Befragte]

18) Die Wahrscheinlichkeit, dass mindestens 1220 Flaschen nicht zurückgegeben werden, beträgt ca. 27%.

19) $\mu = 0,2; \sigma = \sqrt{\frac{0,2 \cdot (1-0,2)}{400}} = 0,02$; berechne dann mit Technologie die Wahrscheinlichkeit $P(0,16 \leq X \leq 0,24)$

20) 190 [Konfidenzintervall enthält Anteil mit 95% Wkeit => 95% der Intervalle enthalten den Anteil, also 0,95· 200]

21) [20,78%; 26,02%]; tatsächlicher Anteil ist nicht enthalten

22) [0,5141; 0,6059]

23) a = 0,69 [der Anteil liegt bei 40/50 = 0,8; das heißt die Mitte des Intervalls ist bei 0,8. wegen 0,91 = 0,8 + 0,11 muss man dann für die untere Grenze 0,8 – 0,11 = 0,69 rechnen]

24) [h-0,02 ; h + 0,02] [die Stichprobengröße wurde vervierfacht; nach dem $\sqrt{n}$-Gesetz halbiert sich daher die Intervalllänge]

Kapitel 46

1) Mittelwert: 5,2; Varianz: 2,16   2) Mittelwert: 2,45; Varianz: 0,8475   3) 1,32 Handies   4) 7,6

5) $\bar{y} = 123$ ($\bar{x} + 8$); $s_y = 12$ (bleibt gleich)   6) 20 584,71€   7) 58,41

8) 15 (Summe der Punkte aller 25 Schülern – Summe der Punkte der 24 „ordentlichen" Schüler)

9) $\frac{x_{n+1}+x_{n+2}}{2} = a$ [die beiden neuen Werte müssen wieder denselben Mittelwert haben]   10) k = 6

Kapitel 47

1) Aussagen Nr. 1 und 4   2) Aussagen Nr. 3 und 5   3) richtig ist das Boxplot links oben

4) [Boxplot: Minimum ca. 232, Q1 ca. 242, Median ca. 245, Q3 ca. 248, Maximum ca. 258]

5) Aussagen Nr. 1 und 3   6) Aussagen Nr. 1 und 4   7) Aussagen Nr. 2 und 3   8) Aussagen Nr. 2 und 3

Kapitel 48

1) Aussagen Nr. 2 und 4
2) Antworten 1, 4 und 5
3) Beim arithmetischen Mittel wird jeder Datenwert gleichmäßig berücksichtigt, dh auch (extreme) Ausreißerwerte wirken sich auf den Wert des arithmetischen Mittels entsprechend aus. Der Median bleibt von einzelnen Ausreißerwerten unbeeinflusst.
4) Bei den Frauen liegen die erzielten Sprungweiten im Durchschnitt weiter vom Mittelwert entfernt also bei den Männern; dh die Leistungsunterschiede sind bei den Frauen größer als bei den Männern.
5) Antworten Nr. 2 und 5
6) Aussagen Nr. 4 und 5
7) Median = 11; Modus = 14
8) Antworten Nr. 2 und 3 (Standardabweichung und Spannweite)
9) zugrunde liegende Datenliste: 3; 3; 4; 4; 5; 5; 5; 5; 5; 5; 6; 6; 6; 7; 7; 7; 7; 7; 7; 7; 9; 9
   in der Mitte steht eine 6 → Median = 6
10) F – D – A – C (am Ende C, weil man aus dem arithmetischen Mittel die Gesamtsumme rekonstruieren kann!)
11) 26 (insgesamt 24 Klassen, Median also zwischen Durchschnitt der 12. und 13. Klasse; beide enthalten 26 Schüler)
12) 22/400 = 0,055
13) Gefahrenstufe 2 enthält selbst über 50% der Daten, also muss auch die 50%-Grenze (=Median) in Gefahrenstufe 2 liegen
14) Kennzahlen Nr. 1 und 5
15) Zahl Nr. 3 [weil das genau der Median ist]

Kapitel 49

1) Aussagen Nr. 1 und 3
2) Aussagen Nr. 1 und 3
3) Aussagen Nr. 3 und 4
4) Aussagen Nr. 2 und 4
5) *Spaltenhöhe zwischen 0 und 1: 30*
   Spaltenhöhe zwischen 1 und 3 (Spaltenbreite = 2): 50/2 = 25
   Spaltenhöhe zwischen 3 und 6 (Spaltenbreite = 3): 60/3 = 20
6) Aussagen Nr. 1, 3, 4 und 5
7)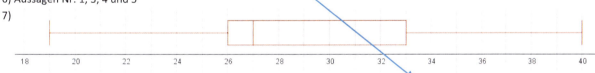
8) Aussagen Nr. 1, 2, 4 und 5
9) Aussagen Nr. 2 und 4
10) 6 [200 · 0,03]
11) zeichne von 20 bis 30 eine Säule in Höhe von 2%
    [denn 40 Beschäftigte sind 20% von 200; 20% / 10 = 2%]

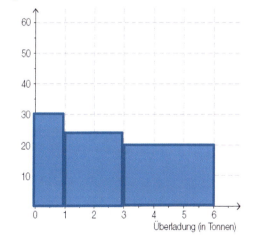

Kapitel 50

1a) $x_{n+1} = 0,9 \cdot x_n + 40$
 b) x_1 = 150mg; x_2 = 175mg; x_3 = 197,5mg; x_4 = 217,75mg
2) Aussagen Nr. 3 und 5
3) 0,03mg; 2%
4) $y_3 = y_2 \cdot 1,05 - 20000$
5) Aussagen Nr. 1 und 3 *[Anmerkung zu 3: nämlich 3% + 5000€]*
6) S(t+1) = S(t)·1,004 – 450
7) $x_{n+1} = x_n \cdot 1,03$
8) durch die Verabreichung des Arzneistoffs steigt die Konzentration im Blut jeweils um 4 Milligramm / Liter
9) 82
10) Gleichungen Nr. 3 und 5

297

Kompetenzcheck Nr. 3

1) Aussage Nr. 1 und 4
2) Tabelle 1: 3. Zeile; Tabelle 2: 3. Zeile
3) k = 6,125   *löse (-5)² - 4*2*(k-3) = 0*
4) 2x + 4y = 100 *(rechts kann irgendeine Zahl stehen)*
5) Aussagen Nr. 2 und 3
6) Geraden Nr. 3 und 5
7) $\alpha = \sin^{-1}\left(\frac{y}{x}\right)$
8) Aussagen Nr. 1 und 4
9) ca. 8 Tage
10) 0,3 J/m
11) $f'(x) = \frac{6}{5}x^2 - 2$
12) D – B – F – C
13)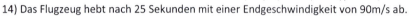
14) Das Flugzeug hebt nach 25 Sekunden mit einer Endgeschwindigkeit von 90m/s ab.
15) Zwischen 2002 und 2005 stiegen die Emissionen an CO_2 um 21,43%.
16) Aussagen Nr. 1 und 2
17) -1,67€
18) $1 - 0,94^8 = 0,3904$

Kompetenzcheck Nr. 4

1) (-4)² - 4·2·c = 0 → c = 2
2) Tabelle 1: 1. Zeile; Tabelle 2: 2. Zeile
3) ─────────────→
4) $X = \begin{pmatrix} 5 \\ -4 \\ 1 \end{pmatrix} + t \cdot \begin{pmatrix} -8 \\ 5 \\ 6 \end{pmatrix}$
5) 4x + 2y = 0
6) $s = \frac{h}{\tan(\varphi)}$
7)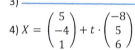
8) es werden jährlich 6000€ zurückgezahlt;
   ursprünglich wurden 240 000€ aufgenommen
9) R ist zu r² indirekt proportional
   → eine Verdopplung von r bewirkt ein
     Absinken von R auf ein Viertel
10) Aussagen Nr. 1 und 5
11) f(x) = -0,25x² + 4
12) a = 0,5; b = 3
13) (50 – 0) / (10 – 0) = 5
14) Aussagen Nr. 1 und 2
15) f'(2) = 9·2² - 2 = 34
16) $F(x) = \frac{2x^3}{3} - \frac{3x^2}{2} - 5$
17) $\int_0^{30} v(t)\, dt$
18) Terme Nr. 2, 4 und 5
19) 3,25
20) Kennzahlen Nr. 2 und 3
21) Aussagen Nr. 1 und 4
22) 0,9948
23) 0,9754
24) mehr Personen befragen; die statistische Sicherheit verringern

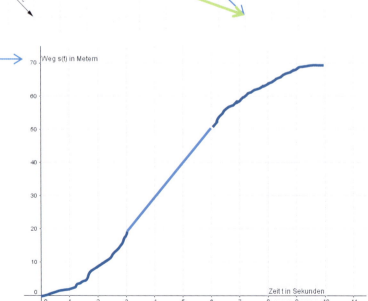

Aufgaben zum Einsatz von Geogebra

Berechnungen im CAS-Fenster

Gleichungen lösen

Beispiel 1: Löse folgende Gleichung: $5x^3 - 7x = 2x^4 - 17$!
Gib die Ergebnisse auf 4 Nachkommastellen an!

Gleichung eintippen, Klick auf x= *, Klick auf* ≈
dann Klick auf Lösungen => alle Dezimalstellen sichtbar

Formeln umformen

Beispiel 2: Drücke die Variable u aus folgender Formel aus: $\frac{1}{c} = \frac{1}{u} - \frac{1}{a-1}$

Formel eintippen, Beistrich gesuchte Variable, Klick auf x=

mit Funktionen arbeiten

Beispiel 3: Die Temperatur in einem Abkühlbecken für Edelstahlprodukte ist gegeben durch die Funktion $T(t) = -0.007t^3 + 0.05t^2 + 0.3t + 75$, T(t) = Temperatur in °C nach t Sekunden.
Funktion eintippen mit Doppelpunkt und Gleichheitszeichen: T(t) := -0.007t^3+0.05t^2+0.3t+75

a) Wie hoch ist die Temperatur nach 10 Sekunden?
  T(10), Klick auf ≈
b) Wie lange dauert es, bis die Temperatur auf 50°C abgesunken ist?
  T(t) = 50, Klick auf x= *, Klick auf* ≈
c) Die Umgebungstemperatur (=Temperaturgrenze im Becken) beträgt 20°C. Nach welcher Zeit ist diese Temperatur erreicht?
  T(t) = 20, Klick auf x= *, Klick auf* ≈
d) Wie hoch ist die maximale Temperatur, die während des Abkühlvorgangs erreicht wird?
  Extremwert gesucht => T´(t) = 0, Klick auf x= *, Klick auf* ≈
       danach T(Lösung)
e) Nach wie vielen Sekunden wird der maximale Temperaturanstieg erreicht?
  Wendepunkt gesucht => T´´(t) = 0, Klick auf x=

Beispiel 4: Die Geschwindigkeit, die ein interstellares Raumschiff nach t Sekunden erreicht hat, wird durch v(t) = $5t^3 + 2,5t^2 + 20t$ beschrieben. Dabei wird v in m/s angegeben.
Zunächst muss immer die Funktion eingegeben werden => siehe Beispiel 3!

a) Wie lange dauert es, bis eine Geschwindigkeit von 1000m/s erreicht ist?
  v(t) = 1000, , Klick auf x= *, Klick auf* ≈
b) Welchen Weg hat das Raumschiff nach 5 Minuten zurückgelegt?
  Weg = Integral => Integral(v, 0, 5*60), Klick auf ≈

Beispiel 5: Die Stückkosten bei der Herstellung eines bestimmten Produkts sind durch
$\bar{K}(x) = 0{,}007x^2 - 0{,}02x + 0{,}05 + \frac{20}{x}$ gegeben.

a) Argumentiere, ob sich die Herstellung von 100 Stück bei einem Marktpreis von 50GE für das Unternehmen rechnet!
$\bar{K}(100)$; *Klick auf* ≈ *=> falls Ergebnis kleiner 50, lohnt sich die Herstellung*

b) Bei welcher Stückzahl kann das Unternehmen zu den geringsten Stückkosten produzieren? Wie hoch muss daher der Marktpreis mindestens sein?
$\bar{K}'(x) = 0$; *Klick auf* x=, *Klick auf* ≈
dann $\bar{K}(Lösung)$; *Klick auf* ≈

Beispiel 6: Das Wachstum eines Baums kann durch die Funktion $h(t) = \frac{3{,}5}{1+20 \cdot 0{,}7^t}$ beschrieben werden. Dabei gibt t das Alter des Baums in Jahren und h(t) die Höhe des Baums zum Zeitpunkt t in Metern an.[1]

a) Berechne den Differenzenquotienten im Intervall [2; 10] und interpretiere das Ergebnis im Sachzusammenhang!
(h(10)-h(2)) / (10-2); Klick auf ≈ *=> ergibt das durchschnittliche Höhenwachstum (m/Jahr)*

b) Bestimme jenen Zeitpunkt (in Jahren), nach dem die momentane Wachstumsgeschwindigkeit maximal ist!
$h''(t) = 0$; *Klick auf* x=, *Klick auf* ≈,
   Achtung: *maximale Geschwindigkeit ist beim Wendepunkt!*

Beispiel 7: Die momentane Änderungsrate der Wassermenge in einer Regentonne während eines Gewitters wird durch die Funktion $f(t) = 0{,}5 \cdot \sqrt{t} + 0{,}03t$ beschrieben; t =Zeit in Minuten, f(t) = Änderungsrate in l/min.
*f(t) := 0.5*sqrt(t) + 0.03t*

a) Erstelle eine Funktion für die Wassermenge in der Regentonne (in Liter), wenn bekannt ist, dass sich nach 5 Minuten 20 Liter in der Regentonne befinden!
F(t) := Integral(f); ENTER
F(5) = 20; Klick auf x=, *Klick auf* ≈ *[damit wird die Integrationskonstante berechnet]*

b) Die Regentonne fasst 100 Liter. Wie lange dauert es, bis die Tonne voll ist?
Ersetze(F(t)=100, $Zeile_mit_Lösung_c1) Klick auf x=, *Klick auf* ≈
   [oder die Gleichung „per Hand" eintippen, wem das zu kompliziert ist ☺]

Beispiel 8: Eine Fake Story verbreitet sich auf Facebook gemäß dem Modell
$N'(t) = -100 \cdot (t^2 - 14t)$, t = Anzahl der Tage seit Veröffentlichung, $N'(t)$ = Zuwachsrate der Leserschaft der Fake Story in Personen pro Tag. Dabei gilt $0 \leq t \leq 14$ und $N(0) = 100$.
Berechne, wie viele Personen nach 2 Wochen von dieser „Neuigkeit" gelesen haben!
f(t) := 100(t^2-14t) ENTER*
F(t) := Integral(f) ENTER
F(0)=10   Klick auf x=
Ersetze(F(14), $Zeile_mit_Lösung_c1) ENTER

---

[1] Mit Geogebra ist natürlich auch eine grafische Darstellung dieser Funktion möglich. Da jedoch das Zeichnen von Grafen zu gegebenen Funktionsgleichungen nicht prüfungsrelevant ist, wird hier nicht näher darauf eingegangen.
[Prüfungsrelevant ist das Einzeichnen von irgendwelchen Dingen in bereits abgedruckte Koordinatensysteme; dabei ist jedoch die Funktionsgleichung gerade nicht bekannt!]

Beispiel 9: Die Anzahl der Besucher in der Kantine eines Unternehmens kann für die Zeit zwischen 11:30 Uhr und 13:00 Uhr näherungsweise durch eine Polynomfunktion 3. Grades beschrieben werden: $N(t) = at^3 + bt^2 + ct + d$. Dabei gibt t die Zeit in Stunden seit Öffnung der Kantine um 11:30 Uhr und N(t) die Anzahl der Personen in der Kantine an.

Unmittelbar nach Öffnung um 11:30 Uhr befinden sich 20 Personen in der Kantine. Um 13:00 Uhr befindet sich niemand mehr in der Kantine. Der größte Zustrom an Besuchern herrscht um 12:05. Um 12:20 befinden sich 120 Personen in der Kantine.

a) Erstelle ein Gleichungssystem zur Ermittlung der Koeffizienten a, b, c und d!

N(t) := a*t^3 + b*t^2 + c*t + d   ENTER
N(0) = 20   ENTER
N(1.5) = 0   ENTER
N´´(35/60) = 0   ENTER
N(50/60) = 120   ENTER

b) Berechne die Koeffizienten a, b, c und d!
die vier Zeilen mit den Gleichungen am Rand markieren; Klick auf x=, *Klick auf* ≈

c) Wann sind die meisten Besucher in der Kantine und wie groß ist diese Anzahl?
N1(t):=Ersetze(N(t), $Zeilennummer_mit_Lösungen)
                 bedeutet: die Lösungen für a, b, c, d in N(t) einsetzen => neue Funktion N1(t)
N1´(t) = 0   *Klick auf* x=, *Klick auf* ≈
N1(Lösung   ) *Klick auf* ≈

Berechnungen im Wahrscheinlichkeitsrechner

Binomialverteilung

Beispiel 10: Bei einem Aufnahmetest sind 20 Fragen zu beantworten. Bei jeder Frage ist aus 5 möglichen Antworten jeweils die richtige anzukreuzen.

a) Wie groß ist die Wahrscheinlichkeit, mindestens 8 Fragen richtig zu beantworten?
Ansicht => Wahrscheinlichkeitsrechner => Binomialverteilung
n = 20; p = 1/5; Klick auf den Button mit [..; ..] => in die Kästchen 8 und 20 schreiben (von 8 bis 20)

b) Wie groß ist die Wahrscheinlichkeit, höchstens 5 Fragen richtig zu beantworten?
in die Kästchen 0 und 5 schreiben (von 0 bis 5)

c) Gib Erwartungswert und Standardabweichung für die Zufallsvariable X = Anzahl der richtig beantworteten Fragen an!
steht schon da ☺

Normalverteilung

Beispiel 11: Die Masse von Weihnachtskeksen der Sorte „Vanillekipferl" ist normalverteilt mit μ = 15g und σ = 2g.

a) Berechne, wie viel Prozent der Vanillekipferl mindestens 14g wiegen!
Ansicht => Wahrscheinlichkeitsrechner => Normalverteilung
μ = 15; σ = 2; Klick auf den Button mit [..; ..] => in die Kästchen 14 und 1000 schreiben (von 14 bis 1000)

b) Berechne, in welchem zu μ symmetrischen Bereich die Masse von 98% aller Vanillekipferl liegt!
Klick auf den Button mit [...] *=> in das Kästchen ganz rechts 0,01 schreiben (1% liegt im „Links-Außen-Bereich") => Grenze ablesen; dann 0,99 in das Kästchen ganz rechts schreiben => zweite Grenze ablesen*

Beispiel 12: Bei einem einarmigen Banditen beträgt die Gewinnwahrscheinlichkeit pro Spiel 30%. Frau M. kommt im Laufe eines Abends auf 800 Spiele.

a) Wie groß ist die Wahrscheinlichkeit, dass sie dabei mindestens 250 Gewinne macht?
µ = 800*0.3; σ = sqrt(800*0.3*(1-0.3))
Klick auf den Button mit [..; ..] => in die Kästchen 250 und 800 schreiben (von 250 bis 800)
b) In welchem zu µ symmetrischen Bereich liegt mit 95%iger Wahrscheinlichkeit die Anzahl der gewonnen Spiele?
Klick auf den Button mit [...] => in das Kästchen ganz rechts 0.025 schreiben (2,5% liegt im „Links-Außen-Bereich") => Grenze ablesen (und abrunden); dann 0,975 in das Kästchen ganz rechts schreiben => zweite Grenze ablesen (und aufrunden)

Berechnungen mit Tabelle => statistische Kennzahlen, Boxplots

Beispiel 13: 15 Studenten haben an einer Klausur teilgenommen, bei der maximal 12 Punkte zu erreichen waren. Folgende Ergebnisse wurden erzielt: 2; 5; 6; 3; 4; 4; 9; 3; 4; 2; 10; 12; 2; 5; 9

a) Berechne arithmetisches Mittel und Standardabweichung für diese Datenliste!
Ansicht => Tabelle; alle Zahlen untereinander eingeben und markieren
Klick auf (Analyse einer Variablen); dann Klick auf (Standardabweichung ist σ, nicht s!)[2]
b) Stelle die Ergebnisse dieser Klausur durch ein Boxplot dar!
Option Boxplot auswählen

Beispiel 14: Der „Verein für fairen Wettbewerb in der Weihnachtszeit" hat auf einem Adventmarkt Packungen mit Keksen auf die darin enthaltenen „Bruchkekse" (=zerbrochene oder sonst wie beschädigte Kekse) überprüft. Folgende Tabelle zeigt die Anzahl der Bruchkekse zusammen mit den relativen Häufigkeiten.

Anzahl Bruchkekse	0	1	2	3	4
relative Häufigkeit	0,27	0,33	0,12	0,21	0,07

Berechne das arithmetische Mittel sowie die Standardabweichung der Anzahl der Bruchkekse!
Ansicht => Tabelle;
die Anzahlen untereinander eingeben, daneben die Häufigkeiten mal 100 (also 27; 33; 12; 21; 7)[3]
dann beides markieren und Klick auf
   [bei Geogebra 5 kann man da noch mehr „manuell" einstellen]

---

[2] ist für die Matura aber egal, da gilt beides ☺
[3] mit diesem „Trick" rechnet man mit 27 Packungen, 33 Packungen usw. und dann funktioniert auch Geogebra mit relativen Häufigkeiten ☺ [es geht schon auch direkt mit den relativen Häufigkeiten, nur hat man dann halt kein Ergebnis für Q1, Median und Q3 und ein ∞ bei s; das kann einem aber andererseits auch egal sein...]

Printed in Poland
by Amazon Fulfillment
Poland Sp. z o.o., Wrocław

28431230R00172